高等学校电子信息类专业系列教材

模拟电子技术基础

张 菁　温凯歌　杨丽媛　易 盟　编著

西安电子科技大学出版社

内 容 简 介

本书是根据电子技术的发展和我国高等教育发展的新形势,结合作者多年的教学实践体会与教学研究成果编写而成的,内容包括常用半导体器件、基本放大电路、功率放大电路、集成运算放大器电路、放大电路的频率响应、放大电路中的反馈、信号运算与处理电路、信号产生电路、直流电源。每章开始有内容提要、学习提示,章末有小结以及难易程度适当的习题。

本书可作为高等学校通信工程、电子信息工程、电气工程及其自动化等专业及相近专业的本科生或专科生"电子线路基础""电子技术基础"等课程的教材或教学参考书,也可作为广大工程技术人员的参考书。

图书在版编目(CIP)数据

模拟电子技术基础/张菁等编著. —西安:西安电子科技大学出版社,2022.11
ISBN 978 - 7 - 5606 - 6527 - 6

Ⅰ. ①模… Ⅱ. ①张… Ⅲ. ①模拟电路—电子技术 Ⅳ. ①TN7104

中国版本图书馆 CIP 数据核字(2022)第 136703 号

策　　划　刘玉芳
责任编辑　于文平
出版发行　西安电子科技大学出版社(西安市太白南路2号)
电　　话　(029)88202421　88201467　　邮　编　710071
网　　址　www.xduph.com　　　　　　电子邮箱　xdupfxb001@163.com
经　　销　新华书店
印刷单位　陕西日报社
版　　次　2022 年 11 月第 1 版　2022 年 11 月第 1 次印刷
开　　本　787 毫米×1092 毫米　1/16　印张 20.5
字　　数　487 千字
印　　数　1～2000 册
定　　价　55.00 元
ISBN 978 - 7 - 5606 - 6527 - 6/TN

XDUP 6829001 - 1

＊＊＊如有印装问题可调换＊＊＊

前　言

　　模拟电子技术基础是电子、电气信息类专业和部分非电类专业学生在电子技术方面的入门性质的必修课，也是电类专业的主干课程，是最重要的学科技术基础课之一。该课程的教学宗旨是"打好基础，学以致用"。一方面该课程要为后续课程的学习奠定基础，另一方面该课程的实践性、工程性特别强，很多内容与工程实际密切相关。"直面应用"是本课程的特点之一。本书以模拟电子技术的重要知识点和知识链为载体，注重加强理论基础，培养科学的思维方法和创新意识，提高分析问题和解决问题的能力。

　　本课程概念抽象、内容庞杂、难以理解，加上学时缩减等因素，导致在教与学方面都存在一些困难。本书尝试解决教与学的难点，本着"精选内容、服务教学"的原则，力图做到"基础更扎实、内容更实用、视野更开阔、编排更合理"。本书各章节内容安排如下：

　　(1) 第 1 章常用半导体器件主要介绍放大器件。为什么需要放大器？因为众多的模拟信号都十分微弱，如生物电信号(心电、脑电等信号)仅为微伏至毫伏量级，许多由传感器(压力传感器、温度传感器等)转换得到的电信号也为毫伏量级，这样小的信号折合到 50 Ω 电阻上产生的电压为几微伏，而数字化或进一步加工处理的信号强度为几百毫伏甚至伏量级，所以要将信号放大几十、几百、几千或几万倍。放大器就是将信号按比例不失真地放大的电子电路。因此要实现信号放大，首先要寻找具有"放大"功能的元器件，目前发现最常用的是由半导体材料制成的双极型晶体管和场效应管。所以在常用半导体器件一章中从半导体的导电性入手介绍本征半导体和杂质半导体(P 型半导体和 N 型半导体)以及 PN 结的形成，PN 结加引线封装后构成的半导体二极管、两个 PN 结背靠背按一定工艺制成的晶体管和场效应管。

　　(2) 模拟电子技术最主要的内容就是实现信号的放大，要放大微弱信号，需要用放大器件(双极型晶体管和场效应管)构建合理有效的放大电路。所以，第 2 章主要介绍双极型晶体管和场效应管放大电路，借助"电路理论"的二端口网络模型来介绍放大电路模型及放大电路的主要性能指标，提出基本放大电路的三种组态电路，并用简化的交流小信号模型来计算放大电路的主要指标 A_u、r_i、r_o。对放大电路直流工作点的分析以解析法估算为主，适当淡化了图解法，只将它作为讨论非线性失真和动态范围较为形象的方法来处理。

　　(3) 第 2 章分立元件构成的放大电路较好地实现了电压或者电流的放大，但在许多电子系统中，信号经过处理最终会被送到负载，带动一定的装置(如收音机的扬声器、电动机的控制绕组、计算机的显示器等)。这时输出信号不仅要求有一定大小的电压和电流输出，而且要有一定的功率输出。此时分立元件放大电路就不能满足要求，所以第 3 章介绍功率放大电路的结构形式、特点和主要技术指标，重点介绍互补对称功率放大电路的工作原理与分析计算。

　　(4) 第 4 章针对集成运算放大器的结构和工艺特点，以及直接耦合放大电路的特殊问题，采用提出问题、找出原因、探索解决方法的思路，讨论了基于 BJT 的多种电流源的工作原理和应用、差分放大电路的工作原理与分析方法，以通用型集成运算放大器 F007 为例分析了集成运算放大器的内部结构，介绍了实际运算放大器的参数含义，为正确选择集

（5）第 5 章讨论放大电路的频率响应，首先简述放大电路频率响应的基本概念，在引出晶体管混合 π 型等效模型的基础上，重点分析了单级放大电路的频率响应，由浅入深，由易到难，思路清晰，并在重要分析后都进行讨论、归纳，提高规律性结论，对实际应用具有较好的指导意义。

（6）以放大器件为核心元件构建合理有效的放大电路后，为了改善放大电路的性能（如提高放大倍数的稳定性、改善波形的失真、影响输入输出电阻等），常常需要给电路引入负反馈，提高电路的实用性。

第 6 章介绍放大电路中的反馈。从反馈的定义开始，介绍反馈的基本概念、交流负反馈的 4 种基本组态及判别方法、负反馈对放大电路性能的影响以及深度负反馈条件下放大倍数的估算等问题。实际上，"反馈"的概念贯穿全书，在第 2 章基本放大电路及第 4 章集成运算放大器电路中，均不回避"负反馈"在稳定静态工作点、提高输入电阻、减小放大倍数、提高共模抑制比等方面发挥的作用。对第 7 章介绍的信号运算与处理电路，归纳电路结构后发现其实质是"运放加反馈"。在第 3 章功率放大电路及第 9 章直流电源中，仍然大量应用"负反馈"来改善电路的性能。可见"反馈"在模拟电路中的重要性。

（7）第 7 章信号运算与处理电路是集成运算放大器的基本应用电路，强调"运放与反馈"是构成各种功能电路的基本形式。基本运算电路是运放工作在线性区的应用，重点讨论这些电路的输入与输出关系；滤波电路是最重要的模拟电路之一，本书对滤波的概念、形式、分类及其特点的介绍更为清晰，以便读者了解滤波电路的实际应用。电压比较器是运放工作在非线性区的应用，开环或正反馈是电压比较器的结构特点，电压比较器在信号的处理和产生电路中应用得很广泛，本章介绍它的电路结构和工作原理。

（8）第 8 章信号产生电路讨论正弦波和非正弦波这两类信号发生器的电路组成、工作原理与波形分析以及主要参数的计算。

（9）第 9 章直流电源是所有电子设备中的必备部件，这部分内容在本书中单独成章，主要讨论直流电源的组成、各部分的具体结构、工作原理及主要技术指标的计算。

本书是以教育部高等学校电子电气基础课程教学指导分委员会制订的"模拟电子技术基础"课程教学基本要求为依据，根据电子技术的发展和我国高等教育的新形势，结合各位老师多年的教学实践体会与教学研究成果，参照"高等工业学校电子技术基础课程教学基本要求"联合编写而成的。长安大学张菁老师提出本书的整体框架和内容安排，并编写了第 1、2、3 章；温凯歌老师编写了第 4 章和第 6 章；杨丽媛老师编写了第 7、8 章；易盟老师编写了第 5 章和第 9 章；张菁老师负责全书的修改、补充和统稿。

长安大学楚岩教授、林薇副教授审阅了全部书稿，提出了许多宝贵的改进意见和建议。西安电子科技大学出版社的编辑们为本书的出版付出了许多智慧和辛苦。在这里对所有帮助我们的同志表示深深的感谢！

由于编者水平有限，书中难免有不妥之处，恳请广大读者批评指正。

编　者
2022 年 11 月

目　　录

绪　　论

　　电子技术是十九世纪末、二十世纪初发展起来的新兴技术，其发展迅速，应用广泛，已成为近代科学技术发展的一个重要标志。当前，以全球性互联网为主要信息存储和传输载体，以微电子技术为核心的信息革命正在世界范围内蓬勃兴起。信息革命已对人类社会的发展产生了巨大的影响。作为信息技术的先导和核心，电子技术已经融入社会的各个领域，与人们的生活密切相关，计算机、智能手机和各种家用电器等，都是典型的电子技术应用实例，这些都说明了模拟电子技术课程的学习是十分重要的。学习电子技术应该了解电子技术的发展史，电子技术的发展通常是以电子器件的发展为前提的。下面我们介绍与本课程紧密相关的三个事件，即电子管、晶体管和集成电路的发明。

1. 电子管的发明

　　很长时间，科学家与工程师们一直在寻找能实现电信号放大、产生、变换、控制与处理的新理论、新材料和新器件。

　　受"爱迪生效应"的启发，1904 年，英国电气工程师弗莱明(John Ambrase Fleming)发明了电子管，并获得了发明专利。第一只电子管的诞生，使人类找到了一种实现信号放大、产生、变换、控制与处理的核心器件，开辟了应用于通信、雷达、仪器仪表等的电子技术飞速发展的道路，标志着世界迈进了"电子时代"。

　　电子管又称真空管(Vacuum Tube)，实物如图 0.1 所示。其工作原理是在抽真空的玻璃瓶(有利于游离电子的流动，也可有效降低灯丝的氧化损耗)内部放置一个灯丝和若干个金属电极，当灯丝通电加热时，使金属内的电子获得能量而发射出来，并在金属电极电压的作用下形成可控的电子流，从而实现对信号的产生、放大与处理等。电子管的应用大大推动了人类科学技术的发展。1905—1948 年，以电子管为开端，出现了无线电、电视、有声电影、计算机、雷达、惯性导航等。

图 0.1　电子管实物图

　　世界上第一台电子管计算机如图 0.2 所示，它使用了 18 800 个电子管，占地 170 平方米，重达 30 t，耗电 150 kW，价格为 40 多万美元，是一个昂贵耗电的"庞然大物"。可见，电子管构成的电子电路存在许多难以克服的缺点：体积大、功耗大、发热严重、寿命短、电源利用率低、结构脆弱、可靠性差、需要高电压电源等。电子管的这些问题，促使人们继续探索和寻找新理论、新材料和新器件。

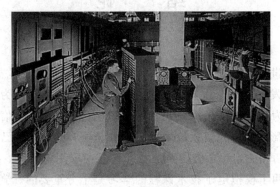

图 0.2　第一台电子管计算机

2. 晶体管的发明

在晶体管诞生之前，放大电信号主要是利用电子管（真空三极管），但由于其制作困难、体积大、耗能高且使用寿命短，人们一直希望能够用固态器件来替换它。1945 年，贝尔实验室开始对包括硅和锗在内的几种新材料进行研究，探索其潜在应用前景。为此，一个专门的"半导体小组"成立了，贝尔实验室理论物理学家威廉·肖克利（William Shockley）担任组长，成员包括理论物理学家约翰·巴丁（John Bardeen）和实验物理学家沃尔特·布拉顿（Walter Brattain）。在经过多次失败之后，第一个基于锗半导体的具有放大功能的点接触式晶体管于 1947 年 12 月 23 日问世，晶体管的出现被誉为"21 世纪最伟大的发明"，标志着现代半导体产业的诞生和"固体电子时代"的到来。基于此项发明，肖克利、巴丁和布拉顿也因此获得了 1956 年的诺贝尔物理学奖。图 0.3、图 0.4 所示为晶体管的发明者与点接触式晶体管实验装置照片。

图 0.3　晶体管的发明者

图 0.4　点接触式晶体管实验装置

晶体管的寿命比电子管长几百倍乃至几千倍，且体积小、耗能小、工作电压低、可用电池供电、无需预热、抗震且可靠性高。晶体管的出现和广泛应用改变了世界，此后，除某些显像管、示波管和高频大功率无线发射设备仍部分沿用电子管外，电子管已退出历史舞台。

3. 集成电路的发明

1947 年 12 月世界第一只晶体管在贝尔实验室诞生，它以小巧、轻便、省电、寿命长等特点，大大推动了电子技术的发展。但是对于复杂的电子设备，仍需大量的导线和焊接点将众多的晶体管、电阻、电容连接起来，导致设备还是过于庞大，人们继续探索电子设备微型化之路。1952 年英国皇家雷达研究所提出了"集成电路"的概念。1958 年 9 月 12 日，美国德州仪器公司的年轻工程师杰克·基尔比(Jacks Kilby)发明了世界上第一片集成电路——相移振荡器，成功地实现了把电子器件(电阻、电容、晶体管)集成在一块半导体材料上的构想，从而获得了集成电路发明专利。集成电路的发明标志着世界从此进入到了"现代微电子时代"。杰克·基尔比也因此获得了 2000 年的诺贝尔物理学奖。

图 0.5 所示为华为 MATE20 手机及其麒麟芯片，该芯片采用 7 nm 工艺，在不足 1 cm² 的芯片面积上容纳了 69 亿个晶体管。事实上，由于半导体工艺技术的革新，集成电路的特征尺寸逐渐减小，集成度在不断提高，如今集成电路呈现出容量大型化和芯片小型化的发展趋势。

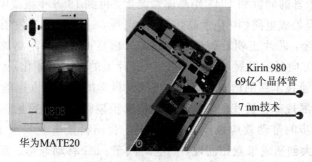

华为 MATE20

Kirin 980
69 亿个晶体管

7 nm 技术

图 0.5　华为 MATE20 手机及其麒麟芯片

图 0.6 所示为电子管、晶体管与集成电路芯片的对比，尽管集成电路体积最小，但是可以完成更为复杂的电路功能。除体积小之外，集成电路在功耗、寿命、可靠性和电性能等方面也远远优于电子管和晶体管元件组成的电路。在近 50 年的时间里，集成电路已经广泛应用于航空、航天、医学、工业、军事、通信和遥控等各个领域，如图 0.7 所示。用集成电路来装配电子设备，其装配密度相比晶体管可以提高几十倍至几千倍，设备的稳定工作时间也可以大大提高。

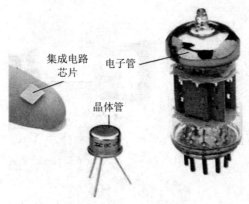

集成电路
芯片

电子管

晶体管

图 0.6　电子管、晶体管与集成电路芯片对比

图 0.7　集成电路在各行业的应用

从 1904 年电子管的问世到 1947 年晶体管诞生，再到 1958 年集成电路的研制成功，继而 1975 年超大规模集成电路(40 亿个晶体管)的出现，这些伟大的发明改变着世界，改变着人们的生活。如今，芯片正朝着超微精细加工、超高速度、超高集成度、片上系统 SoC (System on Chip)方向迅速发展，MEMS 技术(硅片上的机电一体化)和生物信息技术将成为下一代半导体主流技术新的增长点，而人类探索科学的脚步将永远继续下去。

电子技术的发展规律告诉我们，关键核心技术积累得越多，原始创新挖掘得越深，对行业发展和社会进步的带动效应也越显著。当前，我国科技事业实现了历史性、整体性、格局性的变化，重大创新成果竞相涌现，如电动汽车、5G 移动通信、万米深潜、北斗全球卫星导航、嫦娥工程、火星探测等。但也应看到，一些制约我国科技发展的瓶颈问题依然存在。只有掌握关键技术、积极创新，才能在空前激烈的科技角逐中拥有核心竞争力，有力支撑科技强国建设，真正发挥创新引领发展的第一动力作用。

第 1 章　常用半导体器件

　　内容提要：半导体器件是组成电子电路的基本元件，常用的半导体器件有二极管、晶体管、场效应管等。本章首先简要介绍半导体的基础知识，接着讨论半导体器件的基础——PN 结；重点讨论二极管、晶体管、场效应管的结构、工作原理、特性曲线和主要参数以及二极管的基本电路及其分析方法与应用等。

　　学习提示："管为路用"是学习半导体器件的指导思想。正确理解 PN 结的形成过程、晶体管内部载流子的传输过程及电流分配规律，熟悉各种半导体器件的电路符号、外部特性、主要参数以及技术指标的正确使用是关键。

§1.1　半导体基础知识

　　自然界的各种介质按导电性能的不同可大致分为导体、绝缘体和半导体。多数现代电子器件是由半导体材料制造而成的，目前用来制造电子器件的半导体材料主要是硅（Si）、锗（Ge）、砷化镓（GaAs）等，其导电能力介于导体和绝缘体之间，并且会随温度、光照和掺杂等因素发生显著变化，这些特点反映了半导体材料导电能力的可控性，使它们成为制作半导体元器件的重要材料。

1.1.1　本征半导体

　　纯净的具有晶体结构的半导体称为本征半导体。

　　物质的导电性能取决于原子结构。导体一般为低价元素，它们的最外层电子极易挣脱原子核的束缚成为自由电子，导电能力强。高价元素（如惰性气体）或高分子物质（如橡胶）的最外层电子受原子核的束缚力很强，很难成为自由电子，导电性极差，称为绝缘体。常用的半导体材料硅（Si）和锗（Ge）都是四价元素，它们的最外层原子轨道上具有四个电子，称为价电子。半导体材料的导电性能与价电子关系密切，其价电子既不像导体那么容易挣脱原子核的束缚，也不像绝缘体那样被原子核束缚得那么紧，因而半导体导电性能介于二者之间。为了突出价电子的作用，习惯上用如图 1.1 所示的简化原子结构模型来表示硅和锗原子。

　　半导体与金属和许多绝缘体一样，均具有晶体结构，它们的原子形成有序的排列，邻近原子之间由共价键连接。在 Si 和 Ge 本征半导体中，每一个原子最外层的四个价电子分别与相邻的四个原子的各一个价电子形成共价键结构。图 1.2 所示是单晶硅（或锗）的二维共价键结构。通常情况下共价键中的价电子在两个原子核的吸引力作用下，不能在晶体中自由移动，是不能导电的束缚电子。

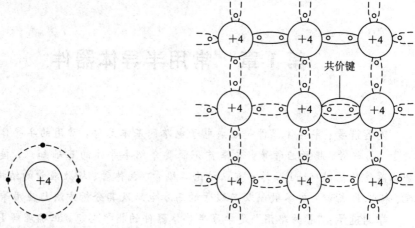

图 1.1　硅和锗原子结构简化模型　　　　图 1.2　单晶硅(或锗)的二维共价键结构示意图

　　当吸收外界能量,如加热、光照和电击时,本征半导体中的一部分价电子可以获得足够大的能量,挣脱共价键的束缚离开原子而成为自由电子,并在共价键处留下一个空位,这种空位称为空穴。原子失去一个价电子而带正电,或者说空穴相当于一个单位的正电荷。本征半导体在热激发下产生自由电子与空穴对的现象称为本征激发。如图1.3所示,本征激发下产生成对的自由电子与空穴,所以本征半导体中自由电子和空穴的数量相等。

　　自由电子可以在本征半导体的晶格中自由移动,而带正电的空穴可以吸引相邻共价键的束缚电子过来填补,而在相邻位置产生新的空穴,相当于空穴移动到了新的位置,继续这个过程,空穴也可以在半导体中自由移动,如图1.4所示。这种空穴的转移可看作带正电荷的粒子在外电场的作用下,沿上述价电子填补空穴的相反方向运动而形成空穴电流。因此,在本征激发作用下,本征半导体出现了带负电的自由电子和带正电的空穴,二者都可以参与导电,统称为载流子。空穴参与导电是半导体区别于导体的一个重要特点。

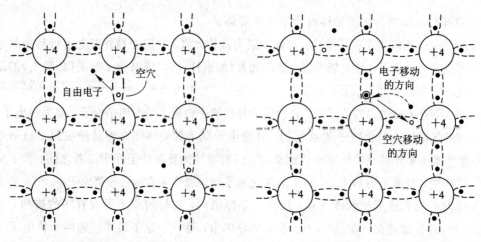

图 1.3　本征激发产生自由电子空穴对　　　图 1.4　价电子反向替补运动相当于空穴运动

　　在本征半导体中,由于本征激发,半导体中的自由电子和空穴的浓度增大。与此同时,两者在自由移动的过程中相遇的机会也加大。相遇时,自由电子填补空穴,并释放能量,从而消失一对载流子，这一过程称为复合。在一定的温度下，如果没有其他外界的影响，本征激发和复合最终会进入动态平衡状态，载流子的浓度不再变化。因此，本征半导体中载流子的浓度是一定的。理论分析表明，本征半导体载流子的浓度为

$$n_i = p_i = A_0 T^{\frac{3}{2}} e^{-\frac{E_{G0}}{2kT}} \tag{1.1}$$

式中：n_i 和 p_i 分别表示自由电子与空穴的浓度（cm^{-3}），T 为热力学温度（K），k 为玻耳兹曼常数（$8.63 \times 10^{-5} eV/K$），A_0 是与半导体材料有关的常数（硅材料为 $3.87 \times 10^{16} cm^{-3} \cdot K^{-3/2}$，锗材料为 $1.76 \times 10^{16} cm^{-3} \cdot K^{-3/2}$），$E_{G0}$ 为热力学零度时破坏共价键所需的能量，又称为禁带宽度（硅为 1.21 eV，锗为 0.78 eV）。

式(1.1)表明，载流子的浓度与温度近似为指数关系，所以本征半导体的导电能力对温度变化很敏感。当 $T = 0$ K 时，自由电子和空穴浓度均为零，本征半导体成为绝缘体；在室温 27℃，即 $T = 300$ K 时，可以计算出本征半导体硅中载流子浓度为 $1.43 \times 10^{10} cm^{-3}$，而硅原子的密度为 $5 \times 10^{22} cm^{-3}$。由此可见，由本征激发产生的自由电子和空穴的数量相对很少，这说明本征半导体的导电能力很弱，且与温度密切相关。

1.1.2　杂质半导体

通过扩散工艺，在本征半导体中有选择地掺入少量的杂质元素，便可得到杂质半导体。按掺入杂质元素的不同，杂质半导体可形成 N 型半导体和 P 型半导体。较本征半导体而言，杂质半导体的导电性能明显增强。控制掺入杂质元素的浓度，便可控制杂质半导体的导电性能。

1. N 型半导体

N 型半导体是在本征半导体（以硅晶体为例）中掺入了五价元素的原子，如磷、砷、锑等，如图 1.5 所示。这些杂质原子的最外层轨道上有五个价电子，当杂质原子占据晶格中一个硅原子的位置时，其中的四个价电子和周围的硅原子形成共价键，多出的一个价电子很容易受激发而脱离杂质原子的束缚成为自由电子。因此，在室温下，几乎每个杂质原子都能产生一个自由电子，从而使 N 型半导体中自由电子的数量大大增加。由于杂质原子能

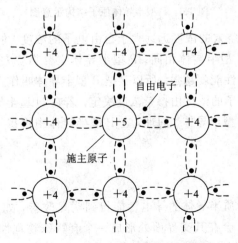

图 1.5　N 型半导体原子结构示意图

提供自由电子,因此称之为施主原子。施主原子在失去一个电子后成为不能移动的正离子。N 型半导体中,自由电子的浓度远远大于空穴的浓度,因此称自由电子为多数载流子,简称多子;空穴为少数载流子,简称少子。

N 型半导体中,虽然自由电子占多数,但是考虑到施主正离子的存在,使正、负电荷保持平衡,所以半导体仍然呈现电中性。N 型半导体主要靠自由电子导电,掺入的杂质越多,自由电子的浓度就越高,导电性能就越强。所以又把 N 型半导体叫作电子型半导体。

2. P 型半导体

P 型半导体是在本征半导体(以硅晶体为例)中掺入了三价元素的原子,如硼、铟等,如图 1.6 所示。由于原子的最外层轨道上只有三个价电子,当杂质原子替代晶格中的一个硅原子,并与周围的硅原子形成共价键时,因缺少一个价电子便产生了一个"空位"。当硅原子的外层电子填补此空位时,便在其共价键产生一个空穴,而杂质原子因多一个价电子而成为不可移动的负离子。由于这种三价受主原子能接纳价电子,因此称之为受主原子。所以,在 P 型半导体中,空穴的浓度远远大于自由电子的浓度,空穴是多数载流子,简称多子;自由电子是少数载流子,简称少子。

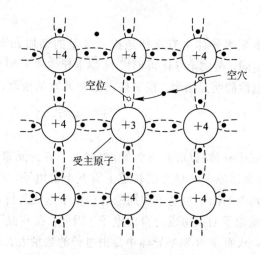

图 1.6　P 型半导体原子结构示意图

P 型半导体中,虽然空穴的浓度远远大于自由电子的浓度,但就 P 型半导体而言仍然呈现电中性,其原因与 N 型半导体相同。P 型半导体主要靠空穴导电,掺入的杂质越多,空穴的浓度就越高,导电性能就越强。所以又把 P 型半导体叫作空穴型半导体。

在杂质半导体中,多子的浓度由掺杂浓度决定。若在 N 型半导体中再掺入适量的三价元素,则可使其转型为 P 型半导体。同理,在 P 型半导体中再掺入适量的五价元素,也可使其转型为 N 型半导体。

1.1.3　PN 结

通过掺杂工艺可使杂质半导体的导电性能得到明显改善,如果把 N 型半导体与 P 型半导体有机结合在一起,会在其交界面处形成一个有特殊物理性质的薄层,称为 PN 结。PN 结是制作半导体器件(包括二极管、晶体管和场效应管)的基础。

1. PN 结的形成

如果把结合在一起的 P 型半导体和 N 型半导体视为一个整体，则半导体中载流子的分布是不均匀的。P 区一侧的空穴浓度大，自由电子少；N 区一侧的自由电子浓度大，空穴少。在其交界面处，由于载流子的浓度差而导致空穴和自由电子都从浓度高的区域向浓度低的区域扩散，称为载流子的扩散运动。即 N 区自由电子向 P 区扩散，并在 P 区被空穴复合；同理，P 区的空穴向 N 区扩散，并在 N 区被电子复合。于是在交界面两侧，留下不能移动的受主负离子和施主正离子，形成一层很薄的空间电荷区。空间电荷区中存在从正离子区到负离子区的内建电场，其方向是由 N 区指向 P 区，这说明 N 区的电位比 P 区高，高出的数值用 U_0 表示，这个电位差称为接触电位差，一般为零点几伏。空间电荷区内几乎没有载流子，所以空间电荷区又叫作耗尽区或势垒区。

随着扩散运动的进行，空间电荷区加宽，内电场增强。内电场一方面会阻止多子的扩散运动，另一方面会引起少子的漂移运动。即在电场力的作用下，P 区的少子自由电子向 N 区漂移，N 区的少子空穴向 P 区漂移，少子漂移的方向正好与多子扩散的方向相反。这样在交界面处，多子的扩散运动和少子的漂移运动同时进行，呈现出对立的运动趋势。

开始时，扩散运动占优势，随着扩散运动的不断进行，空间电荷区变宽，内建电场不断增强，于是有利于少子漂移，漂移运动使空间电荷区变窄，内建电场减弱。由此可见，多子扩散与少子漂移是相互联系又相互矛盾的，最后，扩散运动与漂移运动处于动态平衡，即单位时间内通过交界面扩散的载流子和反向漂移过交界面的载流子数目相等，使得 PN 结形成，如图 1.7 所示。此时，虽然扩散与漂移仍在不断进行，但通过交界面处载流子的净流动量为零；空间电荷区的宽度不再变化，内建电场电位差也不再变化。

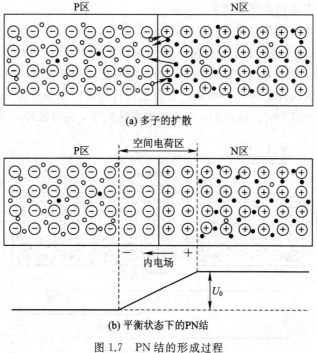

(a) 多子的扩散

(b) 平衡状态下的PN结

图 1.7　PN 结的形成过程

　　实际中，如果 P 区和 N 区的掺杂浓度相同，则耗尽区相对于交界面是对称的，此 PN
结称为对称结。如果一边掺杂浓度大，另一边掺杂浓度小，则耗尽区相对于交界面是不对
称的，称其为不对称结，用 P^+N 或 PN^+ 表示（＋号表示掺杂浓度大），这时，耗尽区主要伸
向掺杂浓度小的一边，如图 1.8 所示。

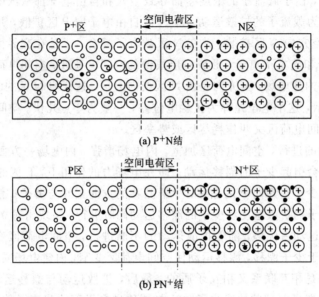

图 1.8　掺杂浓度不对称的 PN 结

2. PN 结的单向导电性

　　上面讨论的 PN 结处于动态平衡状态，称为平衡的 PN 结。PN 结的基本特性——单向
导电性只有在外加电压时才显示出来。

　　1）PN 结外加正向电压的情况

　　当外加电压 U_F 的正极接到 PN 结的 P 区一侧，负极接到 PN 结的 N 区一侧（P 区接高
电位，N 区接低电位）时，称为 PN 结外加正向电压或正向偏置（简称正偏），如图 1.9 所示。
此时，外加电压形成的外电场与内电场的方向相反且削弱内电场。这个外电场打破了原来
的平衡状态，有利于多子的扩散运动，使空间电荷区变窄，耗尽区厚度变薄，PN 结电阻变

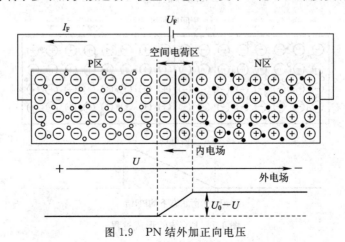

图 1.9　PN 结外加正向电压

小。在外加正向电压的作用下，多数载流子源源不断地扩散到对方区域，在回路中产生了一个由多数载流子形成的扩散电流，称为正向电流 I_F。当外加电压 U_F 升高时，内电场进一步削弱，扩散电流继续加强。实验表明，在正常范围内，PN 结外加正向电压只要稍有变化（如 0.1 V），便能引起电流的显著变化，即正向电流 I_F 会随外加电压增加而急剧上升，说明正向偏置的 PN 结表现为一个阻值很小的电阻，此时 PN 结导通。相对于 PN 结电阻而言，半导体本身体电阻的阻值很小，所以大部分电压几乎都降在 PN 结上。

在这种情况下，由少数载流子形成的漂移电流，其方向与扩散电流相反，和正向电流相比较，其数值很小，可忽略不计。

2）PN 结外加反向电压的情况

当外加电压 U_R 的正极接到 PN 结的 N 区，负极接到 PN 结的 P 区（N 区接高电位，P 区接低电位）时，称为 PN 结外加反向电压或反向偏置（简称反偏），如图 1.10 所示。此时，外加电压形成的外电场与内电场的方向相同且加强内电场。外电场 U_R 的作用加剧了少子的漂移运动，阻碍了多子的扩散运动，使空间电荷区变宽。此时在回路中形成了少数载流子的漂移电流，称为反向电流 I_R。因为少子的浓度很低，所以反向电流很小，一般硅管为微安数量级，表明 PN 结在反向偏置时呈现出一个阻值很大的电阻，可以认为它基本不导电，此时 PN 结截止。

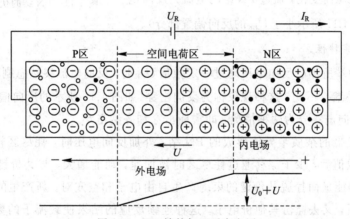

图 1.10　PN 结外加正反向电压

我们知道，少数载流子是由本征激发产生的，所以少数载流子的浓度取决于温度。在一定的温度 T 下，少数载流子的数量是一定的，它几乎与外加电压无关。所以 PN 结反向偏置时，反向电流 I_R 的值趋于恒定，称 I_S 为反向饱和电流。反向电流 I_R 虽然与外加电压关系不大，但它对温度比较敏感，在实际应用中应予以考虑。

综上所述，PN 结外加正向电压时，电阻很小，正向电流较大，并随外加电压的变化有显著变化，PN 结导通；PN 结外加反向电压时，电阻很大，反向电流极小，且几乎不随外加电压变化，PN 结截止。因此，PN 结具有单向导电性。

3. PN 结的伏安特性

1）正、反向特性

PN 结的单向导电性可以由流过 PN 结的电流与 PN 结两端的电压关系来描述，也称为 PN 结的伏安特性。PN 结的单向导电性说明 PN 结的电压与电流具有非线性关系,理论分析表明,这种关系可用下式来表示:

$$i = I_{\text{S}}(\text{e}^{\frac{u}{U_{\text{T}}}} - 1) \qquad (1.2)$$

式中:i 为流过 PN 结的电流;u 为 PN 结两端的外加电压;$U_{\text{T}} = kT/q$,称为温度电压当量或热电压,其中 k 为玻耳兹曼常数(1.38×10^{-23} J/K),T 为热力学温度,q 为电子电量(1.6×10^{-19} C),在 $T = 300$ K 时(室温下),$U_{\text{T}} \approx 26$ mV;I_{S} 为反向饱和电流,其大小与 PN 结的材料、制作工艺、温度等有关,对分立器件其典型值在 $10^{-14} \sim 10^{-8}$ A 范围内,集成电路中 PN 结的 I_{S} 值更小。

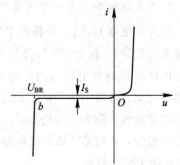

图 1.11　PN 结的伏安特性曲线

关于式(1.2),可解释如下:

(1) 零偏($u = 0$)时,$i = 0$(如图 1.11 所示的坐标原点)。

(2) 正偏($u > 0$)且 $u \gg U_{\text{T}}$ 时,$i \approx I_{\text{S}}\text{e}^{u/U_{\text{T}}}$,说明正向电流随正向电压按指数规律变化(如图 1.11 所示的正向偏置部分)。

(3) 反偏($u < 0$)且 $|u| \gg U_{\text{T}}$ 时,$i \approx -I_{\text{S}}$,说明反向电流不随外加电压而变化,流过 PN 结的电流为反向饱和电流 I_{S}(如图 1.11 所示小于 U_{BR} 的反向偏置部分)。

2) 反向击穿特性

当 PN 结两端所加的反向电压超过一定数值 U_{BR} 时,反向电流突然急剧增加,且 PN 结两端的电压几乎维持不变,这种现象称为反向击穿(如图 1.11 所示的反向偏置部分)。

PN 结的反向击穿分为两种情况,即雪崩击穿和齐纳击穿。

由掺杂浓度低的杂质半导体形成的 PN 结,外加反向电压时,耗尽区较宽。当反向电压增大到一定数值后,少子漂移通过耗尽区时被加速,动能增大,与共价键中的价电子相碰撞,使其获得能量而挣脱共价键的束缚产生自由电子和空穴对。新产生的自由电子和空穴被电场加速后,又去撞击其他价电子。这种连锁反应的结果使载流子的数目剧增,从而引起反向电流的急剧增大,其现象类似于雪崩,所以称其为雪崩击穿。

由掺杂浓度高的杂质半导体形成的 PN 结,耗尽区很窄,较低的反向电压就能在耗尽区形成很强的电场。当反向电压增大到一定数值后,强电场直接破坏共价键,产生大量的自由电子和空穴对,使反向电流急剧增大,这种现象称为齐纳击穿。

击穿破坏了 PN 结的单向导电性,当击穿电流过大时,会因发热而烧坏 PN 结。因此,通常情况下应避免 PN 结发生反向击穿。值得注意的是,只要限制击穿时流过 PN 结的电流,击穿就不损坏 PN 结。

综合上述分析,可做出 PN 结的伏安特性曲线,如图 1.11 所示,图中 U_{BR} 称为反向击穿电压。

PN 结的特性对温度的变化特别敏感,反映在伏安特性上即为:温度升高,正向特性曲线左移,反向特性曲线下移。具体变化规律为:温度每升高 1℃,正向压降减小 2~2.5 mV;温度每升高 10℃，反向饱和电流 I_S 约增大一倍。

4. PN 结的电容效应

PN 结能够存储电荷，而且电荷的变化与外加电压的变化有关，说明 PN 结具有电容效应。PN 结的电容可分为势垒电容和扩散电容。

1）势垒电容

空间电荷区中，PN 结的交界面一边是受主离子，带负电，另一边是施主离子，带正电，相当于存储了电荷。以 PN 结正偏为例，当 PN 结外加正向电压变大时，空间电荷区变窄，存储电荷变少。可见，耗尽区存储的电荷随外加电压的变化而增加或减少，这种现象与电容器充放电的过程类似，表现为一个电容，称之为势垒电容，用 C_b 表示。C_b 具有非线性，它与结面积、耗尽区宽度、半导体的介电常数及外加电压等因素有关。

2）扩散电容

当 PN 结处于平衡状态时，其 P 区和 N 区内的少数载流子称作平衡少子。当 PN 结处于正向偏置时，从 P 区扩散到 N 区的空穴及从 N 区扩散到 P 区的自由电子称为非平衡少子。当外加正向电压一定时，靠近耗尽层区域的非平衡少子的浓度大，而远离耗尽层区域的非平衡少子的浓度小，且浓度由大到小逐渐衰减，直到为零，形成一定的浓度梯度，从而形成扩散电流。因此，当外加正向电压改变时，非平衡少子的浓度梯度随之变化，相应非平衡少子的数量也随之改变。在扩散区这种电荷的积累和释放过程与电容器的充放电过程类似，这种因多子扩散所引起的电容效应称为扩散电容，用 C_d 表示。C_d 也具有非线性，它与流过 PN 结的正向电流 i、温度电压当量 U_T 以及非平衡少子的寿命 τ 有关。

由此可见，PN 结的总电容 C_j 为 C_b 与 C_d 之和，即

$$C_j = C_b + C_d \tag{1.3}$$

当 PN 结正偏时，结电容以 C_d 为主，即 $C_j \approx C_d$；当 PN 结反偏时，结电容以 C_b 为主，即 $C_j \approx C_b$。由于 C_b 与 C_d 一般都很小（结面积小的为 1 pF 左右，结面积大的为几十 pF 至几百 pF），在低频时呈现很大的容抗，其作用可以忽略不计，因而在信号频率较高时，才考虑结电容的影响。

§1.2　半导体二极管

将 PN 结加上电极引线并用外壳封装起来就构成了半导体二极管，简称二极管。二极管中，由 P 区引出的电极为阳极，由 N 区引出的电极为阴极。利用 PN 结的不同特性可制成不同功能的二极管。例如，利用 PN 结的单向导电性，可制成普通二极管；利用其反向击穿特性，可制成稳压二极管；利用其光敏特性，可制成光电二极管；利用 PN 结中正偏时扩散到对方区域的非平衡少子与所在区域的多子复合时释放出光能这一特性，可制成发光二极管。

本节将介绍二极管的结构、特性、主要参数及特殊二极管的功能。

1.2.1　二极管的结构

二极管的结构可分为点接触型和面接触型两类。

点接触型二极管是由一根金属丝经过特殊工艺与半导体表面相接形成 PN 结的,如图 1.12(a)所示。因而点接触型二极管的结面积小,不能通过较大的电流,但其结电容较小,一般在 1 pF 以下,可在较高的频率下工作,常用于高频电路及小功率整流电路。面接触型二极管是采用合金法或扩散法制成的,如图 1.12(b)所示。其结面积较大,可通过较大的电流,但其结电容较大,因而只能在较低的频率下工作,常用于整流电路。二极管的电路符号如图 1.12(c)所示。

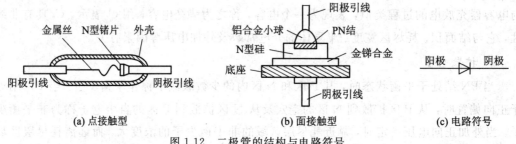

(a) 点接触型　　　　　　　　(b) 面接触型　　　　　　　　(c) 电路符号

图 1.12　二极管的结构与电路符号

1.2.2　二极管的伏安特性

二极管的主要结构是 PN 结,与 PN 结一样,二极管也具有单向导电性。因此,二极管的伏安特性应具有 PN 结伏安特性的特征。但是,由于二极管受半导体体电阻和引线电阻及表面漏电流等因素的影响,其伏安特性与 PN 结的伏安特性又略有差异。如果忽略这个差异,则可以用 PN 结的电流方程对二极管的伏安特性进行描述。二极管的典型伏安特性曲线可以表示为

$$i_D = I_S(e^{\frac{u_D}{U_T}} - 1) \tag{1.4}$$

二极管伏安特性曲线如图 1.13 所示。

将图 1.13 与图 1.11 进行比较,从中可见二者的区别如下:

反映在正向特性上,对于同一外加电压值,二极管的正向电流小于 PN 结的正向电流;或者说,当外加正向电压时,在电流相同的情况下,二极管的端电压大于 PN 结的端电压。在大电流情况下,这种影响更为明显。从二极管的伏安特性曲线可以看出,只有当正向电压足够大时,正向电流才从零开始随着外加

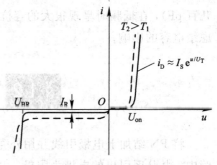

图 1.13　二极管伏安特性曲线

电压的增大而按指数规律增加。使二极管开始导通的临界电压称为开启电压 U_{on}(或死区电压)。在室温下,硅二极管的 U_{on} 约为 0.6～0.7 V,工程估算值习惯取 0.7 V;锗二极管的 U_{on} 约为 0.2～0.3 V,工程估算值习惯取 0.3 V。

反映在反向特性上,由于二极管表面漏电流的影响,其反向电流 I_R 要比理想 PN 结的反向饱和电流 I_S 大得多,而且当反向电压增大时,反向电流 I_R 略有增加。尽管如此,对于小功

率二极管，其反向电流仍然很小。硅二极管的 I_R 小于 $0.1~\mu A$，锗二极管的 I_R 小于几十微安。

1.2.3　温度对二极管伏安特性的影响

温度升高时，由本征激发所产生的少数载流子的浓度增强，因而反向饱和电流 I_S 增大。实验表明，温度每升高 $10\,^\circ\!C$，I_S 增加一倍，这会导致二极管的反向电流随温度升高而绝对值变大。正向电流中，虽然热电压 U_T 增加使得 e^{u_D/U_T} 减小，但是 I_S 的作用更大，所以总体上正向电流随温度升高而变大。这导致导通电压 U_{on} 相应减小。图 1.13 中虚线所示为温度升高后的伏安特性曲线。因此，环境温度升高时，二极管的正向特性曲线左移，反向特性曲线下移。

1.2.4　二极管的主要参数

为了描述二极管的性能和安全工作范围，常引入以下几个主要参数。这些参数一般可以从器件手册中查到，也可以通过对器件进行直接测量而获得。

1. 最大整流电流 I_F

I_F 是指二极管长期运行时，允许通过的最大正向平均电流，其值与 PN 结的面积及外部散热条件等有关。在规定的散热条件下，若二极管的正向平均电流超过 I_F，则将因 PN 结的温度升高而烧坏二极管。

2. 最高反向工作电压 U_{RM}

U_{RM} 是指二极管工作时，允许外加的最大反向电压。为了确保二极管安全工作，不致击穿，通常 U_{RM} 取反向击穿电压 U_{BR} 的一半。

3. 反向电流 I_R

I_R 是指二极管未发生击穿时的反向电流。I_R 愈小，单向导电性能愈好。I_R 与温度密切相关，温度升高，I_R 增大。

4. 二极管的电阻

一般的电阻元件的直流电阻和交流电阻相同，而二极管的伏安特性曲线呈非线性，所以其直流电阻和交流电阻不相等。

1）直流电阻 R_D

R_D 为二极管两端所加直流电压 U_D 与流过它的电流 I_D 的比值，即

$$R_D = \frac{U_D}{I_D} \tag{1.5}$$

其几何意义如图 1.14(a) 所示。以 U_D 和 I_D 为坐标，找出直流信号下二极管的工作点，即直流静态工作点 Q，其与原点连线斜率的倒数即为 R_D。不难看出，当 Q 点的位置变化时，R_D 也随之变化。正向时 R_D 随着工作电流的增大而减小，反向时 R_D 随着反向电压的增大而增大。

2）交流电阻 r_d

在直流电压 U_D 的基础上，二极管两端的电压有微小的变化 Δu 时，其中的电流也在直流电流 I_D 的基础上变化了 Δi，如图 1.14(b) 所示，二极管的工作点在直流静态工作点 Q 的基础上沿伏安特性曲线产生了位移。在这个变化范围内，可以近似地认为伏安特性曲线是

线性的。定义在 Q 点附近的小范围内，电压的增量与电流的增量之比为 r_d，即

$$r_d = \frac{\Delta u}{\Delta i}\bigg|_Q \approx \frac{\mathrm{d}u}{\mathrm{d}i}\bigg|_Q \tag{1.6}$$

显然，r_d 也随 Q 点的位置变化而变化，并在同一处的 r_d 和 R_D 并不相等。r_d 的几何意义是二极管特性曲线上 $Q(U_D, I_D)$ 点处切线斜率的倒数（如图 1.14(b) 所示）。

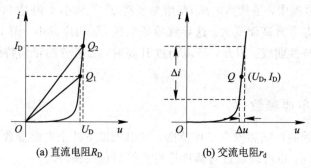

(a) 直流电阻 R_D　　　　　　　(b) 交流电阻 r_d

图 1.14　二极管电阻的几何意义

由二极管的电流方程 $i_D = I_S(e^{\frac{u_D}{U_T}} - 1)$ 有

$$\mathrm{d}i_D = I_S e^{\frac{u_D}{U_T}} \frac{1}{U_T} \mathrm{d}u_D$$

所以

$$r_d = \frac{\Delta u}{\Delta i}\bigg|_Q = \frac{\mathrm{d}u_D}{\mathrm{d}i_D}\bigg|_Q = \frac{U_T}{I_S e^{\frac{u_D}{U_T}}}\bigg|_Q \approx \frac{U_T}{I_{DQ}} \tag{1.7}$$

式中：I_{DQ} 表示 Q 点的直流电流值，习惯上称 Q 点为静态工作点。

在室温下，$U_T \approx 26$ mV，则 $r_d = 26$ mV$/I_{DQ}$，这表明二极管的动态电阻可通过代入其静态工作点的电流而求得，反映了动态电阻与静态工作电流有关。

当二极管两端电压 $u = U_{DQ} + \Delta u$ 时，其中的电流为

$$i_D = I_{DQ} + \Delta i = \frac{U_{DQ}}{R_D} + \frac{\Delta u}{r_d} \tag{1.8}$$

5. 最高工作频率 f_M

f_M 为二极管工作的上限截止频率。f_M 是与结电容有关的参数，当工作频率超过此值时，二极管不能很好地体现单向导电性。

值得注意的是，由于制造工艺所限，半导体器件的参数具有分散性，同一型号管子的参数值也会有相当大的差距，因而器件手册上往往给出的是参数的上限值、下限值或范围。在实际测量二极管参数时，应注意每个参数的测试条件。当测试条件与使用条件不同时，其参数也会发生变化。

在实际应用中，应根据管子所用场合，管子所承受的最高反向电压、最大正向平均电流、工作频率、环境温度等条件，选择满足条件的二极管。

1.2.5　二极管等效模型

二极管的伏安特性曲线具有非线性，这给二极管应用电路的分析带来了一定的困难。

为了简化分析过程，在大信号作用的条件下，二极管的伏安特性曲线可以进行适当的近似，常采用线性元件所构成的电路来近似模拟二极管的的特性，并用之取代电路中的二极管。这种能够模拟二极管特性的电路称为二极管的等效电路，也称为二极管的等效模型。根据二极管的伏安特性可以构造多种等效模型，对于不同场合下不同的分析要求，应选用合适的等效电路。

1. 折线型等效电路

在大信号工作时，二极管的非线性主要表现为单向导电性。二极管的伏安特性曲线可以用两段直线近似，如图 1.15(a)所示。该伏安特性表现了二极管导通电压 U_{on} 和交流电阻 r_d 的关系。其中线段 I 对应二极管的导通状态，线段 II 对应二极管的截止状态。与该伏安特性对应的电路模型如图 1.16(a)所示。二极管相当于一个开关，开关闭合时，电路等效成导通的二极管，对外表现为 U_{on} 和 r_d；开关打开时，电路等效为截止的二极管，对外呈开路。这种二极管的等效电路称为折线型等效电路。

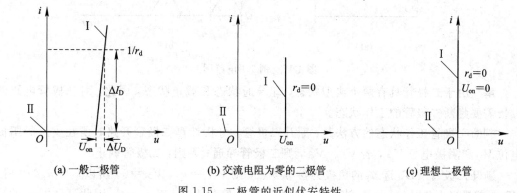

(a) 一般二极管　　　　　　　(b) 交流电阻为零的二极管　　　　　　　(c) 理想二极管

图 1.15　二极管的近似伏安特性

2. 恒压降型等效电路

当 r_d 与外电路电阻相比可以忽略(为零)时，伏安特性曲线 I 段的斜率为无穷大，变为垂直，如图 1.15(b)所示，表示当二极管导通时，管压降始终为 U_{on}。图 1.16(b)所示为对应的电路模型。当开关闭合时，表示二极管导通，管压降始终为 U_{on}；当开关打开时，电路等效为截止的二极管，对外呈开路。这种二极管的等效电路称为恒压降型等效电路。

3. 理想二极管等效电路

如果忽略压降 U_{on}，则二极管导通时对外呈短路，截止时对外呈开路，这种二极管称为理想二极管，如图 1.15(c)所示，图 1.16(c)所示为对应的电路模型。

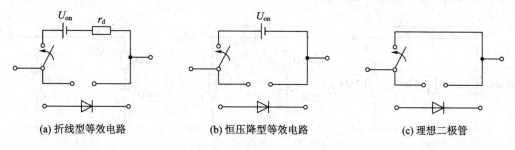

(a) 折线型等效电路　　　　　　　(b) 恒压降型等效电路　　　　　　　(c) 理想二极管

图 1.16　二极管的简化电路模型

二极管作为基本电子元件，其应用范围较广。例如，利用二极管单向导电性，可实现将交流电变为单方向的脉动电压，此时二极管作为整流元件使用；利用二极管正向导通后，端电压基本维持不变的特性，可用于限幅电路；利用二极管的温度效应，可在有关电路中作为温度补偿元件使用，还可作为温度传感器用于温度测量中。在后续内容中，将逐步深入了解二极管的具体应用。下面仅举几个例子来说明二极管的简单应用。

【例 1.1】　电路如图 1.17(a)所示，设电源电压 $u_S = 100\ \sin\omega t$，二极管可用理想模型代替，试分析电路输出电压，并画出其波形。

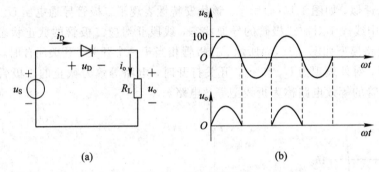

图 1.17　例 1.1 电路图

解　由于二极管具有两个典型状态，即导通状态和截止状态，因此，对二极管电路的分析需要判断二极管的工作状态。

判断二极管工作状态的方法是：断开二极管，分析计算二极管开路时所在支路的阳极电位 $V_{阳}$ 和阴极电位 $V_{阴}$，若 $V_{阳} > V_{阴}$，则二极管导通；否则，二极管截止。

断开二极管 VD，选 u_S 的负极为参考零点，则 $V_{阳} = u_S$，$V_{阴} = 0$。所以，当 $u_S > 0$ 时，VD 正偏导通，此时 $u_o = u_S$；当 $u_S < 0$ 时，VD 反偏截止，此时 $u_o = 0$，因此可做出 u_o 的波形，如图 1.17(b)所示。

通过分析可知，该电路是利用二极管的单向导电性，把输入的双极性电压变成单极性输出电压；或者从电流来看，是把双向电流变成单相的脉动直流电流，这种电路称为整流电路。如果输出信号只保留了输入信号的正半周或负半周波形，则称为半波整流（本例就属于半波整流）；如果输出信号把输入信号的负半周波形对折到正半周，与原来正半周的波形一并输出，或把输入信号的正半周波形对折到负半周，与原来负半周的波形一并输出，则称为全波整流。

【例 1.2】　电路如图 1.18(a)所示，已知二极管的导通电压 $U_{on} = 0.7\ \text{V}$，交流电阻 $r_d \approx 0$，其余参数如图所示。试计算 U_o 和 I_D。

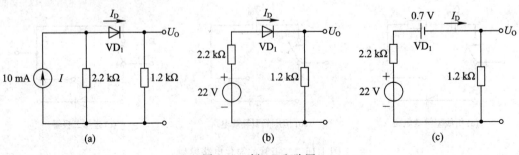

图 1.18　例 1.2 电路图

解 由于二极管具有两个典型状态，即导通状态和截止状态，因此，对二极管电路的分析需要判断二极管的工作状态。

首先将图(a)等效为图(b)，然后断开二极管，选 22 V 电压源的负极为参考零点。此时，二极管的阳极电位为 22，阴极电位为 0，二极管处于导通状态，用恒压源 $U_{on}=0.7$ V 代替二极管，得到二极管的等效电路模型如图(c)所示。则

$$I_D = \frac{22-0.7}{2.2+1.2} = \frac{21.3}{3.4} \text{ mA} = 6.26 \text{ mA}$$

$$U_O = 1.2 \times I_D = 1.2 \times 6.26 \text{ V} = 7.51 \text{ V}$$

【例 1.3】 二极管双向限幅电路如图 1.19(a)所示，其中二极管的导通电压为 0.7 V，交流电阻 $r_d \approx 0$，若输入电压 $u_s = 5\sin\omega t$，试画出电路输出电压的波形。

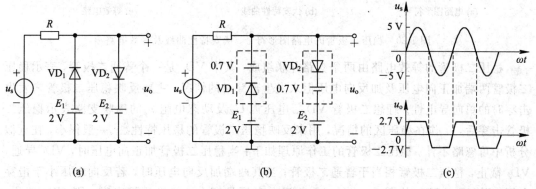

图 1.19 例 1.3 电路图

解 用恒压降型等效电路代替实际二极管，等效电路如图 1.19(b)所示。首先判断二极管的工作状态，断开二极管 VD_1、VD_2，选 u_s 的负极为参考零点。此时，二极管 VD_1 的阳极电位为 -2 V，阴极电位为 $u_s+0.7$ V；二极管 VD_2 的阳极电位为 u_s，阴极电位为 2.7 V。当 $u_s+0.7$ V <-2 V，即 $u_s<-2.7$ V 时，VD_1 正偏导通，VD_2 反偏截止，输出电压被钳制在 -2.7 V；当 $u_s>2.7$ V 时，VD_2 正偏导通，VD_1 反偏截止，输出电压被钳制在 2.7 V。当 -2.7 V $<u_s<2.7$ V 时，VD_1、VD_2 均反偏截止，此时 R 中无电流，所以 $u_o=u_s$；综合上述分析，可画出波形如图 1.19(c)所示。输出电压的幅值被限制在 ±2.7 V 之间。

1.2.6 稳压二极管

一般二极管只工作在导通和截止状态，而稳压二极管则工作在击穿状态。稳压二极管是一种由硅材料制成的面接触型晶体二极管，简称稳压管。与普通二极管相比，稳压二极管在反向击穿后，伏安特性曲线很陡峭，在一定的电流范围内，端电压几乎不变，表现出稳压的特性。因而稳压二极管广泛应用于稳压电源和限幅电路中。

1. 稳压二极管的伏安特性与等效电路

稳压二极管的电路图形符号、伏安特性曲线及等效电路如图 1.20 所示。从其伏安特性曲线可以看出，稳压二极管的正、反向特性与普通二极管的伏安特性类似。其区别在于反向击穿后，击穿区的曲线更加陡峭，几乎平行于纵轴，表现出很好的稳压特性。但稳压二极管发生反向击穿后，必须控制其反向电流，使稳压二极管的工作电流 I_Z 不超出 $I_{Z\min}$ 和

$I_{Z\,max}$的范围，以保证稳压二极管能安全工作，不会因为功耗过大而烧坏管子。如果稳压二极管的最大功耗为P_M，则I_Z应小于$I_{Z\,max}=P_M/U_Z$。

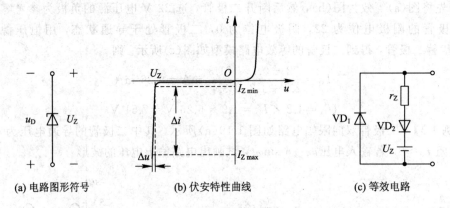

(a) 电路图形符号   (b) 伏安特性曲线   (c) 等效电路

图 1.20   稳压二极管的电路图形符号、伏安特性曲线及等效电路

稳压二极管的等效电路由两条支路并联组成，其中VD_1是一个普通二极管，表示稳压二极管两端加正向电压及加反向电压但未发生击穿时的情况，主要反映稳压二极管未发生击穿时的单向导电性。理想二极管VD_2、电压源U_Z及动态电阻r_z的串联支路表示稳压二极管击穿后，工作在稳压区的情况，用来反映稳压二极管的稳压特性。r_z一般很小，在近似分析中可忽略不计。稳压二极管的工作原理如下：当稳压二极管加正向电压时，VD_1导通，VD_2截止，稳压二极管相当于普通二极管；当其两端加反向电压时，若反向电压小于击穿电压，则VD_1、VD_2均截止，$u_o\approx0$；若反向电压足够大，使稳压管击穿，则VD_1截止，VD_2导通，输出电压$u_o=I_Zr_z+U_Z\approx U_Z$，实现稳压。

典型的稳压二极管电路如图1.21所示，图中输入电压$U_I>U_Z$，R为限流电阻，R_L为负载电阻。当U_I有波动，或R_L改变时，工作电流I_Z也会发生相应的变化，但I_Z的变化只要不超出$I_{Z\,min}$和$I_{Z\,max}$的范围，就可以保证稳压二极管VD_Z两端的电压仍然是U_Z，结果使输出电压$U_O=U_Z$几乎不变，达到稳压的效果。为了保证稳压管能正常工作，限流电阻R是必不可少的，而且限流电阻R的取值需要在一个合适的范围，才能保证稳压管的工作电流I_Z的变化不超出$I_{Z\,min}$和$I_{Z\,max}$的范围。关于限流电阻R的估算，我们将在直流电源一章中介绍。

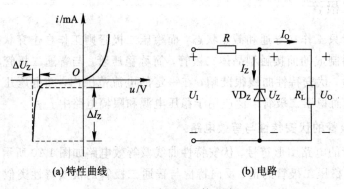

(a) 特性曲线   (b) 电路

图 1.21   稳压二极管电路

在稳压二极管实际应用电路的分析中,应首先判别稳压管的工作区域,然后对等效电路进行简化。稳压二极管的工作区域与等效电路的对应关系如图 1.22 所示。

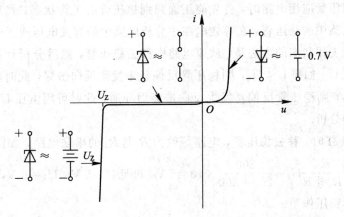

图 1.22 稳压二极管在不同工作区域对应的近似等效电路

2. 稳压二极管的主要参数

1) 稳定电压 U_Z

U_Z 是指反向击穿后电流为规定值时,稳压二极管两端的电压值。由于半导体器件参数的分散性,同一型号的稳压二极管 U_Z 存在一定的差别,使用时可通过测量确定其准确值。

2) 稳定电流 I_Z

I_Z 是指稳压二极管正常工作时的参考电流。电流低于此值时,稳压效果变差,甚至不能稳压,故也常常将 I_Z 记作 $I_{Z\,min}$。

3) 最大稳定电流 $I_{Z\,max}$

$I_{Z\,max}$ 是指稳压二极管正常工作时允许通过的最大电流。若电流超过此值,将会因结温升高而损坏稳压管。

4) 额定功率 P_{ZM}

P_{ZM} 是指 U_Z 与 $I_{Z\,max}$ 的乘积,是由管子结温限制所给出的极限参数。为了保证稳压二极管安全工作,使用中其功耗不允许超过此值。对于一个具体的稳压二极管,可以通过其 P_{ZM} 的值,求出 $I_{Z\,max}$ 的值。

5) 动态电阻 r_Z

r_Z 是指稳压管工作在稳压区时,端电压变化量与其电流变化量之比,即 $r_Z = \Delta U_Z / \Delta U_I$。$r_Z$ 愈小,稳压管的稳压特性愈好。对于同一只管子,工作电流越大,r_Z 越小。对于不同型号的管子,r_Z 将不同,从几欧到几十欧。

6) 温度系数 α

α 表示温度每变化 1℃稳压值的变化量,即 $\alpha = \Delta U_Z / \Delta T$。通常 $U_Z < 4$ V 的稳压二极管具有负温度系数(属于齐纳击穿),即温度升高时稳压值下降;$U_Z > 7$ V 的稳压二极管具有正温度系数(属于雪崩击穿),即温度升高时稳压值上升;当 4 V$< U_Z < 7$ V 时,温度系数最小,近似为零(齐纳击穿和雪崩击穿均有)。

【例 1.4】 稳压电路如图 1.23 所示，已知 $U_Z = 6$ V，$I_{Z\,min} = 5$ mA，$I_{Z\,max} = 25$ mA，$R = 200$ Ω，$U_I = 10$ V，试分别分析 $R_L = 200$ Ω 和 600 Ω 时，电路的工作情况。

解　分析稳压管应用电路时，首先应正确判别稳压管的工作状态；然后用相对应的等效电路替换原电路中的稳压管，在等效电路中分析电路中的有关电压或者电流值。

判别稳压管工作状态的方法是：从原电路中移去稳压管，然后分析计算稳压管开路后所在支路的电压 U。如果 $U < U_Z$，则稳压管反偏且未发生反向击穿，此时稳压管等效为开路；如果 $U \geqslant U_Z$，则稳压管反偏且发生反向击穿而导通，此时可用恒压 U_Z 代替稳压管对电路做进一步的分析。

当 $R_L = 200$ Ω 时，移去稳压管，电路等效为 R 与 R_L 的串联电路，如图 1.24 所示。由分压原理有 $U = \dfrac{R_L}{R_L + R} U_I = \dfrac{200}{200 + 200} \times 10 = 5$ V，可见 $U = 5$ V $< U_Z = 6$ V，稳压管不导通，故电路无法实现稳压作用。

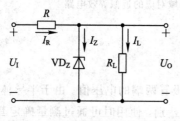

图 1.23　稳压管稳压电路图

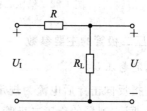

图 1.24　移去稳压管后的等效电路

当 $R_L = 600$ Ω 时，移去稳压管，分析计算有 $U = \dfrac{R_L}{R_L + R} U_I = \dfrac{600}{600 + 200} \times 10 = 7.5$ V，可见 $U = 7.5$ V $> U_Z$，稳压管工作在反向击穿区，使输出电压稳定。此时有

$$U_O = U_Z = 6 \text{ V}$$

$$I_L = \frac{U_O}{R_L} = \frac{6}{0.6} \text{ mA} = 10 \text{ mA}$$

$$I_R = \frac{U_I - U_O}{R} = \frac{10 - 6}{0.2} \text{ mA} = 20 \text{ mA}$$

$$I_L = I_R - I_L = 20 - 10 \text{ mA} = 10 \text{ mA}$$

1.2.7　其他二极管

1. 发光二极管

发光二极管是一种将电能转换为光能的半导体器件。它由一个 PN 结组成，其电路图形符号如图 1.25 所示。发光二极管也具有单向导电性，只有当外加正向电压时，多子扩散进入对方区域后在复合过程中，才以光的形式辐射多余的能量，而发出可见光和不可见光。可见光的颜色有红、黄、绿、橙等，其颜色与半导体材料有关。

发光二极管正偏导通时，其开启电压比普通二极管大，红色的在 1.6～1.8 V 之间，绿色的约为 2 V。其发光亮度与正向电流成正比，即工作电流愈大，亮度愈强。其典型电流为 10 mA。使用时，应特别注意不要超过正向最大电流和反向击穿电压等极限参数。

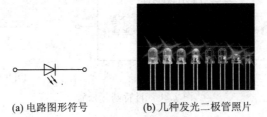

(a) 电路图形符号   (b) 几种发光二极管照片

图 1.25 发光二极管

发光二极管主要用于显示设备中，如各种指示灯、数码管等。

2. 光电二极管

光电二极管是一种将光能转换为电能的半导体器件。PN 结型光电二极管可利用 PN 结的光敏特性，将所接收到的光的变化转换为电流的变化，其电路图形符号如图 1.26 所示。

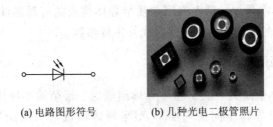

(a) 电路图形符号   (b) 几种光电二极管照片

图 1.26 光电二极管

光电二极管中的 PN 结在使用中一般处于反向偏置状态，在光照下，耗尽区将激发出大量的自由电子、空穴对，这些被激发的载流子通过外电路形成反向电流，该电流称为光电流，其值随着光照强度的增强而增大。

光电二极管主要用于测量及控制电路中。

3. 变容二极管

如前所述，PN 结加反向电压时，结上呈现势垒电容，该电容随反向电压增大而减小。利用这一特性制作的二极管称为变容二极管。它的电路图形符号如图 1.27 所示。变容二极管的主要参数有变容指数、结电容的压控范围及允许的最大反向电压等。

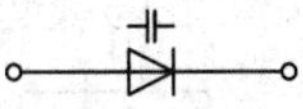

图 1.27 变容二极管符号

4. 肖特基二极管

肖特基势垒二极管是利用金属与 N 型半导体接触，在交界面形成势垒区的二极管，简称肖特基二极管。因此，肖特基二极管也称为金属-半导体结二极管或表面势垒二极管。它的原理结构和对应的电路图形符号如图 1.28 所示，阳极连接金属，阴极连接 N 型半导体。与 PN 结二极管相比，肖特基二极管也同样具有单向导电性；不同的是，肖特基二极管是依靠多数载流子工作的器件，无少子存储效应，高频特性好；而且导通电压和反向击穿电压均比 PN 结二极管低。

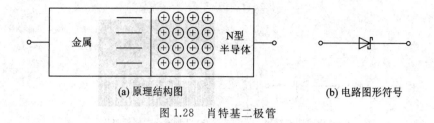

(a) 原理结构图　　　　　　(b) 电路图形符号

图 1.28　肖特基二极管

§1.3　双极型晶体管

三极管被认为是现代最伟大的发明之一，在重要性方面可以与印刷术、汽车和电话等发明相提并论，是所有现代电路与系统的关键部件。

三极管主要分为两大类：双极性晶体管（Bipolar Junction Transistor，BJT）和场效应晶体管（Field Effect Transistor，FET）。双极性晶体管简称为晶体管，其中有两种带有不同极性电荷的载流子参与导电，是由三层杂质半导体构成的有源器件。本节主要讨论晶体管的结构、内部载流子的运动规律、特性曲线及主要参数。

1.3.1　晶体管的结构与符号

由两个 N 型半导体中间夹一层 P 型半导体组成的三层杂质半导体器件，称为 NPN 型晶体管，由两个 P 型半导体中间夹一层 N 型半导体组成的三层杂质半导体器件，称为 PNP 型晶体管。无论哪一种类型，晶体管的中间层称为基区，两侧异型层分别称为发射区和集电区。三个区各自引出一根电极与外电路相连，并记为 b、e、c。b 叫作基极，其所连接的区域叫作基区；e 叫作发射极，其所连接的区域叫作发射区；c 叫作集电极，其所连接的区域叫作集电区。基区与发射区之间的 PN 结叫作发射结（e 结）；基区与集电区之间的 PN 结叫作集电结（c 结）。

晶体管的原理结构和电路图形符号如图 1.29 所示。

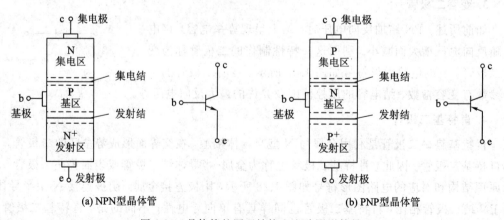

(a) NPN 型晶体管　　　　　　(b) PNP 型晶体管

图 1.29　晶体管的原理结构和电路图形符号

目前制造晶体管普遍使用平面工艺，包括氧化、光刻和扩散等工序。制作时应该保证晶体管的物理结构具备以下特点：一是发射区与集电区虽然为同类型的半导体，但发射区的掺杂浓度大于集电区，掺杂浓度大，多数载流子数目多，其目的在于提高发射效率；二是集电结的面积大于发射结的面积，目的在于提高接收效率；三是基区很薄，只有零点几到数微米，并且掺杂浓度低，以便减少载流子的复合而提高载流子的传输效率。

概括晶体管的结构特点可见：发射区的掺杂浓度大于集电区，基区很薄且掺杂浓度低，集电结的面积大于发射结的面积。由于这些特点，在使用中，发射极和集电极是不能互换的。

1.3.2 晶体管的工作原理

放大是对模拟信号最基本的处理。而晶体管是放大电路的核心器件，它能够控制能量的转换，将输入的任何微小变化不失真地放大输出。

通过合适的外加电压进行直流偏置，可以使晶体管的发射结正偏，集电结反偏，此时的晶体管工作在放大状态。我们首先观察工作在放大状态时晶体管内部载流子的运动情况，得到内部载流子电流的分布，研究内部载流子电流的分配关系以及它们和晶体管三个极电流的关系，在此基础上分析晶体管放大交流信号的原理。

1. 晶体管内部载流子的运动

以图 1.30(a)所示放大状态下的 NPN 型晶体管为例，载流子的定向运动基本上可以分为以下三个阶段。

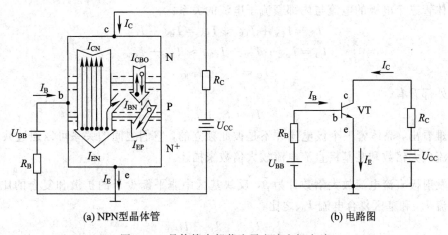

(a) NPN 型晶体管　　　　　(b) 电路图

图 1.30　晶体管内部载流子电流和极电流

1）发射区向基区注入电子

因为发射结加正向电压，且发射区杂质浓度高，所以发射结以多子扩散运动为主，包括发射区的自由电子扩散到基区，形成电子注入电流 I_{EN}，以及基区的空穴扩散到发射区，形成空穴注入电流 I_{EP}。因为发射区相对基区重掺杂，发射区的自由电子浓度远大于基区浓度，所以 I_{EN} 远大于 I_{EP}，近似分析时可以忽略 I_{EP}。这样，扩散远动形成的电子电流 I_{EN} 和空穴电流 I_{EP} 共同组成了发射极电流 I_E。

2）自由电子在基区中边扩散边复合

自由电子注入基区后，成为基区的非平衡少子，在发射结处浓度最大，而在反偏的集电结处浓度几乎为零，所以在基区中存在明显的自由电子浓度差，导致自由电子继续从发射结向集电结扩散。扩散中，部分自由电子被基区中的空穴复合掉，形成基区复合电流

I_{BN}。因为基区很薄，又是轻掺杂，所以被复合的自由电子很少，绝大多数自由电子都能扩散到集电结的边缘。

3）集电区收集自由电子

由于集电结加反向电压且其结面积较大，基区的非平衡少子在外电场力的作用下发生漂移运动，进入集电区，形成收集电流 I_{CN}。另外，基区自身的自由电子和集电区的空穴也参与漂移运动，形成反向饱和电流 I_{CBO}。

综上所述，当发射结正偏、集电结反偏时，高掺杂的发射区有大量的多数载流子经过发射结向基区扩散，在基区有少量的非平衡少子被复合，而大量的非平衡少子继续向集电结方向运动并在反偏集电结电场的作用下，经过集电结向集电区漂移形成集电极电流 I_C。这就是当发射结正偏、集电结反偏时，晶体管内部载流子的传输过程。

从上述载流子的传输过程可见，由发射区扩散进入基区的自由电子是由发射结正偏电压 U_{BE} 决定的，这与前面讨论过的 PN 结正向偏置形成扩散电流的情况相同。由于三极管结构上的特殊性，正偏的发射结形成的扩散电流的大部分不是流向基极而是漂移过反偏的集电结形成集电极电流 I_C。这体现了 U_{BE} 对 I_C 的控制作用。

2. 晶体管的电流分配关系

根据图 1.30(a)所示的 NPN 型晶体管内部载流子的运动方向及电流的分布情况，可以得到晶体管三个电极的电流与内部载流子电流的关系：

$$I_E = I_{EN} + I_{EP} \approx I_{EN} = I_{BN} + I_{CN}$$
$$I_B = I_{BN} + I_{EP} - I_{CBO} \approx I_{BN} - I_{CBO}$$
$$I_C = I_{CN} + I_{CBO}$$

从外部看有

$$I_E = I_C + I_B$$

不难看出，晶体管三个极电流并不是彼此独立的，它们之间的关系可以通过共发射极直流电流放大倍数和共基极直流电流放大倍数来描述。

共发射极直流电流放大倍数计为 $\bar{\beta}$，反映基区中非平衡少子的扩散和复合的比例，即收集电流 I_{CN} 和基区复合电流 I_{BN} 之比：

$$\bar{\beta} = \frac{I_{CN}}{I_{BN}} \approx \frac{I_C - I_{CBO}}{I_B + I_{CBO}}$$

共基极直流电流放大倍数计为 $\bar{\alpha}$，反映收集电流 I_{CN} 和电子注入电流 I_{EN} 之比：

$$\bar{\alpha} = \frac{I_{CN}}{I_{EN}} \approx \frac{I_C - I_{CBO}}{I_E}$$

$\bar{\alpha}$ 也间接地反映了基区中非平衡少子的扩散和复合的比例，所以必然地存在 $\bar{\beta}$ 与 $\bar{\alpha}$ 的换算关系，具体如下：

$$\bar{\beta} = \frac{I_{CN}}{I_{BN}} = \frac{I_{CN}}{I_{EN} - I_{CN}} = \frac{\bar{\alpha} I_{EN}}{I_{EN} - \bar{\alpha} I_{EN}} = \frac{\bar{\alpha}}{1 - \bar{\alpha}}$$

$$\bar{\alpha} = \frac{I_{CN}}{I_{EN}} = \frac{I_{CN}}{I_{BN} + I_{CN}} = \frac{\bar{\beta} I_{BN}}{I_{BN} + \bar{\beta} I_{BN}} = \frac{\bar{\beta}}{1 + \bar{\beta}}$$

$\bar{\beta}$ 和 $\bar{\alpha}$ 的值是由晶体管结构和掺杂决定的，与外加电压的大小无关。当结构决定之后，这两个表征其放大能力的参数就基本确定了，$\bar{\beta}$ 的值一般在 $20\sim200$ 之间，而 $\bar{\alpha}$ 的值大约在 $0.97\sim0.995$ 之间。

在近似分析中，$\bar{\beta}$ 和 $\bar{\alpha}$ 通常用来描述晶体管电流之间的关系：

$$I_C = I_{CN} + I_{CBO} = \bar{\beta}I_{BN} + I_{CBO} = \bar{\beta}(I_B + I_{CBO}) + I_{CBO} = \bar{\beta}I_B + (1+\bar{\beta})I_{CBO} = \bar{\beta}I_B + I_{CEO}$$

$$I_{CEO} = (1+\bar{\beta})I_{CBO}$$

其中，I_{CEO} 称为穿透电流，其值很小，如果将其忽略，则有

$$I_C \approx \bar{\beta}I_B \tag{1.9}$$

$$I_E = I_C + I_B = (1+\bar{\beta})I_B \tag{1.10}$$

式(1.9)和式(1.10)是用 $\bar{\beta}$ 来描述晶体管间电流之间的关系。由式(1.9)可以看到，由于 $\bar{\beta}\gg1$，所以当基极电流有一个较小的变化时，会引起集电极电流有一个较大的变化，这就是晶体管的电流放大作用。经过类似的推导，晶体管极电流的关系也可以用 $\bar{\alpha}$ 描述：

$$I_C \approx \bar{\alpha}I_E \tag{1.11}$$

$$I_B = (1-\bar{\alpha})I_E \tag{1.12}$$

$$I_E = I_C + I_B \tag{1.13}$$

上述电流分配关系仅与发射结正偏、集电结反偏有关，与外部电路的连接方式无关。进一步的理论分析和实验表明，当发射极回路加入变化的电压使发射结电压产生 Δu_{BE} 时，上述电流分配关系不变，但各电流均包含变化量。

1.3.3 晶体管的共发射极特性曲线

构成放大电路时，需要在晶体管的两个极之间加上交流信号，在两个极上获得交流输出信号，所以晶体管的三个极有一个必然同时出现在电路的输入回路和输出回路中。如果发射极是输入、输出回路的公共端，那么这种电路组成就称为共发射极组态，如图 1.31 所示。

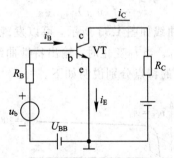

图 1.31 共射放大电路放大交流信号

晶体管的特性曲线描述各电极之间电压、电流的关系，用于对晶体管的性能、参数和晶体管电路的分析估算。实际中，特性曲线可通过电路测量绘制，也可由晶体管特性图示仪直接显示。

1. 共发射极输入特性曲线

共发射极输入特性曲线是指以 u_{CE} 作为参变量时，晶体管的输入电流 i_B 与电压 u_{BE} 之间的关系曲线，即

$$i_B = f(u_{BE})\big|_{u_{CE}=常数}$$

当 $u_{CE}=0$ 时，相当于发射结与集电结短路，等同于两个二极管并联。因此，输入特性曲线与二极管的伏安特性曲线类似，呈指数关系。当 b、e 之间所加正向电压大于死区电压后，随着 u_{BE} 的增加，i_B 上升得很快，见图 1.32 中标注 $u_{CE}=0$ 的那条曲线。

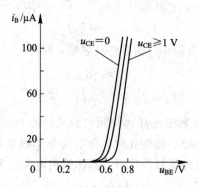

图 1.32　晶体管的输入特性曲线

当 $0<u_{CE}<1$ V 时，随着 u_{CE} 的增加，输入特性曲线右移。这是因为集电结由正向偏置向反向偏置过渡，在 u_{BE} 的作用下，由发射区进入基区的非平衡少子受到反偏集电结电场的作用，其大部分漂移到集电区形成集电极电流。因此，对于一定的 u_{BE}，i_B 减小，这是曲线右移的原因。

当 $u_{CE}\geqslant 1$ V 时，集电结反偏已经形成，能够收集基区的绝大部分非平衡少子。因此，对于不同的 u_{CE}，u_{BE} 与 i_B 的关系受 u_{CE} 的影响减小，故特性曲线右移不明显。实际中，对于小功率管，常用 $u_{CE}=1$ V 时的输入特性曲线代表 $u_{CE}>1$ V 的输入特性。

2. 共发射极输出特性曲线

共发射极输出特性曲线是指以 i_B 为参变量时，i_C 与 u_{CE} 之间的关系曲线，即

$$i_C=f(u_{CE})\Big|_{i_B=常数}$$

典型的共发射极输出特性曲线如图 1.33 所示，可以发现，i_C 与 u_{CE} 之间的关系曲线并不唯一，而是取决于输入电流 i_B。当 i_B 变化时，输出特性曲线可分为三个工作区域，即放大区、饱和区、截止区。其各自的特点分别说明如下。

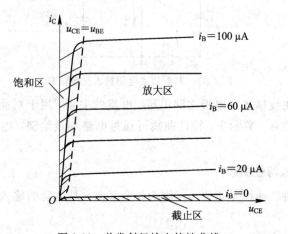

图 1.33　共发射极输出特性曲线

1）放大区

晶体管发射结正偏、集电结反偏时的工作区域为放大区。在输出特性曲线上，放大区对应 $i_B=0$ 的一条曲线以上，且 $u_{BE}=u_{CE}$ 的虚线右边的区域。在这个区域内，基极电流 i_B 对集电极电流 i_C 的控制作用十分明显，可以用共发射极交流放大倍数来衡量 i_B 的变化量与 i_C 变化量之间的关系，有

$$\beta = \frac{\Delta i_C}{\Delta i_B}$$

放大区内 β 的取值基本不随 i_C 变化，而且因为反向饱和电流很小，所以 $\beta \approx \bar{\beta}$。这样，$i_C = \beta i_B$。另外，当 u_{CB} 为常数时，i_C 的变化量与 i_E 变化量之比定义为共基极交流放大倍数，有

$$\alpha = \frac{\Delta i_C}{\Delta i_E}$$

因为 $\alpha \approx \bar{\alpha}$，所以 α 与 β 之间有与 $\bar{\alpha}$ 和 $\bar{\beta}$ 之间同样的换算关系。另一特点是 u_{CE} 的变化对 i_C 的影响很小，反映在特性曲线上为：对于特定的 i_B，当 u_{CE} 增大时，i_C 略有增加，即特性曲线略有上翘。

2）饱和区

晶体管发射结正偏、集电结正偏时的工作区域为饱和区。正偏的集电结不利于收集基区中的非平衡少子，所以同一 i_B 对应的 i_C 小于放大区的取值，而且 u_{CE} 不变时，不同的 u_{CE} 虽然能够改变发射结上的扩散电流，但该电流的变化基本上被基区复合电流的变化抵消，从而产生 i_B 的变化，而 i_C 不会明显改变，即 i_B 失去了对 i_C 的控制作用，所以饱和区中各条输出特性曲线彼此重合。当集电结处于反偏和正偏的临界状态，即零偏时，对应的工作点的各个位置连成临界饱和线，如图中虚线所示。当晶体管工作在饱和区时，c、e 之间的压降称为饱和电压，记作 U_{CES}。在深度饱和时，U_{CES} 很小。对于小功率硅管，U_{CES} 约为 0.3 V。

3）截止区

通常认为发射结与集电结均处于反向偏置时的工作区域为截止区。反偏的 PN 结中，漂移电流形成三个极电流，因此电流很小，而且与工作点位于放大区的电流方向相反。

如果 U_{CE} 过大，集电结被反向击穿而引起 i_C 剧增，定义 $i_B=0$ 时，击穿电压为 $U_{(BR)CEO}$，在应用中应注意这一问题。

晶体管的输入特性与输出特性是管子内部导电规律的外在表现，是正确使用管子的重要依据，也是分析晶体管电路的前提条件之一。因此，熟悉特性曲线的形状与特点，对于学好电子技术十分重要。

1.3.4　晶体管的主要参数

晶体管的主要参数是描述其性能的又一种表现形式，是正确使用与选择管子的重要依据。晶体管的主要参数分为电流放大系数、极间反向电流和极限参数三类。

1. 电流放大系数

（1）共基极直流电流放大系数 $\bar{\alpha}$：

$$\bar{\alpha} = \frac{I_C}{I_E} \bigg|_{I_{CBO}=0}$$

(2) 共基极交流电流放大系数 α

$$\alpha = \frac{\Delta i_C}{\Delta i_E}\bigg|_{u_{CB}=\text{常数}}$$

由于在共基极接法中，$i_E = i_C + i_B$，因此 α 与 $\bar{\alpha}$ 的值均小于 1。基于这一原因，α 与 $\bar{\alpha}$ 又分别称为共基极交流电流传输系数和共基极直流电流传输系数。

(3) 共发射极直流电流放大系数 $\bar{\beta}$：

$$\bar{\beta} = \frac{I_C}{I_B}\bigg|_{I_{CEO}=0}$$

(4) 共发射极交流电流放大系数 β：

$$\beta = \frac{\Delta i_C}{\Delta i_B}\bigg|_{u_{CE}=\text{常数}}$$

对于小功率晶体管，由于 I_{CEO}、I_{CBO} 都很小，因此在数值上可以近似认为 $\beta \approx \bar{\beta}$、$\alpha \approx \bar{\alpha}$。在以后的电路分析计算中，对 α 与 $\bar{\alpha}$ 及 β 与 $\bar{\beta}$ 不加区别，均以 α 和 β 来表示其电流放大能力。

2. 极间反向电流

1) 集电极反向饱和电流 I_{CBO}

I_{CBO} 是指发射极开路时，集电极与基极之间的反向电流。对于小功率晶体管，I_{CBO} 约为几微安至几十微安。

2) 集电极发射极穿透电流 I_{CEO}

I_{CEO} 是指基极开路时，集电极与发射极之间的穿透电流。

极间反向电流对温度的变化十分敏感，因此，它们对晶体管的稳定工作影响较大。选管子时，其极间反向电流愈小愈好。一般硅管的极间反向电流比锗管小得多。

3. 极限参数

极限参数是指使晶体管安全工作时，对其电压、电流、功率损耗所做的限制。

1) 集电极最大允许耗散功率 P_{CM}

P_{CM} 取决于晶体管的温升。晶体管正常工作时，对结温有一定的限制。当结温超过一定数值时，管子的性能明显下降，甚至会烧坏管子。因此有必要对其功耗做出限制。P_{CM} 就是集电结受热而引起管子性能变差时所对应的功耗。对于特定的管子，$P_{CM} = I_C U_{CE}$ 为常数。在输出特性曲线所在的坐标平面上，把 i_C 与 u_{CE} 的乘积等于 P_{CM} 的点连成线，所得的曲线称为等功率线。等功率线右上方为过损耗区，如图 1.34 所示。

2) 集电极最大允许电流 I_{CM}

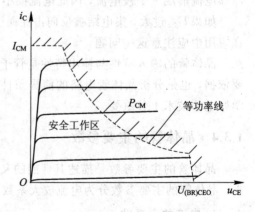

图 1.34 晶体管安全工作区域

当 i_C 在较大的范围内时，β 基本不变，但当 i_C 增大到一定数值时，β 值就会随着 i_C 的增大而减小。I_{CM} 一般指 β 下降到正常值的 2/3 时所对应的集电极电流。

3）极间反向击穿电压

$U_{(BR)CEO}$ 是指基极开路时，集电极—发射极间的反向击穿电压。

$U_{(BR)CBO}$ 是指发射极开路时，集电极—基极间的反向击穿电压。

$U_{(BR)EBO}$ 是指集电极开路时，发射极—基极间的反向击穿电压。

对于不同型号的管子，$U_{(BR)CBO}$ 为几十伏到上千伏，$U_{(BR)CEO}$ 小于 $U_{(BR)CBO}$，而 $U_{(BR)EBO}$ 较小，一般只有几伏。因此，它们之间的关系如下：

$$U_{(BR)EBO} < U_{(BR)CEO} < U_{(BR)CBO}$$

§1.4　场效应管

场效应管是利用输入回路的电场效应来控制输出回路电流的一种半导体器件。由于它仅靠半导体中多数载流子导电，因此又称为单极性晶体管。场效应管不仅具有双极性晶体管体积小、重量轻、寿命长等优点，而且输入回路的内阻更高，达 $10^7 \sim 10^{10}$ Ω，噪声低、热稳定性好、抗辐射能力强，而且更省电，因此从 20 世纪 60 年代诞生起就广泛应用于各种电子电路中。

场效应管的种类较多，主要有结型场效应管、绝缘栅场效应管两种结构形式，每种结构形式又有不同的类型。

1.4.1　结型场效应管

1. 结构与电路图形符号

结型场效应管（Junction Field Effect Transistor，JFET）的结构示意图和电路图形符号如图 1.35 所示。从结构形式看，有 N 沟道和 P 沟道之分。

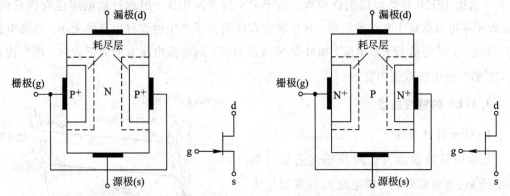

(a) N沟道结型场效应管结构与电路图形符号　　　　(b) P沟道结型场效应管结构与电路图形符号

图 1.35　结型场效应管的结构示意图和电路图形符号

结型场效应管有三个电极，分别叫作栅极（g）、源极（s）、漏极（d）。P 区与 N 区形成耗尽层，源极与漏极之间的非耗尽层区域称作导电沟道。与栅极相连接的半导体掺杂浓度远远高于作为沟道的半导体的掺杂浓度，在正常使用时，栅结是反向偏置的，因此其等效电阻非常大。结型场效应管电路符号中的箭头方向表明栅结正偏时的电流方向。从结构示意图可见，源极与漏极可以互换使用，这一点与晶体三极管不同。

2. 工作原理

下面以 N 沟道 JFET 为例（如图 1.36 所示），分析 JFET 的工作原理。当漏极与源极之间加上漏源电压 u_{DS} 时，N 型导电沟道中形成自上向下的电场，在该电场的作用下，多子——自由电子产生漂移运动，形成漏极电流 I_D。当栅极与源极之间的栅源电压 u_{GS} 为零时，导电沟道最宽，I_D 最大，记作 I_{DSS}。当栅源电压 u_{GS} 为负时，由于两个反偏的 PN 结都变厚，因此导电沟道变窄，沟道电阻变大，所以 I_D 变小。当 $|u_{GS}|$ 足够大时，PN 结的扩张导致导电沟道完全被夹断，结果电流 I_D 减小到零，此时 u_{GS} 称为夹断电压，记为 U_P。所以，改变栅源电压 u_{GS} 可以控制漏极电流 I_D 的大小。因为反偏的 PN 结上仅有很小的反向饱和电流，栅极电流 $I_G \approx 0$，所以场效应管的输入阻抗很大，源极电流 I_S 和漏极电流 I_D 相等。为了保证 PN 结的反偏，并实现 u_{GS} 对漏极电流 I_D 的有效控制，N 沟道 JFET 的 u_{GS} 不能大于零。

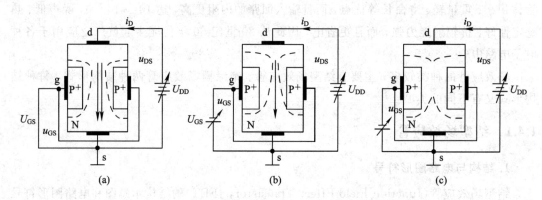

图 1.36　N 沟道 JFET 的工作原理

P 沟道 JFET 有类似的工作原理，由于 PN 结方向相反，因此外加电压也应该反向，u_{GS} 大于零可以保证 PN 结的反偏，并控制空穴作为多子产生的漂移电流的大小。漂移电流的方向也与 N 沟道 JFET 相反，如果以 N 沟道 JFET 的电流电压方向为正方向，则 P 沟道 JFET 的电流电压取值为负。

3. JFET 的特性曲线

1）输出特性曲线

场效应管的输出特性曲线描述的是当栅源电压 u_{GS} 为常数时，漏极电流 i_D 与漏源电压 u_{DS} 的关系，即

$$i_D = f(u_{DS})|_{u_{GS}=常数}$$

典型的 N 沟道 JFET 的输出特性曲线如图 1.37 所示。根据场效应管不同的工作状态，其输出特性曲线可分为三个区域。

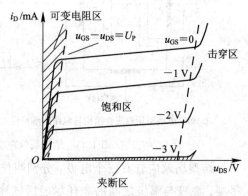

图 1.37　N 沟道 JFET 的输出特性曲线

（1）可变电阻区（也称非饱和区）。

当 $u_{DS}=u_{GS}-U_P$ 即 $u_{GD}=U_P$ 时，在靠近漏极
处，因为 PN 结变厚，导电沟道被局部夹断，称为预
夹断，如图 1.38 所示。代表 $u_{GS}-u_{DS}=U_P$ 的曲线
（如图 1.37 中虚线所示）称为预夹断轨迹，预夹断轨
迹左边的区域为可变电阻区，该区域中的曲线近似
为不同斜率的直线。当 u_{GS} 确定时，直线的斜率也唯
一被确定，直线斜率的倒数为 d、s 之间的电阻。因
而在此区域中，可以改变 u_{GS} 的大小（压控方式）来
改变漏-源等效电阻的阻值，故称之为可变电阻区。

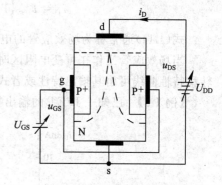

图 1.38　N 沟道 JFET 的预夹断

当 JFET 工作在可变电阻区时，特性曲线有两
个特点：一是当 u_{GS} 为常数时，i_D 随着 u_{DS} 的增加而线性上升，即 d、s 之间具有线性电阻的
特性；二是当 u_{DS} 为常数时，i_D 随着 u_{GS} 的增加而增大。故在可变电阻区 d、s 之间的电阻受
u_{GS} 控制。

（2）恒流区（也称饱和区）。

预夹断轨迹右边到发生击穿之前的区域为恒流区。当 $u_{DS}>u_{GS}-U_P$ 即 $u_{GD}<U_P$ 时，
各曲线近似为一簇横轴的平行线，它体现了出现预夹断之后的恒流特性，因此叫作恒流
区。恒流区内 u_{GS} 对 i_D 的控制能力很强，两者呈平方关系。特性曲线在恒流区的特点是：对
固定的 u_{GS}，u_{DS} 的增加对 i_D 的影响很小，此段曲线平行于横轴；当 u_{DS} 为常数时，不同的
u_{GS} 对应不同的 i_D，体现了 i_D 受 u_{GS} 控制。

（3）截止区（也称夹断区）。

当 $u_{GS} \leqslant U_P$ 时，沟道出现夹断，此时 $i_D=0$。在特性曲线上对应 $u_{GS}=U_P$ 的曲线与横轴
所夹的区域为截止区。

另外，随着 u_{DS} 的增加，靠近漏极处的栅结所承受的反偏电压 $|u_{GD}|$ 也随之增大。当
u_{DS} 增大到某一数值时，靠近漏极处的栅结出现击穿，致使漏极电流 i_D 急剧增大，JFET 进
入击穿区，这在使用中是要注意避免的。

2）转移特性曲线

场效应管的转移特性曲线描述的是当漏源电压
u_{DS} 一定时，漏极电流 i_D 与栅源电压 u_{GS} 间的关
系，即

$$i_D=f(u_{GS})|_{u_{DS}}=常数$$

N 沟道结型场效应管典型的转移特性曲线如图
1.39 所示。图中当 $u_{GS}=0$ 时的漏极电流即为饱和
电流 I_{DSS}，当栅源间的电压 $|u_{GS}|$ 增加时，PN 结耗尽
层的宽度逐渐增加，沟道截面积减小，沟道电阻增
大，所以 i_D 随 $|u_{GS}|$ 增大而减小；当 i_D 减小到接近零
时，栅源间的电压即为夹断电压 U_P。

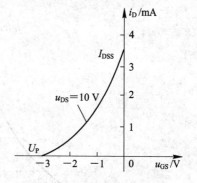

图 1.39　N 沟道结型场效应
管的转移特性曲线

当场效应管工作在饱和区时，其转移特性可用下述公式近似表示：

$$i_D = I_{DSS}\left(1 - \frac{u_{GS}}{U_P}\right)^2 \qquad (U_P \leqslant u_{GS} \leqslant 0) \tag{1.14}$$

式(1.14)通常称为场效应管的电流方程。

当场效应管工作在可变电阻区时,对于不同的 u_{DS},其转移特性曲线将有很大的差别。转移特性曲线可由其输出特性或者式(1.14)求出。

【例 1.5】 已知一 JFET 的输出特性曲线如图 1.40 所示,试做出其转移特性曲线。

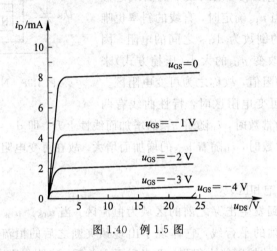

图 1.40　例 1.5 图

解　按照转移特性的定义,它反映了当 u_{DS} 为常数时,i_D 与 u_{GS} 的关系。现取 $u_{DS} = 10$ V,过横轴上 $u_{DS} = 10$ V 的点作纵轴的平行线,由此平行线与输出特性曲线交点可得转移特性曲线上几个点的数据,如表 1.1 所示。利用这组数据在 i_D、u_{GS} 的坐标平面上描点连线,即可作出 $u_{DS} = 10$ V 时对应的转移特性曲线,如图 1.41 所示。实际中也可采用如图 1.41 所示作平行线的方法作出所求的转移特性曲线。

表 1.1　转移特性曲线上的几组数据

u_{GS}/V	0	−1	−2	−3	−4
i_D/mA	8	4.5	2	0.5	0

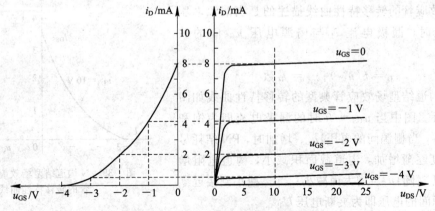

图 1.41　由输出特性求作转移特性曲线

若已知 I_{DSS} 和 U_P，也可利用式(1.14)求出转移特性曲线。为了简化作图过程，可在转移特性曲线上选择 4 个特殊点：$(u_{GS}=0, i_D=I_{DSS})$、$(u_{GS}, i_D=I_{DSS}/2)$、$(u_{GS}=U_P/2, i_D)$、$(u_{GS}=U_P, i_D=0)$。分别把 $u_{GS}=U_P/2$、$i_D=I_{DSS}/2$ 代入式(1.14)可求得对应的值 $i_D=I_{DSS}/4$、$u_{GS}\approx 0.3U_P$。这 4 组数据归纳如表 1.2 所示，由此可画出一条满足工程精度要求的转移特性曲线。

表 1.2　转移特性曲线上的 4 个特殊点

u_{GS}/V	0	$0.3U_P$	$0.5U_P$	U_P
i_D/mA	I_{DSS}	$0.5I_{DSS}$	$0.25I_{DSS}$	0

1.4.2　绝缘栅场效应管

绝缘栅场效应管又称为金属氧化物半导体场效应管（Metal Oxide Semiconductor FET，简称为 MOSFET），其栅极和导电沟道之间隔了一层很薄的 SiO_2 绝缘层，所以它比结型场效应管的输入电阻值更大（一般大于 10^{10} Ω），而且功耗低、集成度高、制造工艺简单，因此在集成电路，特别是在中大规模集成电路中得到了广泛的使用。

MOSFET 根据其导电沟道的不同，分为 N 沟道和 P 沟道两类，而每一类又根据结构上是否存在原始的导电沟道，分为增强型 MOSFET 和耗尽型 MOSFET 两种。

1. 结构与符号

N 沟道增强型 MOSFET 的结构如图 1.42(a)所示，在一块 P 型半导体衬底上，通过高浓度扩散形成两个重掺杂的 N 型区（用 N^+ 表示），分别引出两个电极得到源极 s 和漏极 d，在 P 型衬底的表面覆盖一层很薄的 SiO_2 绝缘层，在两个 N^+ 区之间的绝缘层上再装上一个铝电极作为栅极 g。在图 1.42(a)所示的电路图形符号中，箭头的方向表示由 P（衬底）指向 N（沟道）。P 沟道增强型 MOSFET 则是用 N 型半导体作衬底，在其上扩散形成两个 P^+ 区制作而成的，其结构和电路图形符号如图 1.42(b)所示。

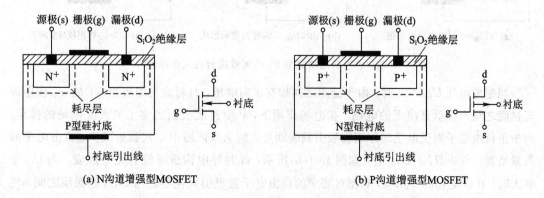

(a) N沟道增强型MOSFET　　　　　　　　　　(b) P沟道增强型MOSFET

图 1.42　增强型 MOSFET 的结构和电路图形符号

增强型 MOSFET 在结构上不存在原始导电沟道，如果制作过程中通过离子掺杂，利用离子电场对空穴和电子的排斥与吸引，在紧靠绝缘层衬底表面形成与重掺杂区同型的原始导电沟道，连通两个重掺杂区，就得到耗尽型 MOSFET，其结构和电路图形符号如图 1.43 所示。

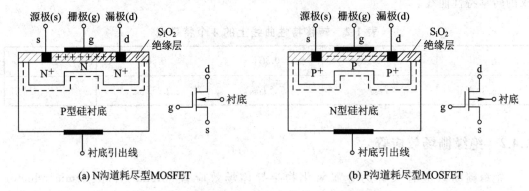

(a) N沟道耗尽型MOSFET　　　　　　　　　　　　(b) P沟道耗尽型MOSFET

图 1.43　耗尽型 MOSFET 的结构和电路图形符号

2. 工作原理

下面以 N 沟道增强型 MOS 场效应管为例，来分析 MOSFET 的工作原理。

在 N 沟道增强型 MOS 场效应管中，当栅源电压 $U_{GS} = 0$ 时，由于 P 型衬底与源区及漏区形成两个背靠背的 PN 结，如图 1.44(a) 所示，源区与漏区之间没有导电沟道，因此虽然有漏源电压 U_{DS}，但漏极电流 I_D 始终为零。

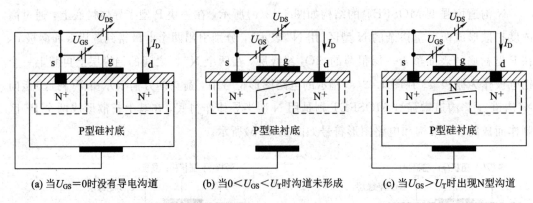

(a) 当$U_{GS}=0$时没有导电沟道　　(b) 当$0<U_{GS}<U_T$时沟道未形成　　(c) 当$U_{GS}>U_T$时出现N型沟道

图 1.44　N 沟道增强型 MOS 场效应管的工作原理

当栅源电压 $U_{GS} > 0$ 时，由于栅源之间加有正向电压，且衬底与源极相连，故 u_{GS} 在栅极与衬底之间产生垂直向下的电场。在电场作用下，P 型衬底表面的多子空穴受电场的排斥，而少子自由电子则受电场的作用被吸引到表面处，结果该区域中空穴数量减少，自由电子的数量增加。当 $0<U_{GS}<U_T$ 时，如图 1.44(b) 所示，此时导电沟道还没有完全形成。当 U_{GS} 足够大时，在强电场的作用下，P 型衬底中的自由电子被吸引到耗尽层与 SiO_2 绝缘层之间，使原来空穴占多数的 P 型衬底表面出现电子占多数的 N 型薄层，如图 1.44(c) 所示，这一 N 型薄层叫作反型层。它把漏源间的联系由 $N^+ - P - N^+$ 结构转变为 $N^+ - N - N^+$ 结构，使漏源间

有了导电沟道，与外电路构成回路，在 U_{DS} 作用下，产生漏极电流 I_D。形成反型层所需加的栅源之间的最小电压称为开启电压(或阈值电压)，用 U_T 表示。显然，当 $U_{GS} > U_T$ 后，U_{GS} 愈大，导电沟道愈宽，I_D 也将继续增大，所以改变 U_{GS} 可以控制 I_D 的大小。

由于绝缘层的存在，栅极电流 $i_G = 0$，因此输入阻抗极大，源极电流 I_S 则和漏极电流 I_D 相等。

因为 N 沟道耗尽型 MOS 管存在原始的导电沟道，所以在 $U_{GS} = 0$ 时就存在 $I_D = I_{DSS}$。U_{GS} 的增大将加宽导电沟道，从而增大 I_D。当 $U_{GS} < 0$ 时，其在导电沟道中产生的电场与掺杂离子产生的电场反向，总电场被削弱，从而导电沟道变窄，I_D 变小。直到 $|u_{GS}|$ 足够大时，导电沟道消失，此时 u_{GS} 亦称为夹断电压，同样记为 U_P。

P 沟道 MOSFET 具有与 N 沟道 MOSFET 相似的工作原理，读者可自行分析。

3. 特性曲线

N 沟道增强型 MOS 场效应管的特性曲线如图 1.45 所示。从图 1.45(a)所示输出特性曲线可见，它与图 1.37 N 沟道结场效应管的输出特性曲线类似，输出特性曲线也可分为三个区域，即可变电阻区、恒流区、截止区。MOS 场效应管作为放大元件使用时，工作在恒流区，i_D 的大小主要受 u_{GS} 控制而几乎不随 u_{DS} 增加而变化。N 沟道增强型 MOS 场效应管的栅源电压 u_{GS} 是正值，且曲线由上而下 u_{GS} 值逐渐减少，最下一条的 u_{GS} 值对应开启电压 U_T。

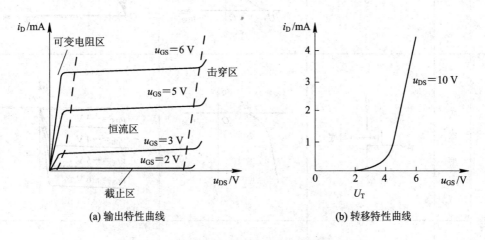

图 1.45　N 沟道增强型 MOS 场效应管的特性曲线

从图 1.45(b)所示转移特性曲线可见，当 $u_{GS} < U_T$ 时，i_D 等于零，这说明在漏源极之间还没有产生导电沟道；当 $u_{GS} > U_T$ 时，i_D 随着 u_{GS} 的增加而增大。理论分析表明，i_D 与 u_{GS} 的近似关系式为

$$i_D = I_{D0}\left(1 - \frac{u_{GS}}{U_T}\right)^2 \tag{1.15}$$

式中：I_{D0} 是 $u_{GS} = 2U_T$ 时的 i_D。

MOS 场效应管根据其结构及工作形式可分为四类，即 N 沟道增强型、N 沟道耗尽型、P 沟道增强型、P 沟道耗尽型。前面已分析了 N 沟道增强型的结构与电路图形符号、工作原理及特性曲线，其他几种类型的电路图形符号、特性曲线列于表 1.3 中，以便比较。

表 1.3   MOS 场效应管的电路图形符号与特性曲线比较

结构类型		电路图形符号	转移特性	输出特性
N 沟道	增强型			
	耗尽型			
P 沟道	增强型			
	耗尽型			

1.4.3　场效应管的主要参数

1. 直流参数

1) 夹断电压 U_P

当 u_DS 为一固定值，使 i_D 等于规定的微小电流时，栅源之间所加的电压称为夹断电压 U_P。此参数适用于结型和耗尽型场效应管。

2) 开启电压 U_T

当 u_DS 为一固定值时，使 i_D 大于零所需的最小 $|u_\mathrm{GS}|$ 值称为开启电压 U_T。此参数适用于增强型 MOS 场效应管。

3) 饱和电流 I_DSS

在 $u_\mathrm{GS}=0$ 的情况下，当 $u_\mathrm{DS}\geqslant|U_\mathrm{P}|$ 时的漏极电流称为饱和电流 I_DSS。对于结型场效应管，I_DSS 也是管子所能输出的最大电流。

4) 直流输入电阻 R_GS

R_GS 是指场效应管在直流工作状态下，其栅源电压与栅极电流之比。结型场效应管的 R_GS 一般大于 $10^7\ \Omega$；MOS 场效应管的 R_GS 一般大于 $10^{10}\ \Omega$。

2. 交流参数

1) 低频跨导 g_m

当 u_DS 等于常数时，漏极电流的微变量和引起这个变化的栅源电压的微变量之比称为跨导，即

$$g_\mathrm{m}=\left.\frac{\partial i_\mathrm{D}}{\partial u_\mathrm{GS}}\right|_{U_\mathrm{DS}} \tag{1.16}$$

跨导表示栅源电压对漏极电流的控制能力。g_m 一般约为 $1\sim5\ \mathrm{mA/V}$。对于结型和耗尽型场效应管，不同栅压下的跨导值有如下关系：

$$g_\mathrm{m}=g_\mathrm{m0}\left(1-\frac{u_\mathrm{GS}}{U_\mathrm{P}}\right) \tag{1.17}$$

式中：g_m0 为 $u_\mathrm{GS}=0$ 时的跨导，即

$$g_\mathrm{m0}=-\frac{2I_\mathrm{DSS}}{U_\mathrm{P}}$$

2) 输出电阻 r_d

输出电阻 r_d 为

$$r_\mathrm{d}=\left.\frac{\partial u_\mathrm{DS}}{\partial i_\mathrm{D}}\right|_{U_\mathrm{GS}} \tag{1.18}$$

输出电阻说明了 u_DS 对 i_D 的影响，是输出特性曲线某点上切线斜率的倒数。在饱和区，i_D 随 u_DS 的变化很小，因此 r_d 的数值很大，一般在几千欧到几百千欧之间。

场效应管除以上参数外，还有最大耗散功率 P_DM、漏源击穿电压、极间电容等其他参数。

// 本 章 小 结 //

1. PN 结及半导体二极管

在本征半导体中掺入五价原子可得到 N 型半导体，掺入三价原子可得到 P 型半导体。N 型半导体中自由电子是多数载流子，而空穴是少数载流子；P 型半导体中空穴是多数载流子，而自由电子是少数载流子。多子的浓度由掺杂决定，少子的浓度随温度的变化而变化。P 型和 N 型半导体相结合在其交界面处形成 PN 结，PN 结具有单向导电性、击穿特性和电容特性。

利用 PN 结的单向导电性可制成普通二极管，利用 PN 结的反向击穿特性可制成稳压二极管。

判断一个二极管的工作状态，主要是判断二极管开路时其两端的电压极性。如果电压是正偏，则二极管导通；否则，二极管截止。

2. 晶体管

晶体管从结构上可分为 NPN 型和 PNP 型两种类型。控制发射结和集电结的正偏或反偏，可以使晶体管工作在放大区、饱和区或截止区。当晶体管工作在放大区时，发射结正偏、集电结反偏；当晶体管工作在截止区时，发射结和集电结都反偏；当晶体管工作在饱和区时，发射结和集电结都正偏。

晶体管是一种电流控制器件，即通过基极电流或发射极电流去控制集电极电流。所谓放大作用，实质上是一种控制作用。

3. 场效应管

场效应管从结构上主要分为结型场效应管、绝缘栅型 MOS 场效应管两种类型，其导电沟道有 N 沟道和 P 沟道两种形式。对于 MOS 场效应管，根据 $u_{GS}=0$ 时是否存在导电沟道又区分为耗尽型与增强型。

场效应管是一种电压控制器件，即通过栅源电压去控制漏极电流。转移特性曲线明确地描述了这一特性。

结型场效应管的最大电流发生在 $u_{GS}=0$ 时，用 I_{DSS} 表示；最小电流发生在 $u_{GS}=U_{P}$ 夹断电压时，此时 $I_{D}=0$。

场效应管在正常应用时，$I_{G}=0$。输入电阻高是它的显著特点。

4. 晶体管与场效应管的比较

晶体管与场效应管都具有放大能力，是构成各种放大电路的主要元件。表 1.4 所示为晶体管与场效应管的比较。

表 1.4　晶体管与场效应管的比较

	符　号	主要特点	放大能力的描述
晶体管	NPN型　　　　　PNP型	电流控制器件；输入电阻小；放大能力强；多子与少子均参与导电；对温度变化敏感	$\beta=\dfrac{i_c}{i_b}$
场效应管	N沟道　　　　　P沟道	电压控制器件；输入电阻大；放大能力较弱；仅多子参与导电；温度稳定性好	$g_m=\dfrac{i_d}{u_{gs}}$

　　上述各种元件的特性不会因为其应用电路的不同而改变，应用电路只决定元件的工作点。工作点取决于电路方程和元件特性曲线的交点。

　　电子技术强调"管为路用"，因此，对于各种半导体器件，应重点理解其外特性并熟悉其主要参数。

// 习　题 //

　　1.1　本征半导体中，自由电子的浓度_____空穴浓度，多子的浓度与_____有关。

　　1.2　N 型半导体是在本征半导体中掺入_____价元素而形成的，其多数载流子是_____，少数载流子是_____；P 型半导体是在本征半导体中掺入_____价元素而形成的，其多数载流子是_____，少数载流子是_____。

　　1.3　当 PN 结无外加电压时，有无电流流过？有无载流子通过？PN 结两端存在内建电位差，若将 PN 结短路，有无电流流过？

　　1.4　PN 结未加外部电压时，扩散电流_____漂移电流；外加正向电压时，扩散电流_____漂移电流，其耗尽层变_____；外加反向电压时，扩散电流_____漂移电流，其耗尽层变_____。

　　1.5　什么是 PN 结的击穿现象，击穿有哪两种。击穿是否意味着 PN 结损坏了？为什么？

　　1.6　什么是 PN 结的电容效应，何谓势垒电容、扩散电容。PN 结正向运用时，主要考虑什么电容；反向运用时，主要考虑何种电容？

1.7 温度对二极管的正向特性影响小，对其反向特性影响大，为什么？

1.8 二极管电路如图 1.46 所示。试判断图中各二极管是导通还是截止，并求出 A、O 两端间的电压 U_{AO}（设二极管的正向电压降和反向电流均可忽略）。

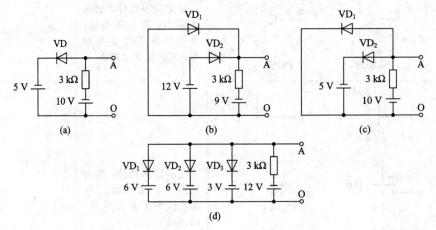

图 1.46 题 1.8 图

1.9 二极管电路如图 1.47 所示。已知输入电压 $u_i = 18\sin\omega t$，二极管的正向压降和反向电流均可忽略。试画出输出电压的波形。

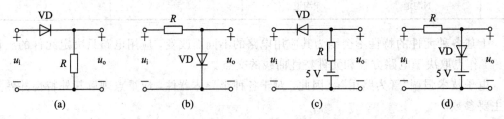

图 1.47 题 1.9 图

1.10 电路如图 1.48 所示，已知 VD_1 是硅管，VD_2 是锗管，其余参数如图示。试计算 U_O 和 I_D。

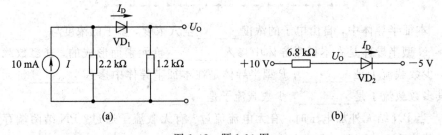

图 1.48 题 1.10 图

1.11 在图 1.49 所示电路中，稳压管参数为 $U_Z = 12\ V$，$I_{Z\ min} = 5\ mA$，$P_{ZM} = 200\ mW$，试分析：

(1) 稳压管是否工作于稳压状态？并求 U_O 值；

(2) 稳压管是否能安全工作？

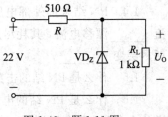

图 1.49 题 1.11 图

1.12　已知 2CW18 的稳压值为 10 V，I_Z 为 20 mA；2CW11 的稳压值为 4.5 V，I_Z 为 55 mA．正向导通电压为 0.7 V．试问：

（1）将它们串联，可得到几种稳压值？各为多少？

（2）将它们并联，可得到几种稳压值？各为多少？

（3）在连接过程中，主要应注意哪些问题？

1.13　为了使晶体管能有效地起放大作用，要求晶体管的发射区掺杂浓度_____，基区宽度_____，集电结面积比发射结面积_____。其理由是什么？如果将晶体管的集电极和发射极对调使用（晶体管反接），能否起到放大作用？

1.14　晶体管工作在放大区时，发射结为_____偏置，集电结为_____偏置；工作在饱和区时，发射结为_____偏置，集电结为_____偏置；工作在截止区时，发射结为_____偏置，集电结为_____偏置。

1.15　发射结为正向偏置，集电结为反向偏置是晶体管工作在放大区的基本要求。试问这一要求与以基极作为输入输出回路的公共端或者以发射极作为输入输出回路的公共端有无关系？为什么？

1.16　工作在放大状态的晶体管，流过发射结的电流主要是_____，流过集电结的电流主要是_____。

1.17　晶体管的安全工作区受到哪些极限参数的限制？使用时如果超过某项极限参数，试分别说明将会产生什么结果。

1.18　在放大电路中，测得三个晶体管的三个电极 1、2、3 对参考点的电压 U_1、U_2、U_3 分别为以下几组数值，试判断它们是 NPN 型还是 PNP 型，是硅管还是锗管，并确定 e、b、c。

（1）$U_1 = 3$ V，$U_2 = 6$ V，$U_3 = 3.7$ V

（2）$U_1 = 3.3$ V，$U_2 = 3$ V，$U_3 = 12$ V

（3）$U_1 = -2.7$ V，$U_2 = -2$ V，$U_3 = -5$ V

1.19　实验测得图 1.50 中两个放大状态下晶体管的各极电流分别如下：

（1）$I_1 = -5$ mA，$I_2 = -0.04$ mA，$I_3 = 5.04$ mA；

（2）$I_1 = -1.93$ mA，$I_2 = 1.9$ mA，$I_3 = 0.03$ mA。

判断每个晶体管的类型，标出其基极、发射极和集电极，并计算直流电流放大倍数 $\bar{\beta}$ 和 $\bar{\alpha}$。

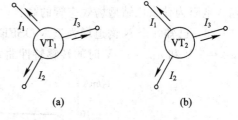

(a)　　　　　　　(b)

图 1.50　题 1.19 图

1.20　用电压表测量某电路中几个晶体管的极间电压，得到下列几组值，试依据这些数据说明各个管子是 NPN 型还是 PNP 型，是硅管还是锗管，并说明它们工作在什么区域。

（1）$U_{BE} = 0.7$ V，$U_{CE} = 0.3$ V；

（2）$U_{BE} = 0.7$ V，$U_{CE} = 5$ V；

（3）$U_{BE} = -0.3$ V，$U_{CE} = -5$ V。

1.21　试分析比较结型场效应管和晶体三极管的工作原理。

1.22　场效应管利用外加电压产生的_____（a. 电流；b. 电场）来控制漏极电流的

大小，因此它是（a. 电流；b. 电压)控制器件。

1.23　场效应管漏极电流由_____（a. 少子；b. 多子；c. 两种载流子)的漂移运动形成。N 沟道场效应管的漏极电流由_____（a. 电子；b. 空穴；c. 电子和空穴)的漂移运动形成。

1.24　P 沟道增强型 MOS 管的开启电压为_____（a. 正值；b. 负值)。N 沟道增强型 MOS 管的开启电压为_____（a. 正值；b. 负值)

1.25　某场效应管转移特性及 Q 点如图 1.51(a)所示，场效应管放大电路如图 1.51(b)所示，则 $I_{DSS} = $_____，$U_P = $_____，$Q$ 点处 $g_m = $_____；若要求 $|A_u| = 10$，则 $R_d = $_____。

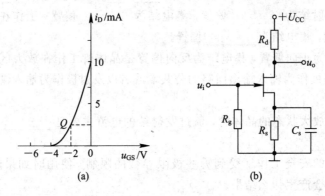

图 1.51　题 1.25 图

1.26　结型场效应管栅极与沟道间的 PN 结在作为放大器件工作时，能允许正向偏置吗？晶体三极管的发射结呢？

1.27　比较 MOS 场效应管和结型场效应管的结构与工作原理，并说明 MOS 场效应管的输入电阻为什么比结型场效应管的高？

1.28　已知一个 N 沟道增强型 MOSFET 的输出特性曲线如图 1.52 所示，试分别画出当 $u_{DS} = 5$ V 和 $u_{DS} = 15$ V 时的转移特性曲线。比较所得转移特性曲线你会得出什么结论？

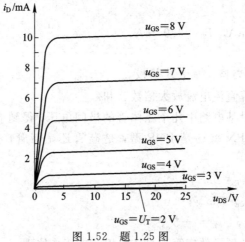

图 1.52　题 1.25 图

第 2 章　基本放大电路

　　内容提要：本章主要讨论放大电路的基本概念、放大电路的主要性能指标、放大电路的共发射极、共集电极和共基极三种基本放大电路。从共发射极电路入手，讨论了放大电路的组成原则、工作原理、主要性能指标、分析方法、静态工作点的设置与稳定；然后推及共集电极、共基极放大电路及场效应管放大电路的基本分析方法；最后简单讨论多级放大电路静态工作点的设置以及性能指标的分析。

　　学习提示：正确理解放大的基本概念是前提，熟练掌握放大电路 Q 点的近似估算法和动态性能指标的微变等效电路分析法是关键。

§2.1　概　述

2.1.1　放大电路的基本概念

　　放大器是模拟信号处理中最重要也是最基本的部件。放大电路不仅具有能够独立完成信号放大的功能，而且还是其他模拟电路，如振荡器、滤波器等电路的基础和基本组成部分。这里的放大是指对交流信号（变化的信号）的线性放大，这就要求器件必须工作在线性放大区。放大电路放大的本质是能量的控制和转换；是在输入信号的作用下，通过放大电路将直流电源的能量转换成负载所获得的能量，使负载从电源获得的能量大于信号源所提供的能量。因此，电子电路放大的基本特征是功率放大，即负载上总是获得比输入信号大得多的电压或电流，有时兼而有之。

　　放大的前提是不失真，即只有在不失真的情况下放大才有意义。晶体三极管和场效应管是放大电路最核心的器件，只有它们工作在合适的区域（晶体管工作在放大区，场效应管工作在恒流区），才能使输出量与输入量始终保持线性关系，即电路才不会失真。

　　在放大电路中，直流信号是放大的条件，交流信号是放大的对象。由于器件工作在线性区，因此可以用叠加原理分别来分析放大电路的直流工作状况与交流工作状况，但在分析与设计中必须牢记，直流参数将影响交流响应。

　　如图 2.1(a) 所示，直流电源向负载电阻提供恒定的电流；在图 2.1(b) 中，在输入正弦信号 i_{ia} 的控制下，直流电源向负载电阻提供的电流包括两部分，即在原来直流电流的基础上叠加了正弦电流。由于放大元件的作用，输出正弦电流的峰值远大于输入正弦信号的峰值，但输出信号的峰值受到直流电流的限制。

　　在晶体管放大电路中，直流电源为电路设置固定的直流电流和电压，该直流电流和电压形成放大器件特性曲线上的直流工作点，用于界定放大信号的工作区域。由于直流工作点是特性曲线上的一个固定点，因此又叫静态工作点，简记为 Q 点。

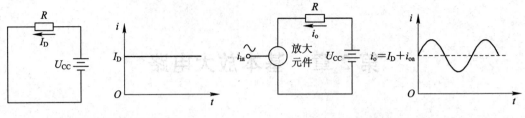

(a) 直流电源提供恒定的电流　　　　　　　(b) 输入控制信号对输出电流的影响

图 2.1　放大作用图解

2.1.2　放大电路的主要性能指标

对于一个放大电路，需要多种技术指标来描述其性能。考虑到性能指标定义的一般性，可把放大电路等效为一个二端口网络，如图 2.2 所示。放大电路的输入端口连接待放大的"信号源"，其中$\dot{U}_s$为信号源电压(复相量)，R_s为信号源的内阻。$\dot{U}_i$、$\dot{I}_i$分别为放大电路的输入电压和输入电流，$\dot{U}_o$、$\dot{I}_o$分别表示输出电压、输出电流。对信号源而言，放大器是信号源的负载，一般用输入阻抗R_i来等效。而对负载R_L而言，放大器又相当于负载的信号源，也可以用一个电压源来等效。不过该电压源不是独立的电压源，而是一个受输入电压$\dot{U}_i$控制的"受控源"，为负载提供放大了的信号，且在图 2.2 中所示电流、电压的正方向下，来讨论放大电路的有关性能指标。

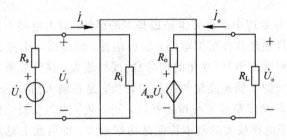

图 2.2　放大电路示意图

1. 电压放大倍数$\dot{A}_u$

电压放大倍数是衡量一个放大电路对输入电压放大能力的重要指标，其定义为

$$\dot{A}_u = \frac{\dot{U}_o}{\dot{U}_i} \tag{2.1}$$

由于放大电路输出端存在输出电阻R_o，输出电压$\dot{U}_o$是负载R_L对$\dot{A}_{uo}\dot{U}_i$的分压值，即

$$\dot{U}_o = \frac{R_L}{R_L + R_o} \dot{A}_{uo} \dot{U}_i \tag{2.2}$$

因此

$$\dot{A}_u = \frac{\dot{U}_o}{\dot{U}_i} = \frac{R_L}{R_L + R_o} \dot{A}_{uo} \tag{2.3}$$

其中，$\dot{A}_{uo}$为开路电压放大倍数，可见只有当$R_L \to \infty$时，才有$\dot{A}_u = \frac{\dot{U}_o}{\dot{U}_i} = \dot{A}_{uo}$。

由于信号源存在内阻 R_s，故真正加到放大电路输入端的信号 $\dot{U}_i$ 比信号源电压 $\dot{U}_s$ 小，即

$$\dot{U}_i = \frac{R_i}{R_s + R_i} \dot{U}_s \tag{2.4}$$

如果同时计入 R_o 和 R_s 的影响，则可以得到源电压放大倍数 $\dot{A}_{us}$，有

$$\dot{A}_{us} = \frac{\dot{U}_o}{\dot{U}_s} = \frac{\dot{U}_i}{\dot{U}_s} \frac{\dot{U}_o}{\dot{U}_i} = \frac{R_i}{R_s + R_i} \dot{A}_u = \frac{R_i}{R_s + R_i} \frac{R_L}{R_L + R_o} \dot{A}_{uo} \tag{2.5}$$

可见，只有当 $R_i \gg R_s$，$R_L \gg R_o$ 时，$\dot{A}_{us} \approx \dot{A}_{uo}$。

因此，对电压放大电路而言，为了提高放大能力，希望放大电路的输入阻抗越大越好，输出阻抗越小越好，这样，放大倍数的损失就越小。

2. 输入电阻 R_i

输入电阻 R_i 是从放大电路的输入端看进去的等效电阻，其定义为

$$R_i = \frac{\dot{U}_i}{\dot{I}_i} \tag{2.6}$$

从图 2.2 可见，R_i 的大小表示放大电路对信号源的影响程度。R_i 越大，放大电路所得到的输入电压越接近信号源电压，这样信号源电压在其内阻 R_s 上的损耗越小；为了减小信号源内阻 R_s 对输入信号的衰减作用，希望 $R_i \gg R_s$。

3. 输出电阻 R_o

输出电阻 R_o 是从放大电路的输出端看进去的等效电阻，其定义为

$$R_o = \frac{\dot{U}_o}{\dot{I}_o} \bigg|_{u_s = 0, R_L = \infty} \tag{2.7}$$

由图 2.2 可知，输出电阻 R_o 的大小决定了放大电路带负载的能力，即 R_o 越小，负载电阻 R_L 变化时 U_o 的变化越小，称为放大电路的带载能力强。只有 $R_o \ll R_L$，负载电阻 R_L 的变化对输出电压及电压放大倍数的影响越小，输出电压及电压放大倍数也越稳定。

4. 非线性失真系数 D

由于放大器件输入、输出特性的非线性，当直流偏置设置得不合理或输入信号幅度超过某一数值后，输出电压将会产生非线性失真。具体表现为，当输入某一频率的正弦信号时，其输出电压波形中除基波成分外，还包含有一定数量的谐波(此谐波成分是输入信号中所没有的，它是产生非线性失真的重要特征)。输出波形中谐波成分总量与基波成分之比称为非线性失真系数 D。设基波幅值为 U_{1m}、U_{2m}、U_{3m}、…，则

$$D = \frac{1}{U_{1m}} \sqrt{\sum_{k=2}^{n} U_{km}^2} \tag{2.8}$$

5. 最大不失真输出电压 U_{om}

最大不失真输出电压是指当输入信号幅值再增大时就会使输出波形产生非线性失真时的输出电压。实测时，需要定义非线性失真系数的额定值，比如 10%，输出波形的非线性失真系数刚刚达到此额定值时的输出电压即为最大不失真输出电压。也可以用峰-峰值 U_{OPP} 表示，即

$$U_{OPP} = 2U_{om} \qquad (2.9)$$

上面介绍了放大电路的几个主要性能指标，其他有关的性能指标将在后续各章中分别介绍。

§2.2　基本共发射极放大电路

本节以 NPN 型晶体管组成的基本共射放大电路为例，阐明放大电路的组成原则及电路中各元件的作用。

基本放大电路是以晶体管为核心，辅以必要的电源、电阻、电容等元件构成的，组成一个有效的放大电路必须满足以下条件：

（1）待放大的信号必须加在晶体管的发射结，因为 $u_{BE} = u_B - u_E$，所以信号可以从基极输入或发射极输入（都可影响 u_{BE}），但绝不能从集电极输入。

（2）必须有一个或两个直流源，以保证发射结正偏，集电结反偏，设置合适的工作点，在信号的整个变化范围内让晶体管工作在放大区，以保证非线性失真最小，并作为整个放大电路的"能源"。因为信号放大的实质是依靠晶体管的控制作用，将直流电源的能量转化为输出信号的能量。

（3）信号可以从集电极输出，也可从发射极输出，但绝不能从基极输出（基极电流最小，从基极输出，没有放大作用）。

（4）在信号的输出回路要有适当的电阻 R_C 或 R_E，将变化的电流转化为电压输出。

从以上分析可知，基本放大电路有三种不同的基本组态，即"共发射极组态""共集电极组态"和"共基极组态"，如图 2.3 所示。

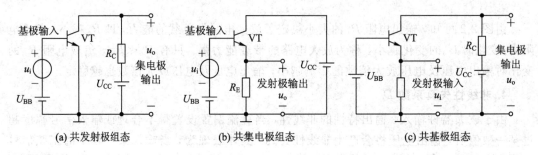

(a) 共发射极组态　　　　　　(b) 共集电极组态　　　　　　(c) 共基极组态

图 2.3　三种组态放大电路示意图

从图 2.3 可见，三种组态电路最大的区别是输入端和输出端不同，如共发射极组态放大电路，信号从基极输入，从集电极输出，发射极作为输入输出的公共端（交流接地）；共集电极组态放大电路，信号从基极输入，从发射极输出，集电极作为输入输出的公共端（交流接地）；共基极组态放大电路，信号从发射极输入，从集电极输出，基极作为输入输出的公共端（交流接地）。除此之外，要保证信号能够有效放大，还要有合适的静态偏置，即发射结正偏、集电结反偏（电源 U_{BB}、U_{CC} 的作用是保证发射结正偏、集电结反偏，并为放大器提供能源）。集电极电阻 R_C 和发射极电阻 R_E 的作用是将放大了的电流转化为输出电压。

首先让我们来认识基本共发射极放大电路及其工作原理，并由此归纳出放大电路的组成原则及特点。

1. 基本共发射极放大电路的组成

以 NPN 型晶体管为例,基本共发射极放大电路如图 2.4 所示。图中 U_{BB} 是基极回路的直流电源,其电源的极性应保证晶体管的发射结正向偏置,电阻 R_B 称为基极电阻,U_{BB} 与 R_B 的作用是为基极提供合适的静态电流 I_B。U_{CC} 是集电极回路的直流电源,其电源的极性应保证晶体管的集电结反向偏置,集电极电阻 R_C 与 U_{CC} 的作用是为集电极提供一个合适的静态电压 U_{CE},且 R_C 的存在是将晶体管集电极电流 i_C 转化为集电极电压 u_{CE},也就是交流输出 u_o。

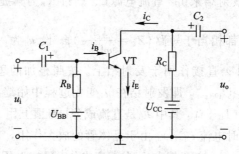

图 2.4　基本共发射极放大电路图

电容 C_1 是输入回路的隔直电容(又叫耦合电容,一般为容量较大的电解电容),其作用是隔离基极回路直流电源对信号源的影响,且能有效传送交流信号到基极 b。电容 C_2 是输出回路的隔直电容(耦合电容,一般为容量较大的电解电容),其作用是隔离集电极回路直流电源对负载的影响,且能把 u_{CE} 的变化有效传送到输出端。

u_i 为输入电压,是放大电路要放大的对象。在电子电路的稳态分析中,常用正弦信号作为放大电路的输入信号来分析放大电路的动态性能。

在图 2.5 所示的共发射极放大电路中,晶体管 VT 是电路的核心元件,电路的放大作用主要依靠 VT 来完成。由于晶体管是非线性元件,为了保证有效且不失真地放大输入信号,电路中其他元件的设置如 U_{CC}、U_{BB}、R_C、R_B 都是为了保证 VT 工作在线性放大区,为放大电路提供一个合理的直流工作条件。对输入信号进行不失真放大才是放大电路的目的。

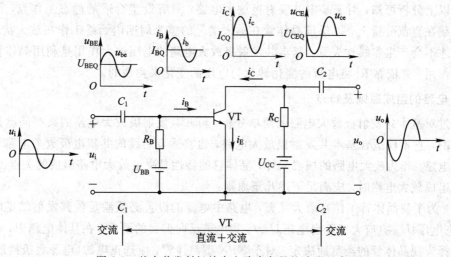

图 2.5　基本共发射极放大电路中各量的波形示意图

2. 放大电路的工作原理及波形分析

由上述电路组成可见，放大电路中交、直流信号共存，直流电源为不失真放大提供直流偏置条件，电路中的交流信号是围绕直流工作点变化的，在线性放大区工作，符合"叠加原理"，因此对直流分量和交流分量分别求解。

在图 2.5 所示的基本共发射极放大电路中，在直流工作状态，所有的电容都相当于开路 $\left(Z_C=\dfrac{1}{j\omega C}\to\infty\right)$，对于发射结来讲，直流电源 U_{CC} 通过 R_B 为其提供直流偏置电压 U_{BE}；在交流分析中，所有的电容都相当于短路 $\left(Z_C=\dfrac{1}{j\omega C}\to 0\right)$。设 u_i 为一正弦信号，若忽略电容 C_1 上交流信号的压降，则 u_i 直接作用于发射结上。按照叠加的思想，此时发射结的电压 $u_{BE}=U_{BE}+u_i$，只要 $u_{BE}>U_{BE(on)}$，即发射结在 u_i 变化过程中始终处于正向偏置导通状态，那么产生的基极电流 $i_B=I_B+i_b$，其中 I_B 是直流成分，习惯上用 I_{BQ} 来表示，只要 I_{BQ} 设置得合理，就可保证基极瞬时电流 $i_B>0$。由于晶体管的放大作用，变化的基极电流 i_B 就会形成变化的集电极电流 $i_C=I_C+i_c$，其中 I_C 为直流成分，习惯上用 I_{CQ} 来表示。工作于放大状态的晶体管有 $i_c=\beta i_b$。对于图 2.5 所示电路的集电极回路，可列出下述电压方程式：

$$u_{CE}=U_{CC}-(I_{CQ}+i_c)R_C=U_{CC}-I_{CQ}R_C-i_cR_C=U_{CEQ}-i_cR_C \qquad (2.10)$$

其中 $U_{CEQ}=U_{CC}-I_{CQ}R_C$。可见集电极电压 u_{CE} 也是由两部分组成的，即直流分量 U_{CEQ}（被电容 C_2 所隔离）和交流分量 $u_{ce}=-R_Ci_c$（忽略 C_2 上的交流压降，u_{CE} 中的交流成分经 C_2 传送到输出端，使 $u_o=u_{ce}=-R_Ci_c$）。由于晶体管的电流放大作用，只要合理选择 R_C 的值，就可获得 $u_o>u_i$ 的输出电压，这就实现了对输入信号的放大作用。

上述分析过程可用波形表示，如图 2.5 所示。从图中可见，C_1 的左边是交流信号；C_1 和 C_2 之间既有交流信号又有直流信号，交流信号叠加在直流信号上；C_2 的右边仅有交流信号。由此可进一步看到，在放大电路中，直流成分仅提供不失真放大的条件，交流信号才是放大的对象，而放大的实质是利用小信号能量来控制集电极直流电源 U_{CC} 向负载提供较大的能量。从这个意义上讲，放大的实质是一种能量的控制作用。

由以上分析可知，对于基本共发射极放大电路，只有设置合适的静态工作点，使交流信号驮载在直流分量上，以保证晶体管在输入信号的整个周期内始终工作在放大状态，输出波形才不会产生非线性失真。基本共发射极放大电路的电压放大作用是利用晶体管的电流放大作用，并依靠 R_C 将电流的变化转化为电压的变化来实现的。

3. 电路的组成原则及特点

通过对基本共发射极放大电路的简单分析，可知共发射极放大电路的某些问题是带有普遍性的，它不仅适合基本共发射极放大电路，也将适合后续的共集电极放大电路和共基极放大电路。作为放大电路的核心元件，晶体管的特性是决定放大电路组成的关键因素。

在组成放大电路时，应满足下述几条原则：

（1）为了使晶体管工作在放大状态，电路中电源的设置必须满足使其发射结正向偏置（且静态电压 $|U_{BEQ}|$ 应大于开启电压 U_{on}）、集电结反向偏置的要求。在具体电路中，电源极性的选择应视晶体管的类型而决定。对于 NPN 型晶体管，应选正电源（电源负极接地）；对于 PNP 型晶体管，应选负电源（电源正极接地）。

（2）电路必须保证对输入信号的有效传输，即当交流信号 u_i 加到放大电路的输入端时，在输入回路能形成变化的 i_B，经过晶体管的放大作用，形成变化的 i_C，再经相应的电阻把输出电流 i_C 转换为输出电压 u_o 作用于负载端。此外，输入、输出动态信号必须处在不同的回路，分别接在放大器除公共端以外的两个电极。

（3）电路中电阻值的确定应与直流电源的数值综合考虑，以确定合适的静态工作点。电路中各电阻的选取对静态工作点的影响很大，这一点将在后续内容中叙述。

上述三条组成原则可简单地概括为"能放大、不失真"，随着我们对放大电路的进一步认识，将深化对上述组成原则的理解。

根据上述原则，可以构成如图 2.6 所示不尽相同的共发射极放大电路。

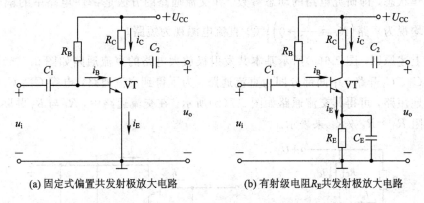

(a) 固定式偏置共发射极放大电路　　　　(b) 有射级电阻 R_E 共发射极放大电路

图2.6　两种实用的基本共发射极放大电路图

在实用放大电路中，为了防止干扰，常要求输入信号、直流电源、输出信号均有一端接地，即"共地"。这样，将图 2.4 所示电路中的基极电源和集电极电源合二为一，便得到如图 2.6(a) 所示固定式偏置共发射极放大电路。图 2.6(b) 所示共发射极放大电路加入射级电阻 R_E，具有稳定静态工作点的能力，具体原理会在后续章节中叙述。

§2.3　放大电路的图解法分析

放大电路中放大元件的非线性特性，决定了在放大电路中交、直流共存这一特点。在放大电路的分析方法中，处理这一问题的思路是：针对交、直流共存但各自的作用不同这一事实，将交、直流共存的问题简化为直流电路和交流电路两部分处理；对于非线性电路的分析，图解法是有效方法之一。下面将以基本共发射极放大电路为例，说明放大电路的图解分析法。

2.3.1　直流通路与交流通路

在放大电路中，直流电源的作用和交流信号的作用总是共存的，即静态电流、电压和动态电流、电压总是共存的。但是由于有电容元件的存在，直流量与交流量各自流通的路径是不完全相同的，如图 2.6 所示，在 C_1、C_2 之间的电路中交、直流信号共存，在 C_1、C_2 之外仅有交流信号。因此，为了简化放大电路的分析过程，常把直流电源对电路的作用和输入信号对电路的作用区分开来进行处理,分成直流通路和交流通路。

1. 直流通路

放大电路的直流通路是指在直流电源的作用下直流电流流通的路径,用于分析放大电路的直流工作状态,即研究电路的静态工作点。作直流通路的方法是:① 电路中所有电容视为开路$\left(X_C=\dfrac{1}{\omega C}\to\infty\right)$;② 电压信号源视为短路,电流信号源视为开路,但保留信号源内阻。

2. 交流通路

放大电路的交流通路是指在输入信号作用下交流电流流通的路径,用于分析放大电路的交流工作状态,即研究电路的动态参数。作交流通路的方法是:① 电路中的耦合电容和旁路电容均视为短路$\left(X_C=\dfrac{1}{\omega C}\to 0\right)$;② 直流电源视为短路。

根据上述原则,图 2.6(a)所示基本共发射极放大电路的直流通路如图 2.7(a)所示。图中,电容 C_1、C_2 开路,中间部分即为直流通路。为了得到交流通路,电容 C_1、C_2 短路,直流电源对地短路,可得其交流通路如图 2.7(b)所示。在交流通路中,R_C 与 R_L 并联,习惯上用等效电阻 $R'_L=R_C /\!/ R_L$ 来表示。

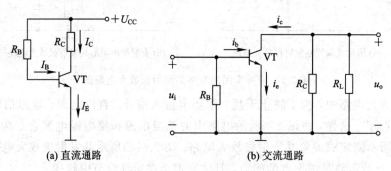

(a) 直流通路　　　　　　　　(b) 交流通路

图 2.7　图 2.6(a)共射放大电路的直流通道和交流通道

同样,图 2.6(b)所示基本共发射极放大电路的直流通路如图 2.8(a)所示,交流通路如图 2.8(b)所示。

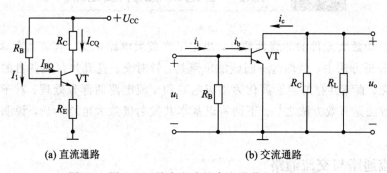

(a) 直流通路　　　　　　　　(b) 交流通路

图 2.8　图 2.6(b)放大电路的直流通道和交流通道

2.3.2　图解法

当放大电路没有输入信号($u_i=0$)时,电路中各处的电压、电流都是不变的直流,称为直流工作状态或静止状态,简称静态。在静态工作情况下,晶体管各电极的直流电压和直流电流的数值，将在管子的特性曲线上确定一点，这点常称为 Q 点。

当放大电路输入信号后，电路中各处的电压、电流便处于变动状态，这时电路处于动态工作情况，简称动态。

下面对静态和动态工作情况进行讨论。

1. 近似估算 Q 点

对于静态工作情况，可以近似地进行估算，也可以用图解法分析。这里先通过一个例题估算 Q 点，再详细讨论图解法。

【例 2.1】 电路如图 2.6(a)所示，试近似估算 Q 点。

解 画出直流通路如图 2.7(a)所示。

对输入回路列 KCL 方程有

$$R_B I_{BQ} + U_{BEQ} = U_{CC}$$

整理得

$$I_{BQ} = \frac{U_{CC} - U_{BEQ}}{R_B}$$

由晶体管电流放大作用知

$$I_{CQ} = \beta I_{BQ}$$

对输出回路列 KCL 方程有

$$R_C I_{CQ} + U_{CEQ} = U_{CC}$$

整理得

$$U_{CEQ} = U_{CC} - I_C R_C$$

若已知 β，则可利用上式近似估算放大电路的静态工作点 Q。

2. 用图解法分析放大电路的静态工作点

所谓图解法是指在实际测量出放大电路的输入特性、输出特性和已知放大电路其他元件参数的情况下，利用作图的方法对放大电路进行分析。图解法是分析非线性电路最有效的方法之一，不仅适合小信号模型，对大信号作用下的功率放大电路的分析依然适用。

将图 2.4 所示电路变换成图 2.9 所示的直流通路。对于晶体管的输入回路，用虚线 xx'、yy' 将晶体管与外电路分开，两条虚线中间为晶体管，虚线之外是线性电路部分。

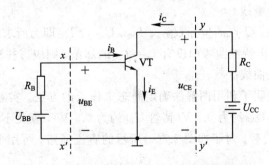

图 2.9 基本共发射极放大电路的直流通路

在图 2.9 所示电压、电流的参考方向下，i_B 与 u_{BE} 的关系可用下述方程来表示：

$$u_{BE} = U_{BB} - R_B i_B \tag{2.11}$$

在输入特性曲线坐标系中，画出式(2.11)所确定的直线，它与横轴的交点为$(U_{BB}, 0)$，与纵轴的交点为$(0, U_{BB}/R_B)$，斜率为$-1/R_B$。直线与输入特性曲线的交点就是静态工作点Q，其横坐标值为U_{BEQ}，纵坐标值为I_{BQ}，如图2.10(a)中所标注。式(2.11)所确定的直线称为输入回路负载线。

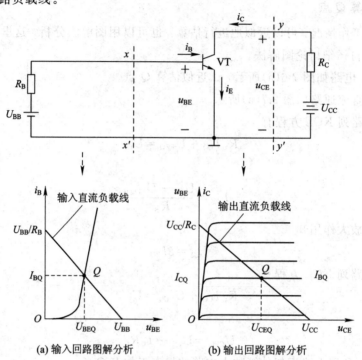

(a) 输入回路图解分析　　　　　　　　(b) 输出回路图解分析

图 2.10　由图解法确定 Q 点

与输入回路相似，在晶体管的输出回路中，静态工作点应在 $I_B = I_{BQ}$ 的输出特性曲线上，且满足输出回路方程：

$$u_{CE} = U_{CC} - R_C i_C \tag{2.12}$$

在输出特性曲线坐标系中，画出式(2.12)所确定的直线，它与横轴的交点为$(U_{CC}, 0)$，与纵轴的交点为$(0, U_{CC}/R_C)$，斜率为$-1/R_C$。直线与输出特性曲线的交点就是静态工作点Q，其横坐标值为U_{CEQ}，纵坐标值为I_{CQ}，如图2.10(b)中虚线所标注。式(2.12)所确定的直线称为输出回路负载线。

综合上述分析结果，Q 点的坐标 U_{BEQ}、I_{BQ}、U_{CEQ}、I_{CQ} 即为所求的静态工作点的值。

应当指出，如果输出特性曲线中没有 $I_B = I_{BQ}$ 的那条，则应当补测该曲线，并在输出特性曲线坐标系中画出该曲线。

上述过程清楚地说明了利用图解法确定静态工作点的方法。实际中，考虑到晶体管正偏导通时，对于硅管其 U_{BE} 约为 0.7 V（锗管 U_{BE} 约为 0.3 V），变化不大，因此，在式(2.11)中，U_{BE} 常用 $U_{BE(on)}$ 来代替。对于如图2.7(a)所示的直流通路，可用下式近似计算 I_{BQ} 而不用图解法分析：

$$I_{BQ} = \frac{U_{CC} - U_{BE(on)}}{R_B} \approx \frac{U_{CC}}{R_B} \tag{2.13}$$

对于输出回路的分析，可直接在输出特性曲线上作直流负载线，然后从 $i_B = I_{BQ}$ 所对应的一条输出特性曲线与直流负载线的交点 Q，确定所求的静态工作点值。

【例 2.2】　一个基本共发射极放大电路的直流通路如图 2.7(a) 所示，已知：$R_B = 300$ kΩ，$R_C = 4$ kΩ，$U_{CC} = 12$ V，$U_{BE} = 0.7$ V，晶体管的特性曲线如图 2.11(a) 所示，试用图解法确定其静态工作点。

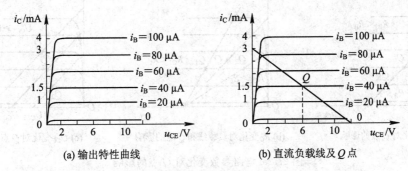

图 2.11　例 2.2 中晶体管的输出特性曲线及 Q 点分析

解　(1) 用近似计算法求 I_{BQ}。

由式 (2.13) 有

$$I_{BQ} \approx \frac{U_{CC} - U_{BE(on)}}{R_B} \approx \frac{U_{CC}}{R_B} = \frac{12}{300} \text{ mA} = 40 \ \mu\text{A}$$

(2) 在输出特性曲线上作直流负载线求 Q 点。

由所给电路及参数可列写出直流负载线方程如下：

$$u_{CE} = U_{CC} - R_C i_C = 12 - 4i_C$$

在上式中，令 $i_C = 0$，有 $u_{CE} = U_{CC} = 12$ V；令 $u_{CE} = 0$，有 $i_C = \dfrac{U_{CC}}{R_C} = \dfrac{12}{4}$ mA $= 3$ mA。

这样在输出特性曲线所在的坐标平面上，确定了直流负载线上的两个特殊点 $(12$ V, $0)$ 和 $(0, 3$ mA$)$，过这两点作直线即为所求的直流负载线，$i_B = 40 \ \mu\text{A}$ 所对应的一条输出特性曲线与直流负载线的交点 Q 即为所求的静态工作点，由图中 Q 点对应的坐标值可见 $I_{CQ} = 1.5$ mA，$U_{CEQ} = 6$ V。

【例 2.3】　一个基本共发射极放大电路的直流通路如图 2.7(a) 所示，试分析当电路参数 R_B、R_C、U_{CC} 分别变化时，对静态工作点的影响。

解　(1) R_C、U_{CC} 固定，R_B 变化对 Q 点的影响。

R_B 的变化仅对 I_{BQ} 产生影响，而对输出回路的直流负载线无影响。由式 (2.13) 可见，如果 R_B 增大，I_{BQ} 减小，那么 Q 点沿直流负载线下移；如果 R_B 减小，I_{BQ} 增大，那么 Q 点沿着直流负载线上移，如图 2.12(a) 所示。

(2) R_B、U_{CC} 固定，R_C 变化对 Q 点的影响。

R_C 的变化仅改变直流负载线的斜率。R_C 减小，直流负载线变陡，Q 点沿着 $i_B = I_{BQ}$ 所对应的一条输出特性曲线右移；R_C 增大，直流负载线变平坦，Q 点沿着 $i_B = I_{BQ}$ 所对应的一条输出特性曲线左移，如图 2.12(b) 所示。

（3）R_B、R_C固定，U_{CC}变化对 Q 点的影响。

U_{CC}的变化不仅影响 I_{BQ} 的大小，还影响直流负载线。U_{CC}增大，I_{BQ}增大，直流负载线的斜率不变但向右平移，故 Q 点向右上方移动；U_{CC}减小，I_{BQ}减小，直流负载线的斜率不变但向左平移，故 Q 点向左下方移动，如图 2.12(c)所示。

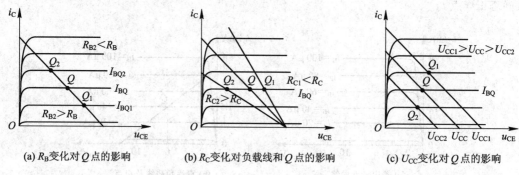

(a) R_B变化对 Q 点的影响　　　　(b) R_C变化对负载线和 Q 点的影响　　　　(c) U_{CC}变化对 Q 点的影响

图 2.12　电路参数变化对 Q 点的影响

综上所述，在基本共发射极放大电路的直流通路中，基极电流 I_{BQ} 的大小由 R_B 控制；$I_{CQ}=\beta I_{BQ}$，I_{CQ} 的大小与 R_C 无关。只要晶体管工作在放大区，改变 R_C 不影响 I_{CQ} 的大小，R_C 只决定 U_{CEQ} 的大小。上述分析结论可为电路调试提供理论指导。实际中，主要通过改变电阻 R_B 来改变 Q 点的位置，而很少通过改变 U_{CC} 来改变 Q 点的位置。

3. 用图解法分析放大电路的动态工作情况

1）交流负载线

画出如图 2.6(a)所示的交流通路，如图 2.13(a)所示。由图示电路的输出回路可列出下述方程式：

$$u_o = u_{ce} = -R'_L i_c \tag{2.14}$$

式(2.14)反映了交流状态下 u_{ce} 与 i_c 的关系，习惯上称它为交流负载线方程，其斜率为 $-1/R'_L$。在用图解法分析放大电路的动态工作情况时，作出交流负载线是关键。由于在放大电路中交、直流共存，当输入正弦信号过零时，电路的工作情况应与静态时相同，这说明交流负载线必过 Q 点。画出一条过 Q 点且斜率为 $-1/R'_L$ 的直线，即为交流负载线。

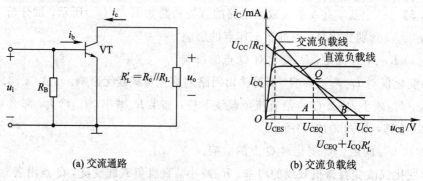

(a) 交流通路　　　　　　　　　　　(b) 交流负载线

图 2.13　基本共发射极放大电路的交流通路及交流负载线

实际中，常采用下述方法求作交流负载线：

当输入交变信号时，若集电极电流 i_c 由 I_{CQ} 减小到 0，即 i_c 的变化量 $\Delta i_C = 0 - I_{CQ} = -I_{CQ}$，此时由式(2.14)可得 u_{ce} 的变化量 $\Delta u_{CE} = -R_L' \Delta i_C = R_L' I_{CQ}$，这说明，当 i_c 由 I_{CQ} 减小到 0 时，u_{CE} 由 U_{CEQ} 增加到 $U_{CEQ} + R_L' I_{CQ}$，也就是说，交流负载线与横轴的交点为 $(U_{CEQ} + R_L' I_{CQ}, 0)$。连接 Q 点与点 $(U_{CEQ} + R_L' I_{CQ}, 0)$ 的直线即为所求的交流负载线。

或利用数学计算，对于直角三角形 QAB，直角边为 I_{CQ}，斜率为 $-1/R_L'$，因而另一条直角边 AB 为 $R_L' I_{CQ}$，所以交流负载线与横轴交点的坐标为 $(U_{CEQ} = R_L' I_{CQ}, 0)$，连接 Q 点与点 $(U_{CEQ} = R_L' I_{CQ}, 0)$ 的直线即为所求的交流负载线。

2) 动态工作情况分析

若在图 2.13(a)所示电路中输入正弦信号 $u_i = U_{im}\sin\omega t$，则晶体管的 i_B、i_C、u_{BE}、u_{CE} 均在其直流量上叠加了一个交流分量，当正弦信号过零时，动态工作点与静态工作点重合。因此，可在分析静态工作点的基础上，通过作图分析在 u_i 作用下，放大电路中电流、电压的变化情况，为了简化分析过程，设 R_L 开路，此时交流负载线与直流负载线重合。作图分析过程如下：

(1) u_i 叠加于 U_{BEQ} 之上，所以可在输入特性曲线下方画出 u_{BE} 与 ωt 的坐标平面，并作出 u_{BE} 随 ωt 变化的曲线，如图 2.14 中的曲线①。

(2) 由 u_{BE} 波形对应画出 i_B 的波形。

在 u_i 的正半周，u_{BE} 随 ωt 增大，反映在输入特性曲线上，动态工作点在 Q 点上方沿输入特性曲线上移，此时 i_B 也随着增大。当 $\omega t = \pi/2$ 时，u_{BE} 达到最大值，i_B 对应也达到最大值。此后随着 u_i 的减小，u_{BE} 减小，动态工作点沿输入特性曲线下移，i_B 也随之减小；当 $\omega t = 3\pi/2$ 时，u_{BE} 达到最小值，i_B 也随之减小到其最小值；此后 i_B 又随 u_i 增大。由分析过程可见，在特定输入信号的作用下，动态工作点围绕 Q 点在输入特性曲线上上下移动，在动态工作点移动的小范围内，从局部来看输入特性曲线是线性的。因此当输入信号 u_i 为正弦信号时，i_B 的变化部分也是按正弦规律变化的，即 $i_B = I_{BQ} + I_{bm}\sin\omega t$，由此可画出 i_B 的波形，如图 2.14 中的曲线②。

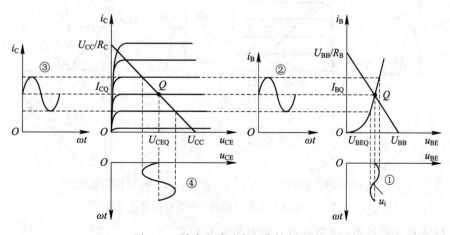

图 2.14 放大电路动态工作情况分析

（3）由 i_B 的波形对应画出 i_C 的波形。

考虑到在线性放大区，i_C 随 i_B 线性变化的特点，当 $i_B=I_{BQ}+I_{bm}\sin\omega t$ 时，$i_C=I_{CQ}+\beta I_{bm}\sin\omega t=I_{CQ}+I_{cm}\sin\omega t$，按此关系可画出 i_C 的波形，如图 2.14 中的曲线③。

（4）由 i_C 的波形对应画出 u_{CE} 的波形。

由于 $u_{CE}=U_{CC}-R'_L i_C=U_{CC}-R_C I_{CQ}-R_C I_{cm}\sin\omega t$（此处 $R'_L=R_C$），因此，当 i_C 增大时，u_{CE} 随之减小；当 i_C 减小时，u_{CE} 随之增大。因此 u_{ce} 与 i_C 在相位上相差 180°。在 i_C 的正半周，$u_{CE}<U_{CEQ}$，在 i_C 的负半周，$u_{CE}>U_{CEQ}$，在 i_C 的变化过程中，动态工作点沿着负载线围绕 Q 点上下移动。对应可画出 u_{CE} 的波形，如图 2.14 中的曲线④。

u_{ce} 与 i_C 在相位上相差 180°，i_b 与 i_C 和 u_i 的相位相同，所以 u_{ce} 与 u_i 在相位上相差 180°。

4. Q 点与波形非线性失真的关系

由上述分析过程可见，动态工作情况与静态工作点有关。当输入电压为正弦波时，若静态工作点合适且输入信号幅值较小，则晶体管中各相关电压、电流也为正弦波。若静态工作点设置得不合理，将会出现输出波形非线性失真现象。

1）Q 点设置得过低，易引起输出波形的截止失真。

如图 2.15(b)所示，当 Q 点过低时，从输入特性曲线上看，静态值 I_{BQ} 偏小，在输入信号 u_i 负半周靠近峰值的一段时间内，晶体管 b-e 之间的电压总量 u_{BE} 小于其开启电压 $U_{BE(on)}$，因此基极电流 i_B 将产生底部失真。由此对应画出的 i_C、u_{CE} 的波形必然随 i_B 产生同样的失真；而由于输出电压 u_o 与 R_C 上电压的变化相位相反，从而导致 u_o 波形产生顶部失真，如图 2.15(a)所示。这种由于 Q 点设置得过低而使动态工作点移入输出特性曲线的截止区而造成的失真，称为截止失真。由电路参数与静态工作点的关系可知，消除截止失真的方法是将 Q 点上移，即增大 I_{BQ} 值，具体做法是增大基极回路的直流电源电压值或减小 R_B 均可。实际中，由于基极回路与集电极回路共用直流电源 U_{CC}，因此，常采用减小 R_B 使 I_{BQ} 增大的方法来消除截止失真。

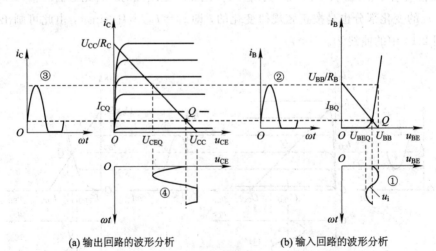

(a) 输出回路的波形分析　　　　(b) 输入回路的波形分析

图 2.15　Q 点设置得过低时输出波形的截止失真

2）Q 点设置得过高，易引起输出波形的饱和失真。

如图 2.16(b)所示，当 Q 点过高时，虽然基极电流 i_B 为不失真的正弦波，但是由于在输入信号正半周靠近峰值的某段时间内晶体管进入了饱和区，集电极电流 i_C 顶部失真，由此在集电极电阻上产生的电压波形也随之产生同样的失真。由于输出电压 u_o 与 R_C 上电压的变化相位相反，从而导致 u_o 波形产生底部失真，如图 2.16(a) 所示。这种由于动态 Q 点过高而进入输出特性曲线的饱和区而引起的失真，称为饱和失真。消除饱和失真的途径是将 Q 点下移，具体做法是增大 R_B 的值，使 I_{BQ}、I_{CQ} 适当减小。

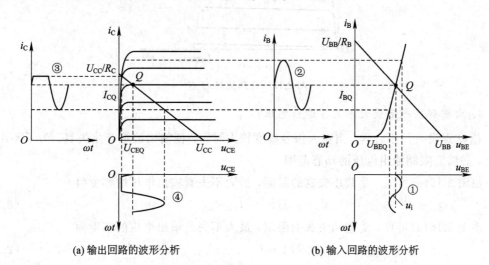

(a) 输出回路的波形分析   (b) 输入回路的波形分析

图 2.16 Q 点设置得过高时输出波形的饱和失真

值得注意的是，Q 点设置得偏低或偏高，仅提供了出现截止失真或饱和失真的条件，是否产生失真，还与输入信号幅度的大小有关。只有当 Q 点设置得不合适，且输入信号幅度较大时，才会产生失真。

应当指出，截止失真和饱和失真都是比较极端的情况，实际上，在输入信号的整个周期内，即使晶体管始终工作在放大区，也会因为输入和输出特性曲线的非线性特性使输出波形产生失真，只不过当输入信号幅值较小时，这种失真非常小。所以分析时一般将晶体管的特性理想化，即认为在管压降 u_{CE} 的最小值大于饱和管压降，且基极电流总量 i_B 的最小值大于 0 的情况下，非线性失真可忽略不计。

3) 合理设置 Q 点的位置

由以上分析可知 Q 点与波形非线性失真关系密切，所以合理设置 Q 点的位置至关重要。

对于小信号输入时，主要考虑不失真地放大输入信号。因此，Q 点的选择应保证在输入信号的整个变化范围内，在输出特性曲线上动态工作点不会进入饱和区和截止区，如图 2.17 所示的 B 点较为合适。因为在 B 点附近，当 i_B 的增量相同时，曲线间隔均匀。这保证了电流放大倍数具有良好的线性，且允许输出电压和电流具有较大的动态范围。对于图中的 A 点，只有当输入信号处于正半周时，才能得到放大，而负半周完全进入截止区，产生截止失真。

从图 2.17 中的 D 点来看，I_{CQ} 和 U_{CEQ} 的值都较小，管子的静态功耗小，但允许输出电压和电流的动态范围很小。图中 C 点接近饱和区，当输入信号较大时，容易出现饱和失真。

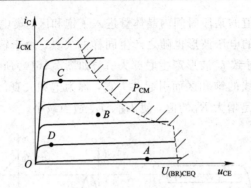

图 2.17　合理选择 Q 点

4) 由图解法确定最大不失真输出电压 U_{om}

若 Q 点设置得不合理,当输入信号幅度较大时,会使输出波形产生失真。为了不出现失真,必然要限制输出电压的动态范围。

由图 2.15(a) 可见,受截止失真的限制,最大不失真输出电压的幅度为

$$U_{om} \approx I_{CQ} R'_{L} \tag{2.15}$$

由图 2.16(a) 可见,受饱和失真的限制,最大不失真输出电压的幅度为

$$U_{om} = U_{CEQ} - U_{CES} \tag{2.16}$$

式中:U_{CES} 表示晶体管的临界饱和压降,一般约为 0.3 V。

对于一个具体电路,比较式(2.15)和式(2.16),其中较小者即为放大电路的最大不失真输出电压 U_{om},而输出动态范围常用峰-峰值 U_{OPP} 表示,即

$$U_{OPP} = 2U_{om} \tag{2.17}$$

显然,为了充分利用晶体管的线性放大区,获得最大输出动态范围,静态工作点 Q 应选在交流负载线的中点处。

2.3.3　图解法小结

图解法用于分析放大电路的工作情况,其最大特点是直观、形象,它较为全面地反映了电路中静态和动态电压、电流的关系,体现了放大电路中交直流共存的特点。在实际应用中,多用于分析 Q 点的位置、最大不失真输出电压幅值和失真情况等。但应用图解法分析必须已知晶体管的特性曲线,而且用图解法进行定量分析时误差较大且作图过程较为麻烦。此外,晶体管特性曲线只反映信号频率较低时的电压、电流关系,而不反映信号频率较高时极间电容产生的影响。学习图解法的重点在于借助图解法的分析过程,加深对放大电路工作原理及有关概念的理解,明确引起非线性失真的原因及消除非线性失真的措施。

图解法也是分析放大电路工作在大信号时的有效工具。

图解法给我们一个启示:尽管从整体上看,晶体管的输入、输出特性曲线是非线性的,但当合理设置了静态工作点且输入信号幅度较小时,动态工作点移动区域的局部特性具有线性特征,当放大电路工作在这个区域时,对交流量而言,$u_o(u_{ce})$ 与 u_i 之间存在线性关系,这将为下一节的分析方法提供依据。

§ 2.4　放大电路的等效电路分析法

晶体管电路分析的复杂性在于其特性曲线的非线性，如果能在一定的条件下将特性曲线线性化，建立线性模型，就可以用线性电路的分析方法来分析晶体管电路了。本节将结合放大电路的特点，利用电路的等效变换简化电路分析的有效手段，研究其静态工作点的近似计算法及动态性能指标的等效电路分析法。

2.4.1　问题的提出及解决问题的思路

对于放大电路的分析，一般包括两方面的内容，一是静态工作点的分析，二是动态性能指标的分析。关于 Q 点的分析，图解法是解决问题的方法之一，但作图过程较为麻烦。对于动态性能指标，例如 A_u、U_{om}，可通过图解法分析，而对于 R_i、R_o 的分析，图解法则无能为力。为了方便地分析放大电路的静态工作点及有关动态性能指标，必须寻求更为有效的分析途径。

回顾以前学过的有关电路分析内容，对于线性直流电路及交流电路，有各种各样的电路原理与分析方法可直接应用。而放大电路的特殊性在于电路中存在放大元件这一非线性元件，如何处理非线性元件的问题，是放大电路静态、动态分析中应首要解决的问题。对于这一问题，可以有不同的处理途径，但其基本思路在于抓住晶体管电流放大这一本质，采用不同的近似方法，在一定条件下，将非线性元件线性化处理，从而得到一个线性等效电路，然后借助已有的电路知识进行分析。

1. 静态工作点的分析思路

2.3 节在归纳图解法分析放大电路的静态工作点时，曾指出对于 I_{BQ} 的计算，可采用近似估算法。对于硅管，U_{BE} 一般取为 0.7 V；对于锗管，U_{BE} 一般取为 0.3 V。例如，对于图2.7(a)所示的直流通路可用式(2.13)近似计算 I_{BQ}，考虑到工作在放大区时晶体管的电流放大作用，即 $I_{CQ} = \beta I_{BQ}$，将 I_{CQ} 代入直流负载线方程可求出对应的 U_{CEQ}，即 $U_{CEQ} = U_{CC} - R_C I_{CQ}$

综上所述，对于如同图 2.7(a)所示的直流通路，其 Q 点的分析思路是：

(1) 利用输入回路方程估算 $I_{BQ} = \dfrac{U_{CC} - U_{BE}}{R_B}$。

(2) 根据晶体管的电流放大关系确定 I_{CQ}，即

$$I_{CQ} = \beta I_{BQ} \tag{2.18}$$

(3) 利用直流负载线方程计算 U_{CEQ}，即

$$U_{CEQ} = U_{CC} - R_C I_{CQ} \tag{2.19}$$

2. 动态性能指标的分析思路

分析放大电路动态性能指标时，首先应关注输入信号幅度的大小，由此来决定是采用小信号分析法还是大信号分析法。图解法既适用小信号分析，也适用大信号分析，但实际

中多用于大信号分析。对于小信号放大电路，或者说放大电路的小信号分析法，常利用特定的含受控源的线性等效模型来替换交流通路中的放大元件，把放大电路的交流通路转换为一个含受控源的线性电路，然后利用已掌握的电路理论，分析求出放大电路的动态性能指标。如何合理地选择一组电路元件，能够在特定的条件下最好地等效放大元件，是放大电路小信号分析法的关键。

适用小信号分析法的晶体管等效模型常用的有 r_be-β 等效电路、H 参数等效电路、混合 π 型等效电路。后者主要用于分析放大电路的频率响应（将在第 5 章中讨论），此处重点介绍前两种等效模型。

2.4.2　晶体管的 r_be-β 等效电路

图解法曾给我们一个启示：在 Q 点附近，当输入信号幅度较小时，i_b 与 u_be 成比例变化，也就是说，在进行交流小信号分析时，晶体管 b−e 之间电压、电流的关系满足欧姆定律。若用 r_be 表示晶体管 b−e 之间的交流电阻，则有 $u_\mathrm{be}=r_\mathrm{be}i_\mathrm{b}$。它表明：在交流通路中晶体管 b−e 之间可用线性电阻 r_be 等效。对于晶体管的输出回路，由其电流分配关系有 $i_\mathrm{c}=\beta i_\mathrm{b}$。当忽略 c−e 之间的电压对 i_c 的影响时，c−e 之间可用受控源 βi_b 等效，即有

$$u_\mathrm{be}=r_\mathrm{be}i_\mathrm{b} \tag{2.20}$$
$$i_\mathrm{c}=\beta i_\mathrm{b} \tag{2.21}$$

根据方程式（2.20）和式（2.21）可以画出晶体管的等效电路，如图 2.18 所示。决定这个等效电路的参数是 r_be 和 β，因此，我们可称此等效模型为 r_be-β 等效电路。

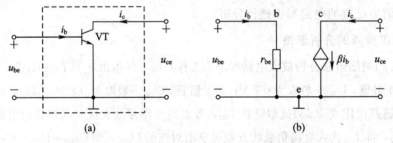

(a)　　　　　　　　　　　　　　(b)

图 2.18　晶体管的小信号 r_be-β 等效电路

在晶体管的 r_be-β 等效电路中，β 可由器件手册查出或者通过晶体管参数测试仪确定，r_be 可利用下式进行计算：

$$r_\mathrm{be}=r_\mathrm{bb'}+(1+\beta)\frac{U_\mathrm{VT}}{I_\mathrm{EQ}}=200\ \Omega+(1+\beta)\frac{26\ \mathrm{mV}}{I_\mathrm{EQ}} \tag{2.22}$$

式中：$r_\mathrm{bb'}$ 表示基区的体电阻，其值为几十到几百欧姆，一般分析中常取 200 Ω。r_be 的第二部分实际上是 PN 结正偏时动态电阻折合到输入回路的阻值。

值得注意的是图 2.18(b)是晶体管的交流小信号等效模型，但其中 r_be 的值与 I_CQ 有关。这表明交流小信号等效模型反映了 Q 点附近的交流工作状态，离开了实际静态工作点，小信号模型也就失去了其存在的意义。由于在图 2.18 的等效模型中包含受控源，应用时要注意电流的参考方向。另外，在引出此模型的过程中，对管子类型并没有限定，因此它既适

用于 NPN 型晶体管，也适用于 PNP 型晶体管。

2.4.3　晶体管的 H 参数微变等效电路

r_{be}-β 等效电路依据晶体管的特点，利用电路等效的概念，把晶体管转化为一个含受控源的线性电路来处理，这种处理问题的方法简单实用，抓住了问题的本质，并且在放大电路的小信号分析中得到了广泛的应用。下面从网络函数的角度，通过数学分析确定晶体管的小信号等效电路。

1. H 参数微变等效电路的引入

在共发射极放大电路中，在低频小信号作用下，将晶体管看成一个线性双口网络，利用网络的 H 参数来表示输入端口、输出端口的电压与电流相互关系，便可得到等效电路，称之为共发射极 H 参数等效模型。

电路如图 2.19 所示，将晶体管看成一个双口网络，以 b－e 作为输入端口，以 c－e 作为输出端口，则网络外部端电压、端电流分别是 i_B、u_{BE}、i_C、u_{CE}，若选取 i_B、u_{CE} 作为自变量，u_{BE}、i_C 作为因变量，则可用下述函数描述其关系：

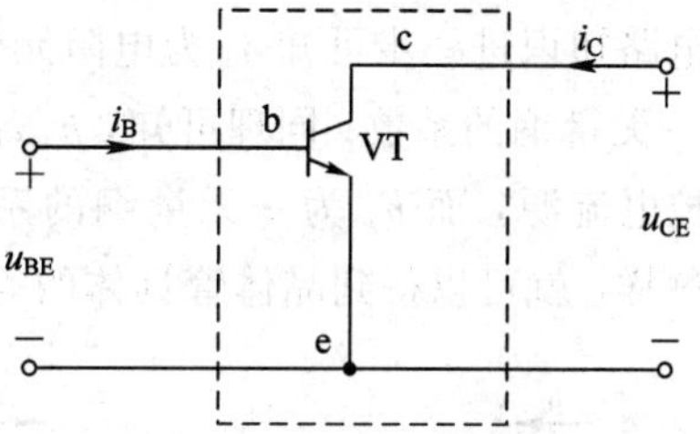

图 2.19　晶体管共发射极接法时的双口网络

$$u_{BE} = f(i_B, u_{CE}) \tag{2.23}$$
$$i_C = f(i_B, u_{CE}) \tag{2.24}$$

式中：u_{BE}、i_B、u_{CE}、i_C 均为各电量的瞬时总量。为了研究低频小信号作用下各变化量之间的关系，对式(2.23)、式(2.24)求其全微分有

$$\begin{cases} du_{BE} = \dfrac{\partial u_{BE}}{\partial i_B}\bigg|_{u_{CE}} di_B + \dfrac{\partial u_{BE}}{\partial u_{CE}}\bigg|_{i_B} du_{CE} \\[4mm] di_C = \dfrac{\partial i_C}{\partial i_B}\bigg|_{u_{CE}} di_B + \dfrac{\partial i_C}{\partial u_{CE}}\bigg|_{i_B} du_{CE} \end{cases} \tag{2.25}$$

式(2.25)具有一般性，考虑到放大电路的实际工作情况，主要关心 Q 点附近各增量之间的关系，所以求函数在 Q 点的全微分则以 u_{CE} 为常量并取为 U_{CEQ}，i_B 为常量并取为 I_{BQ}：

$$\begin{cases} du_{BE} = \dfrac{\partial u_{BE}}{\partial i_B}\bigg|_{u_{CE}=U_{CEQ}} di_B + \dfrac{\partial u_{BE}}{\partial u_{CE}}\bigg|_{i_B=I_{BQ}} du_{CE} \\[4mm] di_C = \dfrac{\partial i_C}{\partial i_B}\bigg|_{u_{CE}=U_{CEQ}} di_B + \dfrac{\partial i_C}{\partial u_{CE}}\bigg|_{i_B=I_{BQ}} du_{CE} \end{cases} \tag{2.26}$$

令

$$h_{ie} = \dfrac{\partial u_{BE}}{\partial i_B}\bigg|_{u_{CE}=U_{CEQ}}, \quad h_{re} = \dfrac{\partial u_{BE}}{\partial u_{CE}}\bigg|_{i_B=I_{BQ}}, \quad h_{fe} = \dfrac{\partial i_C}{\partial i_B}\bigg|_{u_{CE}=U_{CEQ}}, \quad h_{oe} = \dfrac{\partial i_C}{\partial u_{CE}}\bigg|_{i_B} = I_{BQ}$$

则有

$$\begin{cases} du_{BE} = h_{ie} di_B + h_{re} du_{CE} \\ di_C = h_{fe} di_B + h_{oe} du_{CE} \end{cases} \tag{2.27}$$

式(2.27)中四个参数的下标中均有"e"，表示它们是晶体管接成共发射极接法时的参数。

考虑到 $u_{BE}=U_{BEQ}+u_{be}$，$i_B=I_{BQ}+i_b$，$i_C=I_{CQ}+i_c$，$u_{CE}=U_{CEQ}+u_{ce}$，注意到常量的微分为零，在小信号下，用增量代替微分，对于交流小信号，进一步用交流量代替增量，则式(2.27)可表示为

$$u_{be}=h_{ie}i_b+h_{re}u_{ce} \tag{2.28}$$

$$i_c=h_{fe}i_b+h_{oe}u_{ce} \tag{2.29}$$

由电路等效的概念知，已知电路端口的伏安关系式即可画出该电路的等效模型。因此由晶体管的端口伏安关系式(式(2.28)、式(2.29))就可以画出晶体管的电路等效模型，如图 2.20 所示。由式(2.28)可知该方程满足 KVL，因此 $h_{ie}i_b$ 与 $h_{re}u_{ce}$ 是串联关系且为电压变量；由式(2.29)可知该方程满足 KCL，因此 $h_{fe}i_b$ 与 $h_{oe}u_{ce}$ 是并联关系且为电流变量；于是我们可以画出等效电路，如图 2.20(a)所示。由以上分析可知，$h_{ie}i_b$ 与 $h_{re}u_{ce}$ 是电压变量，根据电路知识进一步可知 h_{ie} 为电阻元件，而 $h_{re}u_{ce}$ 是以 u_{ce} 为控制变量的受控电压源，其中 h_{re} 是一无量纲的系；同理可知，$h_{fe}i_b$ 与 $h_{oe}u_{ce}$ 是电流变量，那么 $h_{fe}i_b$ 是以 i_b 为控制变量的受控电流源，而 h_{fe} 为一无量纲的系，而 h_{oe} 为电导，$1/h_{oe}$ 为电阻，其两端的电压为 u_{ce}，这样，就可以得到晶体管具体的等效电路，如图 2.20(b)所示。

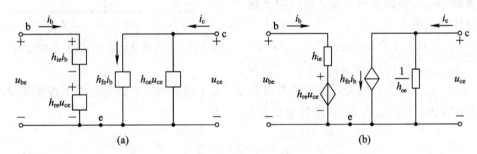

图 2.20　晶体管共发射极 H 参数等效电路

由以上分析可知，晶体管小信号线性方程中四个 H 参数的物理意义如下：

$h_{ie}=\dfrac{\partial u_{BE}}{\partial i_B}\bigg|_{u_{CE}=U_{CEQ}}$　表示晶体管输出端交流短路($u_{ce}=0$，$u_{CE}=U_{CEQ}$)时的输入电阻，常用 r_{be} 表示，单位为欧姆(Ω)。

$h_{re}=\dfrac{\partial u_{BE}}{\partial u_{CE}}\bigg|_{i_B=I_{BQ}}$　表示晶体管输入端交流开路($i_b=0$，$i_B=I_{BQ}$)时的反向电压传输系数，其值为 $10^{-3}\sim10^{-4}$。

$h_{fe}=\dfrac{\partial i_C}{\partial i_B}\bigg|_{u_{CE}=U_{CEQ}}$　表示晶体管输出端交流短路时正向电流放大系数，常用 β 表示。

$h_{oe}=\dfrac{\partial i_C}{\partial u_{CE}}\bigg|_{i_B=I_{BQ}}$　表示晶体管输入端交流开路时的输出电导，其值约为 10^{-5}，单位为西门子(S)，且 $r_{ce}=\dfrac{1}{h_{oe}}$。

由于各参数具有不同的量纲，故称为混合(Hybrid)参数，即 H 参数。

2. 简化的 H 参数等效模型

考虑到实际电路，对于晶体管输入回路，$h_{re}u_{ce}$ 与 $h_{ie}i_b$ 是相加关系，但一般满足 $h_{re}u_{ce} \ll h_{ie}i_b$，因此，可忽略 u_{ce} 对输入回路的影响，即认为 $h_{re} \approx 0$；对于输出回路，其等效负载电阻 R'_L 与 $1/h_{oe}$ 是并联关系，且一般满足 $R'_L \ll 1/h_{oe}$，故可忽略 h_{oe} 对输出回路的影响，即认为 $h_{oe} \approx 0$。这样，H 参数等效电路可简化如图 2.21(a) 所示。

图 2.18 和图 2.20 是从不同途径获得的晶体管小信号等效电路，其实质是相同的，故有

$$h_{ie} = r_{be}$$
$$h_{fe} = \beta \tag{2.30}$$

所以图 2.21(a) 中用 r_{be} 代替 h_{ie}，用 β 代替 h_{fe} 就可得到图 2.21(b) 所示简化的 H 参数等效模型。

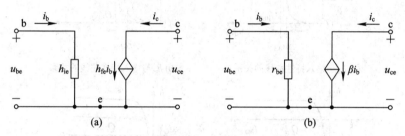

图 2.21　简化的 H 参数等效电路

晶体管小信号等效电路的引入，为应用线性电路的有关定理和分析方法，分析放大电路的动态性能奠定了基础，在应用晶体管小信号等效电路时，还应注意下述几个问题：

（1）在晶体管 H 参数微变等效电路中，受控源 $h_{fe}i_b$ 的参考方向是由控制电流 i_b 的参考方向确定的，若 i_b 改变方向，则 $h_{fe}i_b$ 也随着改变方向。在画晶体管 H 参数微变等效电路图时，必须标明 i_b 及 $h_{fe}i_b$ 的参考方向。

（2）晶体管 H 参数微变等效电路的引入，是以 Q 点附近的小信号为前提条件的，因此，它只适合在小信号作用下，放大电路的动态性能分析，脱离了这个前提，其等效电路就失去了存在的意义。晶体管 H 参数微变等效电路不能用来分析放大电路的静态工作点及大信号工作情况。

（3）在晶体管 H 参数微变等效电路的推导过程中，仅规定了二端口网络电压、电流的参考方向，对于晶体管是 NPN 型还是 PNP 型并未特别声明，因此，图 2.20 及图 2.21 的等效电路既适合 NPN 型，又适合 PNP 型，但具体应用时，要注意电流、电压的参考方向与实际方向是否相同。

综上所述，在 Q 点附近且在小信号作用下，晶体管这个非线性有源器件可用图 2.21 所示的含受控源的线性电路来等效。解决了放大电路中核心元件 VT 的线性化问题，对于放大电路动态性能的分析就比较容易了。

3. H 参数与晶体管特性曲线的关系

研究 H 参数与晶体管特性曲线的关系，可以进一步理解它们的物理意义和求解方法。

H 参数与晶体管特性曲线的关系如图 2.22 所示。

h_{ie} 是 $u_{CE} = U_{CEQ}$ 时 u_{BE} 对 i_B 的偏导数。从输入特性上看，就是 $u_{CE} = U_{CEQ}$ 那条输入特性曲线在 Q 点处切线斜率的倒数。小信号作用时则有

$$h_{ie} = \frac{\partial u_{BE}}{\partial i_B}\bigg|_{u_{CE}=U_{CEQ}} \approx \frac{\Delta u_{BE}}{\Delta i_B}\bigg|_{u_{CE}=U_{CEQ}}$$

如图 2.22(a)所示，上式说明 h_{ie} 可由输入特性曲线在 Q 点附近求得，所以 h_{ie} 的物理意义表示在小信号作用下，晶体管 b—e 之间的动态电阻，常记作 r_{be}。Q 点愈高，输入特性曲线愈陡，h_{ie} 愈小。

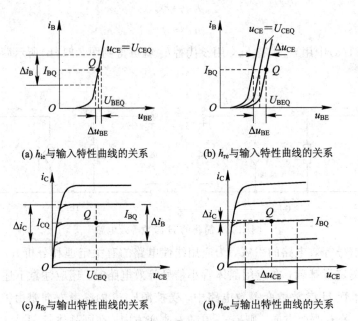

(a) h_{ie} 与输入特性曲线的关系　　　(b) h_{re} 与输入特性曲线的关系

(c) h_{fe} 与输出特性曲线的关系　　　(d) h_{oe} 与输出特性曲线的关系

图 2.22　H 参数与晶体管特性曲线的关系

h_{re} 是当 $i_B = I_{BQ}$ 时 u_{BE} 对 u_{CE} 的偏导数。从输入特性上看，就是在 $i_B = I_{BQ}$ 的情况下 u_{CE} 对 u_{BE} 的影响。保持 $i_B = I_{BQ}$ 不变，若 u_{CE} 有增量 Δu_{CE}，u_{BE} 产生相应的 Δu_{BE}，当用增量比近似代替偏导数时，则有

$$h_{re} = \frac{\partial u_{BE}}{\partial u_{CE}}\bigg|_{i_B=I_{BQ}} \approx \frac{\Delta u_{BE}}{\Delta u_{CE}}\bigg|_{i_B=I_{BQ}}$$

此式说明 h_{re} 可由输入特性在特定条件下求得，如图 2.22(b)所示。h_{re} 的物理意义表示晶体管输出回路电压 u_{CE} 对输入回路的影响，这实质上是基区调宽效应所致，是由晶体管的内部结构决定的。

h_{fe} 是当 $u_{CE} = U_{CEQ}$ 时 i_C 对 i_B 的偏导数。从输出特性上看，当小信号作用时，如图 2.22(c)所示，取 $u_{CE} = U_{CEQ}$，在 Q 点附近，当用增量比近似代替偏导数时，则有

$$h_{fe} = \frac{\partial i_C}{\partial i_B}\bigg|_{u_{CE}=U_{CEQ}} \approx \frac{\Delta i_C}{\Delta i_B}\bigg|_{u_{CE}=U_{CEQ}}$$

所以 h_{fe} 表示晶体管在 Q 点附近的电流放大倍数 β。

h_{oe} 是当 $i_B = I_{BQ}$ 时 i_C 对 u_{CE} 的偏导数。从输出特性上看，h_{oe} 是在 $i_B = I_{BQ}$ 那条输出特

性曲线上 Q 点处的倒数，如图 2.22(d)所示，它表示输出特性曲线上翘的程度，可利用 $\Delta i_C/\Delta u_{CE}$ 得其近似值，当用增量比近似代替偏导数时，则有

$$h_{oe}=\frac{\partial i_C}{\partial u_{CE}}\bigg|_{i_B=I_{BQ}}\approx\frac{\Delta i_C}{\Delta u_{CE}}\bigg|_{i_B=I_{BQ}}$$

此式说明 h_{oe} 可由输出特性在特定条件下求得。h_{oe} 的物理意义表示在小信号作用下晶体管 $c-e$ 之间的动态电导，体现了 u_{CE} 对 i_C 的影响。由于大多数管子工作在放大区时曲线均平行于横轴，因此 h_{oe} 的值常小于 10^{-5} S，$1/h_{oe}$ 为 $c-e$ 之间的动态电阻 r_{ce}，其值在几百千欧以上。

2.4.4　放大电路的主要性能指标分析

利用 H 参数等效模型可以求解放大电路的电压放大倍数、输入电阻和输出电阻。在放大电路的交流通路中，用晶体管的简化 H 参数等效模型替代晶体管便可得到放大电路的微变等效电路。然后利用线性电路的分析方法，分别求出放大电路的动态性能指标。现以图 2.23(a)所示基本共发射极放大电路的交流通路为例，具体说明应用简化的 H 参数等效电路分析 A_u、r_i、r_o 的方法。

在图 2.23(a)所示交流通路中用简化的 H 参数等效模型替代晶体管，得到放大电路的微变等效电路，如图 2.23(b)所示。

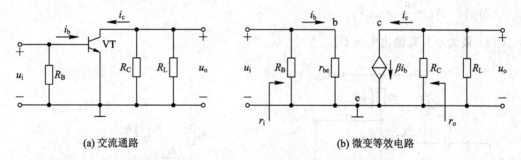

(a) 交流通路　　　　　　　　　(b) 微变等效电路

图 2.23　基本共发射极放大电路的交流通路与微变等效电路

1. 电压放大倍数 A_u

由图 2.23(b)所示电路可知：

$$R_L'=R_C\mathbin{/\mkern-5mu/}R_L$$

则有

$$A_u=\frac{u_o}{u_i}=\frac{-\beta i_b R_L'}{i_b r_{be}}=-\frac{\beta R_L'}{r_{be}} \tag{2.31}$$

式中负号说明 u_o 与 u_i 反相，这与利用图解法分析基本共发射极放大电路动态工作情况时得到的结论是一致的，u_o 与 u_i 反相是共发射极放大电路的一个基本特征。

2. 输入电阻 r_i

由图 2.23(b)所示电路可知：

$$r_i=\frac{u_i}{i_i}=R_B\mathbin{/\mkern-5mu/}r_{be} \tag{2.32}$$

3. 输出电阻 r_o

按输出电阻的定义,负载开路、信号源短路,采用在输出端加电压求电流的方法分析 r_o 的等效电路如图 2.24 所示。

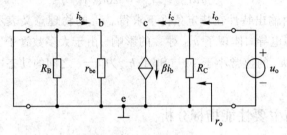

图 2.24　r_o 的等效电路

因为输入回路无源,$i_b=0$,则受控源 $\beta i_b=0$ 开路,所以有

$$r_o = \frac{u_o}{i_o} = R_C \tag{2.33}$$

【**例 2.4**】　电路如图 2.25(a)所示,已知 $R_B=300\ \mathrm{k\Omega}$,$R_C=R_L=3\ \mathrm{k\Omega}$,$R_s=2\ \mathrm{k\Omega}$,$-U_{CC}=-12\ \mathrm{V}$,$\beta=60$,对于输入信号而言,电容 C_1、C_2 的容抗可忽略。试分析:

(1) I_{BQ}、I_{CQ}、U_{CEQ};

(2) A_u、$A_{us}=\dfrac{u_o}{u_s}$、r_i、r_o;

(3) 最大不失真输出电压 U_{om}。

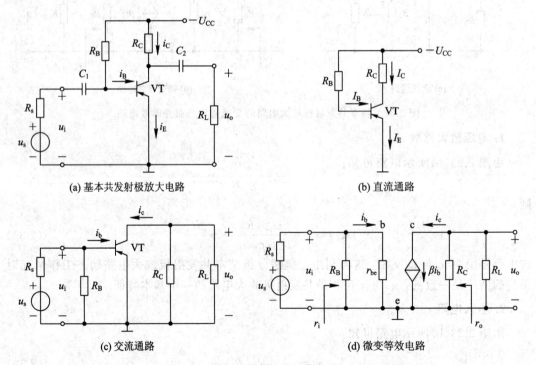

(a) 基本共发射极放大电路　　　　　(b) 直流通路

(c) 交流通路　　　　　　(d) 微变等效电路

图 2.25　例 2.4 电路图

解　分析图 2.25(a)可知,电路为基本共发射极放大电路,晶体管为 PNP 型,电源采

用负电压源，电路的偏置满足放大电路的组成原则，即发射结正偏、集电结反偏。

（1）求静态值 I_{BQ}、I_{CQ}、U_{CEQ}。

放大电路的静态分析以直流通路为基础。按照求作直流通路的原则，即所有电容开路，画出直流通路如图 2.25(b)所示，由直流通路分析可得

$$I_{BQ} \approx \frac{-U_{CC}}{R_B} = \frac{-12\ \text{V}}{300\ \text{k}\Omega} = -40\ \mu\text{A}$$

$$I_{CQ} = \beta I_{BQ} = -60 \times 0.04\ \text{mA} = -2.4\ \text{mA}$$

$$U_{CEQ} = -U_{CC} - I_{CQ}R_C = -12\ \text{V} - (-2.4\ \text{mA}) \times 3\ \text{k}\Omega = -4.8\ \text{V}$$

（2）分别计算 A_u、$A_{us} = \dfrac{u_o}{u_s}$、$r_i$、$r_o$。

放大电路的动态分析以交流通路为基础。按照求作交流通路的原则，即所有电容短路、直流电源对地短路，由图 2.25(a)画出其交流通路，如图 2.25(c)所示，在交流通路中用晶体管的简化 H 参数微变等效电路代替晶体管，得到放大电路的微变等效电路，如图 2.25(d)所示。

由已知条件及 I_{CQ} 值计算得

$$r_{be} = 200\ \Omega + (1+\beta)\frac{26\ \text{mV}}{|I_{EQ}|} = 200\ \Omega + 61 \times \frac{26\ \text{mV}}{2.4\ \text{mA}}\ \Omega \approx 861\Omega$$

$$R'_L = R_C /\!/ R_L = 3\ \text{k}\Omega /\!/ 3\ \text{k}\Omega = 1.5\ \text{k}\Omega$$

由图 2.25(d)分析可得

$$A_u = \frac{u_o}{u_i} = -\frac{\beta R'_L}{r_{be}} = -\frac{60 \times 1.5\ \text{k}\Omega}{0.861\ \text{k}\Omega} \approx -104.5$$

$$r_i = R_B /\!/ r_{be} = 300\ \text{k}\Omega /\!/ 0.861\ \text{k}\Omega \approx 0.859\ \text{k}\Omega$$

$$r_o = R_C = 3\ \text{k}\Omega$$

A_{us} 是源电压放大倍数，按定义有

$$A_{us} = \frac{u_o}{u_s} = \frac{u_i}{u_s}\frac{u_o}{u_i} = \frac{r_i}{R_s + r_i}A_u = \frac{0.859\ \text{k}\Omega}{2\ \text{k}\Omega + 0.859\ \text{k}\Omega} \times (-104.5) \approx -31.4$$

（3）求最大不失真输出电压 U_{om}。

最大不失真输出电压 U_{om} 既可由图解法分析给出，也可借助图解法分析所得结论，通过计算求出。利用前述分析结果式(2.17)和式(2.18)计算如下：

$$U_{om} = \min\{|U_{CEQ} - U_{CES}|,\ |R'_L I_{CQ}|\}$$
$$= \min\{|-4.8\ \text{V} - (-0.3\ \text{V})|,\ |1.5\ \text{k}\Omega \times (-2.4\ \text{mA})|\}$$
$$= 3.6\ \text{V}$$

§2.5　放大电路的工作点稳定问题

放大电路分析过程表明，静态工作点不但决定电路是否会产生失真，而且影响着放大电路的动态参数，如电压放大倍数、输入电阻等。实际上，电源电压的波动、元器件的老化以及因温度变化所引起晶体管参数的变化，都会造成静态工作点的不稳定，从而使动态参

数不稳定，有时电路甚至无法正常工作。可见静态工作点是决定放大电路性能的关键因素之一。为了获得较好的性能，在设计或调试放大电路时，必须首先设置一个合理的 Q 点，而且必须保证 Q 点的稳定性。

2.5.1 影响 Q 点稳定的因素

分析与实验表明，影响 Q 点稳定的因素很多，如电源电压的波动、元器件的老化以及因温度变化所引起晶体管参数的变化，都会造成静态工作点的不稳定。在引起 Q 点不稳定的诸多因素中，温度对晶体管参数的影响是最主要的。原因在于晶体管是由半导体材料制成的，半导体材料的导电性能对温度变化较为敏感，具体体现在下述几个方面。

(1) 温度变化会引起晶体管发射结压降的变化，温度每升高 $1℃$，u_{BE} 减小 $2\sim2.5$ mV。如图 2.26 所示，图中有温度为 T_1、$T_2(T_2>T_1)$ 时的两条输入特性曲线，对应同一个 I_B 值，当温度升高时 u_{BE} 减小。图中画出了输入回路的直流负载线，它与两种温度下的输入特性曲线的交点分别为 Q_1、Q_2，显然，温度为 T_2 时基极电流 I_{BQ2} 较大，它所对应的 I_{CQ2} 也较大。

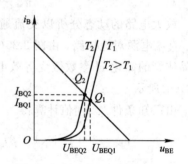

图 2.26 温度变化对 u_{BE} 的影响

(2) 温度变化会引起 I_{CBO} 变化，一般规律为：温度每升高 $10℃$，I_{CBO} 增大一倍。由于锗管比硅管的 I_{CBO} 基数大，因此，当温度变化时，I_{CBO} 的变化对锗管的影响大。

(3) 温度变化会引起 β 变化，一般规律为：温度每升高 $1℃$，β 值增大 $0.5\%\sim1\%$。

放大电路中除晶体管外，还有其他元件，如电阻 R_B、R_C 等，由于热运动，当温度变化时，其阻值也会变化，但这种变化相对于晶体管参数对温度的敏感性要低得多，因此，温度变化是影响 Q 点稳定的主要因素。所以，讨论放大电路的 Q 点稳定问题，实质上是分析如何在环境温度变化时，使 Q 点维持不变或变化甚微的问题。

2.5.2 稳定 Q 点的途径

针对影响 Q 点稳定的因素，可采用不同的措施来处理。具体措施如下：

(1) 对于电源电压的波动，可采用高稳定度的直流稳定电源。

(2) 从元件着手，解决元件的热稳定性问题。主要途径有两条：一是选择温度稳定性好的元器件，例如，选择硅管和温度系数小的电阻、电容等元件；二是经过一定的工艺处理来稳定元件的参数，减轻因元件老化对 Q 点的影响。例如，在元件投入使用之前，先让其承受一定的电压和电流，在额定功率情况下，工作一定时间，促使其参数趋于稳定。

(3) 从使用环境着手，使电路的工作环境温度维持在特定范围内。其常用措施为：一是改善小环境，例如，将晶体管和其他参数对温度敏感的关键元件置于恒温槽内，保持温度恒定，维持元件参数不变；二是采用空调设备改善电子设备的使用环境，使其工作间的温度维持在一定范围内。当然，这样做的成本较高，对于某些使用环境甚至无法实现。

(4) 从电路结构着手，改善电路的结构形式，使电路具备自动稳定 Q 点的能力。这是本节关注的主要措施，也是电子技术研究的重点内容之一。从电路结构看，一是采用直流负反馈的方法，二是采用温度补偿技术。此处重点讨论分压偏置式工作点稳定电路，其余内容将在后续各章中学习。

2.5.3　典型的静态工作点稳定电路

电子电路的发展是一个不断发现问题解决问题的过程。从图 2.7(a)所示的直流通路分析中可见：当电源电压 U_{CC} 和偏置电阻 R_C 确定后，放大电路的 Q 点就由基极电流 I_B 来确定，这个电流常称作偏流，从而获得偏流的电路称为偏置电路。固定偏流电路实际上是由一个偏置电阻 R_B 构成的，这种电路结构简单，调试方便，只要适当选择电路参数就可以保证 Q 点处于合适的位置。由于 $I_B\left(I_{BQ}=\dfrac{U_{CC}-U_{BEQ}}{R_B}\right)$ 是固定的，$I_C\,(I_{CQ}=\beta I_{BQ}+I_{CEO})$ 也就固定不变，但是当更换管子或环境温度变化时，电路的工作点往往会移动，从而导致 Q 点不稳定。例如，若温度升高，则引起 U_{BEQ} 减小、β 值增大、I_{CBO} 增大，导致 I_{CQ} 增大，使 Q 点沿直流负载线向饱和区方向移动；若温度降低，则引起 U_{BEQ} 增大、β 值减小、I_{CBO} 减小，导致 I_{CQ} 减小，使 Q 点沿直流负载线向截止区方向移动，即温度变化引起 Q 点的不稳定。

针对 BJT 参数 U_{BEQ}、β、I_{CBO} 随温度变化对 Q 点的影响，最终都变现在使 Q 点的电流 I_{CQ} 增大或减小。从这一现象出发，若能改变电路结构，当温度变化时，能自动调节 I_{CQ} 的大小，使其基本保持设计值不变，则可解决 Q 点的稳定问题。例如，可采取以下两方面的措施：

(1) 针对 I_{CBO} 的影响，可设法使基极电流 I_B 随温度的升高而自动减小。

(2) 针对 U_{BE} 的影响，可设法使发射结的外加电压随温度的升高而自动减小。

典型的静态工作点稳定电路如图 2.27 所示，图(a)为直接耦合方式，图(b)为阻容耦合方式，都是体现上述思路的电路形式，它们具有相同的直流通路，如图(c)所示。

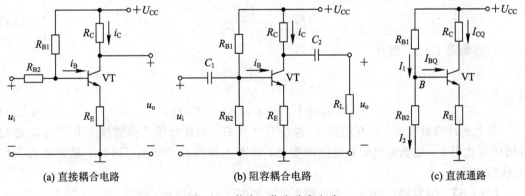

(a) 直接耦合电路　　　　　　　　(b) 阻容耦合电路　　　　　　　(c) 直流通路

图 2.27　静态工作点稳定电路

1. 稳定 Q 点的工作原理

将图 2.27(c)所示的直流通路与图 2.7(a)所示的直流通路相比可知，其不同之处是电路中晶体管的基极电位由 R_{B1} 和 R_{B2} 对 U_{CC} 分压而得，同时晶体管发射极通过电阻 R_E 接地。

此电路稳定 Q 点的前提是 B 点电压与温度变化无关，也就是说，当元件参数确定之后，U_B 为一定值 $\left(U_B=\dfrac{R_{B2}}{R_{B1}+R_{B2}}\right)$，即 R_{B1}、R_{B2} 近似串联，忽略 I_{BQ}（相对 I_1 足够小）。当温度上升，引起 β、I_{CBO} 等变化，导致 I_{CQ} 增大，I_{EQ} 也增大时，晶体管发射极电压 $U_E=I_{EQ}R_E$ 也增大，由

于 U_B 不变，而 $U_{BEQ}=U_B-U_E$，则 U_{BEQ} 减小，由输入特性知 I_{BQ} 减小，从而抑制了 I_{CQ} 因温度升高而引起的增加，达到了稳定 Q 点的目的。上述稳定 Q 点的过程也可描述如下：

$$T(℃)\uparrow \longrightarrow I_{CBO}\uparrow \longrightarrow I_{CQ}\uparrow \longrightarrow U_E\uparrow \longrightarrow U_{BEQ}\downarrow \longrightarrow I_{BQ}\downarrow$$

（框图含 $\beta\uparrow$、$U_{BE}\downarrow$、$I_{CQ}\downarrow$）

当温度降低时，各物理量向相反方向变化，I_C 和 U_{CE} 也将基本不变。

不难看出，在稳定静态工作的过程中，R_E 起着重要的作用，当晶体管的输出回路电流 I_C 变化时，在固定基极电压 U_B 的前提下，利用 R_E 上电压的变化来检测 $I_{EQ}(I_{CQ})$ 的变化，通过 U_E 与 U_B 的比较，自动调节 I_{CQ} 的变化趋势，使 I_{CQ} 基本稳定。这种自动调节的过程称为直流负反馈，R_E 为直流负反馈电阻。关于负反馈的深入讨论将在第 6 章进行。

由此可见，图 2.27(c) 所示电路 Q 点稳定的原因是：

(1) R_E 为直流负反馈作用。

(2) 在 $I_1 \gg I_{BQ}$ 的情况下，U_B 在温度变化时基本不变。

所以称上述电路为分压式偏置电流负反馈 Q 点稳定电路，简称分压式偏置放大电路。从理论上来讲，R_E 愈大，反馈愈强，Q 点愈稳定。但是实际上，R_E 愈大，电路的放大倍数愈小，而且对于一定的集电极电流 I_C，由于 U_{CC} 的限制，R_E 太大会使晶体管进入饱和区，电路将不再正常工作。

2. 静态工作点的估算

对于图 2.27 所示电路静态工作点的计算也可采用近似估算法，当 $I_1 \gg I_{BQ}$ 时，B 点的电压可由 R_{B1} 与 R_{B2} 分压确定，即

$$U_B \approx \frac{R_{B2}}{R_{B1}+R_{B2}} \qquad (2.34)$$

一旦确定了 U_B，则有

$$I_{CQ} \approx I_{EQ} = \frac{U_B - U_{BE}}{R_E} \qquad (2.35)$$

$$U_{CEQ} \approx U_{CC} - I_{CQ}(R_C + R_E) \qquad (2.36)$$

在上述计算过程中，没有用到 β，也没有计算 I_B，因此分压式偏置放大电路的 Q 点与 β 值的变化无关，也就是说随着温度的变化，静态工作点几乎不变，达到了稳定静态工作点的目的。

【例 2.5】 阻容耦合分压式偏置放大电路如图 2.27(b) 所示，已知：$R_{B1}=56$ kΩ，$R_{B2}=33$ kΩ，$R_C=3$ kΩ，$R_E=3$ kΩ，$R_L=6$ kΩ，$U_{CC}=24$ V，晶体管 VT 的 $\beta=80$，$r_{bb'}=300$ Ω，$U_{BE}\approx0.7$ V。

试用近似计算法分析其 Q 点。

解　利用近似计算法分析如下：

$$U_B \approx \frac{R_{B2}}{R_{B1}+R_{B2}}U_{CC} = \frac{33 \text{ kΩ}}{33 \text{ kΩ}+56 \text{ kΩ}} \times 24 \text{ V} = 8.90 \text{ V}$$

$$I_{CQ} \approx I_{EQ} = \frac{U_B - U_{BE}}{R_E} = \frac{8.90 \text{ V} - 0.7 \text{ V}}{3 \text{ kΩ}} = 2.73 \text{ mA}$$

$$U_{CEQ} \approx U_{CC} - I_{EQ}(R_C + R_E) = 24\ \text{V} - 2.73\ \text{mA} \times (3\ \text{k}\Omega + 3\ \text{k}\Omega) \approx 7.62\ \text{V}$$

除此之外，还可以利用等效的方法求其 Q 点，方法如下：

作出图 2.27(b)的直流通路的戴维南等效电路，如图 2.28(a)所示，从输入端虚线处断开，求虚线左端戴维南等效电压 U_{OC} 和等效电阻 R_O，有

$$U_{OC} = U_{BB} = \frac{R_{B2}}{R_{B1} + R_{B2}}U_{CC} = \frac{33\ \text{k}\Omega}{33\ \text{k}\Omega + 56\ \text{k}\Omega} \times 24\ \text{V} = 8.90\ \text{V}$$

$$R_O = R_B = R_{B1}\ /\!/\ R_{B2} = 33\ \text{k}\Omega\ /\!/\ 56\ \text{k}\Omega = 20.76\ \text{k}\Omega$$

画出虚线左端戴维南等效电路，如图 2.28(b)所示，此时有

$$I_{BQ} = \frac{U_{BB} - U_{BE}}{R_B + (1+\beta)R_E} = \frac{8.90\ \text{V} - 0.7\ \text{V}}{20.76\ \text{k}\Omega + (1+80) \times 3\ \text{k}\Omega} = 31.1\ \mu\text{A}$$

$$I_{CQ} = \beta I_{BQ} = 80 \times 31.1\ \mu\text{A} \approx 2.49\ \text{mA}$$

$$U_{CEQ} \approx U_{CC} - I_{CQ}(R_C + R_E) = 24\ \text{V} - 2.49\ \text{mA} \times (3\ \text{k}\Omega + 3\ \text{k}\Omega) = 9.06\ \text{V}$$

相比较而言，两种计算方法中近似估算法较为简单。

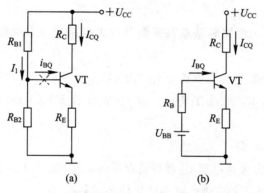

图 2.28　直流通路的戴维南等效电路

3. 动态参数的估算

动态分析的出发点是交流通路。画出图 2.27(b)的交流通路，如图 2.29(a)所示，在交流通路中用晶体管的简化 H 参数等效电路代替晶体管，得到放大电路的微变等效电路，如图 2.29(b)所示。注意图中 R_E 的存在对放大电路动态性能的影响。

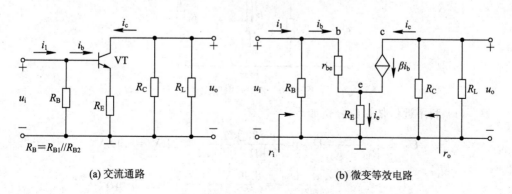

(a) 交流通路　　　　　　　　　　　　(b) 微变等效电路

图 2.29　阻容耦合 Q 点稳定电路的交流通路及微变等效电路

图中 $R_B = R_{B1} /\!/ R_{B2}$，分析图 2.29(b)有

$$R'_L = R_C /\!/ R_L$$

则

$$A_u = \frac{u_o}{u_i} = \frac{-\beta i_b R'_L}{r_{be} i_b + (1+\beta) i_b R_E} = \frac{-\beta R'_L}{r_{be} + (1+\beta) R_E} \tag{2.37}$$

$$r_i = \frac{u_i}{i_i} = R_B /\!/ r'_i$$

$$r'_i = \frac{u_i}{i_b} = \frac{r_{be} i_b + (1+\beta) i_b R_E}{i_b} = r_{be} + (1+\beta) R_E$$

所以

$$r_i = \frac{u_i}{i_i} = R_B /\!/ r'_i = R_B /\!/ [r_{be} + (1+\beta) R_E] \tag{2.38}$$

当忽略 r_{ce} 的影响时，按输出电阻的定义可求得

$$r_o = R_C \tag{2.39}$$

比较分压式偏置放大电路和基本共发射极放大电路的动态性能，可见，由于 R_E 的存在，A_u 减小、r_i 增大。

【**例 2.6**】 分压式偏置放大电路如图 2.30 所示，已知：$R_{B1} = 56$ kΩ，$R_{B2} = 33$ kΩ，$R_C = 3$ kΩ，$R_E = 3$ kΩ，$R_L = 6$ kΩ，$U_{CC} = 24$ V，晶体管 VT 的 $\beta = 80$，$r'_{bb} = 300$ Ω，$U_{BE} \approx 0.7$ V。

(1) 估算静态工作点 Q；

(2) 分别求出有、无旁路电容 C_E 两种情况下的动态性能指标：A_u、r_i、r_o；

(3) 若 R_{B2} 因虚焊而开路，则电路会产生什么现象？

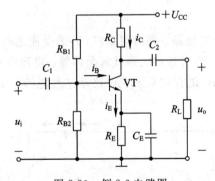

图 2.30　例 2.6 电路图

解 (1) 利用近似估算法分析如下：

$$U_B \approx \frac{R_{B2}}{R_{B1} + R_{B2}} U_{CC} = \frac{33 \text{ kΩ}}{33 \text{ kΩ} + 56 \text{ kΩ}} \times 24 \text{ V} = 8.90 \text{ V}$$

$$I_{CQ} \approx I_{EQ} = \frac{U_B - U_{BE}}{R_E} = \frac{8.90 \text{ V} - 0.7 \text{ V}}{3 \text{ kΩ}} = 2.73 \text{ mA}$$

$$U_{CEQ} \approx U_{CC} - I_{EQ}(R_C + R_E) = 24 \text{ V} - 2.73 \text{ mA} \times (3 \text{ kΩ} + 3 \text{ kΩ}) \approx 7.62 \text{ V}$$

（2）分别画出有、无旁路电容 C_E 的微变等效电路，如图 2.31 所示。

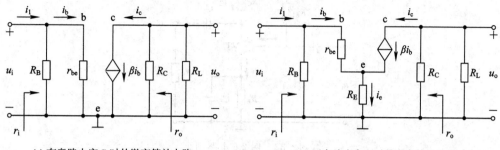

(a) 有旁路电容 C_E 时的微变等效电路   (b) 无旁路电容 C_E 时的微变等效电路

图 2.31　分压式偏置放大电路微变等效电路图

① 在有旁路电容 C_E 的情况下，由于旁路电容 C_E 的存在，R_E 在交流通路中被短路，故其微变等效电路如图 2.31(a) 所示，且有

$$r_{be} \approx r'_{bb} + (1+\beta)\frac{26\text{ mV}}{I_{EQ}} = 300\ \Omega + (1+80)\frac{26\text{ mV}}{2.73\text{ mA}} \approx 1071.4\ \Omega$$

$$R'_L = R_C \mathbin{/\mkern-5mu/} R_L = 3\text{ k}\Omega \mathbin{/\mkern-5mu/} 6\text{ k}\Omega = 2\text{ k}\Omega$$

$$R_B = R_{B1} \mathbin{/\mkern-5mu/} R_{B2} = 33\text{ k}\Omega \mathbin{/\mkern-5mu/} 56\text{ k}\Omega = 20.76\text{ k}\Omega$$

所以有

$$A_u = \frac{u_o}{u_i} = \frac{-\beta R'_L}{r_{be}} = \frac{-80 \times 2\text{ k}\Omega}{1.071\text{ k}\Omega} \approx -149.4$$

$$r_i = R_B \mathbin{/\mkern-5mu/} r_{be} = 20.76\text{ k}\Omega \mathbin{/\mkern-5mu/} 1.071\text{ k}\Omega \approx 1.02\text{ k}\Omega$$

$$r_o = R_C = 3\text{ k}\Omega$$

② 在无旁路电容 C_E 的情况下，由于 R_E 的存在，其微变等效电路如图 2.31(b) 所示。电路参数 r_{be}、R'_L、R_B 与①中完全相同，所以不再重复计算，此时有

$$A_u = \frac{u_o}{u_i} = \frac{-\beta R'_L}{r_{be} + (1+\beta)R_E} = \frac{-80 \times 2\text{ k}\Omega}{1.071\text{ k}\Omega + (1+80) \times 3\text{ k}\Omega} = -0.66$$

$$r_i = R_B \mathbin{/\mkern-5mu/} [r_{be} + (1+\beta)R_E] = 20.76\text{ k}\Omega \mathbin{/\mkern-5mu/} [1.071\text{ k}\Omega + (1+80) \times 3\text{ k}\Omega] \approx 19.13\text{ k}\Omega$$

$$r_o = R_C = 3\text{ k}\Omega$$

比较有、无旁路电容 C_E 两种情况下的动态性能指标，可见电路中有无旁路电容 C_E，直接影响到放大电路的电压放大倍数和输入电阻数值的大小。无旁路电容 C_E 的情况下，由于 R_E 的存在，降低了电压放大倍数，但是由于 $(1+\beta)R_E \gg r_{be}$，所以 $A_u = \dfrac{u_o}{u_i} = \dfrac{-\beta R'_L}{r_{be} + (1+\beta)R_E} \approx \dfrac{-R'_L}{R_E}$ 仅仅取决于电阻阻值，不受环境温度的影响，所以温度稳定性好。

（3）若 R_{B2} 因虚焊而开路，则电路如图 2.32 所示。

设晶体管仍工作在放大状态，则基极电流和集电极电流分别为

$$I_{BQ} = \frac{U_{CC} - U_{BEQ}}{R_{B1} + (1+\beta)R_E} = \frac{24\text{ V} - 0.7\text{ V}}{56\text{ k}\Omega + (1+80) \times 3\text{ k}\Omega} \approx 0.08\text{ mA}$$

$$I_{CQ} = \beta I_{BQ} = 80 \times 0.08\text{ mA} = 6.4\text{ mA}$$

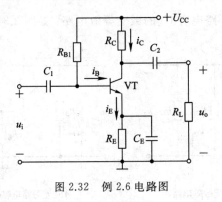

图 2.32　例 2.6 电路图

管压降为

$$U_{CEQ} = U_{CC} - I_{CQ}(R_C + R_E) = 24 \text{ V} - 6.4 \text{ mA} \times (3 \text{ k}\Omega + 3 \text{ k}\Omega) = -14.4 \text{ V}$$

上式表明，原假设不成立，管子已不工作在放大区，而进入饱和区，动态分析已无意义。本题也可假设晶体管工作在饱和区，然后通过分析来判断假设的正确性。

§ 2.6　共集电极放大电路

共集电极放大电路信号从基极输入，从发射极输出，发射极作为输入、输出回路的公共端点（在交流通路中）。

2.6.1　电路的组成

共集电极放大电路如图 2.33(a)所示。按照求作直流通路和交流通路的方法，可分别作其直流通路和交流通路，如图 2.33(b)、图 2.33(c)所示。直流通路说明，电路的连接形式及电源电压极性可满足发射结正偏、集电结反偏的要求；交流通路说明，电路能保证输入信号从输入到输出的有效传输。所以，图 2.33(a)所示放大电路满足放大电路的组成原则。在图 2.33(c)所示的交流通路中，输入、输出回路是以集电极 c 作为输入、输出回路的公共端点的，故称其为共集电极放大电路。由于输出电压取自发射极 e，故此电路又称射极输出器或射极跟随器。

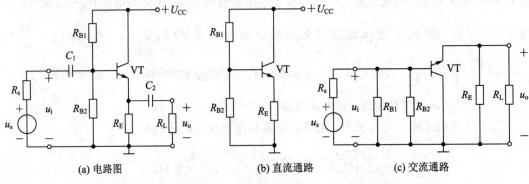

(a) 电路图　　　　　　　　(b) 直流通路　　　　　　　　(c) 交流通路

图 2.33　共集电极放大电路

2.6.2　静态工作点的估算

由图 2.33(b)所示直流通路可见，其电路结构与分压式偏置放大电路的直流通路相似，因此，可运用近似估算法来分析其静态工作点，即有

$$U_{\mathrm{B}} \approx \frac{R_{\mathrm{B2}}}{R_{\mathrm{B1}} + R_{\mathrm{B2}}} U_{\mathrm{CC}}$$

$$I_{\mathrm{CQ}} \approx I_{\mathrm{EQ}} = \frac{U_{\mathrm{B}} - U_{\mathrm{BE}}}{R_{\mathrm{E}}}$$

$$U_{\mathrm{CEQ}} = U_{\mathrm{CC}} - I_{\mathrm{EQ}} R_{\mathrm{E}}$$

2.6.3　动态指标的估算

在图 2.33(c)所示的交流通路中，用晶体管的简化 H 参数等效电路取代晶体管，可得放大电路的微变等效电路，如图 2.34 所示，其中 $R_{\mathrm{B}} = R_{\mathrm{B1}} /\!/ R_{\mathrm{B2}}$。

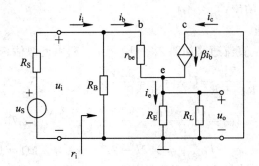

图 2.34　共集组态放大电路微变等效电路

分析图 2.34 有

$$R_{\mathrm{L}}' = R_{\mathrm{E}} /\!/ R_{\mathrm{L}}$$

$$A_u = \frac{u_{\mathrm{o}}}{u_{\mathrm{i}}} = \frac{(1+\beta) i_{\mathrm{b}} R_{\mathrm{L}}'}{r_{\mathrm{be}} i_{\mathrm{b}} + (1+\beta) i_{\mathrm{b}} R_{\mathrm{L}}'} = \frac{(1+\beta) R_{\mathrm{L}}'}{r_{\mathrm{be}} + (1+\beta) R_{\mathrm{L}}'} \tag{2.40}$$

$$r_{\mathrm{i}} = \frac{u_{\mathrm{i}}}{i_{\mathrm{i}}} = R_{\mathrm{B}} /\!/ r_{\mathrm{i}}'$$

$$r_{\mathrm{i}}' = \frac{u_{\mathrm{i}}}{i_{\mathrm{b}}} = \frac{r_{\mathrm{be}} i_{\mathrm{b}} + (1+\beta) i_{\mathrm{b}} R_{\mathrm{L}}'}{i_{\mathrm{b}}} = r_{\mathrm{be}} + (1+\beta) R_{\mathrm{L}}'$$

$$r_{\mathrm{i}} = \frac{u_{\mathrm{i}}}{i_{\mathrm{i}}} = R_{\mathrm{B}} /\!/ r_{\mathrm{i}}' = R_{\mathrm{B}} /\!/ \left[r_{\mathrm{be}} + (1+\beta) R_{\mathrm{L}}' \right] \tag{2.41}$$

按照输出电阻的定义，信号源短路保留信号源内阻、负载开路，采用在输出端加电压求电流的方法，分析输出电阻的等效电路，如图 2.35 所示。分析此电路有

$$i_{\mathrm{o}} = \frac{u_{\mathrm{o}}}{R_{\mathrm{E}}} - (1+\beta) i_{\mathrm{b}}$$

$$i_{\mathrm{b}} = -\frac{u_{\mathrm{o}}}{r_{\mathrm{be}} + R_{\mathrm{S}}'} \qquad \text{（其中 } R_{\mathrm{S}}' = R_{\mathrm{S}} /\!/ R_{\mathrm{B}} \text{）}$$

$$i_{\mathrm{o}} = \frac{u_{\mathrm{o}}}{R_{\mathrm{E}}} + (1+\beta) \frac{u_{\mathrm{o}}}{r_{\mathrm{be}} + R_{\mathrm{S}}'}$$

$$r_{\text{o}} = \frac{u_{\text{o}}}{i_{\text{o}}} = R_{\text{E}} \mathbin{/\mkern-5mu/} \frac{r_{\text{be}} + R'_{\text{S}}}{1 + \beta} \qquad (2.42)$$

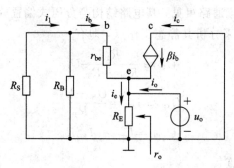

图 2.35　求输出电阻 r_{o} 的等效电路

【例 2.7】 电路如图 2.33(a)所示，已知：$R_{\text{B1}} = 56\ \text{k}\Omega$，$R_{\text{B2}} = 33\ \text{k}\Omega$，$R_{\text{S}} = 1\ \text{k}\Omega$，$R_{\text{E}} = 3\ \text{k}\Omega$，$R_{\text{L}} = 6\ \text{k}\Omega$，$U_{\text{CC}} = 24\ \text{V}$，晶体管 VT 的 $\beta = 80$，$r_{\text{bb}'} = 300\ \Omega$，$U_{\text{BE}} \approx 0.7\ \text{V}$。试求：

(1) 放大电路 Q 点的值；

(2) A_u、r_{i}、r_{o} 的值。

解　(1) Q 点分析：直流通路如图 2.33(b)所示，利用近似估算法有

$$U_{\text{B}} = \frac{R_{\text{B2}}}{R_{\text{B1}} + R_{\text{B2}}} U_{\text{CC}} = \frac{33\ \text{k}\Omega}{56\ \text{k}\Omega + 33\ \text{k}\Omega} \times 24\ \text{V} = 8.90\ \text{V}$$

$$I_{\text{CQ}} \approx I_{\text{EQ}} = \frac{U_{\text{B}} - U_{\text{BE}}}{R_{\text{E}}} = \frac{8.90\ \text{V} - 0.7\ \text{V}}{3\ \text{k}\Omega} = 2.73\ \text{mA}$$

$$U_{\text{CEQ}} \approx U_{\text{CC}} - I_{\text{EQ}} R_{\text{E}} = 24\ \text{V} - 2.73\ \text{mA} \times 3\ \text{k}\Omega = 15.81\ \text{V}$$

(2) 动态分析：由交流通路画出微变等效电路，如图 2.34 所示，其中：

$$r_{\text{be}} \approx r'_{\text{bb}} + (1 + \beta) \frac{26\ \text{mV}}{I_{\text{EQ}}} = 300\ \Omega + (1 + 80) \frac{26\ \text{mV}}{2.73\ \text{mA}} \approx 1071.4\ \Omega$$

$$R'_{\text{L}} = R_{\text{E}} \mathbin{/\mkern-5mu/} R_{\text{L}} = 3\ \text{k}\Omega \mathbin{/\mkern-5mu/} 6\ \text{k}\Omega = 2\ \text{k}\Omega$$

$$R_{\text{B}} = R_{\text{B1}} \mathbin{/\mkern-5mu/} R_{\text{B2}} = 33\ \text{k}\Omega \mathbin{/\mkern-5mu/} 56\ \text{k}\Omega = 20.76\ \text{k}\Omega$$

所以

$$A_u = \frac{u_{\text{o}}}{u_{\text{i}}} = \frac{(1 + \beta) R'_{\text{L}}}{r_{\text{be}} + (1 + \beta) R'_{\text{L}}} = \frac{81 \times 2\ \text{k}\Omega}{1.071\ \text{k}\Omega + 81 \times 2\ \text{k}\Omega} \approx 0.99$$

$$r_{\text{i}} = \frac{u_{\text{i}}}{i_{\text{i}}} = R_{\text{B}} \mathbin{/\mkern-5mu/} [r_{\text{be}} + (1 + \beta) R'_{\text{L}}] = 20.76\ \text{k}\Omega \mathbin{/\mkern-5mu/} (1.071\ \text{k}\Omega + 81 \times 2\ \text{k}\Omega) \approx 18.42\ \text{k}\Omega$$

$$R'_{\text{S}} = R_{\text{S}} \mathbin{/\mkern-5mu/} R_{\text{B}} = 1\ \text{k}\Omega \mathbin{/\mkern-5mu/} 20.76\ \text{k}\Omega \approx 0.954\ \text{k}\Omega$$

$$r_{\text{o}} = R_{\text{E}} \mathbin{/\mkern-5mu/} \frac{r_{\text{be}} + R'_{\text{S}}}{1 + \beta} = 3\ \text{k}\Omega \mathbin{/\mkern-5mu/} \frac{1.071\ \text{k}\Omega + 0.954\ \text{k}\Omega}{1 + 80} \approx 0.026\ \text{k}\Omega$$

综合上述分析可见，共集电极放大电路具有下述特点：

(1) u_{o} 与 u_{i} 同相，电压放大倍数小于 1。当 $(1 + \beta) R'_{\text{L}} \gg r_{\text{be}}$ 时，$A_u \approx 1$，即 $u_{\text{o}} \approx u_{\text{i}}$，因此，共集电极放大电路又称电压跟随器。

(2) 输入电阻大，输出电阻小。

共集电极放大电路虽然没有电压放大能力，但具有电流放大能力。由于其输入电阻大、输出电阻小，具有阻抗变换功能，应用该电路可以使负载与信号源阻抗匹配，从而使

整个电路达到最大的功率转换效率。基于上述特点,共集电极放大电路多用于多级放大电路的输入级或输出级,也可用作多级放大电路的中间级,起缓冲作用。

<h1 style="text-align:center">§ 2.7　共基极放大电路</h1>

2.7.1　电路组成

共基极放大电路信号从发射极输入、集电极输出,电路如图 2.36 所示,其微变等效电路如图 2.37 所示,图中 C_B 保证交流接地。

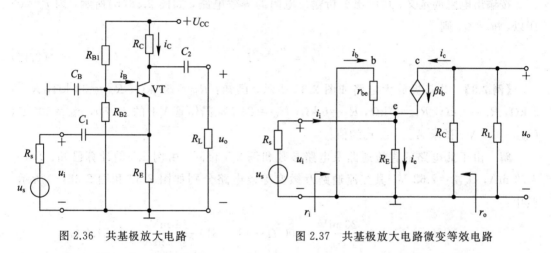

图 2.36　共基极放大电路　　　　　　　图 2.37　共基极放大电路微变等效电路

共基极放大电路的直流通路是已熟悉的分压式偏置电路形式,故此处略去静态工作点的分析过程。

2.7.2　动态分析

图 2.37 所示的微变等效电路也可以画成图 2.38(a)所示的电路。

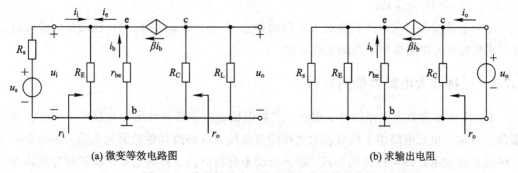

(a) 微变等效电路图　　　　　　　　　　(b) 求输出电阻

图 2.38　共基极放大电路的动态分析等效电路

由图 2.37 或图 2.38(a)分析有

$$R_L' = R_C \mathbin{/\mkern-5mu/} R_L$$

$$A_u = \frac{u_o}{u_i} = \frac{-\beta i_b R'_L}{-r_{be} i_b} = \frac{\beta R'_L}{r_{be}} \tag{2.43}$$

$$i_i = \frac{u_i}{R_E} - (1+\beta) i_b$$

$$i_b = -\frac{u_i}{r_{be}}$$

$$i_i = \frac{u_i}{R_E} + (1+\beta) \frac{u_i}{r_{be}} = u_i \left(\frac{1}{R_E} + \frac{1+\beta}{r_{be}} \right)$$

$$r_i = \frac{u_i}{i_i} = R_E \mathbin{/\mkern-5mu/} \frac{r_{be}}{1+\beta} \tag{2.44}$$

按输出电阻的定义，可画出分析输出电阻的等效电路，如图 2.38(b)所示，因 $i_b = 0$，所以，$\beta i_b = 0$，则

$$r_o = \frac{u_o}{i_o} \approx R_C \tag{2.45}$$

【例 2.8】　共基极放大电路如图 2.36 所示，已知：$R_{B1} = 56\ \text{k}\Omega$，$R_{B2} = 33\ \text{k}\Omega$，$R_s = 1\ \text{k}\Omega$，$R_C = 3\ \text{k}\Omega$，$R_E = 3\ \text{k}\Omega$，$R_L = 6\ \text{k}\Omega$，$U_{CC} = 24\ \text{V}$，晶体管 VT 的 $\beta = 80$，$r_{bb'} = 300\ \Omega$，$U_{BEQ} \approx 0.7\ \text{V}$。试求 A_u、r_i、r_o 的值。

解　由于此电路的直流通路及电路参数和例 2.5 相同，由例 2.5 的计算已知：$I_{CQ} = 2.73\ \text{mA}$，$U_{CEQ} = 7.62\ \text{V}$。其交流通路及微变等效电路分别如图 2.37 和图 2.38(a)所示。其中：

$$r_{be} \approx 300 + (1+\beta) \frac{26\ \text{mV}}{I_{EQ}} = 200\ \Omega + (1+81) \frac{26\ \text{mV}}{2.73\ \text{mA}} \approx 1071.4\ \Omega$$

$$R'_L = R_C \mathbin{/\mkern-5mu/} R_L = 3\ \text{k}\Omega \mathbin{/\mkern-5mu/} 6\ \text{k}\Omega = 2\ \text{k}\Omega$$

$$A_u = \frac{u_o}{u_i} = \frac{\beta R'_L}{r_{be}} = \frac{80 \times 2\ \text{k}\Omega}{1.071\ \text{k}\Omega} \approx 149.4$$

$$r_i = R_E \mathbin{/\mkern-5mu/} \frac{r_{be}}{1+\beta} = 3\ \text{k}\Omega \mathbin{/\mkern-5mu/} \frac{1.071\ \text{k}\Omega}{1+80} \approx 13\ \Omega$$

$$r_o = R_C = 3\ \text{k}\Omega$$

综合上述分析可见，共基极放大电路的特点是：u_o 与 u_i 同相，A_u 比较大，输入电阻小。共基极放大电路多用于高频放大电路。

2.7.3　三种放大电路性能的比较

表 2.1 所示为放大电路的共发射极、共集电极、共基极三种组态连接形式，这三种组态常作为基本单元电路用于构成较为复杂的多级放大电路或其他功能的电路，熟练掌握这三种组态放大电路的电路结构形式、静态与动态分析方法、各项主要性能指标与电路参数的关系等，是学习后续内容的基础。根据表 2.1 可以对三种组态放大电路的性能比较如下：

（1）共发射极放大电路信号从基极输入，从集电极输出，输入、输出信号反相。电压放大倍数大，输入电阻适中，一般为几千欧数量级，输出电阻较大。所以，共发射极放大电路

一般作为多级放大电路的主放大器。

（2）共集电极放大电路信号从基极输入，从发射极输出，输入、输出信号"同相"。电压放大倍数接近 1，输入电阻很大，输出电阻较小，一般为几十欧姆数量级，所以，共集电极放大电路一般可作为多级放大电路的输入级（r_i 大）、中间级（r_i 大、r_o 小，有阻抗变换能力）、输出级（r_o 小，带负载能力强）。

（3）共基极放大电路信号从发射极输入，从集电极输出，输入、输出信号同相。电压放大倍数大，但输入电阻太小，故实际的电源电压放大倍数很小，但因其高频特性好，故适用于高频电路。

为了方便对有关性能指标有一个定量的认识，表 2.1 中列举了例 2.7、例 2.8、例 2.9 的相关分析结果。由于放大电路的性能与静态工作点有关，因此，三个例题中的有关电路参数取值相同，I_{CQ} 均相同，这给数值比较奠定了基础。

表 2.1　三种放大电路性能的比较

电路名称		共发射极放大电路	共集电极放大电路	共基极放大电路
电路形式				
电压放大倍数 A_u	表达式	$-\dfrac{\beta R'_L}{r_{be}}$	$\dfrac{(1+\beta)R'_L}{r_{be}+(1+\beta)R'_L}$	$\dfrac{\beta R'_L}{r_{be}}$
	举例数值	-149.4	0.99	149.4
输入电阻 r_i	表达式	$R_B /\!/ r_{be}$	$R_B /\!/ [r_{be}+(1+\beta)R'_L]$	$R_E /\!/ \dfrac{r_{be}}{1+\beta}$
	举例数值	1.02 kΩ	18.42 kΩ	0.013 kΩ
输出电阻 r_o	表达式	R_C	$R_E /\!/ \dfrac{r_{be}+R'_s}{1+\beta}$	R_C
	举例数值	3 kΩ	0.026 kΩ	3 kΩ
用途与特点		u_o 与 u_i 反相 $\|A_u\|$ 较大 r_i 适中 适用于电压放大	u_o 与 u_i 同相 $A_u \approx 1$ r_i 大、r_o 小 用作输入级、输出级、缓冲级	u_o 与 u_i 同相 A_u 较大 r_i 小 用于宽带放大器、高频放大器

§2.8　场效应管放大电路

晶体管通过较小的输入电流 i_B 控制较大的输出电流 i_C 来达到放大的目的,场效应管则通过较小的输入电压 u_{GS} 控制较大的输出电流 i_D 实现放大作用。晶体管是电流控制元件,场效应管是电压控制元件。晶体管的输入电阻比较小,场效应管的输入电阻非常大。这一差异使得场效应管放大电路的分析与晶体管放大电路的分析明显不同。在静态分析中,晶体管电路从 $U_{BE}=0.7\ V$(硅管)入手,计算 I_B、$I_C=\beta I_B$、$I_E\approx I_C$;而场效应管电路从 $I_G=0$ 着手,利用 u_{GS} 与 I_D 的关系,通过数学方法或者图解法计算 I_D、$I_D=I_S$。由于 u_{GS} 与 I_D 的非线性关系,分析过程比较麻烦。对于动态分析,晶体管和场效应管放大电路都是依据交流通路作出微变等效电路,进而按照电路理论知识分析计算有关性能指标。但场效应管由于 $I_G=0$,其等效电路相对简单。

与晶体管类似,场效应管也可组成三种组态的基本放大电路,即共源极放大电路、共漏极放大电路和共栅极放大电路。本节着重分析共源极放大电路并以举例的形式说明共漏极放大电路的特点。

场效应管的特性曲线具有非线性特征,为了不失真地放大输入信号,场效应管放大电路也必须合理设置静态工作点。场效应管放大电路中既包括直流成分,也包括交流成分,直流信号提供不失真放大的条件,交流信号才是放大的对象。在静态工作点附近的小信号分析中,叠加原理仍然适用,因此,在具体电路的分析中,直流分析与交流分析可分别进行。

2.8.1　偏置电路和静态工作点分析

场效应管的类型较多,为了满足不同类型场效应管的偏置需要,偏置电路的结构有所不同。常见的偏置电路有固定偏置电路、自给偏压电路、分压式偏置电路等。

1. 固定偏置电路

图 2.39(a)所示电路为最简单的 N 沟道结型场效应管放大电路,图 2.39(b)是其直流通路。

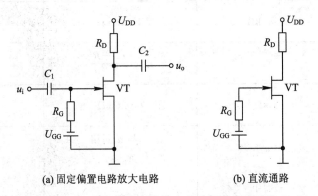

(a) 固定偏置电路放大电路　　　　　(b) 直流通路

图 2.39　固定偏置电路放大电路及其直流通路

在图 2.39(b)中,由于 $I_G=0$,所以 R_G 上无压降,因此,$U_{GS}=-U_{GG}$。当直流电源 U_{GG} 确定之后,栅源偏置电压即为固定值,故称此电路为固定偏置电路。

漏极电流 I_D 与栅源电压 U_{GS} 满足方程式 $I_D = I_{DSS}\left(1 - \dfrac{U_{GS}}{U_P}\right)^2$，在已知 I_{DSS} 与 U_P 的情况下，把 $U_{GS} = -U_{GG}$ 代入即可解出 I_{DQ} 的值。

对于输出回路，由基耳霍夫电压定律有

$$U_{DD} = I_D R_D + U_{DS}$$

所以

$$U_{DS} = U_{DD} - I_D R_D$$

综合上述分析，固定偏置电路的静态工作点为

$$U_{GSQ} = -U_{GG} \tag{2.46}$$

$$I_{DQ} = I_{DSS}\left(1 + \frac{U_{GG}}{U_P}\right)^2 \tag{2.47}$$

$$U_{DSQ} = U_{DD} - I_{DQ} R_D \tag{2.48}$$

对于静态工作点的分析，也可采用图解法求 I_{DQ}。具体步骤是：利用表 1.2 提供的 4 个特殊点，作出近似的转移特性曲线，由 $U_{GS} = -U_{GG}$ 作出一条平行于纵轴的直线。由此直线与转移特性曲线的交点所对应的坐标即可确定出 I_{DQ} 值，进而计算出 U_{DSQ}。

【例 2.9】　已知在图 2.39(b) 中，$U_{GG} = 2$ V，$R_G = 1$ MΩ，$R_D = 2$ kΩ，$U_{DD} = 16$ V，$I_{DSS} = 10$ mA，$U_P = -8$ V。

(1) 试用数学分析法计算 I_{DQ}、U_{DSQ}；

(2) 试用图解法求 I_{DQ}。

解　(1) 把所给数据分别代入式(2.46)～式(2.48)计算可得

$$U_{GSQ} = -U_{GG} = -2 \text{ V}$$

$$I_{DQ} = I_{DSS}\left(1 + \frac{U_{GG}}{U_P}\right)^2 = 10 \times \left(1 - \frac{2}{8}\right)^2 \text{ mA} = 5.625 \text{ mA}$$

$$U_{DSQ} = U_{DD} - I_{DQ} R_D = (16 - 5.625 \times 2) \text{ V} = 4.75 \text{ V}$$

(2) 把 $I_{DSS} = 10$ mA、$U_P = -8$ V 代入表 1.2 计算可得如表 2.2 所示的一组数据。

表 2.2　转移特性曲线上的 4 个特殊点

u_{GS}/V	0	−2.4	−4	−8
i_D/mA	10	5	2.5	0

利用表 2.2 中的数据在 u_{GS}、i_D 平面上作图，如图 2.40 所示。并在图上作出 $U_{GS} = -2$ V 的直线，由其交点 Q 的坐标可读出 $I_{DQ} = 5.6$ mA。

比较上述两种分析方法，可见图解法的精度低一些。

由于耗尽型 MOSFET 与 JFET 有类似的转移特性曲线，因此，固定偏置方式也适用于耗尽型 MOSFET 放大电路。

固定偏置电路的不足之处是需要 2 个电源。

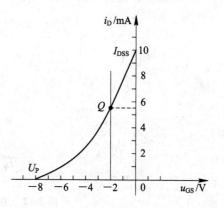

图 2.40　例 2.9 利用图解法求 I_{DQ}

2. 自给偏压电路

自给偏压 JFET 放大电路如图 2.41(a)所示,其直流通路如图 2.41(b)所示,考虑到 $I_G=0$,R_G 上无压降,在直流通路中令 R_G 短路后,其等效直流通路如图 2.41(c)所示。

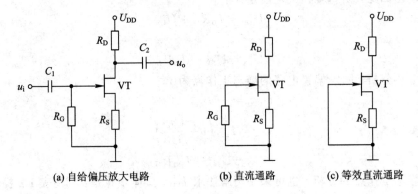

(a) 自给偏压放大电路　　　　　　(b) 直流通路　　　　　(c) 等效直流通路

图 2.41　自给偏压放大电路及其直流通路

分析图 2.41(c)所示直流通路有

$$I_D=I_S$$
$$U_{GS}=-I_SR_S=-I_DR_S \tag{2.49}$$

式(2.49)表明 U_{GS} 是输出电流 I_D 的函数,当 $I_D=0$ 时,$U_{GS}=0$,因此自给偏压不适合增强型场效应管放大电路。

当已知 I_{DSS} 和 U_P 的值时,把式(2.49)与场效应管的电流方程 $I_D=I_{DSS}\left(1-\dfrac{U_{GS}}{U_P}\right)^2$ 联立求解可得 I_D 的值。但用数学方法求解上述方程式比较麻烦。

式(2.49)所代表的是一条过原点的直线,只要确定此直线上的另外一点,即可画出此直线。例如,取 $I_D=\dfrac{1}{2}I_{DSS}$,则 $U_{GS}=-\dfrac{1}{2}I_{DSS}R_S$。在转移特性曲线所在的坐标平面上,过原点和 $\left(-\dfrac{1}{2}I_{DSS}R_S,\dfrac{1}{2}I_{DSS}\right)$ 作直线,静态工作点即可从此直线与转移特性曲线的交点处获得。确定 I_{DQ} 和 U_{GSQ} 后,由 $U_{DSQ}=U_{DD}-I_{DQ}(R_D+R_S)$ 计算 U_{DSQ}。

上述分析过程如图 2.42 所示。

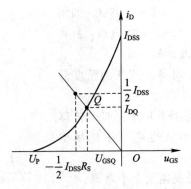

图 2.42　用图解法分析自给偏压电路的 Q 点

3. 分压式偏置电路

分压式偏置场效应管放大电路如图 2.43(a)所示。在图 2.43(a)中，令电容 C_1、C_2、C_3 开路，得其直流通路如图 2.43(b)所示。它与分压式偏置晶体管放大电路的直流通路类似，虽说二者的基本结构相同，但其直流分析过程不同，本质区别在于 $I_G = 0$。

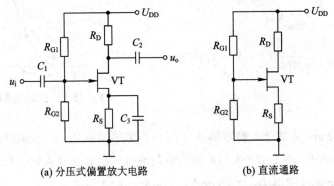

(a) 分压式偏置放大电路　　　　　　(b) 直流通路

图 2.43　分压式偏置放大电路及其直流通路

分析图 2.43(b)可见，R_{G1} 和 R_{G2} 对 U_{DD} 分压，给栅极加上一个固定正向电压；I_D 在 R_S 上产生压降 $U_S = I_D R_S$，使栅极得到一个负向偏压，故栅源之间的实际偏置电压为

$$U_{GS} = U_G - U_S = \frac{R_{G2}}{R_{G1} + R_{G2}} U_{DD} - I_D R_S \tag{2.50}$$

式(2.50)也是一直线方程，它与式(2.49)的区别在于前者表示的直线不经过坐标原点。应用图解法分析具体电路时，在式(2.50)中分别令 $U_{GS} = 0$ 和 $I_D = 0$，可求得两点 $\left(0, \dfrac{1}{R_S}\dfrac{R_{G2}}{R_{G1} + R_{G2}} U_{DD}\right)$ 和 $\left(\dfrac{R_{G2}}{R_{G1} + R_{G2}} U_{DD}, 0\right)$，过此两点作直线即可。此直线与转移特性曲线的交点即为静态工作点。图 2.44 给出了确定 U_{GSQ} 和 I_{DQ} 的过程。

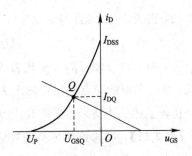

图 2.44　分压式偏置电路 Q 点的图解法

若采用数学方法求解 Q 点，应联立求解下述方程组：

$$U_{GS} = \frac{R_{G2}}{R_{G1} + R_{G2}} U_{DD} - I_D R_S$$

$$I_D = I_{DSS}\left(1 - \frac{U_{GS}}{U_P}\right)^2$$

$$U_{DS} = U_{DD} - I_D(R_D + R_S)$$

式(2.50)表明，分压式偏置电路的 U_{GS} 由两部分构成，因此 R_S 值的选择较为灵活。通过适当选择电路参数，可以使 $U_{GSQ} > 0$，也可以使 $U_{GSQ} < 0$，所以分压式偏置方式适用于所有类型的场效应管放大电路。

【例 2.10】　在图 2.43(a)所示电路中，已知：$R_{G1} = 2.1$ MΩ，$R_{G2} = 270$ kΩ，$R_D = 2.4$ kΩ，$U_{DD} = 16$ V，$I_{DSS} = 8$ mA，$U_P = -4$ V。

（1）若 $R_S=1.2$ kΩ，试分析电路的静态工作点；

（2）若 $R_S=1.5$ kΩ，试分析电路的静态工作点。

解 （1）直流通路如图 2.45（b）所示，由 R_{G1}、R_{G2}分压有

$$U_G = \frac{R_{G2}}{R_{G1}+R_{G2}}U_{DD}$$

$$= \frac{270}{2100+270} \times 16 \text{ V} = 1.82 \text{ V}$$

所以

$$U_{GS} = (1.82-1.2I_D)\text{V}$$

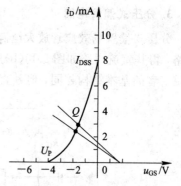

图 2.45　分压式偏置电路 Q 点的图解

采用图解法分析，由表 1.2 确定的 4 个特殊点如表 2.3 所示，按表中数据作图，如图 2.45所示。在图中作 $U_{GS}=1.82-1.2I_D$ 所代表的直线，此直线过点(0，1.52)和(1.82，0)。由两曲线的交点坐标可读出 $I_{DQ}=2.9$ mA，$U_{GSQ}=-1.54$ V。

表 2.3　转移特性曲线上的 4 个特殊点

u_{GS}/V	0	−1.2	−2	−4
i_D/mA	8	4	2	0

（2）当 $R_S=1.5$ kΩ 时，有

$$U_{GS} = (1.82-1.5I_D)\text{V}$$

$U_{GS}=(1.82-1.5I_D)\text{V}$ 所代表的直线过点(0，1.21)和(1.82，0)，在图 2.45 中作出此直线。由两曲线的交点坐标可读出 $I_{DQ}=2.4$ mA，$U_{GSQ}=-1.8$ V。

比较上述分析结果，可见 R_S 增大，Q 点下移，I_{DQ} 与 U_{GSQ} 均减小。

【例 2.11】 N 沟道耗尽型场效应管放大电路如图 2.46（a）所示，已知：$R_{G1}=200$ kΩ，$R_{G2}=51$ kΩ，$R_{G3}=1$ MΩ，$R_D=10$ kΩ，$R_S=10$ kΩ，$U_{DD}=20$ V，场效应管的参数 $I_{DSS}=0.9$ mA，$U_P=-4$ V，$g_m=1.5$ mS，试确定 Q 点。

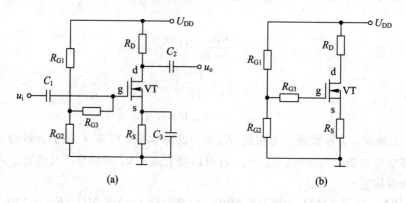

图 2.46　例 2.11 的电路图及直流通路

解　作直流通路如图 2.46(b)所示，依据直流通路列写电路方程，采用数学方法分析 Q 点：

$$U_{GS} = \frac{R_{G2}}{R_{G1} + R_{G2}} U_{DD} = \frac{51}{200 + 51} \times 20 = 4 \text{ V}$$

并列出：

$$U_{GS} = U_G - R_s I_D = 4 - 10 \times 10^3 I_D$$

$$I_D = I_{DSS} \left(1 - \frac{U_{GS}}{U_P}\right)^2$$

联立上列两式有

$$\begin{cases} U_{GS} = 4 - 10 \times 10^3 I_D \\ I_D = \left(1 + \dfrac{U_{GS}}{4}\right)^2 \times 0.9 \times 10^{-3} \end{cases}$$

解之得

$$I_D = 0.5 \text{ mA}, U_{GS} = -1 \text{ V}$$

并由此得

$$U_{DS} = U_{DD} - I_D(R_s + R_D) = 20 - (10 + 10) \times 10^3 \times 0.5 \times 10^{-3} = 10 \text{ V}$$

此电路中 R_{G3} 的存在不影响直流工作状况，它的作用是提高放大电路的动态阻抗。

2.8.2　场效应管放大电路的动态性能分析

1. 场效应管的低频小信号等效电路

场效应管的特点是输入阻抗非常大，输出漏极电流由栅源电压控制。这一特点可表示为

$$i_G = 0 \tag{2.51}$$

$$i_D = f(u_{GS}, u_{DS}) \tag{2.52}$$

场效应管的小信号等效电路可依据式(2.51)和式(2.52)求出。式(2.51)表明在场效应管的小信号等效电路中 g—s 之间开路。对式(2.53)在 Q 点附近求全微分有

$$di_D = \frac{\partial i_D}{\partial u_{GS}}\bigg|_{u_{DS}=U_{DSQ}} du_{GS} + \frac{\partial i_D}{\partial u_{DS}}\bigg|_{u_{GS}=U_{GSQ}} du_{DS} \tag{2.53}$$

令

$$\frac{\partial i_D}{\partial u_{GS}}\bigg|_{u_{DS}=U_{DSQ}} = g_m$$

$$\frac{\partial i_D}{\partial u_{DS}}\bigg|_{u_{GS}=U_{GSQ}} = \frac{1}{r_d}$$

则式(2.53)可表示为

$$di_D = g_m du_{GS} + \frac{1}{r_d} du_{DS} \tag{2.54}$$

在式(2.54)中若用交流量表示其变化部分，则

$$i_d = g_m u_{gs} + \frac{1}{r_d} u_{ds} \tag{2.55}$$

式(2.55)表明场效应管的小信号等效电路的输出电路事实上是一个诺顿等效电路，如图 2.47 所示。参数 g_m 表示场效应管的跨导，它反映了 u_{gs} 对 i_d 的控制作用；r_d 表示场效应

管的输出电阻，它反映了 u_{ds} 对 i_d 的影响。

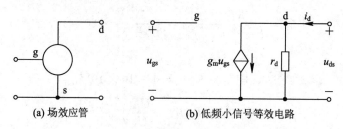

(a) 场效应管　　　　　　(b) 低频小信号等效电路

图 2.47　场效应管的低频小信号等效电路

在图 2.47(b) 所示的等效电路中，没有限定场效应管的类型。因此，这个等效电路具有通用性。

g_m 可由场效应管的电流方程求出。对于结型和耗尽型场效应管，对其电流方程求导有

$$g_m = \frac{\mathrm{d}i_D}{\mathrm{d}u_{GS}} = -\frac{2I_{DSS}}{U_P}\left(1 - \frac{u_{GS}}{U_P}\right) \tag{2.56}$$

当 $u_{GS} = 0$ 时，对应的 g_m 用 g_{m0} 表示，则 $g_{m0} = -\dfrac{2I_{DSS}}{U_P}$，由于电流方程也可以表示为

$\sqrt{\dfrac{i_D}{I_{DSS}}} = \left(1 - \dfrac{u_{GS}}{U_P}\right)$，因此式 (2.56) 可表示为

$$g_m = g_{m0}\left(1 - \frac{u_{GS}}{U_P}\right) = g_{m0}\sqrt{\frac{i_D}{I_{DSS}}} \tag{2.57}$$

由式 (2.57) 可知 g_m 与 u_{GS} 的关系如下：

当 $u_{GS} = \dfrac{U_P}{2}$ 时，$g_m = g_{m0}\left(1 - \dfrac{U_P/2}{U_P}\right) = \dfrac{1}{2}g_{m0}$；当 $u_{GS} = U_P$ 时，$g_m = 0$。即 g_m 在 $u_{GS} = 0$ 处取得最大值 g_{m0}，随着 u_{GS} 趋近 U_P，g_m 线性减小到 0；当 u_{GS} 为夹断电压 U_P 的一半时，g_m 下降到最大值的一半。但对于耗尽型 MOS 管，当 u_{GS} 为正时，g_m 最大为 g_{m0}。

I_{DQ} 对 g_m 的影响如下：

把 $i_D = I_{DQ}$ 代入式 (2.57) 有 $g_m = g_{m0}\sqrt{\dfrac{i_D}{I_{DSS}}} = g_{m0}\sqrt{\dfrac{I_{DQ}}{I_{DSS}}}$。当 $I_{DQ} = I_{DSS}$ 时，$g_m = g_{m0}$，这与 $u_{GS} = 0$ 的结论一致；当 $I_{DQ} = \dfrac{1}{2}I_{DSS}$ 时，$g_m = g_{m0}\sqrt{\dfrac{1}{2}} = 0.707g_{m0}$；当 $I_{DQ} = \dfrac{1}{4}I_{DSS}$ 时，

$g_m = g_{m0}\sqrt{\dfrac{1}{4}} = 0.5g_{m0}$。可见随着 I_{DQ} 的减小，g_m 也随着减小。

与晶体管的电流放大系数 β 是一常数相比，场效应管的跨导 g_m 与 Q 点有关，且随着 Q 点的不同而变化。

对于增强型 MOS 管，对其电流方程求导可得

$$g_m = \frac{2I_{D0}}{U_T}\left(\frac{u_{GS}}{U_T} - 1\right) \approx \frac{2}{U_T}\sqrt{I_{D0}I_{DQ}} \tag{2.58}$$

式 (2.58) 表明 g_m 随着 u_{GS} 的增加而增大。

2. 场效应管放大电路的动态性能分析

一共源放大电路的交流通路如图 2.48(a) 所示，在交流通路中用场效应管的低频小信号等效电路代替场效应管得如图 2.48(b) 所示的微变等效电路。以此图为依据分析放大电

路的动态性能。

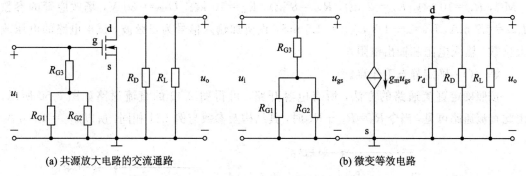

(a) 共源放大电路的交流通路　　　　　**(b) 微变等效电路**

图 2.48　共源放大电路及其微变等效电路

1）电压放大倍数

分析图 2.48(b)有

$$\begin{cases} u_i = u_{gs} \\ u_o = -g_m u_{gs} R'_L \quad (R'_L = R_D /\!/ R_L /\!/ r_d) \\ A_u = \dfrac{u_o}{u_i} = -g_m R'_L \end{cases} \tag{2.59}$$

式(2.59)中的负号表示 u_o 与 u_i 反相，共源电路属于反相电压放大电路，与晶体管共发射极放大电路相似。

2）输入电阻

由图 2.48(b)可知

$$r_i = R_{G3} + (R_{G1} /\!/ R_{G2}) \tag{2.60}$$

场效应管本身的输入电阻非常大，采用了分压偏置方式后，如果没有 R_{G3}，则放大电路的输入电阻是 R_{G1} 与 R_{G2} 的并联值，降低了放大电路的输入电阻 r_i。为了提高放大电路的输入电阻，在电路中接入 R_{G3}，以便提高 r_i 的值。

3）输出电阻

输出电阻为

$$r_o = r_d /\!/ R_D \approx R_D \tag{2.61}$$

【例 2.12】　求例 2.11 中共源极放大电路的电压放大倍数、输入电阻和输出电阻。

解　画出例 2.11 的微变电路图，如图 2.48(b)所示。

电压放大倍数为

$$A_u = -g_m R'_L = -1.5 \times \frac{10 \times 10}{10 + 10} = -7.5$$

输入电阻为

$$r_i = R_{G3} + (R_{G1} /\!/ R_{G2}) = \left(1000 + \frac{200 \times 51}{200 + 51}\right) \text{ k}\Omega \approx 1040 \text{ k}\Omega$$

输出电阻为

$$r_o = r_d /\!/ R_D \approx R_D = 10 \text{ k}\Omega$$

【例 2.13】 共源极放大电路如图 2.49 所示,已知:$R_{G1}=200\ \text{k}\Omega$,$R_{G2}=51\ \text{k}\Omega$,$R_{G3}=1\ \text{M}\Omega$,$R_D=10\ \text{k}\Omega$,$R_{S1}=2\ \text{k}\Omega$,$R_{S2}=8\ \text{k}\Omega$,$R_L=10\ \text{k}\Omega$,$U_{DD}=20\ \text{V}$,场效应管的参数 $I_{DSS}=0.9\ \text{mA}$,$U_P=-4\ \text{V}$,$g_m=1.5\ \text{mS}$,设所加输入信号为正弦波,试求电路的电压放大倍数、输入电阻和输出电阻。

解 (1) 确定静态工作点。

按照确定直流通路的方法,所有电容开路,可得图 2.49 的直流通路如图 2.50 所示。由此直流通路可见,当令 $R_S=R_{S1}+R_{S2}$ 时,其结构及参数与例 2.11 相同,所以 $I_{DQ}=0.5\ \text{mA}$。

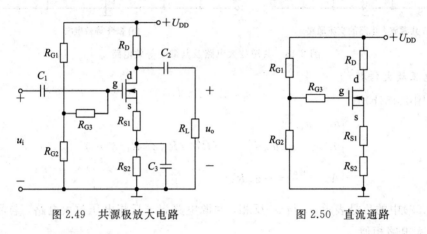

图 2.49　共源极放大电路　　　　　图 2.50　直流通路

(2) 动态性能分析。

按照确定交流通路的方法,所有电容短路、直流电源对地短路,可得图 2.49 的交流通路如图 2.51(a)所示。进而由交流通路画出其微变等效电路,如图 2.51(b)所示,依据微变等效电路分析动态性能如下。

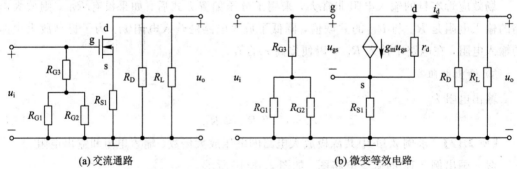

(a) 交流通路　　　　　　　　　(b) 微变等效电路

图 2.51　图 2.49 的交流通路及微变等效电路

由图 2.51(b)知

$$R'_L=R_D\ /\!/\ R_L=10\ /\!/\ 10=5\ \text{k}\Omega$$

求电压放大倍数:

由图 2.51(b)可知

$$u_i\approx u_{gs}+g_m u_{gs}R_{S1}$$

$$u_o\approx-g_m u_{gs}R'_L$$

$$A_u = \frac{u_o}{u_i} = -\frac{g_m R'_L}{1 + g_m R_{S1}}$$

代入数值计算有

$$A_u = \frac{u_o}{u_i} = -\frac{g_m R'_L}{1 + g_m R_{S1}} = -\frac{1.5 \times 5}{1 + 1.5 \times 2} = -1.875$$

输入电阻：

$$r_i = R_{G3} + (R_{G1} /\!/ R_{G2}) = \left(1000 + \frac{200 \times 51}{200 + 51}\right) \text{ k}\Omega \approx 1040 \text{ k}\Omega$$

输出电阻：

$$r_o \approx R_D = 10 \text{ k}\Omega$$

【例 2.14】 共漏极放大电路(源极输出器)如图 2.52 所示，已知：$R_{G1} = 200$ kΩ，$R_{G2} = 51$ kΩ，$R_{G3} = 1$ MΩ，$R = 10$ kΩ，$R_L = 10$ kΩ，$U_{DD} = 20$ V，场效应管的参数 $I_{DSS} = 0.9$ mA，$U_P = -4$ V，$g_m = 1.5$ mS，设所加输入信号为正弦波，试求电路的电压放大倍数、输入电阻和输出电阻。

解 (1) 静态工作点分析。

作所给电路的直流通路，如图 2.53 所示，由场效应管的电流方程及直流通路有

$$I_D = I_{DSS}\left(1 - \frac{U_{GS}}{U_P}\right)^2$$

$$U_{GS} = \frac{R_{G2}}{R_{G1} + R_{G2}} U_{DD} - I_D R$$

$$U_{DS} = U_{DD} - I_D R$$

代入数值求解有

$$I_{DQ} = 0.5 \text{ mA}, \quad U_{GSQ} = -1 \text{ V}, \quad U_{DSQ} = 15 \text{ V}$$

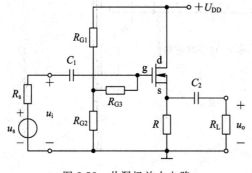

图 2.52　共漏极放大电路

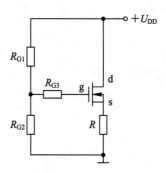

图 2.53　直流通路

(2) 动态性能分析。

作所给电路的交流通路及微变等效电路，如图 2.54 所示，由微变等效电路有

$$u_o = g_m u_{gs}(R /\!/ R_L)$$

$$u_i = u_{gs} + u_o = u_{gs}[1 + g_m(R /\!/ R_L)]$$

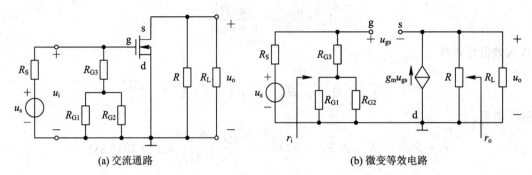

(a) 交流通路　　　　　　　　　　(b) 微变等效电路

图 2.54　图 2.52 电路的交流通路及微变等效电路

所以

$$A_u = \frac{u_o}{u_i} = \frac{g_m(R /\!/ R_L)}{1 + g_m(R /\!/ R_L)}$$

可见，当 $g_m(R /\!/ R_L /\!/ r_d) \gg 1$ 时，$A_u \approx 1$，即 $u_o \approx u_i$，共漏极放大电路具有电压跟随器的特点。

输入电阻：

$$r_i \approx R_{G3} + (R_{G1} /\!/ R_{G2}) = 1000 + \frac{200 \times 51}{200 + 51} = 1040 \text{ k}\Omega$$

输出电阻：

令 $u_s = 0$，保留其内阻 R_S，将 R_L 开路，在输出端加电压 u_o，由此可画出求共漏极放大电路输出电阻 r_o 的等效电路，如图 2.55 所示。

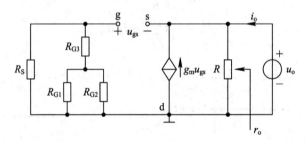

图 2.55　求 r_o 的等效电路

由图 2.55 可知

$$i_o = \frac{u_o}{R} - g_m u_{gs}$$

而

$$u_{gs} = -u_o$$

所以

$$i_o = u_o\left(\frac{1}{R} + g_m\right)$$

则

$$r_o = \frac{u_o}{i_o} = \frac{1}{\frac{1}{R} + g_m} = R /\!/ \frac{1}{g_m} = 10 /\!/ \frac{10}{15} \approx 0.625 \text{ k}\Omega$$

即共漏极放大电路的输出电阻 r_o 等于源极负载电阻 R 和场效应管的跨导的倒数 $1/g_m$ 相并联,输出电阻 r_o 较小是共漏极放大电路的又一特点。

2.8.3　各种基本放大电路比较

1. 场效应管三种基本放大电路性能比较

前面分析了共源极放大电路和共漏极放大电路,事实上,与三极管的共基极放大电路相对应,场效应管放大电路也有共栅极放大电路。现将场效应管的三种基本放大电路的性能列于表 2.4,以方便读者对照比较。

表 2.4　场效应管三种基本放大电路的性能比较

电路类型	共源极放大电路	共漏极放大电路	共栅极放大电路
电路图			
电压增益 A_u	$-g_m R_D$（当 $r_d \gg R_D$ 时）	$\dfrac{g_m R}{1+g_m R}$	$g_m R_D$（当 $r_d \gg R_D$ 时）
输入电阻 r_i	$R_{G3}+(R_{G1} /\!/ R_{G2})$	$R_{G3}+(R_{G1} /\!/ R_{G2})$	$R /\!/ (1/g_m)$
输出电阻 r_o	$R_D /\!/ r_d$	$(1/g_m) /\!/ R$	$R_D /\!/ r_d[1+g_m(R_s /\!/ R)]$（$R_s$ 为信号源内阻）
特点	电压增益大;输入输出电压反相;输入电阻高,输入电容大;输出电阻由电阻 R_D 决定	电压增益小于 1,但接近 1;输入输出电压同相;输入电阻高,输入电容小;输出电阻小,可作阻抗变换	电压增益大;输入输出电压同相;输入电阻小,输入电容小;输出电阻大

2. 各种基本放大电路的比较

晶体管有三种基本放大电路,即共发射极放大电路、共集电极放大电路和共基极放大电路;场效应管放大电路也有三种组态,即共源极放大电路、共漏极放大电路和共栅极放大电路。根据电路的输入输出关系及其主要特点,可将基本放大电路归纳为三种通用组态,即反相电压放大器、电压跟随器和电流跟随器。下面将它们的一般电路示意图、主要特征、典型电路及用途列于表 2.5。

表 2.5　各类放大电路的性能比较

类型	反相电压放大器	电压跟随器	电流跟随器
电路示意图	直流电源 负载 放大器件 u_i　u_o	直流电源 放大器件 负载　u_o u_i	直流电源 i_D　负载 放大器件 i_i　u_o
主要特征	u_o 与 u_i 反相， 一般 $\lvert \dot{A}_{um} \rvert \gg 1$	$u_o \approx u_i$ $\lvert \dot{A}_{um} \rvert \approx 1$	$i_o \approx i_i$ 对于 BJT 有 $i_o \approx i_e$ 对于 FET 有 $i_o \approx i_s$
典型电路	共发射极放大电路 共源极放大电路	共集电极放大电路 共漏极放大电路	共基极放大电路 共栅极放大电路
用途	电压增益高；输入电阻较大；适用于多级放大电路的中间级	输入电阻高、输出电阻低；可用作阻抗变换、输入级、输出级或缓冲级	输入电阻较小，适用于高频、宽带电路

　　场效应管与晶体管都可用作放大器件，但晶体管是电流控制器件，而场效应管是电压控制器件。两者虽然工作原理不同，但所组成的电路形式以及分析方法相似，静态分析用图解法和估算法，动态分析用小信号模型分析法。晶体管放大电路的电压放大增益远大于场效应管放大电路的电压增益，但场效应管放大电路的输入电阻要远大于晶体管放大电路的输入电阻。

　　下面以 NPN 型三极管和 N 沟道增强型场效应管为例，对由这两类器件构成的放大电路进行比较，具体内容列于表 2.6 中。

表 2.6　NPN 型三极管和 N 沟道增强型场效应管放大电路的比较

类型	NPN 型三极管放大电路	N 沟道增强型场效应管放大电路
典型电路	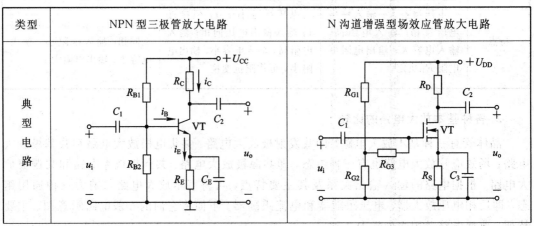	

类型	NPN 型三极管放大电路	N 沟道增强型场效应管放大电路
偏置方式	分压式	分压式
静态分析	$U_B = \dfrac{R_{B2}}{R_{B1}+R_{B2}}U_{CC}$ $I_{CQ} \approx I_{EQ} = \dfrac{U_B - U_{BE}}{R_E}$ $U_{CEQ} = U_{CC} - I_{CQ}(R_C + R_E)$	$I_D = I_{D0}\left(1 - \dfrac{U_{GS}}{U_T}\right)^2$ $U_{GS} = \dfrac{R_{G2}}{R_{G1}+R_{G2}}U_{DD} - I_D R_S$ $U_{DS} = U_{DD} - I_D(R_S + R_D)$
微变等效电路		
放大能力	$A_u = -\dfrac{\beta R_L'}{r_{be}}$ （高）	$A_u = -g_m R_D$ （低）
输入电阻	$r_i = R_{B1} /\!/ R_{B2} /\!/ r_{be}$ （低）	$r_i = R_{G3} + (R_{G1} /\!/ R_{G2})$ （高）
输出电阻	$r_o \approx R_C$	$r_o \approx R_D$

§2.9 多级放大电路

晶体管和场效应管都可以组成三种基本放大电路，其共同特点是电路中仅含有一个放大元件、电路结构简单、电压放大倍数较小。这种简单的放大电路的性能通 se 常难以满足实际问题对电路或系统的要求。因此，实用上需要将两个或两个以上的基本放大电路通过一定的方式连接起来，组成多级放大电路。本节将讨论多级放大电路的级间耦合方式及其分析方法。

2.9.1 多级放大电路的级间耦合方式

多级放大电路各级之间的连接方式称为耦合方式。常用的耦合方式有阻容耦合、直接耦合、变压器耦合、光电耦合等。

1. 阻容耦合

将前级放大电路的输出端通过电容接到后级放大电路的输入端的连接方式称为阻容耦合，由此得到的放大电路称为阻容耦合放大电路。图 2.56 所示电路是由两个分压偏置式共发射极放大电路组成的两级阻容耦合放大电路。

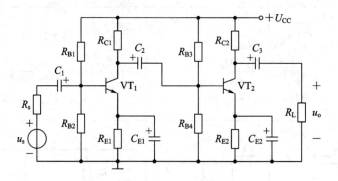

图 2.56　两级阻容耦合放大电路

由于电容对直流量的电抗为无穷大，因而阻容耦合放大电路各级之间的直流通路各不相通，各级的静态工作点相互独立，在求解或实际调试 Q 点时可按单级处理，所以电路的分析、设计和调试简单易行。而且，只要输入信号的频率较高，耦合电容容量较大，前级的输出信号就可以几乎没有衰减地传递到后级的输入端，因此，在分立元件放大电路中阻容耦合方式在高频信号下得到了广泛的应用。

阻容耦合放大电路的低频特性差，不能放大缓慢的信号。这是因为电容对这类信号呈现出很大的容抗，信号的一部分甚至全部都衰减在耦合电容上，而根本不向后级传递。此外，在集成电路中制造大容量电容很困难，甚至不可能，所以这种耦合方式不便于集成化。

应当指出，通常只有在信号频率很高、输出功率很大等特殊情况下，才采用阻容耦合方式的分立元件放大电路。

2. 直接耦合

多级放大电路的前级与后级间最简单的耦合方式是直接连在一起，即前级放大电路的输出端直接与后级放大电路的输入端相连，这种耦合方式称为直接耦合。由此得到的放大电路称为直接耦合放大电路。图 2.57 所示电路即为两级直接耦合放大电路。

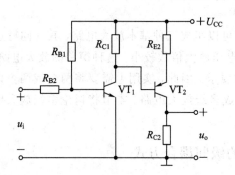

图 2.57　两级直接耦合放大电路

　　直接耦合放大电路的特点之一是前、后级之间的静态工作点相互牵制，因此，必须考虑各级间直流电平的配置问题，这给放大电路的分析、设计与调试带来了许多不便。但直接耦合放大电路可以放大缓慢变化的信号和直流信号，且便于集成化。

　　在直接耦合放大电路中，当外界环境因素（特别是温度）变化引起前级的静态工作点波动时，这种波动将被逐级放大，会造成输出端电压的变化，通常将这种变化称为零点漂移。其中，因温度变化而引起的零点漂移简称为温漂。因此，如何减小或抑制温漂是直接耦合放大电路需要解决的主要问题之一。

3. 变压器耦合

　　将前级放大电路的输出端通过变压器连接到后级放大电路输入端的连接方式称为变压器耦合，图 2.58 所示电路即为两级变压器耦合放大电路。变压器耦合也常用于放大电路的输出与负载电阻之间的信号传递。

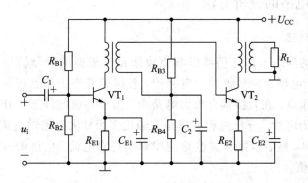

图 2.58　两级变压器耦合放大电路

　　在变压器耦合放大电路中，前、后级之间的信号传递通过磁路耦合来实现，因此，各级的静态工作点相互独立，互不影响。这给放大电路的分析、设计与调试提供了方便。变压器耦合的另一优点是可利用变压器的阻抗变换功能实现阻抗匹配及传输大的功率。但其低频特性差，故这种耦合方式不适合放大直流信号和变化缓慢的信号。

4. 光电耦合

　　将前级放大电路的输出信号通过光电耦合器件传递到后级放大电路输入端的连接方式称作光电耦合。

　　发光二极管与光敏三极管相互绝缘地封装在一起所构成的四端器件是常见的光电耦合器件之一。发光二极管作为输入回路，在输入电流的驱动下将电能转换为光能；光敏三极管接收光能并将光能转换为电能，形成集电极电流。当光电耦合器件工作在线性区时，输出电流随着输入电流成比例地变化。光电耦合器件的结构如图 2.59 所示。

　　光电耦合的最大优点是输入输出回路可以实现电气隔离，从而有效地抑制电干扰。这在测控系统及信号的远距离传输中得到了广泛的应用。

　　图 2.60 所示是一光电耦合放大电路，适当选取 R_1，使光电耦合器件的电流传输比为一常数，可保证线性放大作用。电路中光电耦合器件的输出与后级放大电路中的放大元件

连接成复合管形式,可提高其电流放大能力。

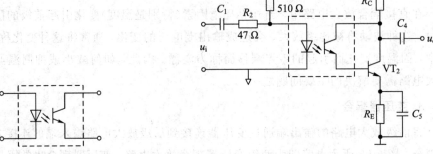

图 2.59　光电耦合器件结构示意图　　　　　　图 2.60　光电耦合放大电路

2.9.2　多级放大电路的分析方法

1. 静态工作点计算

多级放大电路的静态工作点仍然以其直流通路为依据进行分析计算。由于在阻容耦合、变压器耦合、光电耦合的多级放大电路中,各级的静态工作点相互独立,因此可分别计算各级的静态工作点。在直接耦合放大电路中,由于各级的静态工作点相互牵制,其静态工作点的分析较为麻烦。分析过程一般是先画出多级放大电路的直流通路,标明所求电流、电压的参考方向,然后根据有关电路定律列出待求电流、电压的方程式,求解方程式即可得到 Q 点的数值。

【例 2.15】　在图 2.61(a)所示放大电路中,已知:$U_{CC} = 10$ V,$\beta_1 = \beta_2 = 50$,$R_{B1} = 200$ kΩ,$R_{C1} = 1.5$ kΩ,$R_{C2} = 2$ kΩ,$R_{E2} = 1.5$ kΩ,$U_{BE(on)1} = 0.7$ V,$U_{BE(on)2} = -0.3$ V,试计算其 Q 点的值。

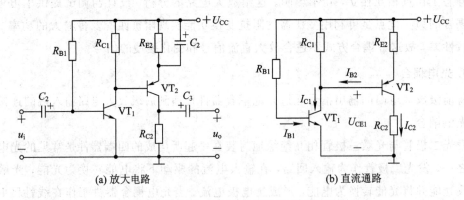

(a) 放大电路　　　　　　　　　　　(b) 直流通路

图 2.61　例 2.15 的放大电路及直流通路

解　首先画出电路的直流通路,标明电流、电压参考方向。其直流通路如图 2.61(b)所示,由图 2.61(b)列方程式并求解如下:

$$I_{B1} = \frac{U_{CC} - U_{BE(on)1}}{R_{B1}} = \frac{10 - 0.7}{200} \text{ mA} \approx 0.047 \text{ mA}$$

$$I_{C1} = \beta_1 I_{BQ1} = 50 \times 0.047 \text{ mA} = 2.35 \text{ mA}$$

$$U_{CE1} = U_{CC} - (I_{C1} - I_{B2})R_{C1} \approx U_{CC} - I_{C1}R_{C1} = (10 - 3.525) \text{ V} \approx 6.48 \text{ V}$$

$$I_{C2} \approx I_{E2} = \frac{U_{CC} - (U_{CE1} + 0.3)}{R_{E2}} = \frac{10 - 6.78}{1.5} \text{ mA} \approx 2.15 \text{ mA}$$

$$I_{B2} = \frac{I_{C2}}{\beta_2} = \frac{2.15}{50} \text{ mA} = 0.043 \text{ mA}$$

$$U_{CE2} \approx -U_{CC} + I_{C2}(R_{E2} + R_{C2}) = (-10 + 2.15 \times 3.5) \text{ V} \approx -2.5 \text{ V}$$

综合上述分析，对于第一级有

$$I_{BQ1} = 0.047 \text{ mA}$$
$$I_{CQ1} = 2.35 \text{ mA}$$
$$U_{CEQ1} = 6.48 \text{ V}$$

对于第二级有

$$I_{BQ2} = 0.043 \text{ mA}$$
$$I_{CQ2} = 2.15 \text{ mA}$$
$$U_{CEQ2} = -2.5 \text{ V}$$

2. 动态性能指标计算

对于多级放大电路动态性能指标的分析计算，一般可通过作交流通路及微变等效电路来求其电压放大倍数 A_u、输入电阻 r_i 和输出电阻 r_o。实际上，常利用各个单级与多级放大电路的关系来分析多级放大电路的性能指标。即通过计算每一单级的性能指标来分析多级放大电路的动态性能指标。

一个 n 级放大电路的交流电路可以用图 2.62 所示的方框图表示。由图可知，放大电路中前级的输出电压就是后级的输入电压，即 $u_{o1} = u_{i2}$、$u_{o2} = u_{i3}$、$\cdots$，所以 n 级放大电路的总电压放大倍数为

$$A_u = \frac{u_o}{u_i} = \frac{u_{o1}}{u_{i1}} \frac{u_{o2}}{u_{i2}} \cdots \frac{u_{on}}{u_{in}} = A_{u1} A_{u1} \cdots A_{un} \tag{2.62}$$

可见，总电压放大倍数为各级电压放大倍数的乘积。在具体计算各级电压放大倍数时，要把后级的输入电阻作为前级的负载电阻考虑。

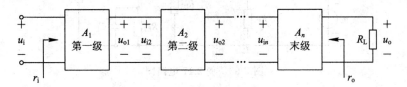

图 2.62　多级放大电路框图

多级放大电路的输入电阻 r_i 就是第一级放大电路的输入电阻 r_{i1}，但在计算 r_{i1} 时要把后一级的输入电阻作为第一级的负载电阻考虑，即

$$i_i = i_{i1} \tag{2.63}$$

多级放大电路的输出电阻 r_o 就是末级放大电路的输出电阻 r_{on}，但在计算 r_{on} 时要把前一级的输出电阻作为它的信号源内阻考虑，即

$$r_o = r_{on} \tag{2.64}$$

【例 2.16】　电路如图 2.16(a)所示，试求解其 A_u、r_i 和 r_o。电路的参数与例 2.15 相同。

解　由例 2.15 的分析结果可知 $I_{CQ1} = 2.35$ mA，$I_{CQ2} = 2.15$ mA，所以有

$$r_{be1} = 200 + (1 + \beta_1)\frac{26}{I_{CQ1}} \approx 200 + 51 \times \frac{26}{2.35} = 764 \ \Omega$$

$$r_{be2} = 200 + (1 + \beta_2)\frac{26}{I_{CQ2}} \approx 200 + 51 \times \frac{26}{2.15} = 817 \ \Omega$$

$$R'_{L1} = R_{C1} \ /\!/ \ r_{be2} = \frac{1.5 \times 0.817}{1.5 + 0.817} \ \text{k}\Omega = 0.529 \ \text{k}\Omega$$

$$A_{u1} = -\beta_1 \frac{R'_{L1}}{r_{be1}} = -50 \times \frac{0.529}{0.764} = -34.6$$

$$A_{u2} = -\beta_2 \frac{R_{C2}}{r_{be2}} = -50 \times \frac{2}{0.817} = -122$$

$$A_u = A_{u1} \cdot A_{u2} = -34.6 \times (-122) = 4221.2$$

$$r_i = R_{B1} \ /\!/ \ r_{be1} = \frac{200 \times 0.764}{200 + 0.764} \ \text{k}\Omega = 0.761 \ \text{k}\Omega$$

$$r_o = R_{C2} = 2 \ \text{k}\Omega$$

【例 2.17】　如图 2.63 所示的两级电压放大电路，已知：$U_{CC} = 24$ V，$\beta_1 = \beta_2 = 50$，$R_{B1} = 1$ MΩ，$R_{E1} = 27$ kΩ，$R_{B2} = 82$ kΩ，$R_{B3} = 43$ kΩ，$R_{C2} = R_L = 10$ kΩ，$R_{E2} = 510$ Ω，$R_{E3} = 7.5$ kΩ，$U_{BE(on)1} = U_{BE(on)2} = 0.6$ V，VT_1 和 VT_2 均为 3DG8D。

(1) 计算前、后级放大电路的静态值；

(2) 求放大电路的输入电阻和输出电阻；

(3) 求各级电压的放大倍数及总电压放大倍数。

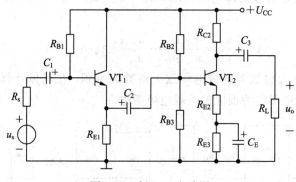

图 2.63　例 2.17 电路图

解　(1) 求静态工作点 Q：由于电路采用阻容耦合方式，因此两级放大电路的静态值可按单管放大电路分别计算。

第一级是射极跟随器(直流通路略)：

$$I_{B1} = \frac{U_{CC} - U_{BE}}{R_{B1} + (1 + \beta)R_{E1}} = \frac{24 - 0.6}{1000 + (1 + 50) \times 27} \ \text{mA} = 9.8 \ \mu\text{A}$$

$$I_{E1} = (1 + \beta)I_{B1} = (1 + 50) \times 0.0098 \ \text{mA} = 0.49 \ \text{mA}$$

$$U_{CE} = U_{CC} - I_{E1}R_{E1} = 24 - 0.49 \times 27 \ \text{V} = 10.77 \ \text{V}$$

第二级是分压式偏置共发射极放大电路(直流通路略):

$$U_{B2} = \frac{R_{B3}}{R_{B2} + R_{B3}} U_{CC} = \frac{43}{82 + 43} \times 24 \text{ V} = 8.26 \text{ V}$$

$$I_{C2} = \frac{U_{B2} - U_{BE2}}{R_{E2} + R_{E3}} = \frac{8.26 - 0.6}{0.51 + 7.5} \text{ mA} = 0.96 \text{ mA}$$

$$I_{B2} = \frac{I_{C2}}{\beta_2} = \frac{0.96}{50} \text{ mA} = 19.2 \text{ } \mu\text{A}$$

$$U_{CE2} = U_{CC} - I_{C2}(R_{C2} + R_{E2} + R_{E3})$$
$$= [24 - 0.96(10 + 0.51 + 7.5)] \text{ V} = 6.71 \text{ V}$$

(2) 计算 r_i。

画出图 2.63 的微变等效电路,如图 2.64 所示,且有

$$r_{be2} = 200 \text{ } \Omega + (1 + \beta_2)\frac{26 \text{ V}}{I_E} = \left(200 + 51 \times \frac{26}{0.96}\right) \text{ } \Omega = 1.58 \text{ k}\Omega$$

$$r_{i2} = R_{B2} \text{ } /\!/ \text{ } R_{B3} \text{ } /\!/ \text{ } [r_{be2} + (1 + \beta_2)R_{E2}] = 14 \text{ k}\Omega$$

$$R'_{L1} = R_{E1} \text{ } /\!/ \text{ } r_{i2} = \frac{27 \times 14}{27 + 14} \text{ k}\Omega = 9.22 \text{ k}\Omega$$

$$r_{be1} = 200 \text{ } \Omega + (1 + \beta_1)\frac{26 \text{ V}}{I_{E1}} = \left(200 + (1 + 50) \times \frac{26}{0.49}\right) \text{ } \Omega = 3 \text{ k}\Omega$$

$$r_i = r_{i1} = R_{B1} \text{ } /\!/ \text{ } [r_{be1} + (1 + \beta_1)R'_{L1}] = 320 \text{ k}\Omega$$

$$r_o = r_{o2} = R_{C2} = 10 \text{ k}\Omega$$

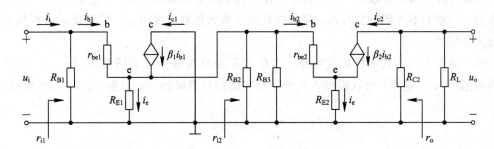

图 2.64　图 2.63 的微变等效电路

(3) 求各级电压的放大倍数及总电压放大倍数。

第一级放大电路的电压放大倍数为 A_{u1},则有

$$A_{u1} = \frac{(1 + \beta_1)R'_{L1}}{r_{be1} + (1 + \beta_1)R'_{L1}} = \frac{(1 + 50) \times 9.22}{3 + (1 + 50) \times 9.22} = 0.994$$

第二级放大电路的电压放大倍数为 A_{u2},则有

$$A_{u2} = -\frac{\beta_2(R_{C2} \text{ } /\!/ \text{ } R_L)}{r_{be2} + (1 + \beta_2)R_{E2}} = -50 \times \frac{10 \text{ } /\!/ \text{ } 10}{1.79 + (1 + 50) \times 0.51} = -8.99$$

总电压放大倍数为

$$A_u = A_{u1}A_{u2} = 0.994 \times (-8.99) = -8.94$$

【例 2.18】 已知一两级放大电路的交流通路如图 2.65 所示,已知 $g_m = 2 \text{ mS}$, $\beta = 50$, $r_{be} = 1.3 \text{ k}\Omega$。试求电路的总电压放大倍数。

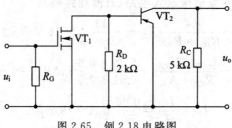

图 2.65　例 2.18 电路图

解　由交流通路可见，第一级为基本共源极放大电路，第二级的输入电阻 r_{be} 作为其负载电阻，即

$$R_{L1} = r_{i2} = r_{be}$$

$$R'_{L1} = R_D \mathbin{/\mkern-5mu/} R_{L1} = R_D \mathbin{/\mkern-5mu/} r_{be} = \frac{2 \times 1.3}{2 + 1.3}\ \text{k}\Omega = 0.788\ \text{k}\Omega$$

$$A_{u1} = -g_m R'_{L1} = -2 \times 0.788 = -1.58$$

第二级为基本共发射极放大电路，其电压放大倍数为

$$A_{u2} = -\frac{\beta R_C}{r_{be}} = -\frac{50 \times 5}{1.3} = -192.31$$

电路的总电压放大倍数为

$$A_u = A_{u1} A_{u2} = -1.58 \times (-192.31) = 303.8$$

在分析多级放大电路的电压放大倍数时，另外一种处理方法是利用戴维南定理的思路，先求出前一级在负载开路时的输出电压(开路电压)和输出电阻(等效电阻)，然后把它们作为后一级具有内阻的信号源，再分析其电压放大倍数。按照这一思路重新分析例 2.18 的放大倍数如下。

第一级作为基本共源极放大电路，当负载开路时其电压放大倍数为 $A_{u10} = -g_m R_D$，输出电阻为 R_D，这样，可以画出将其作为第二级信号源时的等效电路，如图 2.66 所示。

$$i_b = \frac{A_{u10} u_i}{R_D + r_{be}}$$

$$u_o = -\beta i_b R_C = -\beta A_{u10} \frac{u_i}{R_D + r_{be}} R_C$$

$$A_u = \frac{u_o}{u_i} = -\beta A_{u10} \frac{R_C}{R_D + r_{be}} = \beta g_m R_D \frac{R_C}{R_D + r_{be}}$$

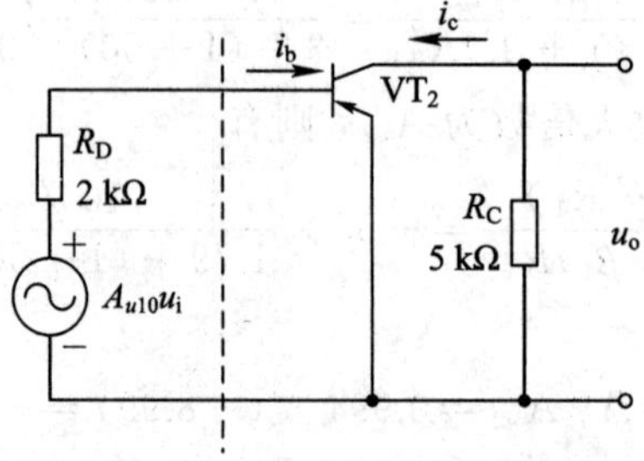

图 2.66　第一级输出作为第二级信号源的等效电路

代入数值计算有

$$A_u = \beta g_m R_D \frac{R_C}{R_D + r_{be}} = 50 \times 2 \times 2 \times \frac{5}{2 + 1.3} = 303$$

// 本 章 小 结 //

1. 晶体管的三种基本放大电路

晶体管是放大电路的核心元件,在交流通路中分别以晶体管的三个电极作为公共端,可组成共发射极放大电路、共集电极放大电路、共基极放大电路。三种电路既有共性也各有特点,它们都需设置 Q 点,以便不失真地放大输入信号。但在动态性能上就有所不同:共发射极放大电路既有电压放大作用又有电流放大作用,u_o 与 u_i 反相,输入电阻在三种电路中居中,输出电阻较大,多用于电压放大;共集电极放大电路仅有电流放大作用,其输入电阻大、输出电阻小,具有阻抗变换作用,常用于多级放大电路的输入级或输出级;共基极放大电路仅有电压放大作用,u_o 与 u_i 同相,输入电阻小,多用于宽频带放大电路。这三种电路都是放大电路的基本单元电路形式,是组成多级放大电路的基础。

2. 场效应管的三种基本放大电路

以场效应管作为放大电路的核心元件,可组成共源极放大电路、共漏极放大电路(及共栅极放大电路)。场效应管作为非线性器件,其放大电路也需设置 Q 点,以便不失真地放大输入信号。在动态性能上共源极放大电路与共发射极放大电路、共漏极放大电路与共集电极放大电路类似,由于场效应管是电压控制器件,因此场效应管放大电路的输入电阻大是其显著特点。

3. 基本放大电路的主要分析内容

(1)静态:Q 点的设置与稳定,分析的依据是直流通路。具体分析内容为:设置 Q 点的必要性,正确计算 Q 点的值,电路参数与 Q 点的关系。

(2)动态:由交流通路和微变等效电路,分析电压放大倍数、输入电阻、输出电阻。

4. 基本放大电路的常用分析方法

(1)近似估算法:用于由直流通路计算 Q 点。例如,对于固定偏置电路,其分析思路为:$I_{BQ} \rightarrow I_{CQ} \rightarrow U_{CEQ}$;对于分压式偏置电路,其分析思路为:$U_B \rightarrow U_E \rightarrow I_{EQ} \rightarrow U_{CEQ}$。

(2)图解法:用于由直流通路分析 Q 点,关键是在特性曲线上正确作出直流负载线;用于由交流通路分析放大电路的动态工作情况,关键是正确做出交流负载线,分析电路中各电压、电流的动态工作波形;分析 Q 点与饱和失真、截止失真的关系。

(3)微变等效电路法:用于小信号作用下放大电路的动态性能指标分析,关键是由交流通路正确做出放大电路的微变等效电路,进而分析 A_u、r_i、r_o。

5. 多级放大电路

阻容耦合、变压器耦合、直接耦合是多级放大电路级间连接的常见形式。前两种耦合形式使多级放大电路的各级静态工作点相互独立;直接耦合使多级放大电路各级静态工作点相互牵制,并造成放大电路的零点漂移,其中温漂是影响放大电路性能的主要因素。光电耦合主要用于隔离放大器，使系统的前级与后级在电气性能上互不影响。多级放大电路总的电压放大倍数等于各级放大倍数的乘积，在计算前一级的放大倍数时，把后一级的输入电阻作为前一级的负载电阻来考虑。多级放大电路的输入电阻就是第一级放大电路的输入电阻，多级放大电路的输出电阻就是最后一级的输出电阻。

本章所涉及的内容较多，且是学习后续内容的基础，在学习中要注意其层次关系。熟练掌握基本共发射极放大电路是关键，在此基础上举一反三，去理解共集、共源、共漏放大电路及工作点稳定电路。虽然分立元件多级放大电路应用很少，但多级放大电路中所介绍的有关概念应该清楚。只要做到电路结构熟悉、基本概念清楚、分析思路明确，一定能逐步掌握电子技术的本质。

// 习　题 //

2.1　放大电路为什么要合理设置静态工作点？ Q 点设置偏高或偏低一定会出现波形失真吗？如果发现输出波形失真，是否说明静态工作点一定不合适？

2.2　区别交流放大电路的（1）静态工作和动态工作；（2）直流通路与交流通路；（3）直流负载线与交流负载线；（4）电压和电流的直流分量与交流分量。

2.3　为什么说共发射极放大电路既有电压放大作用又有电流放大作用？为什么说射极输出器只有电流放大作用，没有电压放大作用？

2.4　试分析图 2.67 所示电路对正弦交流信号有无放大作用，并简述理由（设各电容的容抗可忽略）；若那个电路不能对正弦交流信号进行正常放大，试改正其错误。

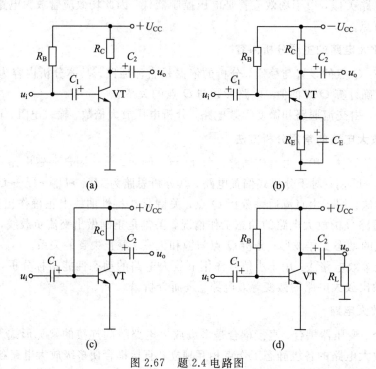

图 2.67　题 2.4 电路图

2.5　试画出图 2.68 所示电路的直流通路和交流通路,设所有电容对交流信号均可视为短路。

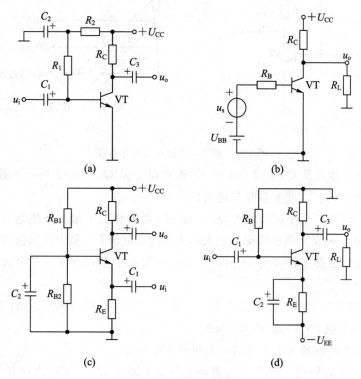

图 2.68　题 2.5 电路图

2.6　电路如图 2.69(a)所示,已知 $U_{CC}=15$ V, $R_B=360$ kΩ,晶体管的共发射极输出特性曲线如图 2.69(b)所示,取 $U_{BEQ}=0.7$ V。

(1) 试用图解法分析 $R_C=1$ kΩ 和 $R_C=1.8$ kΩ 时的静态工作点;

(2) 设在输入信号 u_i 的作用下,晶体管基极电流的交流分量 $i_b=30\sin\omega t$,试分析在上述两种情况下,静态工作点是否合适?

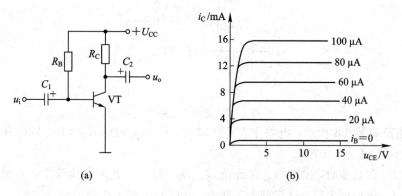

图 2.69　题 2.6 电路图与特性曲线

2.7　在图 2.70(a)所示电路中,由于电路参数的改变使静态工作点产生了如图 2.70(b)所示的变化。试问:

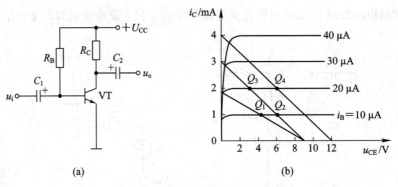

图 2.70　题 2.7 电路图与特性曲线

（1）当静态工作点从 Q_1 移到 Q_2、从 Q_2 移到 Q_3、从 Q_3 移到 Q_4 时，分别是因为电路的哪个参数变化造成的？这些参数是如何变化的？

（2）当电路的静态工作点分别为 $Q_1 \sim Q_4$ 时，哪种情况下最易产生饱和失真？哪种情况下最易产生截止失真？哪种情况下最大不失真输出电压 U_{om} 最大？其值约为多少？

（3）当电路的静态工作点为 Q_4 时，集电极电源电压 U_{CC} 的值为多少伏？集电极电阻 R_C 为多少千欧？

2.8　电路如图 2.71 所示，电路中 $U_{CC}=12$ V，$R_C=3$ kΩ，静态管压降 $U_{CEQ}=6$ V；并在输出端加负载电阻 R_L，其阻值为 3 kΩ。

（1）试求该电路的最大不失真输出电压有效值 U_{om}。

（2）当 $U_i=1$ mV 时，若在不失真的条件下，减小 R_w，问输出电压的幅值将如何变化？

（3）在 $U_i=1$ mV 时，将 R_w 调到输出电压最大且刚好不失真，若此时增大输入电压，则输出电压的波形将如何变化？

（4）若发现电路出现饱和失真，为了消除失真，如何调节？

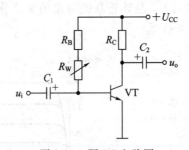

图 2.71　题 2.8 电路图

2.9　电路如题 2.8 所示，电路中 $U_{CC}=12$ V，$R_C=2$ kΩ，$R_B=100$ kΩ，$R_w=1$ MΩ，晶体管的 $\beta=51$，$U_{BE}=0.7$ V。

（1）当 R_w 调到零时，试求静态工作值（I_B、I_C、U_{CE}），此时晶体管工作在何种状态？

（2）当 R_w 调到最大时，试求静态工作点，此时晶体管工作在何种状态？

（3）使 $U_{CE}=6$ V，应调 R_w 到何值？此时晶体管工作在何种状态？

（4）设 $u_i=U_m\sin\omega t$，试画出上述三种状态下对应的输出电压的波形。若产生饱和失真或截止失真，则应如何调节 R_w 使之不失真？

2.10 电路如图 2.72 所示,设电容 C_1、C_2、C_3 对交流信号可视为短路。

(1) 写出静态电流 I_{CQ} 及电压 U_{CEQ} 的表达式;

(2) 写出 A_u、r_i、r_o 的表达式;

(3) 若电容 C_3 开路,则对电路会产生什么影响?

2.11 电路如图 2.73 所示,已知 $R_B = 60$ kΩ,$R_B = 20$ kΩ,$R_C = 3$ kΩ,$R_L = 6$ kΩ,$R_E = 2$ kΩ,$U_{CC} = 16$ V,晶体管的 $\beta = 60$,可取 $U_{BE} = 0.7$ V,设电容 C_1、C_2、C_3 对交流信号可视为短路。

(1) 试估算静态工作点 Q;

(2) 画出 H 参数微变等效电路;

(3) 计算 A_u、r_i、r_o;

(4) 求输出电压最大不失真幅值 U_{om}。

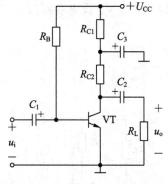

图 2.72 题 2.10 电路图

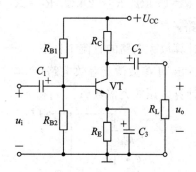

图 2.73 题 2.11 电路图

2.12 电路如图 2.74 所示,已知 $R_{B1} = 56$ kΩ,$R_{B2} = 33$ kΩ,$R_C = 3$ kΩ,$R_E = 3$ kΩ,$U_{CC} = 24$ V,晶体管的 $\beta = 80$,$r_{be} = 2.2$ kΩ。设电容 C_1、C_2、C_3 对交流信号可视为短路。

(1) 求静态工作点 Q;

(2) 画出 H 参数微变等效电路;

(3) 求放大电路的输入电阻 r_i;

(4) 分别求出从发射极输出时的 A_{u1} 和 r_{o1} 及从集电极输出时的 A_{u2} 和 r_{o2}。

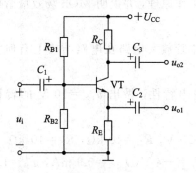

图 2.74 题 2.12 电路图

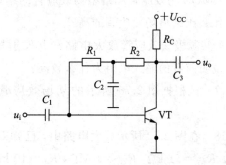

图 2.75 题 2.13 电路图

2.13 电路如图 2.75 所示,已知 $R_1 = 39$ kΩ,$R_2 = 22$ kΩ,$R_C = 1.8$ kΩ,$U_{CC} = 9$ V,晶体管的 $\beta = 80$。设电容 C_1、C_2、C_3 对交流信号可视为短路。试计算:

（1）电路的静态工作点 Q；

（2）电压放大倍数 $A_u = \dfrac{u_o}{u_i}$；

（3）输出电阻 r_o。

2.14　电路如图 2.76 所示，已知 $R_{B1} = 36$ kΩ，$R_{B2} = 18$ kΩ，$R_E = 3.3$ kΩ，$R_L = 5.1$ kΩ，晶体管的 $\beta = 50$，$r_{be} = 1.53$ kΩ，$U_{CC} = 12$ V。设电容 C_1、C_2 对交流信号可视为短路。试计算：

（1）电压放大倍数 A_u；

（2）输入电阻 r_i；

（3）输出电阻 r_o。

2.15　如图 2.77 所示的共基极放大电路中，晶体管的 $\beta = 50$，$r_{bb'} = 50$ Ω，$R_{B1} = 30$ kΩ，$R_{B2} = 15$ kΩ，$R_E = 2$ kΩ，$R_C = R_L = 3$ kΩ，$U_{CC} = 12$ V。设电容 C_1、C_2 对交流信号可视为短路。

（1）计算放大电路的直流工作点；

（2）画出 H 参数微变等效电路；

（3）计算电压放大倍数 A_u、r_i 和 r_o。

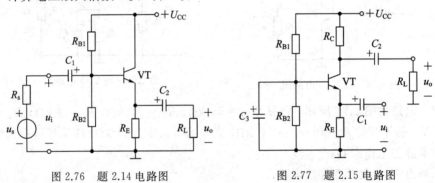

图 2.76　题 2.14 电路图　　　　　图 2.77　题 2.15 电路图

2.16　试比较：

（1）MOS 场效应管和结型场效应管的结构与工作原理，并说明 MOS 场效应管的输入电阻为什么比结型场效应管的高？

（2）共源极场效应管放大电路和共发射极晶体管放大电路在电路结构上有何相似之处？并说明前者的输入电阻为什么较高？

2.17　试根据图 2.78 所示的某场效应管的输出特性，做出 $u_{DS} = 10$ V 的转移特性曲线。

2.18　在图 2.79 所示放大电路中，已知 $U_{DD} = 20$ V，$R_D = 10$ kΩ，$R_S = 10$ kΩ，$R_{G1} = 200$ kΩ，$R_{G2} = 51$ kΩ，$R_{G3} = 1$ MΩ，$R_L = 10$ kΩ，$U_P = -4$ V，$I_{DSS} = 0.9$ mA，$g_m = 1.5$ mS。且假设 $r_d \gg R_d$。试求：

（1）静态值；

（2）电压增益、输入电阻和输出电阻。

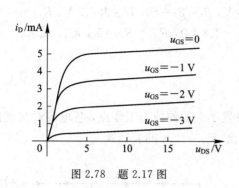

图 2.78　题 2.17 图

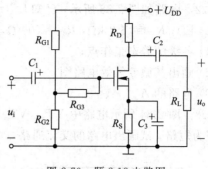

图 2.79　题 2.18 电路图

2.19　图 2.80 所示的共源极放大电路的元器件参数如下：在工作点上管子的跨导为 $g_m = 1$ mS，$r_{ds} = 200$ kΩ，$R_1 = 300$ kΩ，$R_2 = 100$ kΩ，$R_3 = 2$ MΩ，$R_4 = 10$ kΩ，$R_5 = 2$ kΩ，$R_6 = 10$ kΩ，试估算放大器的电压增益、输入电阻和输出电阻。

2.20　源极输出器电路如图 2.81 所示。已知 $U_{DD} = 15$ V，$R_{G1} = 2$ MΩ，$R_{G2} = 500$ kΩ，$R_S = 12$ kΩ，$R_L = 12$ kΩ，$g_m = 10$ mS。试求电压增益、输入电阻和输出电阻。

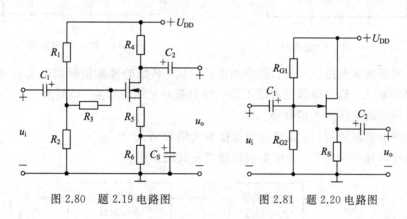

图 2.80　题 2.19 电路图　　　　　　图 2.81　题 2.20 电路图

2.21　图 2.82 所示电路已设置了合适的静态工作点，各电容对交流信号均可视为短路，试求该电路的电压增益 A_u、输入电阻 r_i、输出电阻 r_o。

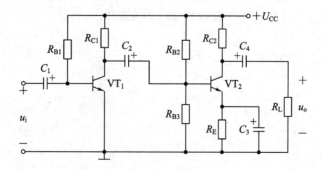

图 2.82　题 2.21 电路图

2.22　电路如图 2.83 所示，已知 $U_{CC}=18$ V，$\beta_1=\beta_2=60$，U_{BE} 为 0.7 V，$R_{B1}=91$ kΩ，$R_{B2}=24$ kΩ，$R_{C1}=6.2$ kΩ，$R_{E1}=200$ Ω，$R_{E2}=1.8$ kΩ，$R_{E3}=R_L=5.1$ kΩ。试求：

(1) 各级的静态工作点；

(2) 画出其微变等效电路图；

(3) 电路的 A_u、r_i、r_o。

2.23　图 2.84 所示电路中 VT_1、VT_2 均设置了合适的静态工作点，各电容对交流信号均可视为短路。试画出电路的交流通路，并写出 A_u、r_i、r_o 的表达式。

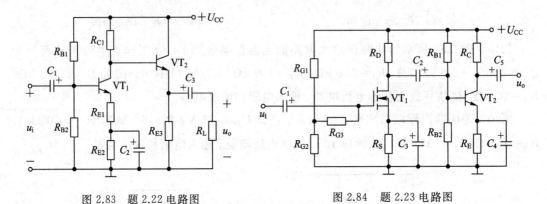

图 2.83　题 2.22 电路图　　　　　　　　图 2.84　题 2.23 电路图

2.24　两级放大电路以二端口网络的形式给出，各级的性能指标如图 2.85 所示，注意射极跟随器的输入、输出电阻已考虑了后一级负载对它们的影响。试计算：

(1) 系统总的电压放大倍数 A_u、A_{us}；

(2) 去除射极跟随器后，系统总的电压放大倍数 A_u、A_{us}；

(3) 比较前述分析结果，说明射极跟随器在此的作用。

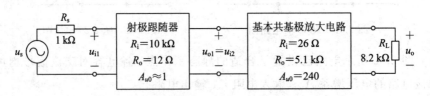

图 2.85　题 2.24 电路图

第 3 章　功率放大电路

内容提要： 本章介绍功率放大电路的特点、主要技术指标及电路结构形式，以及互补对称功率放大电路的工作原理及其分析计算。

学习提示： 学习本章，熟悉功率放大电路的特点是前提，掌握乙类互补对称电路的结构、工作原理和主要性能指标的计算是关键。

§ 3.1　功率放大电路的一般问题

在许多电子系统中，信号经过处理以后最终会被送到负载，带动一定的装置（如收音机的扬声器、自动控制系统的电机、计算机的显示器等）。这时的输出信号不仅要求有一定大小的电压和电流输出，而且要有一定的功率输出。这类主要用于向负载提供足够信号功率的放大电路通常称为功率放大电路，简称功放。

3.1.1　功率放大电路的特点

功率放大电路的主要任务是向负载提供足够大的输出功率，它与前面介绍的电压放大电路、电流放大电路没有很严格的区分，因为无论是哪种放大电路，在负载上都会同时存在输出电压、输出电流和输出功率。只是侧重点不同，强调的技术指标不同，所以在电路结构和电路分析上功率放大电路有它自身的特点。

（1）功率放大电路研究的主要问题是如何提高功率放大电路的输出功率和效率。输出功率是指交变电压和交变电流的乘积，即交流功率，直流成分产生的功率不是输出功率。由于功率放大电路的输出功率比较高，因此它的输出电压、电流幅值大，放大元件处于大信号工作状态，输出波形容易产生失真，分析电路时应采用图解法。我们讨论的交流功率是在输入为正弦波、输出波形基本不失真时定义的，分析时要注意这个特点。

（2）放大电路实质上是一个能量转换器，它是将电源供给的直流能量转换成交变信号的能量输送给负载。对功率放大电路来说，要求输出的功率很大，则消耗在电路内的能量和电源提供的能量也大，因此在分析时还要考虑效率。在直流电源供给的功率相同的情况下，输出功率愈大，电路的效率就愈高。

（3）为了得到尽可能大的输出功率，晶体管常常工作在极限应用状态：u_{CE} 最大时会接近 $U_{(BR)CEO}$，i_C 最大时可达 I_{CM}，晶体管的最大管耗可能接近 P_{CM}。在选择晶体管时要注意这些极限参数应满足要求，以保证晶体管能正常安全工作。由于功放管通常为大功率晶体管，因此查阅手册时还要考虑应有必要的散热条件和过电流、过电压的保护措施。

3.1.2　功率放大电路的主要指标

1. 输出功率

输出功率是在输入信号为正弦波、输出信号的波形基本不失真的情况下负载上得到的交流功率，即为

$$P_\text{o} = I_\text{o} U_\text{o} = \frac{1}{2} I_\text{om} U_\text{om} \tag{3.1}$$

式中：I_o、U_o 为负载上输出的交流电流、电压的有效值，I_om、U_om 为负载上输出的交流电流、电压的幅值。

2. 效率

效率 η 是负载上得到的有用信号功率与电源供给的直流功率的比值，即为

$$\eta = \frac{P_\text{o}}{P_\text{E}} \times 100\% \tag{3.2}$$

式中：P_o 为信号输出功率，P_E 为直流电源供给的功率。

3. 非线性失真

由于功率放大器是在大信号下工作，因此不可避免地会产生非线性失真，而且同一功放管的输出功率越大，非线性失真往往越严重。我们常利用非线性失真系数 D 来描述它，非线性失真系数 D 是指放大电路在某一频率的正弦波输入信号下，输出波形的谐波成分总量和基波成分之比。用 A_1、A_2、A_3，…表示基波和各次谐波的幅值，则非线性失真系数 D 为

$$D = \sqrt{\left(\frac{A_2}{A_1}\right)^2 + \left(\frac{A_3}{A_1}\right)^2 + \cdots} \tag{3.3}$$

3.1.3　功率放大电路的分类

功率放大器的种类较多，按三极管的工作状态不同可分为以下几种：

1) 甲类

我们知道在前面已讨论过的电压放大器中，三极管在输入信号的整个周期内都处于导通状态，即导通角 $\theta = 360°$。这种工作方式通常称为甲类放大，所以电压放大器也称为甲类放大器。图 3.1 所示为甲类放大电路的图解分析，此时 $i_\text{C} \geqslant 0$。

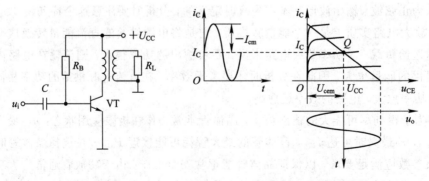

(a) 甲类放大电路　　　　　　　　　(b) 甲类放大电路的图解分析

图 3.1　甲类放大电路的图解分析

在甲类放大电路中,直流电源始终不断地供给功率,即 $P_E \approx I_C U_{CC}$。当没有信号输入时,这些功率全部都消耗在管子和电阻上,并转化为热能耗散出去;当有信号输入时,直流电源提供功率的一部分转化为交流输出功率输送给负载,信号愈大,交流输出功率愈大。由图 3.1 可以计算出在理想情况下甲类放大电路的效率 $\eta = 50\%$,实际上它的效率最高只能有 $40\% \sim 45\%$。所以甲类放大电路的效率是比较低的,其主要原因是静态工作点 Q 的位置较高,即静态电流 I_C 较大。如果把静态工作点 Q 的位置下移,使 I_C 等于零或很小,这样使直流电源供给的功率在没有信号输入时也就会等于零或很小,当有信号输入时,直流电源供给的功率会随输入信号的增加而增加,从而提高电路的效率。基于上述设想,我们又提出了乙类和甲乙类放大电路。

2) 乙类

在放大电路中,如果三极管只在信号的半个周期内导通,半个周期内截止,即导通角 $\theta = 180°$,这种工作方式称为乙类放大。

3) 甲乙类

在放大电路中,如果三极管的导通角 $180° < \theta < 360°$,这种工作方式称为甲乙类放大。它是甲类和乙类放大电路的结合,它的效率略低于乙类,但能克服乙类放大电路中的交越失真(这在后面会具体介绍)。

4) 丙类

在放大电路中,如果三极管的导通角 $\theta < 180°$,这种工作方式称为丙类放大。它主要用于调谐电路中。

5) 丁类

丁类放大电路是用来放大脉冲信号的,脉冲信号通常持续的时间较短。放大电路中的放大元件只在较短的时间内工作,所以整个电路的效率较高。

§3.2 互补对称功率放大电路

3.2.1 乙类双电源互补对称功率放大电路(OCL 电路)

1. 电路组成及工作原理

在乙类功率放大电路中,由于三极管的导通角 $\theta = 180°$,静态电流 I_C 几乎等于零,因此静态时直流电源供给的功率为零,当有信号输入时,直流电源供给的功率会随输入信号的增加而增加,所以它的转换效率比较高,但它的输出波形会产生严重的非线性失真。这一问题可以从电路结构设计上得以解决,我们可以采用两个管子,均工作在乙类放大状态,让其中的一个管子在交流电的正半周工作,另一个管子在负半周工作,并让它们的输出信号都能加到负载上,由于两管交替工作,这样在负载上就可以得到一个完整的正弦波形。从而解决了效率与失真之间的矛盾。

图 3.2(a)所示为乙类功率放大电路,图中三极管 VT_1、VT_2 分别为 NPN 型管和 PNP 型管,它们的参数是对称的,两管的基极、发射极相互连接在一起,信号从基极输入,从发射极输出。从图 3.2(a)可以看出,实际上每个管子都是一个射极输出器,可以分别画成如

图 3.2(b)、(c)所示电路。三极管的发射结处于正向偏置时才能使它导通，否则就会截止。静态(输入信号 $u_i = 0$)时，两管发射结的偏置电压为零，所以 VT_1、VT_2 均处于截止状态，此时输出电压为零。当输入端加一正弦信号时，在输入信号的正半周，VT_2 处于截止状态，VT_1 处于导通状态而承担放大任务，这时有电流流过负载 R_L；在输入信号的负半周，VT_1 处于截止状态，VT_2 处于导通状态而承担放大任务，这时也会有电流流过负载 R_L；即 VT_1、VT_2 两管交替工作，使负载上流过的电流为一完整的正弦波信号。由于图 3.2(a)所示电路中的两个管子互补对方的不足，工作性能对称，且采用双直流电源供电，所以也称为双电源互补对称功率放大电路。

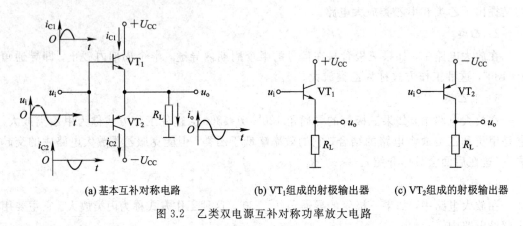

(a) 基本互补对称电路　　　　(b) VT_1 组成的射极输出器　　　(c) VT_2 组成的射极输出器

图 3.2　乙类双电源互补对称功率放大电路

2. 分析计算

图 3.2(a)电路工作过程的图解分析如图 3.3 所示。图 3.3(a)所示为 VT_1 管导通时的工作情况，图 3.3(b)是将 VT_2 管导通时的工作情况倒置后，与 VT_1 管画在一起，并让两者静态工作点 Q 重合，形成的两管合成曲线。这时交流负载线是一条过 Q 点的斜线，它的斜率为 $-1/R_L$。

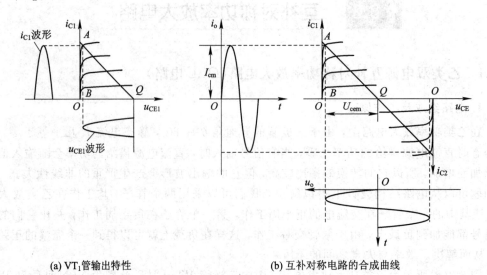

(a) VT_1 管输出特性　　　　　　　　　(b) 互补对称电路的合成曲线

图 3.3　乙类双电源互补对称功率放大电路的图解分析

由图 3.3(b)可以看出，集电极电流、电压的最大允许变化范围分别为 $2I_{cm}$、$2U_{cem}$。为此它的指标计算如下：

1）输出功率 P_o

由式(3.1)输出功率的定义可知

$$P_o = \frac{1}{2} I_{om} U_{om} = \frac{1}{2} I_{om}^2 R_L = \frac{1}{2} \frac{U_{om}^2}{R_L} \tag{3.4}$$

这个数值正好是图 3.3(b)中 $\triangle ABQ$ 的面积，因此常用它来表示输出功率的大小，称为功率三角形。$\triangle ABQ$ 的面积愈大，输出功率也愈大。当输入信号足够大时，$I_{om} = I_{cm}$ 达到最大值，$U_{om} = U_{cem}$ 达到最大值 $U_{CC} - U_{CES}$，由于管子的 U_{CES} 很小，理想情况下，可忽略不计，可以得到输出功率的最大值为

$$P_{o\,max} = \frac{1}{2} \frac{U_{om}^2}{R_L} = \frac{1}{2} \frac{(U_{CC} - |U_{CES}|)^2}{R_L} \approx \frac{1}{2} \frac{U_{CC}^2}{R_L} \tag{3.5}$$

2）管耗 P_T

由于在一个信号周期内，图 3.2(a)所示电路中的 VT_1、VT_2 是轮流导通的，即导通角约为 180°，而且两管是对称的，通过两管的电流 i_C 和两管两端的电压 u_{CE} 在数值上是相等的，只是在时间上错开了半个周期，两管的管耗也相等，因此可以先求出单管的管耗，再求总的管耗。设输出电压 $u_o = U_{om} \sin\omega t$，则 VT_1 的管耗为

$$
\begin{aligned}
P_{VT_1} &= \frac{1}{2\pi} \int_0^\pi (U_{CC} - u_o) \frac{u_o}{R_L} \mathrm{d}(\omega t) \\
&= \frac{1}{2\pi} \int_0^\pi (U_{CC} - U_{om}\sin\omega t) \frac{U_{om}\sin\omega t}{R_L} \mathrm{d}(\omega t) \\
&= \frac{1}{2\pi} \int_0^\pi \left(\frac{U_{CC}U_{om}\sin\omega t}{R_L} - \frac{U_{om}^2}{R_L}\sin^2\omega t \right) \mathrm{d}(\omega t) \\
&= \frac{1}{R_L} \left(\frac{U_{CC}U_{om}}{\pi} - \frac{U_{om}^2}{4} \right)
\end{aligned}
\tag{3.6}
$$

那么两管的总管耗为

$$P_{VT} = P_{VT_1} + P_{VT_2} = 2P_{VT_1} = \frac{2}{R_{VL}} \left(\frac{U_{CC}U_{om}}{\pi} - \frac{U_{om}^2}{4} \right) \tag{3.7}$$

由前面的分析得知，当 $U_{om} = U_{CC}$ 时，输出功率为最大值，这时总管耗为 $P_{VT} = \frac{4-\pi}{2\pi} \frac{U_{CC}^2}{R_L}$，但这个数值并不是它的最大值。由式(3.6)可知，管耗是输出电压幅值的函数，这样可以用求极值的方法进行求解，对式(3.6)求导数有

$$\frac{\mathrm{d}P_{VT_1}}{\mathrm{d}U_{om}} = \frac{1}{R_L} \left(\frac{U_{CC}}{\pi} - \frac{U_{om}}{2} \right)$$

令 $\frac{\mathrm{d}P_{VT_1}}{\mathrm{d}U_{om}} = 0$，则 $\frac{U_{CC}}{\pi} - \frac{U_{om}}{2} = 0$，从而有

$$U_{om} = \frac{2}{\pi} U_{CC} \tag{3.8}$$

式(3.8)说明，当 $U_{om} = \frac{2}{\pi} U_{CC} \approx 0.6U_{CC}$ 时，VT_1 的管耗最大为

$$P_{VT_1 m} = \frac{1}{R_L} \left[\frac{\frac{2}{\pi} U_{CC}^2}{\pi} - \frac{\left(\frac{2U_{CC}}{\pi} \right)^2}{4} \right] = \frac{1}{R_L} \left(\frac{2U_{CC}^2}{\pi^2} - \frac{U_{CC}^2}{\pi^2} \right) = \frac{1}{\pi^2} \frac{U_{CC}^2}{R_L} \qquad (3.9)$$

将式(3.5)的最大输出功率代入式(3.9)，可以得到单管的最大管耗和功率放大电路的最大输出功率的关系为

$$P_{VT_1 m} = \frac{1}{\pi^2} \frac{U_{CC}^2}{R_L} \approx 0.2 P_{o\,max} \qquad (3.10)$$

式(3.10)说明如果要求功放的输出功率为 10 W，则所选的两个管子的额定管耗应大于 2 W。所以常用式(3.10)作为选择乙类互补对称电路中管子的依据。由于上面的分析计算是在理想情况下进行的，因此实际选择管子的额定管耗时，还应留有充分的余地。

3）效率 η

由于负载上得到的能量和消耗的能量都是由直流电源提供的，因此直流电源提供的功率应等于负载上得到的输出功率与总管耗之和，代入式(3.4)和式(3.7)得直流电源提供的功率为

$$P_E = P_o + P_{VT} = \frac{2U_{CC}U_{om}}{\pi R_L} \qquad (3.11)$$

由式(3.4)和式(3.11)得电路的转换效率为

$$\eta = \frac{P_o}{P_E} = \frac{\pi}{4} \frac{U_{om}}{U_{CC}} \qquad (3.12)$$

当 $U_{om} \approx U_{CC}$ 时，输出功率最大，直流电源提供的功率也最大，其值为

$$P_{E\,max} = \frac{2}{\pi} \frac{U_{CC}^2}{R_L} \qquad (3.13)$$

此时电路的转换效率最大为

$$\eta_{max} = \frac{P_{o\,max}}{P_{E\,max}} = \frac{\pi}{4} \approx 78.5\% \qquad (3.14)$$

这个结论是在输入信号足够大且忽略管子的饱和压降的理想情况下得出的，实际的效率要比这个数值低一些，但仍然说明乙类互补对称电路的效率比甲类功放要高得多。

3. 功放管的选择

由以上分析可知，为了使功率放大电路得到最大的输出功率，并保证功放管能安全工作，BJT 的极限参数必须满足下列条件：

(1) 每个 BJT 的最大允许管耗 P_{CM} 必须大于 $P_{VT1m} \approx 0.2 P_{o\,max}$。

(2) 在图 3.2(a)所示乙类互补对称电路中，当 VT_2 导通时，$u_{CE2} \approx 0$，此时 VT_1 的 u_{CE1} 为最大值，且等于 $2U_{CC}$，所以要求 BJT 的 $|U_{(BR)CEO}| > 2U_{CC}$。

(3) 由于流过的最大集电极电流为 U_{CC}/R_L，因此要求 BJT 的 $I_{CM} \geqslant U_{CC}/R_L$。

【例 3.1】 在图 3.2(a)所示互补对称电路中，设输入电压 u_i 为正弦波，已知 $U_{CC} = 15$ V，$R_L = 8$ Ω，晶体管饱和管压降 $|U_{CES}| = 2$ V。试求：

(1) 负载上可能获得的最大输出功率和效率；

(2) 若输入电压 $U_i = 8$ V(有效值)，则负载上可能获得的输出功率、管耗、直流电源供给的功率和效率。

解 (1) 由式(3.5)、(3.12)可求出

$$P_{o\,max} = \frac{1}{2} \frac{(U_{CC} - U_{CES})^2}{R_L} = \frac{1}{2} \frac{(15-2)^2}{8} \text{W} = 10.56 \text{ W}$$

$$\eta = \frac{\pi}{4} \frac{U_{om}}{U_{CC}} = \frac{\pi}{4} \frac{U_{CC} - |U_{CES}|}{U_{CC}} = \frac{\pi}{4} \frac{15-2}{15} = 68.03\%$$

(2) 因为射极输出器的电压放大倍数 $A_u \approx 1$，所以 $U_{om} \approx A_u U_{im} = 8\sqrt{2}$ V。由式(3.4)、式(3.6)、式(3.11)和式(3.12)可求出

$$P_o = \frac{1}{2} \frac{U_{om}^2}{R_L} = \frac{1}{2} \frac{(8\sqrt{2})^2}{8} \text{W} = 8 \text{ W}$$

$$P_{VT_1} = P_{VT_2} = \frac{1}{R_L}\left(\frac{U_{CC}U_{om}}{\pi} - \frac{U_{om}^2}{4}\right) = \frac{1}{8}\left[\frac{15 \times 8\sqrt{2}}{\pi} - \frac{(8\sqrt{2})^2}{4}\right] \text{W} = 2.75 \text{ W}$$

$$P_E = \frac{2U_{CC}U_{om}}{\pi R_L} = \frac{2 \times 15 \times 8\sqrt{2}}{\pi \times 8} \text{ W} = 13.51 \text{ W}$$

$$\eta = \frac{P_o}{P_E} = \frac{\pi}{4} \frac{U_{om}}{U_{CC}} = \frac{\pi}{4} \frac{8\sqrt{2}}{15} = 58.45\%$$

3.2.2 甲乙类双电源互补对称功率放大电路

1. 交越失真

图 3.2(a)所示电路虽然解决了乙类放大电路中出现的严重的非线性失真，但它并不能使输出波形很好地跟随输入波形的变化而变化。因为图 3.2(a)所示电路中的三极管发射结上是没有直流偏置的，实际上三极管必须在 $|u_{BE}|$ 大于门坎电压(硅管约为 0.6 V，锗管约为 0.2 V)时才会有基极电流 i_B 产生，当输入信号低于这个数值时，i_{B1} 和 i_{B2} 基本上为零，所以 i_{C1} 和 i_{C2} 基本上为零，负载 R_L 上无电流流过，出现一段死区，输出波形会产生失真，如图 3.4 所示。这种现象称为交越失真。

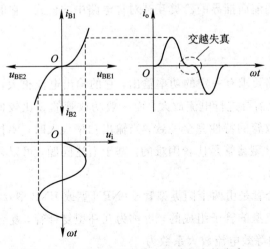

图 3.4 互补对称功率放大电路的交越失真

2. 甲乙类双电源互补对称功率放大电路

为了消除交越失真，可分别在两个三极管的发射结上加一很小的正偏压，使两管有很小的电流流过，即在静态时处于微导通状态。同时由于电路对称，静态时流过两管的电流相等，所以负载 R_L 上无静态电流流过。当有交流信号输入时，晶体管会立即进入线性放大区，从而消除了交越失真。这时三极管的导通角 $\theta > 180°$，电路工作在甲乙类，实际电路如图 3.5 和图 3.6 所示。图 3.5 电路是利用二极管 VD_1、VD_2 的正向压降向三极管 VT_1、VT_2 提供所需的偏压，该电路的缺点是偏置电压不易调整。图 3.6 是利用 u_{BE} 扩大电路向三极管 VT_1、VT_2 提供所需的偏压，图中三极管 VT_4 的 $U_{CE4} = \dfrac{R_1 + R_2}{R_2} U_{BE4}$，$U_{BE4}$ 基本上是固定值，只要适当调整 R_1、R_2 的比值，就可以改变 VT_1、VT_2 的偏压值，在集成电路中会经常用到这种电路形式。

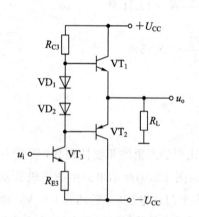
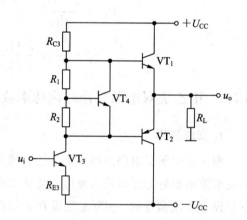

图 3.5　利用二极管进行偏置的　　　　　　图 3.6　利用 u_{BE} 扩大电路进行偏置的
　　　互补对称功率放大电路　　　　　　　　　　　互补对称功率放大电路

考虑到效率的问题，甲乙类功率放大器的静态点应尽量靠近截止区，这样它的技术指标的计算仍然可以利用前面推导的乙类互补对称电路中的公式。它的效率会比乙类互补对称电路的效率略低。

3. 复合管

由于功率放大电路要求有一定的功率输出，它的输出电流很大，这样要求它的前级驱动电流也比较大，因此需要进行电流放大。而一般功放管的 β 比较低；同时互补对称功率放大电路要求两个功放管的特性完全一致，当输出功率很大时，要找出一对特性完全对称的 NPN 型硅管和 PNP 型锗管是比较困难的。基于上述问题，可以采用复合管来解决。其连接形式如图 3.7 所示。

图 3.7(a) 所示复合管是由两个同类型管子(NPN 型或 PNP 型)组成的，图 3.7(b) 所示复合管是由两个不同类型的管子组成的，也称为互补型复合管，复合以后的管型取决于第一管的管型。复合管的等效电流放大系数为

$$\beta \approx \beta_1 \beta_2 \tag{3.15}$$

图 3.8 是由复合管组成的互补对称功率放大电路，图中 VT_1、VT_3 等效为 NPN 型管，VT_2、VT_4 组成 PNP 型管。VT_3、VT_4 是同类型晶体管，不具有互补性；VT_1、VT_2 是不同类型的晶体管，具有互补性。所以该电路与完全互补对称电路不同，故称为准互补对称甲乙类功率放大电路。

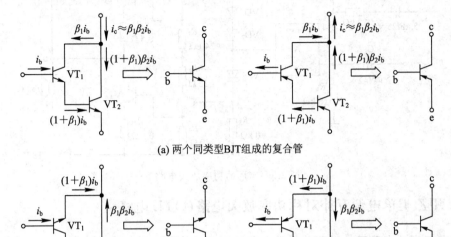

(a) 两个同类型BJT组成的复合管

(b) 两个不同类型BJT组成的互补型复合管

图 3.7　复合管的几种接法

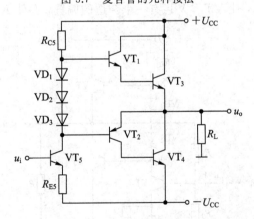

图 3.8　准互补对称甲乙类功率放大电路

综上所述，复合管不仅解决了大功率管 β 低的问题，而且解决了大功率难以实现互补对称的问题，故在功率放大电路中得到了广泛应用。

4. 实用的功率放大电路

图 3.9 所示是一个实用的功率放大电路，图中用集成运放 A 组成输出级的驱动电路。$VT_1 \sim VT_4$ 组成 OCL 准互补对称电路，由 $VD_1 \sim VD_3$ 设置静态工作点来消除交越失真。为了稳定放大倍数、减小失真，电路中引入了电压串联负反馈。当电路电源为 ±15 V 时，考虑功放管的饱和管压降 $U_{CES} \approx 2$ V，负载上可获得约为 10 W 的功率。

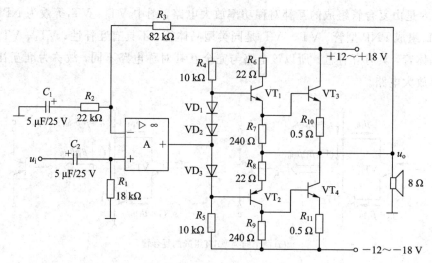

图 3.9　实用的功率放大电路

3.2.3　甲乙类单电源互补对称功率放大电路(OTL 电路)

1. 甲乙类单电源互补对称功率放大电路(OTL 电路)

前面介绍的互补对称功率放大电路是需要两个直流电源供电的,然而实际电子系统中经常只有一个直流电源供电,这时需要采用单电源互补对称功率放大电路,如图 3.10 所示。图中 VT_3 组成前置放大级,VT_1、VT_2 组成互补对称电路输出级。当输入信号 $u_i = 0$ 时,调节 R_1、R_2 的阻值,使 VT_1、VT_2 有一个合适的偏置,并使 K 点的电位 $U_K = U_{CC}/2$。

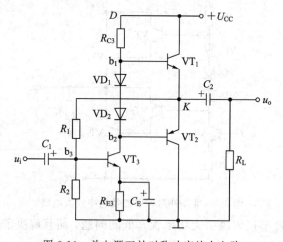

图 3.10　单电源互补对称功率放大电路

当有信号输入时,在输入信号 u_i 的负半周,VT_1 导通,VT_2 截止,有电流流向负载 R_L,电源通过 VT_1 向电容 C 充电;在输入信号 u_i 的正半周,VT_1 截止,VT_2 导通,电容 C 通过负载 R_L 放电,也就是说已充电的电容 C 相当于一个负电源,给 VT_2 供电,同样有电流流向负载 R_L。只要选择的时间常数足够大(比信号的最长周期还大得多),就可以认为用电容和一个电源可代替原来 $+U_{CC}$ 和 $-U_{CC}$ 两个电源的作用。

由于图 3.10 所示电路中采用单电源供电,因此每个管子的直流电源是原来的一半,在计算技术指标时仍可采用前面介绍的互补对称电路的计算公式,只是要用 $U_{CC}/2$ 代替原来式(3.5)、式(3.6)、式(3.10)、式(3.11)中的 U_{CC}。

为了提高电路工作点的稳定性,常将图 3.10 电路中的 K 点通过电阻分压器(R_1、R_2)与前置放大电路的输入端相连,故引入了直流负反馈。当温度变化使 U_K 增加时,负反馈的作用是可使 U_K 趋于稳定,其稳定过程如下:

$$U_K \uparrow \longrightarrow U_{B3} \uparrow \longrightarrow I_{B3} \uparrow \longrightarrow U_{C3} \downarrow$$
$$U_K \downarrow \longleftarrow \qquad\qquad\qquad\qquad$$

同时 R_1、R_2 也引入了交流负反馈,使放大电路的动态性能指标得到了改善。

2. 存在的问题

图 3.10 所示电路虽然解决了互补对称功率放大电路的供电电源和工作点稳定问题,但它还有其他方面的问题。在额定输出功率情况下,要求输出级的功放管处在接近充分利用的状态下工作。例如,当 u_i 为负半周最大值时,i_{C3} 最小,u_{B1} 接近 $+U_{CC}$,此时希望 VT_1 在接近饱和状态下工作,即 $u_{CE1} \approx U_{CES}$,故 K 点电位 $u_K = +U_{CC} - U_{CES} \approx +U_{CC}$。当 u_i 为正半周最大值时,VT_1 截止,VT_2 接近饱和导电,$u_K = U_{CES} \approx 0$。这样才能保证负载 R_L 两端得到的交流输出电压幅值 $U_{om} \approx \dfrac{U_{CC}}{2}$。上述情况是理想的,实际上,图 3.10 所示电路的输出电压幅值达不到 $U_{om} \approx \dfrac{U_{CC}}{2}$,这是因为当 u_i 为负半周时,VT_1 导电,i_{B1} 增加,由于 R_{C3} 上的压降和 u_{BE1} 的存在,当 K 点电位向 $+U_{CC}$ 接近时,VT_1 的基极电流 i_{B1} 的增加受到了限制,从而也限制了 VT_1 增加输向负载的电流,使负载 R_L 两端得不到足够的电压变化量,致使 U_{om} 明显小于 $\dfrac{U_{CC}}{2}$。

要解决这个问题,可以把图 3.10 所示电路中的 D 点电位升高,使 $U_D > +U_{CC}$,例如将图 3.10 中 D 点与 $+U_{CC}$ 的连线切断,由 U_D 另一电源供给,这样就可以解决问题,但它又需要另外提供一路直流电源,增加新的设备。实际中,解决的办法通常是不再增加新的直流电源,只是在电路中引入 R_3、C_3 等元件组成的所谓自举电路,电路如图 3.11 所示。

3. 自举电路

在图 3.11 中,当 $u_i = 0$ 时,$u_D = U_D = U_{CC} - I_{C3}R_3$,而 $u_K = U_K \approx \dfrac{U_{CC}}{2}$,因此电容 C_3 两端的电压被充电到 $U_{C3} = \dfrac{U_{CC}}{2} - I_{C3}R_3$。

当时间常数 R_3C_3 足够大时,u_{C3}(电容 C_3 两端电压)基本为常数($u_{C3} \approx U_{C3}$),不随输入电压 u_i 而改变。这样,当 u_i 为负时,VT_1 导电,u_K 将由 $\dfrac{U_{CC}}{2}$ 向 $+U_{CC}$ 方向变化,考虑到 $u_D = u_{C3} + u_K = U_{C3} + u_K$,显然,随着 K 点电位 u_K 升高,D 点电位 u_D 也自动升高。这样就会有足够的电流 i_{B1},使 VT_1 充分导电,增加输出电压幅度,致使 $U_{om} \approx \dfrac{U_{CC}}{2}$。这种工作方式称为

自举，意思是电路本身把 u_D 提高了。

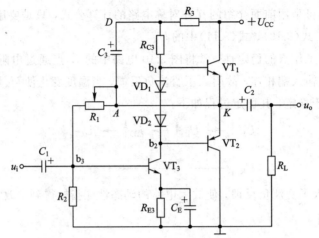

图 3.11　带自举的单电源互补对称功率放大电路

§3.3　集成功率放大电路

随着集成电路的发展，集成功率放大器的产品也越来越多，其内部电路一般均为 OCL 或 OTL 电路，集成功率放大器除具有 OCL 或 OTL 电路的优点外，还具有体积小、稳定性高、使用方便等优点，所以它的应用也越来越广泛。

图 3.12 所示为 LM380 集成功率放大器的电路图，它是一种固定增益的功率放大器，它能提供达到 5 W 的交流输出功率。下面对它的内部电路做一简单介绍。

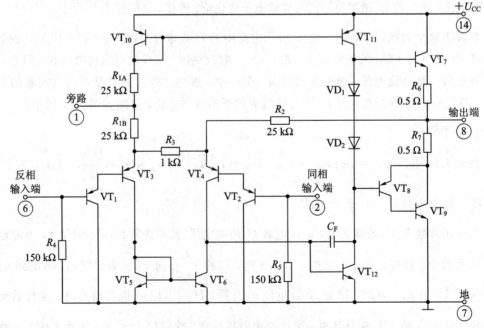

图 3.12　LM380 集成功率放大器电路

LM380 由输入级、中间级和输出级所组成。$VT_1 \sim VT_4$ 为复合管差动放大器,作为输入级;VT_5、VT_6 构成镜像电流源,作为差放的有源负载,以提高单端输出差动放大器的放大倍数;VT_{12} 构成共发射极放大器,作为中间级;VT_{10}、VT_{11} 构成镜像电流源,作为有源负载,以提高电压放大倍数;C_F 为相位补偿电容,它跨接在 VT_{12} 的基极与集电极之间,形成密勒效应补偿,消除自激振荡,以保证电路稳定工作;$VT_7 \sim VT_9$ 组成准互补对称电路,作为输出级;VT_8、VT_9 组成互补型复合管,等效为 PNP 型管;VD_1、VD_2 为功放的偏置电路,以消除交越失真。

为了改善电路的性能,电路中引入了交直流两种负反馈。R_2 引入直流负反馈,以保持静态时输出电压 U_o 基本恒定;R_2 和 R_3 引入交流电压串联负反馈,以维持电压放大倍数恒定。

LM380 集成功率放大器由 $+U_{CC}$ 单独供电,$+U_{CC}$ 的取值范围为 $12 \sim 22$ V,其大小取决于所要求的输出功率。

// 本 章 小 结 //

1. 功率放大电路的一般问题

功率放大电路的主要任务是在比较大的输出功率下来推动负载,它通常在大信号下工作,所以不能采用小信号模型分析法分析电路,应采用图解法分析电路。此部分主要研究的问题是如何在信号基本不失真的情况下提高输出功率和效率。

2. 双电源互补对称功率放大电路(OCL 电路)

由于乙类功率放大器中三极管的导通角为 $180°$,而直流电源只有在有信号输入时才供给功率,所以它的效率比较高。考虑到 BJT 输入特性存在死区电压,乙类互补对称电路中会出现交越失真,为此可采用甲乙类互补对称电路。在输出大功率情况下,可以采用复合管来代替单个三极管。在实际应用中应满足 BJT 的极限参数和散热条件,以保证三极管能安全工作。

3. 单电源互补对称功率放大电路(OTL 电路)

在单电源供电的电子系统中,可以采用单电源互补对称电路,它是用电容 C 和一个电源来代替原来的双电源,计算时用 $U_{CC}/2$ 代替原公式中的 U_{CC}。

// 习 题 //

3.1 填空

(1) 乙类双电源互补对称功率放大电路的效率在理想情况下最大可达到_____。

(2) 乙类双电源互补对称功率放大电路的输出功率为 5 W,则所选用三极管的额定管耗至少为_____ W。

(3) 在甲类、乙类和甲乙类放大电路中,功放管的导通角分别为 _____ 、_____ 和 _____ ,其中放大电路效率最高的是 _____ 。

3.2　乙类互补对称电路如图 3.2(a)所示,已知 $U_{CC}=12$ V,$R_L=8$ Ω,三极管的极限参数为 $I_{CM}=2$ A,$|U_{(BR)CEO}|=30$ V,$P_{CM}=5$ W。试求:

(1) 最大输出功率 P_{om},并检验所给三极管是否能安全工作?

(2) 放大电路在 $\eta=0.6$ 时的输出功率 P_o。

3.3　设计一个如图 3.2(a)所示的乙类互补对称电路,要求有 16 W 的输出功率来驱动一个 8 Ω 的扬声器,且输出电压的峰值不大于 U_{CC} 的 80%。试求:

(1) 所需直流电源 U_{CC} 的值;

(2) 每个晶体管的集电极电流的峰值;

(3) 每个晶体管的管耗;

(4) 此时电路的效率。

3.4　在图 3.2(a)所示电路中,设 u_i 为正弦波,$R_L=8$ Ω,要求最大输出功率 $P_{om}=9$ W。在三极管的饱和压降 U_{CES} 忽略不计的条件下,试求:

(1) 正、负电源 U_{CC} 的最小值;

(2) 根据所求 U_{CC} 最小值,计算相应的 I_{CM}、$|U_{(BR)CEO}|$ 的最小值;

(3) 当输出功率最大($P_{om}=9$ W)时,电源供给的功率 P_E;

(4) 每个管子允许的管耗 P_{CM} 的最小值;

(5) 当输出功率最大($P_{om}=9$ W)时的输入电压有效值。

3.5　在图 3.2(a)所示电路中,设 u_i 为正弦波,已知 $U_{CC}=20$ V,$R_L=8$ Ω,试计算:

(1) 在输入信号 $U_i=10$ V(有效值)时,电路的输出功率、管耗、直流电源供给的功率和效率;

(2) 当输入信号 u_i 的幅值 $U_{im}=U_{CC}=20$ V 时,电路的输出功率、管耗、直流电源供给的功率和效率。

3.6　电路如图 3.13 所示,已知三极管的 $U_{CES}=3$ V。试选择正确的答案填入空内。

(1) 电路中二极管 VD$_1$ 和 VD$_2$ 的作用是消除 _____ 。

A. 饱和失真　　　　　　　　　B. 截止失真

C. 交越失真

(2) 静态时,晶体管发射极的电位 $U_{EQ}=$ _____ 。

A. >0　　　　　　　　　　　　B. $=0$

C. <0

(3) 最大输出功率 P_{om} _____ 。

A. ≈28 W　　　　　　　　　B. $=18$ W

C. $=9$ W

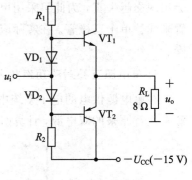

图 3.13　题 3.6 电路图

(4) 当输入为正弦波时,若 R_1 虚焊,即 R_1 开路,则输出电压 u_o _____ 。

A. 为正弦波　　　　　　　　　B. 仅有正半波

C. 仅有负半波

(5) 当输入为正弦波时，若 R_2 虚焊，即 R_2 开路，则输出电压 u_o_____。

A. 为正弦波 　　　　　　　　　　B. 仅有正半波

C. 仅有负半波

(6) 若 VD_1 虚焊，则 VT_1 管_____。

A. 可能因功率过大烧坏 　　　　　B. 始终饱和

C. 始终截止

3.7　电路如图 3.14 所示，三极管的饱和压降 $U_{CES}=2\text{ V}$。试计算这个电路的最大不失真输出功率，此时电路的效率是多少？每个晶体管的最大管耗是多少？

3.8　一单电源互补对称功率放大电路如图 3.15 所示，设 u_i 为正弦波，$R_L=8\ \Omega$，三极管的饱和压降 U_{CES} 忽略不计。试求当最大不失真输出功率(不考虑交越失真)为 9 W 时，电源电压 U_{CC} 至少应为多大？

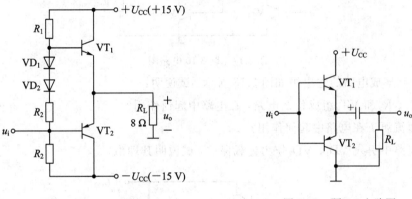

图 3.14　题 3.7 电路图　　　　　　　图 3.15　题 3.8 电路图

3.9　如图 3.16 所示的各复合管的接法哪些是正确的？哪些是错误的？组合的复合管是 NPN 型还是 PNP 型？并标出复合管的电极。

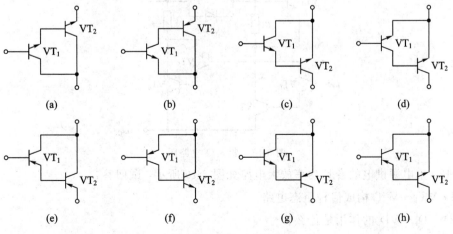

图 3.16　题 3.9 电路图

3.10 OTL 电路如图 3.17 所示。

(1) 为实现输出最大幅值正负对称，静态时 K 点电位应为多大？若不合适应调节哪个元件？

(2) 若 U_{CE3} 和 U_{CE5} 的最小值约为 3 V，电路的最大不失真输出功率 $P_{om}=$？效率 $\eta=$？

(3) 晶体管 VT_3、VT_5 的 P_{CM}、$U_{(BR)CEO}$ 和 I_{CM} 应如何选择？

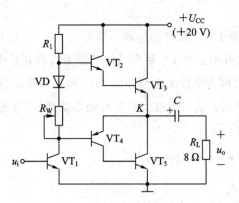

图 3.17　题 3.10 电路图

3.11 某集成电路的输出级如图 3.18 所示。试说明：

(1) R_1、R_2 和 VT_3 组成什么电路，在电路中起何作用？

(2) 恒流源 I 在电路中起何作用？

(3) 电路中引入 VD_1、VD_2 作为过载保护，试说明其理由。

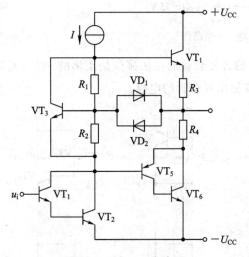

图 3.18　题 3.11 电路图

3.12 单电源供电的音频功率放大电路如图 3.19 所示，试回答：

(1) $VT_1 \sim V\,T_6$ 构成何种组态电路？

(2) $VD_1 \sim VD_3$ 的作用是什么？

(3) R_4、R_5 和 R_6、R_7、R_8 的作用是什么？

(4) C_2 的作用是什么？

（5）VT_7、VT_8 和 $VT_9 \sim VT_{11}$ 各等效什么类型的三极管？

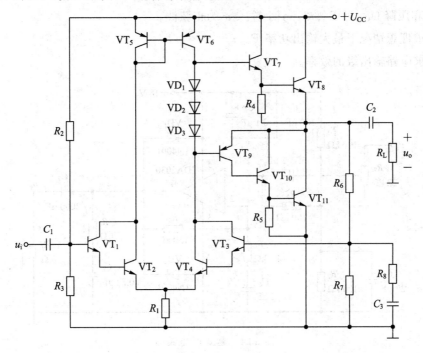

图 3.19　题 3.12 电路图

3.13　电路如图 3.20 所示，已知 VT_1 和 VT_2 的饱和管压降 $|U_{CES}| = 2\,V$，直流功耗可忽略不计；集成运放为理想运放。回答下列问题，试求这时：

（1）VD_1 和 VD_2 的作用是什么？

（2）负载上可能获得的最大输出功率 P_{om} 和电路的转换效率各为多少？

（3）VT_1 和 VT_2 的三个极限参数 I_{CM}、$U_{(BR)CEO}$、P_{CM} 至少应选多少？

（4）电路中应引入哪种组态的交流负反馈？其电压放大倍数 $A_u = ?$

（5）若 $u_i = 2\sin\omega t$，则此时电路的输出功率 $P_o = ?$

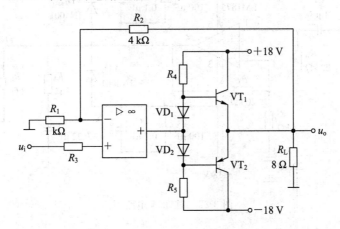

图 3.20　题 3.13 电路图

3.14　图 3.21 所示是集成功率放大器 TDA2030 的一种实用电路,假定其输出级三极管的饱和压降 U_{CES} 可以忽略不计,输入 u_i 为正弦波。

（1）求理想情况下最大输出功率 P_{om}；

（2）求电路输出级的效率。

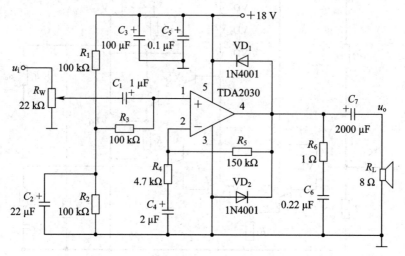

图 3.21　题 3.14 电路图

3.15　图 3.22 所示是集成功率放大器 LM1875 的一种实用电路,假定其输出级三极管的饱和压降 $U_{CES} = 3$ V,输入 u_i 为正弦波。

（1）求电压放大倍数 A_u；

（2）求理想情况下最大输出功率 P_{om}；

（3）求电路输出级的效率。

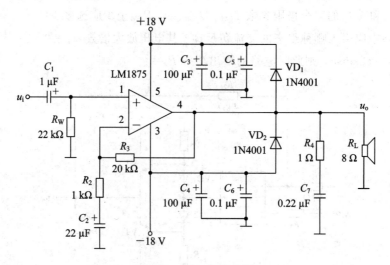

图 3.22　题 3.15 电路图

第 4 章　集成运算放大器电路

内容提要：集成运算放大器电路(简称集成运放)是一种集成形式的直接耦合多级放大电路，一般由输入级、中间级、输出级和偏置电路组成。

集成运放输入级的主要结构形式为差动放大电路，利用其结构的对称性可增加对温漂的抑制能力；电流源电路是构成偏置电路的主要形式，基本的电流源有镜像电流源、改进电路微电流源和多路电流源等形式。

学习提示：在理解电流源电路和差动放大电路的电路结构与工作原理的基础上，重点熟悉集成运放的主要参数，并理解集成运放的工作区域及工作特点。

§4.1　概　　述

集成电路是采用半导体集成工艺，把晶体管(或场效应管)、电阻及连线制作在一块硅片上，形成的具有特定功能的独立电子线路。与分立元件电子线路相比，集成电路器件具有可靠性高、体积小、耗电少、使用方便等优点。因此在各种电子系统中，集成电路获得了广泛的应用。

4.1.1　集成运算放大器的电路组成

集成运算放大器是指具有高放大倍数、高输入电阻、低输出电阻的多级直接耦合放大电路的集成化，习惯上称为集成运放。集成运放作为较早发展起来的模拟集成电路之一，其种类较多，但其电路结构具有一定的共性，其内部电路一般可分为四个组成部分，即输入级、中间级、输出级及偏置电路，其结构框图和电路符号如图 4.1 所示。在图 4.1 中有两个输入端、一个输出端，其中 u_P、u_N、u_O 均以"地"为公共端。

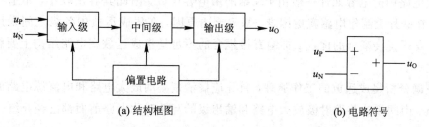

(a) 结构框图　　　　　　　　　　　　　　　(b) 电路符号

图 4.1　集成运算放大器的结构框图及电路符号

1. 输入级

集成运放对输入级的要求是：输入电阻高、静态电流小、具有一定的电压放大能力及抑制零点漂移的能力，因此，集成运放通常采用差动放大电路作为输入级。通常输入级性能的好坏对集成运算放大器的性能起着决定性的作用。

2. 中间级

集成运放对中间级的要求是能提供较大的电压放大倍数，集成运放的放大主要是通过中间级来实现的，因此中间级一般采用具有有源负载的共发射极或共源极放大电路。

3. 输出级

集成运放输出级要具有一定的输出功率去推动负载，因此要求输出电阻小、带负载能力强，输出级常采用的电路结构是射极跟随器或互补对称电路。

4. 偏置电路

偏置电路用于合理设置集成运算放大器各级放大电路的静态工作点，以便不失真地放大输入信号。集成运放常采用电流源作为偏置电路。

4.1.2　集成运算放大器的电路结构特点

集成运算放大器由于受集成电路制造工艺的制约，其电路结构形式具有下述特点：

（1）用有源器件代替无源器件。

集成电路中的电阻元件是由硅半导体的体电阻构成的，电阻值的范围一般为数十欧～数百千欧，阻值范围较小，且电阻值的精度不易控制，误差较大。因此，当需要较大阻值的电阻时，多采用有源器件作为有源负载来代替电阻。

（2）用晶体管代替二极管。

为了简化集成电路的制作工艺，在用到二极管的地方，多采用晶体管的发射结来代替。

（3）电路结构与元件参数具有对称性。

由于集成电路中各元件采用相同的工艺过程制作在同一硅片上，虽然元件参数的精度较低，但其参数的一致性较好，容易制作两个特性相同的管子或阻值相等的电阻。它们受环境温度或干扰的影响后的变化也相同，这对提高电路的某些性能是有利的。因此，在电路结构上常采用对称的电路形式。

（4）集成运放各级电路之间采用直接耦合方式。

集成电路中的电容元件一般由 PN 结的结电容构成，因此其容量较小，不适合用作耦合电容；在硅片上制作电感就更困难。基于上述原因，在集成运放中各级之间采用直接耦合方式。发挥直接耦合的优点、抑制直接耦合的不足是集成运放在电路结构上要解决的主要问题之一。

要正确分析集成运放的工作原理，首先应搞清楚差动放大电路和电流源电路的工作原理和特点。中间级的共发射极放大电路和输出级的互补对称电路前面都已经介绍。

§4.2　差动放大电路

在集成运放中，为了便于集成化，多级放大电路之间采用直接耦合的方式。但是直接耦合方式有一个明显的缺点，即当外界环境因素(特别是温度)改变引起前级的静态工作点变化时，这种变化将被逐级放大，从而造成输出端电压的变化，即所谓的零点漂移，简称为温漂。而采用具有对称结构的差动放大电路是抑制零点漂移的有效途径之一。

4.2.1　基本差动放大电路

1. 电路组成

基本差动放大电路如图 4.2 所示。设 VT_1、VT_2 的特性完全相同，左右两边的电路参数完全对称，从单边来看，各为一个共发射极放大电路。输入信号分别由两个基极回路加入，输出信号取自两个晶体管的集电极。

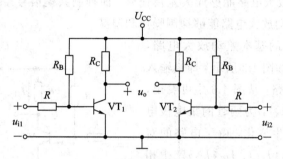

图 4.2　基本差动放大电路

为了描述差动放大电路对不同输入信号的放大能力，在差动放大电路的分析中，引入了差模输入信号和共模输入信号的概念。所谓差模输入信号是指差动放大电路两边加入的绝对值相等、极性相反的输入电压。在一般情况下，差模输入电压 u_{id} 的定义为

$$u_{id} = u_{i1} - u_{i2} \tag{4.1}$$

共模输入信号是指差动放大电路两边加入的大小相等、极性相同的输入电压。共模输入电压 u_{ic} 的定义为

$$u_{ic} = \frac{1}{2}(u_{i1} + u_{i2}) \tag{4.2}$$

2. 差动放大电路的主要性能指标

由于其电路结构的特殊性，描述差动放大电路的主要性能指标与前面所讨论的放大电路的主要性能指标有一定的区别。和差模输入电压 u_{id}、共模输入电压 u_{ic} 相对应的有差模输出电压 u_{od}、共模输出电压 u_{oc}，由此引出下述性能指标的定义：

(1) 差模电压放大倍数 A_{ud}：

$$A_{ud} = \frac{u_{od}}{u_{id}} \tag{4.3}$$

(2) 共模电压放大倍数 A_{uc}：

$$A_{uc} = \frac{u_{oc}}{u_{ic}} \tag{4.4}$$

(3) 共模抑制比 K_{CMR}：

$$K_{\mathrm{CMR}} = \left| \frac{A_{ud}}{A_{uc}} \right| \qquad (4.5)$$

差动放大电路的输出为

$$u_{\mathrm{o}} = u_{\mathrm{od}} + u_{\mathrm{oc}} = A_{ud} u_{\mathrm{id}} + A_{uc} u_{\mathrm{ic}} \qquad (4.6)$$

要抑制共模输出，就必须要使得共模放大倍数为零。

差动放大电路的其他性能指标如输入、输出电阻等将结合具体电路分析介绍。

3. 抑制零点漂移的工作原理

差动放大电路的一个重要特点是：对于加到两输入端大小相等、极性相反的差模信号具有较强的放大能力，而对于加到两输入端大小相等、极性相同的共模信号的放大能力很弱。也就是说，差动放大电路能够放大差模信号，而抑制共模信号。由于噪声和温漂等效于共模信号，因此差动放大电路能够抑制噪声和温漂。

对如图 4.2 所示的基本差动放大电路，做出它的直流通路，如图 4.3 所示，即当输入信号为零时的等效电路。从图 4.3 中可看出，输出信号 $u_{\mathrm{o}} = U_{\mathrm{C1}} - U_{\mathrm{C2}}$，为两管的集电极电位差。若环境温度发生变化，由于电路的对称性，温度变化使 $I_{\mathrm{B1}}(I_{\mathrm{C1}})$、$I_{\mathrm{B2}}(I_{\mathrm{C2}})$ 产生相同的增量，此时两管集电极电压的增量也相同，则输出量为两者之差。由此可见，无论环境温度如何变化，输出电压保持零值不变。

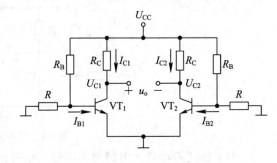

图 4.3 直流通路

在差动放大电路中，环境温度的变化会影响到每个晶体管，但电路利用其对称性，使其对输出所产生的影响相互抵消，因此，电路的对称性是其抑制零点漂移的关键。输入信号加在两管的基极，相位相反。因此对 $\mathrm{VT_1}$、$\mathrm{VT_2}$ 所产生的基极电流也是极性相反的。譬如，若 u_{i} 增大，则引起 i_{B1}、i_{C1} 增加，u_{C1} 减小；i_{B2}、i_{C2} 减小，u_{C2} 增加，$u_{\mathrm{C1}} \neq u_{\mathrm{C2}}$，输出电压 $u_{\mathrm{o}} = u_{\mathrm{C1}} - u_{\mathrm{C2}} \neq 0$。在放大电路的线性工作区内，输出电压随着输入电压按一定的比例变化。因此，图 4.2 所示电路不仅可以抑制零点漂移，而且可以对正常的输入信号进行放大。

4.2.2　长尾式差动放大电路

在基本差动放大电路中，利用电路结构的对称性可有效地抑制温漂，若电路结构不满足对称性，则对温漂的抑制能力就会降低。在实际中，由于元器件参数的分散性以及输出形式的限制，电路很难做到两边完全对称。因此常在其发射极电路中加一个电阻 R_{E}，用来提高基本差动放大电路抑制温漂的能力，这就形成了所谓的长尾式差动放大电路，如图 4.4 所示。

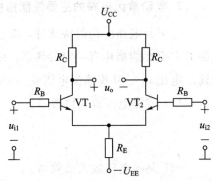

图 4.4 长尾式差动放大电路

1. 静态分析

当 $u_{i1} = u_{i2} = 0$ 时，长尾式差动放大电路处于静态，输入信号为零，其等效电路如图4.5所示。由图4.5可得：

$$I_{E1} + I_{E2} = I_{RE} \tag{4.7}$$

考虑到电路的对称性有：$\beta_1 = \beta_2 = \beta$，$U_{BE1} = U_{BE2} = U_{BEQ}$，$I_{B1} = I_{B2} = I_{BQ}$，$I_{E1} = I_{E2} = I_{EQ}$，$I_{C1} = I_{C2} = I_{CQ}$。从左边输入点出发到发射极电源，根据 KVL 有

$$I_B R_B + U_{BEQ} + I_{RE} R_E = U_{EE} \tag{4.8}$$

结合上面的公式可得

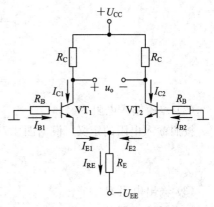

图 4.5　静态分析等效电路

$$I_{RE} = \frac{U_{EE} - U_{BEQ}}{R_E + \dfrac{R_B}{2(1+\beta)}} \approx \frac{U_{EE} - U_{BEQ}}{R_E} \tag{4.9}$$

$$I_{CQ} \approx I_{EQ} = \frac{1}{2} I_{RE} \tag{4.10}$$

$$U_{CEQ} = U_C - U_E = U_{CC} - I_{CQ} R_C + (R_B I_{BQ} + U_{BEQ}) \approx U_{CC} - I_{CQ} R_C + U_{BEQ} \tag{4.11}$$

$$u_o = U_{CEQ1} - U_{CEQ2} = 0 \tag{4.12}$$

在上述计算中，忽略了 I_B 在 R_B 上的压降。

2. 动态分析

在差动放大电路中，由于差模输入信号和共模输入信号对电路的作用效果不同，因此，可分别分析。

1）差模动态分析

（1）差模电压放大倍数 A_{ud}。

在差模信号 u_{id} 的作用下，加在两个输入端的信号大小相等、极性相反，由于电路左右两边对称，因此两晶体管发射极电流的增量绝对值相等、方向相反，也就是在中心位置存在零电位点。这样，发射极电阻 R_E 的电流增量为零，在交流通路中被直接短路。当在两个管子的集电极之间接入负载电阻 R_L 时，由于两个管子集电极电压的变化方向相反但绝对值相等，电阻 R_L 的中点电位保持不变即等效交流接地。对于单边电路，其等效负载电阻 $R_L' = R_C /\!/ \dfrac{R_L}{2}$。因此可作出长尾式差动放大电路的差模等效电路，如图 4.6 所示。

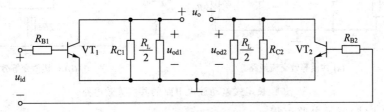

图 4.6　差模输入交流等效电路

进一步作出微变等效电路，如图 4.7 所示，考虑到电路的对称性，有 $r_{be1} = r_{be2} = r_{be}$，可得

$$u_{od} = -2\beta i_b \left(R_C \mathbin{/\!/} \frac{R_L}{2} \right) \tag{4.13}$$

$$u_{id} = 2i_b (R_B + r_{be}) \tag{4.14}$$

$$A_{ud} = \frac{u_{od}}{u_{id}} = -\frac{\beta R_L'}{R_B + r_{be}} \tag{4.15}$$

（2）差模输入电阻 R_{id}。

按照输入电阻的定义，根据图 4.7 可求出差模输入电阻。分析图 4.7 可见：

$$R_{id} = \frac{u_{id}}{i_i} = 2(R_B + r_{be}) \tag{4.16}$$

（3）输出电阻 R_o。

按照输出电阻的定义，可作出其等效电路，如图 4.8 所示。由图 4.8 分析可见：

$$R_o = 2R_C \tag{4.17}$$

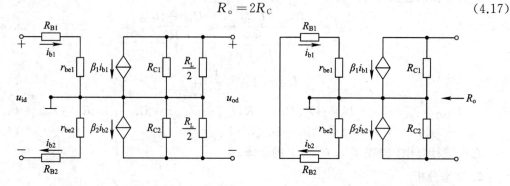

图 4.7　差模输入微变等效电路　　　　　图 4.8　求输出电阻的等效电路

2）共模动态分析

差动放大电路在输入共模电压时，$u_{i1} = u_{i2} = u_{ic}$，由于电路两边所加电压大小相等、极性相同，因此，在共模输入电压的作用下，两管电流的增量相同。这样流过电阻 R_E 的电流增量是单管电流增量的 2 倍。每个晶体管发射极到地之间的电压为 $2I_E R_E$，可作出长尾式差动放大电路的共模等效电路，如图 4.9(a) 所示。由于电路两边完全对称，两边输入端的信号完全相同，因此两边电路完全等效，现作出其单边的微变等效电路，如图 4.9(b) 所示。

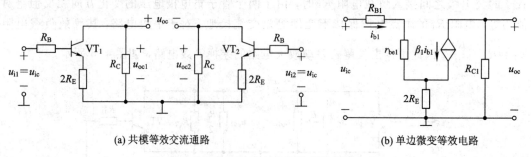

(a) 共模等效交流通路　　　　　　　　　(b) 单边微变等效电路

图 4.9　长尾式差动放大电路的共模等效电路

分析图 4.9(b)所示电路可得

$$u_{oc1} = u_{oc2} = -\frac{\beta R_C}{R_B + r_{be} + (1+\beta)2R_E} u_{ic} \tag{4.18}$$

由式(4.18)可见，当共模输入电压一定时，由于 R_E 的存在，单边输出共模电压将明显减小。因为双端输出时有

$$u_{oc} = u_{oc1} - u_{oc2}$$

所以，在电路理想对称的条件下，$u_{oc}=0$，即

$$A_{uc} = \frac{u_{oc}}{u_{ic}} = 0 \tag{4.19}$$

在实际中，可以近似认为温度变化对差动放大电路中两个晶体管的影响是相同的，因此，温度变化对差动放大电路的影响可等效为在电路中输入了共模电压。共模放大倍数为 0，说明电路对温漂有较强的抑制作用。

但是在单端输出时，由于电路输出回路的对称性被破坏，因此对共模信号具有一定的放大能力，但是只要增大电阻 R_E，也可以有效地抑制共模信号。

3）共模抑制比 K_{CMR}

在电路理想对称的条件下，因为 $A_{uc}=0$，所以 $K_{CMR}=\left|\dfrac{A_{ud}}{A_{uc}}\right|$ 为无穷大。

4.2.3　差动放大电路的改进形式

1. 具有恒流源的差动放大电路

在分析共模放大倍数时，由于 R_E 的存在，单边输出共模电压明显减小，即增大 R_E 对抑制共模信号有利。实际中，为了维持一定的静态工作点，增大 R_E 必然要求电源电压值的增加，而电源电压增大受到多种因素的制约。为了解决这一矛盾，常采用恒流源代替长尾式差动放大电路中的电阻 R_E，由此得到的电路如图 4.10 所示。图中 R_1、R_2、R_3 和 VT_3 组成了恒流源电路。

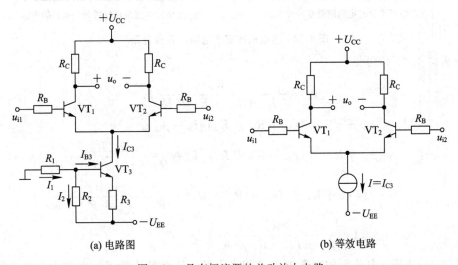

(a) 电路图　　　　　　　　(b) 等效电路

图 4.10　具有恒流源的差动放大电路

2. 单管电流源电路分析

1）电路结构形式

在发射极上所连接的电路是一个电流源电路，电流源电路的形式较多，由一个晶体管

和相应电阻组成的电流源电路是其最简单的电路形式。单
管电流源电路如图 4.11 所示，它类似于分压式偏置放大电
路的直流通路。

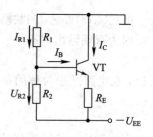

图 4.11　单管电流源电路

2）工作原理分析

对于如图 4.11 所示电路，当合理选择电路参数，使
$I_{R1} \gg I_B$ 时，电阻 R_2 上的电压 U_{R2} 可利用电阻 R_1、R_2 的分
压进行计算，即

$$U_{R2} \approx \frac{R_2}{R_1 + R_2} U_{EE} \tag{4.20}$$

晶体管发射极电流 I_E 为

$$I_E = \frac{U_{R2} - U_{BE}}{R_E} \approx \frac{1}{R_E}\left(\frac{R_2}{R_1 + R_2} U_{EE} - U_{BE}\right) \tag{4.21}$$

可见，当电路参数选定之后，电流 I_E 为恒定值。因为 $I_C \approx I_E$，所以 I_C 也为恒定值。从
晶体管集电极来看，电路可等效为一个电流源。电流源的动态电阻可由图 4.12 所示等效电
路求出。

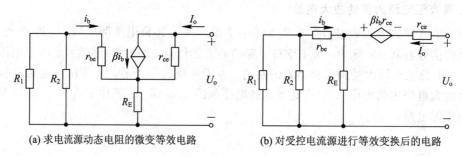

(a) 求电流源动态电阻的微变等效电路　　　　　(b) 对受控电流源进行等效变换后的电路

图 4.12　求电流源动态电阻的等效电路

分析图 4.12(b) 可见

$$i_b = -\frac{R_E}{R_E + r_{be} + R_1 /\!/ R_2} I_o \tag{4.22}$$

$$U_o = [r_{ce} + R_E /\!/ (r_{be} + R_1 /\!/ R_2)] I_o - \beta i_b r_{ce}$$

$$= [r_{ce} + R_E /\!/ (r_{be} + R_1 /\!/ R_2)] I_o + \frac{\beta r_{ce} R_E}{R_E + r_{be} + R_1 /\!/ R_2} \tag{4.23}$$

$$r_o = \frac{U_o}{I_o} = r_{ce} + R_E /\!/ (r_{be} + R_1 /\!/ R_2) + \frac{\beta r_{ce} R_E}{R_E + r_{be} + R_1 /\!/ R_2}$$

$$\approx r_{ce}\left(1 + \frac{\beta R_E}{R_E + r_{be} + R_1 /\!/ R_2}\right) \tag{4.24}$$

式 (4.24) 表明，电流源的动态电阻是相当大的。只要晶体管工作在放大状态，图 4.11
所示电路就是一个较为理想的恒流源电路。

在长尾式差动放大电路中，若发射极所接电路满足上述单管电流源电路的要求，则
I_{C3} 基本上不受温度变化的影响。因此可以认为 I_{C3} 为恒定电流，VT_1、VT_2 的发射极所接电
路可以等效成一个恒流源，且 VT_1 及 VT_2 的发射极静态电流为

$$I_{EQ1} = I_{EQ2} = \frac{1}{2}I_{C2}$$

恒流源的等效内阻很大，可认为在 VT_1 和 VT_2 的发射极接入一个阻值为无穷大的电阻 R_E，因此使电路的 $A_{uc} = 0$，$K_{CMR} = \infty$。

3. 具有调零功能的差动放大电路

差动放大电路在参数理想对称的情况下，当 $u_{i1} = u_{i2} = 0$ 时，$u_o = u_{C1} - u_{C2} = 0$。而实际上，电路的两边可能不对称，使得零输入（静态）时输出电压 $u_o = u_{C1} - u_{C2}$ 不等于零，通常将这种现象称为差动放大电路的失调现象。消除失调现象的常用方法是在差动放大电路中增加调零电路。

图 4.13 所示为两种常用的调零电路。图（a）为发射极调零电路，调零电位器 R_W 接在两管发射极之间。图（b）为集电极调零电路，调零电位器 R_W 接在正电源端。调节调零电位器 R_W，改变 VT_1 和 VT_2 的发射极电阻（图 a）或集电极电阻（图 b），可使静态工作时输出电压为零。必须指出的是：差动放大电路的调零不可能跟踪温度的变化，因而不能消除温漂，它只能消除失调。

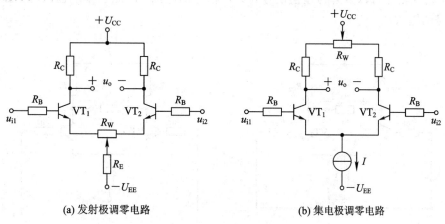

(a) 发射极调零电路　　　　　　　　(b) 集电极调零电路

图 4.13　两种常用的调零电路

4.2.4　差动放大电路的电压传输特性

差动放大电路的差模输出电压与差模输入电压之间的关系曲线称为其电压传输特性，即 $u_{od} = f(u_{id})$。

根据实验室的测定，绘制出关系曲线如图 4.14 所示。由图可见：当输入信号在零点的一定范围内时，输入和输出呈现线性放大关系，$u_{od} = A_{ud} u_{id}$，其斜率为电路的差模电压放大倍数 A_{ud}。当输入电压幅值较大时，输出电压就会产生失真。若再加大 u_{id}，则 u_{od} 将趋于不变，其数值的大小取决于电源电压 U_{CC}。

实验及分析均表明，在静态工作点附近，当 $|u_{id}| < U_T$ 时，u_{od} 与 u_{id} 的关系是线性的，其斜率是差模放大倍数，这是差动放大电路的线性工作区。当 $|u_{id}| > 4U_T$

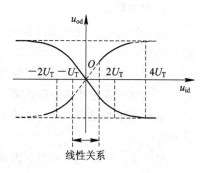

图 4.14　差动放大电路电压传输特性

时，传输特性曲线出现明显的弯曲，而后趋于水平，这说明差动放大电路在大信号输入时具有良好的限幅特性。

4.2.5　差动放大电路的结构形式

在图 4.2 中，差动放大电路有两个输入端和两个输出端，在实际应用中，根据输入端和输出端接地情况的不同，共可形成以下四种方式：

(1) 双端输入，双端输出；

(2) 双端输入，单端输出；

(3) 单端输入，双端输出；

(4) 单端输入，单端输出。

下面通过举例分别介绍单端输入和单端输出电路的特点。

1. 单端输入

如图 4.15 所示，电路在单端输入时，可以将输入信号等效为双端输入。从等效图中可以看出，输入信号可以分解为差模信号和共模信号的叠加。因此在单端输入时，必然会有共模信号的输入。

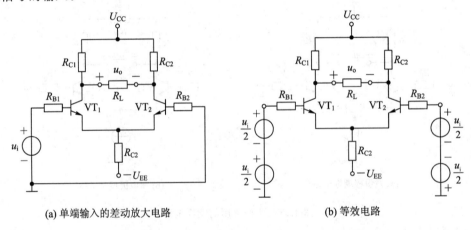

(a) 单端输入的差动放大电路　　　　　　　(b) 等效电路

图 4.15　单端输入的差动放大电路及其等效电路

单端输入可以等效为双端输入，因此单端输入分析的方法和双端输入相同，即分别进行差模分析和共模分析。

2. 单端输出

输出形式包含双端输出和单端输出，双端输出的分析前面已经介绍过，下面分析单端输出形式。

在信号单端输出并且带负载的情况下，信号输出的一侧形成了两个输出回路，静态分析存在困难，需要对其进行处理，如图 4.16(a)所示。

根据戴维南定理，对差动放大电路带负载的一侧输出回路作静态等效电路，如图 4.16(b)所示。

由于输入回路仍然对称，因此输入的静态量两边相等。但是对于输出回路，两管的集电极电位不再相等。

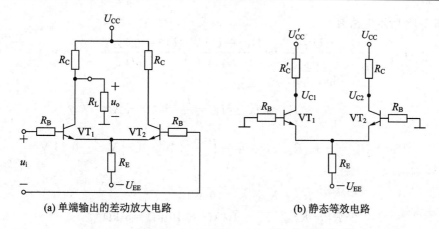

(a) 单端输出的差动放大电路　　　　　(b) 静态等效电路

图 4.16　单端输出的差动放大电路及其静态等效电路

【例 4.1】 一双端输入单端输出差动放大电路如图 4.17 所示，已知 VT1 与 VT2 的特性完全相同，$\beta_1 = \beta_2 = \beta = 50$，$U_{BE} = 0.7$ V，$R_C = R_B = 10$ kΩ，$R_L = 10$ kΩ，$R_E = 7$ kΩ，$U_{CC} = U_{EE} = 12$ V。试分析：

（1）电路的静态工作电流 I_{CQ1}、I_{CQ2} 及电压 U_{CEQ1}、U_{CEQ2}；

（2）差模电压放大倍数、差模输入电阻、输出电阻、共模电压放大倍数、共模抑制比；

（3）由分析结果归纳电路的特点。

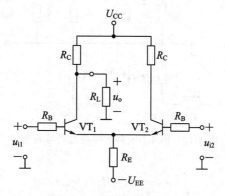

图 4.17　例 4.1 电路图

解　（1）根据戴维南定理，作直流通路如图 4.18 所示，分析静态工作点。

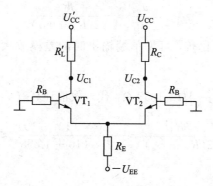

图 4.18　例 4.1 电路的直流通路

由图 4.18 所示电路有

$$I_{RE} = \frac{U_{EE} - U_{BEQ}}{R_E + \dfrac{R_B}{2(1+\beta)}} \approx \frac{U_{EE} - U_{BEQ}}{R_E} = \frac{(12-0.7)\ \text{V}}{7\ \text{k}\Omega} \approx 1.6\ \text{mA} \tag{4.25}$$

$$I_{C1} = I_{C2} \approx I_{E1} = I_{E2} = \frac{I_{RE}}{2} = 0.8\ \text{mA}$$

$$U_{E1} = U_{E2} = -I_{B1}R_B - U_{BE} = -\left(\frac{0.8}{50} \times 10 + 0.7\right)\ \text{V} = -0.86\ \text{V}$$

$$U'_{CC} = \frac{R_L}{R_L + R_C}U_{CC} = \frac{10}{10+10} \times 12\ \text{V} = 6\ \text{V}$$

$$R'_L = R_L \,/\!/\, R_C = 10\ \text{k}\Omega \,/\!/\, 10\ \text{k}\Omega = 5\ \text{k}\Omega$$

$$U_{CE1} = U'_{CC} - I_{C1}R'_L - U_{E1} = (6 - 0.8 \times 5 + 0.86)\ \text{V} = 2.86\ \text{V}$$

$$U_{CE2} = U_{CC} - U_{E2} = (12 + 0.86)\ \text{V} = 12.86\ \text{V}$$

（2）动态参数分析。

由图 4.17 可知，其输入回路是对称的，在差模信号作用下发射极交流接地，可得其差模等效电路，如图 4.19 所示。

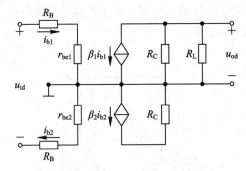

图 4.19　例 4.1 电路的差模微变等效电路

由图 4.19 分析可知

$$u_{id} = 2i_{b1}(R_B + r_{be})$$

$$u_{od} = -\beta i_{b1}(R_C \,/\!/\, R_L)$$

所以差模电压放大倍数为

$$A_{ud} = \frac{u_{od}}{u_{id}} = -\frac{\beta R'_L}{2(R_B + r_{be})} \tag{4.26}$$

将式（4.26）与式（4.15）比较，可见单端输出时的差模放大倍数是双端输出时的二分之一。

因为 $r_{be1} = \left(200 + 51 \times \dfrac{26}{0.8}\right)\Omega \approx 1858\ \Omega$，代入数值计算有

$$A_{ud} = -\frac{\beta R'_L}{2(R_B + r_{be})} = -\frac{50 \times (10 \,/\!/\, 10)}{2 \times (10 + 1.858)} \approx -10.54$$

差模输入电阻为

$$r_{id} = \frac{u_{id}}{i_{b1}} = 2(R_B + r_{be})$$

代入数值计算有

$$r_{id} = 2(R_B + r_{be}) = 2 \times (10 + 1.858)\ \text{k}\Omega = 23.716\ \text{k}\Omega$$

按输出电阻的定义,分析图 4.19 可得输出电阻为

$$r_o = R_C = 10\ \text{k}\Omega$$

在共模信号作用时由式(4.18)可得共模输出电压为

$$u_{oc} = -\beta i_{b1} R'_L = -\frac{\beta R'_L}{R_B + r_{be} + 2(1+\beta)R'_E} u_{ic}$$

共模放大倍数为

$$A_{uc} = \frac{u_{oc}}{u_{ic}} = -\frac{\beta R'_L}{R_B + r_{be} + 2(1+\beta)R_E}$$
$$= -\frac{50 \times 5}{10 + 1.858 + 2(1+50) \times 7} \approx 0.34 \tag{4.27}$$

共模抑制比为

$$K_{CMR} = \left| \frac{A_{ud}}{A_{uc}} \right| = \frac{R_B + r_{be} + 2(1+\beta)R_E}{2(R_B + r_{be})}$$
$$= \frac{10 + 1.858 + 2 \times 51 \times 7}{2 \times (10 + 1.858)} \approx 30.6 \tag{4.28}$$

由以上分析可以看出,由于射级电阻 R_E 的存在,单边输出共模电压明显减小,即增大 R_E 对抑制共模信号有利。实际中,用恒流源来替代长尾式差动放大电路中的电阻 R_E,通常情况下,可以认为在 VT_1 和 VT_2 的发射极接入了一个阻值无穷大的电阻 R_E,此时,电路的 $A_{uc} = 0$,$K_{CMR} = \infty$。

(3) 电路特点。

综上所述,差动放大电路工作在双端输入单端输出时,其差模放大倍数是双端输入双端输出的一半;单端输出时,其共模输出电压不能相互抵消,电路依靠恒流源提高对共模信号的抑制能力;单端输出时的输出电阻是双端输出的一半。

(4) 相位关系。

根据瞬时极性法判断各输入输出点的相位关系,当左端输入为正时,对于差模信号,右端输入相位为负。又由于共发射极放大电路的输出和输入反相,因此此时 A 端为负,B 端为正,如图 4.20 所示。

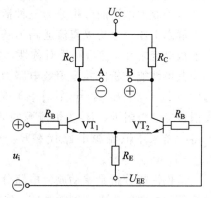

图 4.20　单端输出形式的相位关系

对于单端输出,从 A 点输出的放大倍数为负,从 B 点输出的放大倍数为正。

4.2.6　差动放大电路小结

差动放大电路与读者已经熟悉的各种放大电路的主要区别在于它有 2 个输入端、2 个输出端,它们的不同组合可以构成四种输入输出方式,各自的特点归纳如表 4.1 所示。

表 4.1　差动放大电路输入输出方式小结

输入输出方式	电路框图	A_{ud}	A_{uc}	CMRR	R_{id}	R_{od}
双端输入 双端输出	u_{id}：u_p、u_n → u_{o1}、u_{o2}（u_{od}）	$-\dfrac{\beta R_C}{R_B + r_{be}}$	近似为 0	很高	$2(R_B + r_{be})$	$2R_C$
双端输入 单端输出	u_{id}：u_p、u_n → u_{o1}、u_{o2}（u_{od}）	$-\dfrac{1}{2}\dfrac{\beta R_C}{R_B + r_{be}}$	很小	高	$2(R_B + r_{be})$	R_C
单端输入 双端输出	u_{id}：u_p、u_n → u_{o1}、u_{o2}（u_{od}）	$-\dfrac{\beta R_C}{R_B + r_{be}}$	近似为 0	很高	$2(R_B + r_{be})$	$2R_C$
单端输入 单端输出	u_{id}：u_p、u_n → u_{o1}、u_{o2}（u_{od}）	$-\dfrac{1}{2}\dfrac{\beta R_C}{R_B + r_{be}}$	很小	高	$2(R_B + r_{be})$	R_C

　　表 4.1 表明：差动放大电路的差模输入电阻与输入方式无关；输出电阻取决于输出方式，单端输出时的输出电阻是双端输出时输出电阻的二分之一；对共模信号的抑制能力，双端输出比单端输出强。

　　引入差动放大电路的主要目的是提高直接耦合放大电路的温度稳定性，解决其零点漂移问题。从表 4.1 所示的差模放大倍数可见，在双端输出条件下，其放大能力与单管共发射极放大电路类似。差动放大电路以牺牲放大能力换取对共模信号的抑制能力。

　　差动放大电路的分析分为三种情况：静态工作点分析、共模性能分析、差模性能分析。

　　静态工作点分析以直流通路为基础，常以发射极回路作为分析的着眼点，先求出两管发射极电流之和，然后利用对称性，分别求出 I_{C1}、I_{C2}、U_{CEQ1}、U_{CEQ2}。

　　共模性能分析以共模等效电路为依据，对于双端输出，考虑到电路的对称性，$u_{oc}=0$，因此，$A_{uc}=0$，$K_{CMR}=\infty$；对于单端输出，针对具有单管恒流源的差分放大电路，先求出发射极等效电阻 R'_E（R'_E 为恒流源的动态电阻），然后结合具体的共模等效电路分析 A_{uc} 和 K_{CMR}。若采用恒流源电路代替 R_E，则差分放大电路即使单端输出，也可以近似认为 $A_{uc}=0$，$K_{CMR}=\infty$。

　　差模性能分析是差动放大电路分析的重点，分析依据是差模等效电路，分析方法是由差模等效电路作出微变等效电路，然后分析求出相关差模性能指标。

　　差动放大电路主要用作集成运放的输入级，且集成运放的性能关键取决于输入级。因此，对差动放大电路特点的定性了解比定量分析更重要。

　　差动放大电路也可由场效应管组成。

§4.3　电流源电路

　　电流源电路是模拟电路中的基本单元电路形式之一，它不仅能够作为有源负载使用，而且被广泛地应用于集成运算放大电路中的偏置电路。因此了解电流源电路的电路形式、电流分配关系、电路特点，对于理解差动放大电路和集成运算放大电路的工作原理十分必要。

在介绍长尾式差动放大电路时，已经介绍了单管电流源电路。电流源电路的形式多种多样，下面介绍最常用的镜像电流源电路以及它的改进形式。

4.3.1　镜像电流源电路

1. 电路结构形式

镜像电流源电路的种类较多，在基本镜像电流源电路的基础上可构成各种改进型镜像电流源电路，如比例电流源电路、微电流源电路等。图 4.21 所示为基本镜像电流源电路。

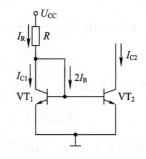

图 4.21　基本镜像电流源电路

2. 工作原理分析

由图 4.21 所示电路可见，若 VT_1 与 VT_2 的特性完全相同，且其发射结电压相等，则它们的基极电流和集电极电流均相等，即有

$$I_{B1} = I_{B2} = I_B$$
$$I_{C1} = I_{C2}$$

由于 VT_1 的 $U_{BE} = U_{CE}$，故 VT_1 处于临界放大状态(或临界饱和状态)，$I_{C1} = \beta I_{B1}$ 成立。依据电路的基本定律，并结合图 4.21 所示电路的连接关系有

$$I_R = \frac{U_{CC} - U_{BE}}{R} \tag{4.29}$$

$$I_R = I_{C1} + 2I_B = I_{C1} + 2\frac{I_{C1}}{\beta} = I_{C1}\left(1 + \frac{2}{\beta}\right) \tag{4.30}$$

若 $\beta \gg 2$，则 $I_R \approx I_{C1}$，所以输出电流 I_{C2} 为

$$I_{C2} = I_{C1} \approx I_R = \frac{U_{CC} - U_{BE}}{R} \tag{4.31}$$

习惯上称电流 I_R 为基准电流。当 I_R 由式(4.29)确定后，I_{C2} 也随之确定；若 I_R 改变，则 I_{C2} 也随之改变，这种关系类似镜像关系。所以，称图 4.21 所示电路为镜像电流源电路。

3. 电路特点

图 4.21 所示基本镜像电流源电路的主要优点是电路结构简单，并且具有一定的温度补偿作用。其不足之处是不能实现输出电流与基准电流之间的比例调节；对于确定的电源电压，当要求输出电流较小时，必须增大电阻 R 的数值，这在实际应用中并不容易实现。

4.3.2　比例电流源电路

1. 电路结构形式

为了实现输出电流与基准电流之间的比例调节，可对基本镜像电流源电路结构进行改进，其改进电路之一如图 4.22 所示。

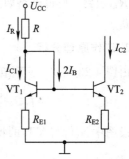

图 4.22　比例电流源电路

2. 工作原理分析

从图 4.22 所示比例电流源电路可见：

$$I_R \approx \frac{U_{CC} - U_{BE}}{R + R_{E1}}$$

$$U_{BE1} + I_{E1} R_{E1} = U_{BE2} + I_{E2} R_{E2} \tag{4.32}$$

参照 PN 结的电流方程式 $I = I_S(e^{\frac{u}{u_T}} - 1)$，发射结电压电流的关系可近似表示为

$$U_{BE} \approx U_T \ln \frac{I_E}{I_S}$$

代入式(4.32)整理有

$$U_{BE1} - U_{BE2} \approx U_T \ln \frac{I_{E1}}{I_{S1}} - U_T \ln \frac{I_{E2}}{I_{S2}} = U_T \ln \frac{I_{E1}}{I_{S1}} \frac{I_{S2}}{I_{E2}} \tag{4.33}$$

考虑到 VT_1 与 VT_2 的特性完全相同，则有 $I_{S1} = I_{S2}$。在室温下，若 I_{E1} 与 I_{E2} 相差在 10 倍以内，则式(4.33)满足下述关系：

$$|U_{BE1} - U_{BE2}| \approx \left| U_T \ln \frac{I_{E1}}{I_{E2}} \right| < U_T \ln 10 = 26 \times 2.3 \text{ mV} \approx 60 \text{ mV} \tag{4.34}$$

一般地，硅晶体管导通时，U_{BE} 为 $0.6 \sim 0.7$ V，考虑到式(4.34)，可以近似认为 $U_{BE1} \approx U_{BE2}$，则式(4.32)可近似表示为

$$I_{E1} R_{E1} \approx I_{E2} R_{E2}$$

当 $\beta \gg 1$ 时，有 $I_{E1} = I_{C1} \approx I_R$，$I_{E2} = I_{C2}$，则有

$$I_{C2} \approx \frac{R_{E1}}{R_{E2}} I_R \tag{4.35}$$

式(4.35)表明：在比例电流源中，改变两个管子发射极电阻的比值，可以调节输出电流 I_{C2} 与基准电流 I_R 的比例。

4.3.3 微电流源电路

1. 电路结构形式

在集成运放电路中，往往要求提供几十微安甚至更小电流值的电流源电路。当电源电压一定时，为了实现利用阻值较小的电阻而获得极小的输出电流 I_{C2}，可将比例电流源中的 R_{E1} 短路，所得电路如图 4.23 所示，此电路称为微电流源电路。

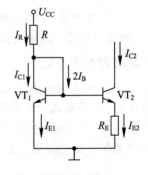

图 4.23 微电流源电路

2. 工作原理分析

由图 4.23 可见，VT_2 管的发射极电流为

$$I_{E2} = \frac{U_{BE1} - U_{BE2}}{R_E}$$

设图中 VT_1 与 VT_2 的特性完全相同，由式(4.33)有

$$U_{BE1} - U_{BE2} \approx U_T \ln \frac{I_{E1}}{I_{E2}}$$

当 $\beta \gg 1$ 时，有 $I_{E1} \approx I_R$，$I_{E2} \approx I_{C2}$，所以有

$$I_{C2} \approx I_{E2} \approx \frac{U_T}{R_E} \ln \frac{I_R}{I_{C2}} \tag{4.36}$$

在已知 R_E 的情况下，式(4.36)对 I_{C2} 而言是超越方程，可以通过图解法或累试法解出 I_{C2}。式中基准电流 I_R 为

$$I_R = \frac{U_{CC} - U_{BE}}{R}$$

3. 电路特点

微电流源电路的突出特点是利用较小阻值的电阻可获得微安级的电流源。譬如：当 $U_{CC} = 15\ \text{V}$ 时，若要求 $I_R = 1\ \text{mA}$，$I_{C2} = 20\ \mu\text{A}$，则选取 $R \approx 15\ \text{k}\Omega$、$R_E \approx 5\ \text{k}\Omega$ 即可。

4.3.4　改进型电流源电路

在上述几种电流源电路的分析过程中，几乎都假定 $\beta \gg 1$，即忽略了基极电流对基准电流和输出电流的影响。当 β 值较小时，前述分析结论的近似程度将降低。晶体管在小电流下工作时，其电流放大能力下降。因此，有必要考虑改进上述电路形式，以提高电流源输出电流的精度。

改进的措施之一是在镜像电流源电路中增加射极输出器，改进后的电路如图 4.24 所示。图中在 VT_3 管的发射极与地之间接入电阻 R_{E3}，其目的是增大 VT_3 管的工作电流，以保证 VT_3 有较大的电流放大能力，使 I_{C1} 更接近基准电流 I_R 的值。

常见的改进型电流源电路还有威尔逊电流源，其电路形式如图 4.25 所示。

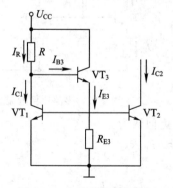

图 4.24　改进型镜像电流源

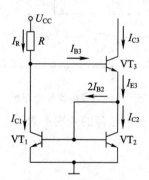

图 4.25　威尔逊电流源

假设 VT_1、VT_2、VT_3 管的特性完全相同，即 $\beta_1 = \beta_2 = \beta_3 = \beta$，由图 4.25 所示电路分析可知：

$$I_R = \frac{U_{CC} - 2U_{BE}}{R} = I_{C1} + I_{B3}$$

$$I_{C1} = I_{C2}$$

$$I_{E3} = I_{C2} + 2I_{B2} = I_{C2} + \frac{2I_{C2}}{\beta}$$

求解以上各式可得

$$I_{C3} = \left(1 - \frac{2}{2 + 2\beta + \beta^2}\right) I_R$$

由上式可见，I_{C3} 更接近 I_R 的值。

4.3.5 多路电流源电路

在实际电路中，往往需要多路电流源分别提供合适的偏置电流。这时可利用一个基准电流来获得多个不同的输出电流，以适应不同的需要，其工作原理事实上是上述相应电路的推广。

图 4.26 所示电路是基于镜像电流源的多路电流源电路之一。图中 I_R 为基准电流，I_{C2}、I_{C3}、I_{C4} 为三路输出电流，若各个晶体管的特性相同，则参照前述分析方法，可求出此电路的电流关系为

$$I_R = I_{C1} + \frac{4 I_{B1}}{1+\beta} = I_{C1} + \frac{4}{1+\beta}\frac{I_{C1}}{\beta} = I_{C1}\left[1 + \frac{4}{(1+\beta)\beta}\right]$$

$$I_{C2} = I_{C3} = I_{C4} = \frac{(1+\beta)\beta}{(1+\beta)\beta + 4} I_R \tag{4.37}$$

图 4.27 所示电路是基于比例电流源的多路电流源电路，图中 I_R 为基准电流，I_{C2}、I_{C3} 为两路输出电流，若各个晶体管的特性相同，则根据电路可得

$$U_{BE1} + I_{E1}R_{E1} = U_{BE2} + I_{E2}R_{E2} = U_{BE3} + I_{E3}R_{E3}$$

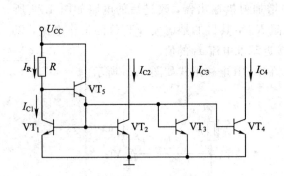

图 4.26　多路镜像电流源电路

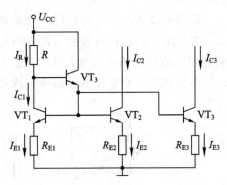

图 4.27　多路比例电流源电路

当各管发射极电流的差别不大于 10 倍时，可近似认为

$$I_{E1}R_{E1} \approx I_{E2}R_{E2} \approx I_{E3}R_{E3}$$

且

$$I_{E1} \approx I_R, \quad I_{E2} \approx I_{C2}, \quad I_{E3} \approx I_{C3}$$

则

$$I_R R_{E1} \approx I_{C2} R_{E2} \approx I_{C3} R_{E3}$$

当 I_R 确定后，只要选择合适的各级发射极电阻，即可得到所需要的输出电流。

图 4.28 所示是多集电极管形成的多路电流源电路。VT 通常为横向 PNP 型管，当 I_B 一定时，各集电极电流之比等于它们的集电区面积之比。设各集电区的面积分别为 S_1、S_2、S_3，则有

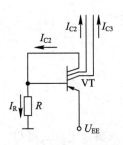

图 4.28　多集电极管构成的
多路电流源电路

$$\frac{I_{C1}}{S_1} = \frac{I_{C2}}{S_2} = \frac{I_{C3}}{S_3}$$

因此，当各集电区面积确定之后，其电流比亦确定。使用中可通过调节 R 值来调节 I_B 值。分析电路可得

$$I_B = \frac{U_{EE} - U_{BE}}{(1+\beta)R}$$

与晶体管电流源类似，场效应管也可组成各种电流源电路，用于场效应管集成放大电路中的偏置电路。有兴趣的读者可参阅相关文献。

电流源电路是集成运放的重要组成部分之一，其主要用途是提供必要的偏置电流。分析电流源电路的依据是 PN 结的电流方程和基尔霍夫电流定律，分析思路是参照电路的连接关系，先确定基准电流的表达式，进而求出输出电流与基准电流的关系。

§4.4　集成运算放大器

通过前述几节的学习，我们了解了集成运放的一般组成、电流源、差动放大电路等电路形式，它们奠定了分析具体集成运放电路的基础。集成运放电路种类较多，且内部电路比较复杂，对于多数使用者，重点在于了解集成运放的外特性。下面通过通用型集成运放 F007，来认识具体的通用型集成运放电路的电路结构。

4.4.1　通用型集成运放简介

F007 通用型集成运放电路如图 4.29 所示，它是早期的一个集成运放电路。F007 的电路由偏置电路、输入级、中间级、输出级四部分组成。下面分别分析各部分的作用与特点。

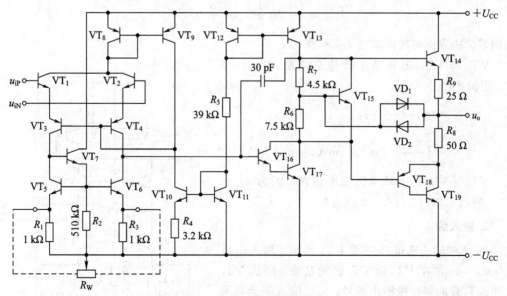

图 4.29　F007 的电路原理图

1. 偏置电路

F007 的偏置电路如图 4.30 所示，偏置电路由两部分形成：电流偏置电路和电压偏置电路。从图中可以看出，从 $+U_{CC}$ 经 VT_{12}、R_5 和 VT_{11} 到 $-U_{CC}$ 所构成回路的电流能够直接

估算出来，因而 R_5 中的电流为偏置电路的基准电流。

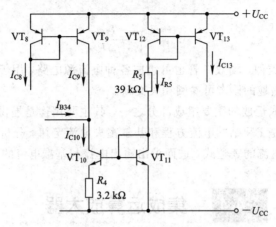

图 4.30　F007 的偏置电路

VT_{10} 与 VT_{11} 构成微电流源，而且 VT_{10} 的集电极电流 I_{C10} 等于 VT_9 管集电极电流 I_{C9} 与 VT_3、VT_4 的基极电流 I_{B34} 之和，即 $I_{C10}=I_{C9}+I_{B34}$；VT_8 与 VT_9 组成镜像电流源，为输入级提供静态电流；VT_{12} 与 VT_{13} 组成镜像电流源，作为中间放大级的有源负载。R_6、R_7 和 VT_{15} 组成的电路称为 U_{BE} 扩大电路，为输出级提供电压偏置。其分析估算如下：

流过 R_5 的电流作为基准电流，当 $U_{CC}=15$ V，$U_{BE(on)}=0.7$ V 时有

$$I_{R5}=\frac{2U_{CC}-2U_{BE(on)}}{R_5}=\frac{30-1.4}{39}\text{ mA}\approx 0.73\text{ mA}$$

VT_{10} 与 VT_{11} 构成微电流源，根据式(4.36)可得

$$I_{C10}\approx\frac{U_T}{R_4}\ln\frac{I_{R5}}{I_{C10}}\approx\frac{26}{3}\ln\frac{0.73}{I_{C10}}$$

利用累试法或图解法可求出 $I_{C10}\approx 28$ μA。

VT_{12} 与 VT_{13} 构成基本镜像电流源，当 $\beta=5$ 时，根据式(4.30)有

$$I_{C13}=I_{C12}=\frac{\beta}{\beta+2}I_{R5}$$

$$\approx\left(\frac{5}{5+2}\times 0.73\right)\text{ mA}\approx 0.52\text{ mA}$$

VT_8 与 VT_9 构成基本镜像电流源，因为 $I_{C9}=I_{C10}$，所以 $I_{C8}=I_{C9}\approx I_{C10}=28$ μA。

2. 输入级

F007 的输入级电路如图 4.31 所示，输入信号 $u_i=u_{iP}-u_{iN}$ 加在 VT_1 和 VT_2 管的基极，而从 VT_4 管与 VT_6 管的集电极输出信号，可见输入级是双端输入单端输出的差动放大电路，完成了整个电路对地输出的转换。VT_1 和 VT_2、VT_3 和 VT_4 管两两特性对称，构成共集-共基电路，从而提高了电路的输入电阻，并改善了频率特性。VT_1 和 VT_2 管为纵向

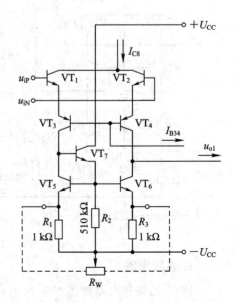

图 4.31　F007 的输入级电路

管时，β 值较大；VT_3 和 VT_4 管为横向管时，β 值较小但耐压高；VT_5、VT_6 与 VT_7 管构成的电流源电路作为差动放大电路的有源负载。因此输入级可承受较高的输入电压并有较强的放大能力。

　　VT_5、VT_6 与 VT_7 构成的电流源电路不仅可以作为输入级的有源负载，而且可以将 VT_3 管集电极动态电流转换为输出电流 Δi_{B16} 的一部分。由于电路的对称性，当差模信号输入时，$\Delta i_{C3} = -\Delta i_{C4}$，$\Delta i_{C5} \approx \Delta i_{C3}$（忽略 VT_7 管的基极电流），$\Delta i_{C5} = \Delta i_{C6}$（因为 $R_1 = R_3$），因而 $\Delta i_{C6} \approx -\Delta i_{C4}$，所以 $\Delta i_{B16} = \Delta i_{C4} - \Delta i_{C6} \approx 2\Delta i_{C4}$，输出电流变化量加倍，当然会使电压放大倍数增大。电流源电路还会对共模信号起抑制作用，当共模信号输入时，$\Delta i_{C3} = \Delta i_{C4}$；由于 $R_1 = R_3$，因而 $\Delta i_{C6} = \Delta i_{C5} \approx \Delta i_{C3}$（忽略 VT_7 管的基极电流），故 $\Delta i_{B16} = \Delta i_{C4} - \Delta i_{C6} \approx 0$，可见，共模信号基本不传递到下一级，提高了整个电路的共模抑制比。

　　综上所述，输入级是一个输入电阻大、输入端耐压高，对温漂和共模信号抑制能力强，有较大差模放大倍数的双端输入单端输出共集-共基组合型差动放大电路。

3. 中间级

　　F007 的中间级电路如图 4.32 所示，中间级是由 VT_{16} 与 VT_{17} 组成的复合管共发射极放大电路，由于以 VT_{13} 所形成的电流源作为有源负载，因而中间级具有较强的电压放大能力。

　　为了提高集成运放工作的稳定性，在中间放大级的输入与输出之间接入 30 pF 的补偿电容。根据密勒效应，此 30 pF 的电容可起到一个较大电容的补偿作用。

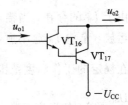

图 4.32　F007 的中间级电路

4. 输出级

　　F007 的输出级电路如图 4.33 所示，输出级是由 VT_{14} 和 VT_{18}、VT_{19} 组成的互补射极跟随器，其中 VT_{18}、VT_{19} 构成复合 PNP 型管。R_6、R_7 和 VT_{15} 构成 U_{BE} 倍增电路，为输出级设置合适的静态工作点，以消除交越失真。

　　电压偏置电路是由 R_6、R_7、VT_{15} 组成的 U_{BE} 倍增电路。由电路的连接关系可见，当 $I_{R7} \gg I_{B15}$ 时有

$$U_{R6} = U_{BE15} \approx \frac{R_6}{R_6 + R_7} U_{CE15}$$

$$U_{CE15} \approx \left(1 + \frac{R_7}{R_6}\right) U_{BE15} \qquad (4.38)$$

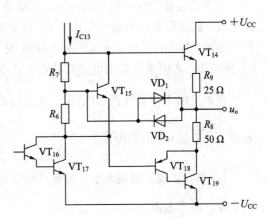

图 4.33　F007 的输出级电路

　　必要时，可通过调节 R_6、R_7 的比值，使 U_{CE15} 达到需要的值，而利用 U_{CE15} 为 VT_{14} 与 VT_{18} 提供偏置电压。

　　式(4.38)表明，U_{CE15} 与 U_{BE15} 呈比例关系，U_{BE} 倍增电路的名称即来源于此。在式(4.38)中代入 R_6、R_7，可得 $U_{CE15} = 1.6 U_{BE15}$。

　　VD_1、VD_2、R_8 和 R_9 组成输出级的过流保护电路。其工作原理是：在正常输出情况下，输出电流在 R_8、R_9 上的压降不足以使 VD_1、VD_2 导通，所以保护电路不工作。当输出电流

过大或输出不慎短路时，R_8、R_9上的电压增大，致使 VD_1、VD_2 导通，将 VT_{14}、VT_{18} 基极的部分驱动电流旁路，从而限制了输出电流的增大，起到保护作用。

4.4.2 主要技术指标及低频等效电路

由 F007 的电路组成可知，集成运算放大器的电路结构较为复杂，其主要技术指标是描述其外部特性的主要手段，因此必须清楚主要技术指标的含义。

（1）输入失调电流 I_{IO} 和输入失调电流温漂 $\dfrac{dI_{IO}}{dT}$。

对于 BJT 集成运放，当输入信号等于零时，输入差动电路的基极存在偏置电流 I_{BP}、I_{BN}，理论分析中认为电路对称，即 $I_{BP} = I_{BN}$。事实上，差动电路很难做到完全对称，因此，$I_{BP} \neq I_{BN}$。为了反映输入级差动电路偏置电流的不对称程度，引入了输入失调电流 I_{IO} 这一指标，定义如下：

$$I_{IO} = |I_{BP} - I_{BN}| \tag{4.39}$$

由于 I_{IO} 的存在，当输入电压等于零时，运放的输出电压将不等于零。对于一个具体的集成运放，希望 I_{IO} 愈小愈好。I_{IO} 的典型值为 1 nA～10 μA。

在规定的工作温度范围内，I_{IO} 随温度的平均变化率称为输入失调电流温漂，用 $\dfrac{dI_{IO}}{dT}$ 表示，$\dfrac{dI_{IO}}{dT}$ 是 I_{IO} 的温度系数。

（2）输入失调电压 U_{IO} 和输入失调电压温漂 $\dfrac{dU_{IO}}{dT}$。

当集成运放的输入信号为 0 时，其输出电压不一定为 0，此时的输出电压称为输出失调电压。欲使静态时的输出电压为 0，在集成运放的输入端所加的直流补偿电压称为输入失调电压，用 U_{IO} 表示。输入失调电压反映了集成运放输入差动电路参数的不对称程度。U_{IO} 值愈小，表明输入差动电路参数的对称性愈好。U_{IO} 的典型值为 $\pm1\sim\pm10$ mV。

在规定的工作温度范围内，U_{IO} 随温度的平均变化率称为输入失调电压温漂，用 $\dfrac{dU_{IO}}{dT}$ 表示。$\dfrac{dU_{IO}}{dT}$ 是 U_{IO} 的温度系数。

I_{IO} 和 U_{IO} 属于静态参数，可通过调零电路进行补偿。但 $\dfrac{dU_{IO}}{dT}$ 和 $\dfrac{dI_{IO}}{dT}$ 是随温度变化的，无法通过调零电路进行补偿。

（3）输入偏置电流 I_{IB}。

静态时，集成运放输入级的两个差动放大管的基极电流 I_{BP}、I_{BN} 的平均值称为输入偏置电流，用 I_{IB} 表示，即

$$I_{IB} = \frac{I_{BP} + I_{BN}}{2} \tag{4.40}$$

（4）开环差模电压放大倍数 A_{ud}。

在无反馈回路的条件下，运放输出电压与输入差模电压之比称为开环差模电压放大倍数，用 A_{ud} 表示，即

$$A_{ud} = \frac{u_o}{u_{id}}$$

（5）共模抑制比 K_{CMR}。

运放差模电压放大倍数与共模电压放大倍数之比的绝对值称为共模抑制比，用 K_{CMR} 表示，即

$$K_{CMR} = \left| \frac{A_{ud}}{A_{uc}} \right|$$

（6）差模输入电阻 r_{id}。

运放两个输入端之间的等效动态电阻称为差模输入电阻，用 r_{id} 表示。

（7）输出电阻 r_o。

从运放输出端和地之间看进去的动态等效电阻称为输出电阻，用 r_o 表示。

（8）带宽。

运放开环电压放大倍数下降到直流电压放大倍数的 $\frac{1}{\sqrt{2}}$ 时所对应的频带宽度称为运放的 3 dB 带宽，用 BW 表示。

运放开环电压放大倍数下降到 1 时所对应的频带宽度称为运放的单位增益带宽，用 BW_G 表示。

（9）输入电压范围。

当加在运放两个输入端之间的电压差超过某一数值时，输入级某一侧的晶体管将出现发射结反向击穿而不能工作，两个输入端之间能承受的最大电压差称为最大差模输入电压，用 $U_{Id\,max}$ 表示。

当运放输入端所加的共模电压超过某一数值时，运放不能正常工作，此最大电压值称为最大共模输入电压，用 $U_{Ic\,max}$ 表示。

（10）转换速率 S_R。

转换速率是指运放在额定输出电压下，输出电压的最大变化率，即

$$S_R = \left| \frac{du_o}{dt} \right|_{max} \tag{4.41}$$

此指标反映了集成运放对信号变化速度的适应能力。

集成运放的主要技术指标虽然较多，但在低频小信号下应用时，若仅分析对输入差模电压的放大作用（不考虑失调对电路的影响），则可用 A_{ud}、r_{id}、r_o 所反映的等效电路来描述集成运放，如图 4.34 所示。

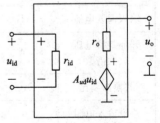

图 4.34　集成运放的低频等效电路

4.4.3　其他类型的集成运放

集成运放的种类较多，其分类方法也有各种形式。譬如，按工作原理分类，有电压放大型、电流放大型、跨导型、互阻型；按性能指标分类，有高阻型、高速型、高精度型、低功耗型、宽带型等（其特点与应用见表 4.2）。近年来，还出现了系统可编程模拟器件，例如 ispPAC10、ispPAC20、ispPAC80 等。

表 4.2　其他类型的集成运放

类型	主要结构特点	应用范围
高阻型	在输入差动电路中采用超 β($\beta=1000\sim5000$) 管，采用场效应管作输入级等	测量放大电路、采样保持放大电路等
高精度型	合理设计输入级的电路形式，精心安排对称的版图布局，采用激光微调技术对集电极电阻进行在线调整，采用自动校零技术等	精密检测、高精度稳压电源、自动化仪表等
宽带型	采用新型工艺并合理设计晶体管版图，选用频响好的组合电路，在电路中引入适当的负反馈等	快速 A/D、D/A 转换器，精密比较器等
低功耗型	采用外接偏置电阻，用有源负载代替高阻值的电阻等	遥测、生物医学、空间技术等设备中

为了对典型集成运放的技术指标有一个感性的认识，表 4.3 列出了部分集成运放的主要技术指标。

表 4.3　部分集成运放的主要技术指标

参数名称	参数符号	通用型 F007	高速型 F715	高精度型 OP-07A	高阻型 F081	低功耗型 F3078
输入失调电压	U_{IO}/mV	2	2	<0.025	6	0.7
U_{IO} 的温漂	$\dfrac{dU_{IO}}{dT}(\mu V/℃)$	20	—	<0.6	10	6
输入失调电流	I_{IO}/nA	100	70	<0.025	0.1	0.5
I_{IO} 的温漂	$\dfrac{dI_{IO}}{dT}/(\mu V/℃)$	1				0.07
输入偏置电流	I_{IB}/nA	200	400	<2	1	7
开环差模电压放大倍数	A_{ud}/dB	100	90	114	106	100
共模抑制比	K_{CMR}/dB	80	92	126	86	115
差模输入电阻	$r_{id}/\text{k}\Omega$	1000	1000		10^9	870
输入差模电压范围	U_{dm}/V	±30	±15	30	±30	±6
输入共模电压范围	U_{cm}/V	±12	±12	—	±12	±5.5
最大输出电压	U_{opp}/V	±12	±13	—	±12	±5.5
输出电阻	r_{o}/Ω	200	75	—	—	—
单位增益带宽	BW_{G}/MHz	1	65	0.6	3	—
转换速率	$S_{R}/(\text{V}/\mu s)$	0.5	100	0.17	13	1.5
电源电压	$\pm U_{cc}/\text{V}$	±12～±18	±15	—	±15	±6

§4.5　集成运放的分析方法

放大电路是模拟电子技术的核心内容，放大电路不仅可由分立元件组成，而且可由集成运放和相应的元件组成，其中最基本的电路形式是同相比例器和反相比例器。对于同相比例电路或反相比例电路，可以利用图 4.34 所示集成运放的低频等效电路进行分析。但实际上，通常是将集成运放的性能指标理想化，即将其看成理想运放进行分析更方便。

4.5.1　理想运放的条件与符号

在分析集成运算放大电路时，一般将它看成理想运算放大电路，理想化的条件主要是：

（1）开环差模电压放大倍数 $A_{ud} \rightarrow \infty$。

（2）差模输入电阻 $r_{id} \rightarrow \infty$。

（3）开环输出电阻 $r_o \rightarrow 0$。

（4）共模抑制比 $K_{CMR} \rightarrow \infty$。

根据上述理想化条件，可以认为，当集成运放工作在线性区时，只要集成运放的输出电压 u_o 为有限值，则差模输入电压（$u_{iP} - u_{iN}$）就必趋于零，即

$$u_{iP} - u_{iN} = \frac{u_o}{A_{ud}} \rightarrow 0$$

或

$$u_{iP} - u_{iN} \rightarrow 0 \tag{4.42}$$

通常将 u_{iP} 趋于 u_{iN} 这种情况称为"虚短"。同时，由于差模输入电阻趋于无穷大，因而流进集成运放输入端的电流也就必趋于零，即

$$i_i \rightarrow 0 \tag{4.43}$$

通常将 $i_i \rightarrow 0$ 这种情况称为"虚断"。

必须注意：式（4.42）和式（4.43）是满足理想化条件所表现出的极限性质，是集成运放应用电路能简化分析的两个基本假定。这里要注意两方面的问题：一是实际集成运放的差模放大倍数和输入电阻都很大，输出电阻很小，具备了理想化的条件；二是尽管实际运算放大器的技术指标与理想化条件存在差别，在分析时用理想运算放大器代替实际运放会引起误差，但这种误差在工程上是允许的，同时又能使分析过程大大简化，因而工程上常采用这种简化分析方法。

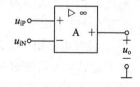

图 4.35　理想运算放大器的电路符号

理想运算放大器的电路符号如图 4.35 所示。

4.5.2　理想运放的工作条件

1. 工作在线性区

（1）必要条件：运放在电路中引入负反馈。

（2）运放满足"虚短"和"虚断"的特征。

2. 工作在非线性区

（1）必要条件：运放工作在开环状态或在电路中引入正反馈。

（2）运放的输出为正负饱和电压。

// 本章小结 //

本章以集成运放为主线，主要介绍了差动放大电路、电流源电路、集成运放的组成部分及主要参数，以及简单的应用电路等。

1. 差动放大电路

差动放大电路事实上是利用电路结构的对称性进行温度补偿，来提高电路抑制温漂的能力。长尾式电路及恒流源电路的引入进一步提高了差动放大电路的共模抑制能力。差动放大电路的主要技术指标有 A_{ud}、A_{uc}、K_{CMR} 等。

2. 电流源电路

电流源电路的基本形式是镜像电流源，当对输出电流的精度要求较高或要求输出微电流时，可采用各种改进型的电流源电路。

3. 集成运算放大器

集成运放是一种高性能的直接耦合放大电路，从外部看，可以等效成双端输入单端输出的差动放大电路。集成运放通常由输入级、中间级、输出级和偏置电路等四部分组成。输入级多采用差动放大电路；中间级为共发射极放大电路；输出级为互补对称射极跟随器；电流源电路不仅可作为偏置电路而且可作为有源负载，从而大大提高了运放的增益。

// 习 题 //

4.1 填空

（1）集成运算放大器一般由____1____、____2____、____3____和偏置电路四部分组成，1 常采用的电路结构是_____、2 一般采用_____电路、3 经常采用的电路结构是_____、偏置电路用于合理设置集成运算放大器各级放大电路的静态工作点。

（2）集成运算放大器的输入端采用差分放大电路的主要原因是_____。

（3）已知 $u_o = 1000u_{i1} - 999u_{i2}$，$A_{ud} =$ _____；$A_{uc} =$ _____。

（4）当差分放大电路两输入端电压为 $u_{i1} = 250$ mV，$u_{i2} = 150$ mV 时，$u_{id} =$ _____；$u_{ic} =$ _____。

（5）双端输出的理想差分放大电路，已知 $|A_{ud}| = 40$，$|A_{uc}| = 0$。若 $u_{i1} = 20$ mV，$u_{i2} = -5$ mV，则 $|u_o| =$ _____ mV。

4.2 已知一差动放大电路的输入、输出电压分别为：当 $u_{id} = 1$ mV 时，$u_o = 120$ mV；当 $u_{ic} = 1$ mV 时，$u_o = 20$ μV，试求其共模抑制比（以 dB 为单位）。

4.3 已知一集成运放的差模电压放大倍数为 6000，输入电压 $u_{i1} = 200$ μV，$u_{i2} = 140$ μV，

分别计算当共模抑制比为 200 和 100 000 时的输出电压。

4.4　电路如图 4.36 所示，已知 $\beta_1 = \beta_2 = 100$，$U_{BE} = 0.7$ V，$r_{be} = 2$ kΩ，$R_B = 1$ kΩ，$R_C = 10$ kΩ，$R_L = 5.1$ kΩ，$U_{CC} = U_{EE} = 12$ V。

(1) 为使 VT_1、VT_2 管的发射极静态电流均为 0.5 mA，R_E 的取值应为多少? U_{CEQ} 等于多少?

(2) 计算 A_{ud}、r_{id}、r_{od} 的值。

4.5　差分放大电路如图 4.37 所示，设 $\beta_1 = \beta_2 = \beta$，$r_{be1} = r_{be2} = r_{be}$，$R_{C1} = R_{C2} = R_C$，$R_{B1} = R_{B2} = R_B$，$R_W$ 的滑动端在 $1/2 R_W$ 处，写出这两种差分放大电路的 A_{ud}、r_{id}、r_{od}。

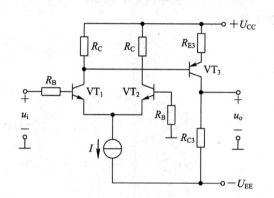

图 4.36　题 4.4 电路图

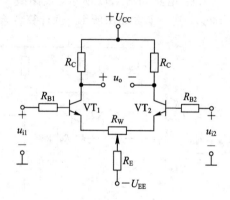

图 4.37　题 4.5 电路图

4.6　一双端输入单端输出差动放大电路如图 4.38 所示，已知 VT_1 与 VT_2 的特性完全相同，$\beta_1 = \beta_2 = \beta = 50$，$U_{BE} = 0.7$ V，$R_C = R_B = 10$ kΩ，$R_L = 10$ kΩ，$R_E = 7$ kΩ，$U_{CC} = U_{EE} = 12$ V，试分析:

(1) 电路的静态工作电流 I_{CQ1}、I_{CQ2} 及电压 U_{CEQ1}、U_{CEQ2};

(2) 差模电压放大倍数、差模输入电阻、输出电阻、共模电压放大倍数、共模抑制比。

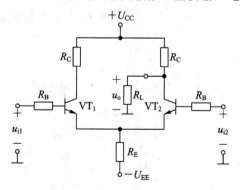

图 4.38　题 4.6 电路图

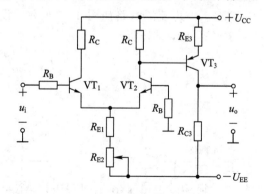

图 4.39　题 4.7 电路图

4.7　电路如图 4.39 所示，已知 $\beta_1 = \beta_2 = \beta_3 = 50$，$|U_{BE}| = 0.7$ V，$R_B = 1$ kΩ，$R_C = 10$ kΩ，$R_{E1} = 10$ kΩ，$R_{E3} = 3$ kΩ，$R_{C3} = 12$ kΩ，$U_{CC} = U_{EE} = 12$ V，当 $u_i = 0$ 时，$u_o = 0$。

(1) 估算各级的静态值 I_{C1}、I_{C2}、I_{C3}、U_{CE2}、U_{CE3} 及 R_{E2} 的值;

(2) 求总的电压放大倍数 $A_u = \dfrac{u_o}{u_i}$;

（3）$u_i = 5$ mV，$u_o = ?$

（4）当电路输出端接负载电阻 $R_L = 12$ kΩ 时，$A_{uL} = \dfrac{u_o}{u_i} = ?$

4.8　电路如图 4.40 所示，已知 $\beta_1 = \beta_2 = \beta_3 = 100$，$r_{be1} = r_{be2} = 5$ kΩ，$r_{be3} = 1.5$ kΩ，$R_B = 3$ kΩ，$R_C = 10$ kΩ，$R_{E3} = 2.1$ kΩ，$R_{C3} = 7.5$ kΩ，$U_{CC} = U_{EE} = 15$ V。

（1）静态时，若要求 $u_o = 0$，试估算 I；

（2）计算电压放大位数 $A_{ud} = \dfrac{u_o}{u_i}$。

4.9　电路如图 4.41 所示，设图中 VT_1、VT_2 和 VT_3 管的特性完全相同，$\beta_1 = \beta_2 = \beta_3 = \beta = 250$，其余参数如图所示，试计算各管的集电极电流值。

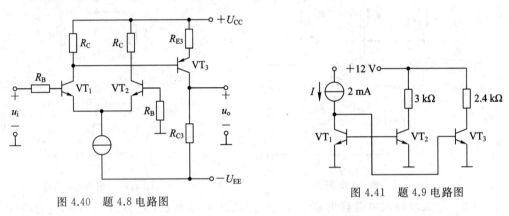

图 4.40　题 4.8 电路图　　　　　　　　　　图 4.41　题 4.9 电路图

4.10　电路如图 4.42 所示，已知 $\beta = 100$，其余参数如图所示，试计算其集电极电流值。

4.11　电路如图 4.43 所示，已知 $\beta = 200$，其余参数如图所示，试计算其集电极电流值。

4.12　一电流源电路如图 4.44 所示，设图中 VT_1、VT_2 和 VT_3 管的特性完全相同，$\beta_1 = \beta_2 = \beta_3 = \beta$，试证明：

$$I_{C3} = \frac{\beta^2 + 2\beta}{\beta^2 + 2\beta + 2} I_R$$

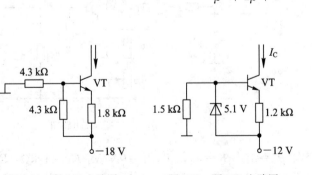

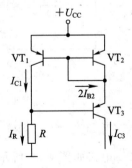

图 4.42　题 4.10 电路图　　　图 4.43　题 4.11 电路图　　　图 4.44　题 4.12 电路图

第 5 章　放大电路的频率响应

　　内容提要：本章简述放大电路的频率响应的基本概念，在引出晶体管混合 π 型等效模型的基础上，重点分析单级放大电路的频率响应，并介绍放大电路的阶跃响应。

　　学习提示：学习本章，熟悉频率响应的基本概念是前提，掌握 RC 低通、高通电路的频率响应以及波特图的画法是关键，明确影响阻容耦合放大电路上、下限频率的因素是目的。

§5.1　频率响应概述

5.1.1　频率响应的概念

1. 频率响应与通频带

　　在前面章节中，我们分析的放大电路都是在单一频率的正弦输入信号作用下的工作情况。实际上，放大电路的输入信号不是单一频率的正弦信号，而是各种频率分量组成的复杂信号。例如，测量仪表中的信号、广播中的语音信号、电视中的图像和伴音信号、数字系统中的脉冲信号等都含有丰富的频率成分。同时由于放大电路中一般都有电抗性元件（如耦合电容、旁路电容和三极管的极间电容），这些电抗性元件在不同频率下的电抗值是不相同的，致使放大电路对不同频率信号的放大效果不完全一致。因此，放大电路的电压放大倍数 A_u 是频率的函数，我们把这种函数关系称为放大电路的频率响应或频率特性。放大电路的频率响应用数学表达式可表示为

$$\dot{A}_u = \frac{\dot{U}_o}{\dot{U}_i} \tag{5.1}$$

$$\dot{A}_u = A_u(f) \angle \varphi(f) \tag{5.2}$$

式中：$A_u(f)$ 表示电压放大倍数的模与频率 f 的关系，称为幅频响应；而 $\varphi(f)$ 表示放大电路输出电压与输入电压之间的相位差与频率 f 的关系，称为相频响应，二者综合起来表示放大电路的频率响应。

　　图 5.1 所示为某阻容耦合放大电路的幅频响应。从图中可以看出，在频率比较宽的一个范围内，曲线是平坦的，即电压放大倍数 A_u 基本上不随输入信号频率而变化，保持一常数，在此频率范围内，各种电容（耦合电容、旁路电容、三极管的极间电容和接线电容等）的影响均可以忽略不计，这个区域称为中频区，其放大倍数称为中频区电压放大倍数 A_{um}。

当输入信号频率过高或过低时，放大倍数会变小，并且还会产生超前或滞后的相移。当 A_{um} 降低到 $0.707A_{um}$ 时，所对应的两个频率 f_L 和 f_H 分别称为下限频率和上限频率。$f \leqslant f_L$ 的区域称为低频区，此时放大电路的耦合电容和射极旁路电容的影响是不可忽略的，它们会使放大倍数下降；$f \geqslant f_H$ 的区域称为高频区，此时三极管的极间电容和接线电容的影响是不可忽略的，它们也会使放大倍数下降。在 f_H 与 f_L 之间的频率范围（中频区）通常又称为放大电路的通频带或带宽，即

$$\text{BW} = f_H - f_L \tag{5.3}$$

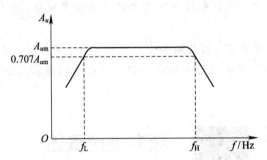

图 5.1　阻容耦合放大电路的幅频响应

在绘制频率响应曲线时，人们常常采用对数坐标，即幅频响应和相频响应可分别绘在两张半对数坐标纸上。这种半对数坐标图就是横坐标为频率，采用对数分度（用 $\lg f$），幅频特性的纵坐标为 $20 \lg |\dot{A}_u|$，单位为分贝（dB），放大倍数用分贝作单位时，常称为增益。相频特性的纵坐标仍为 φ，不取对数。这时得到的频率响应曲线称为对数频率响应或波特图。采用对数坐标的优点在于，它可以将频率响应曲线压缩，缩短坐标，扩大视野，在较小的坐标范围内表示宽广的频率范围，使低频段和高频段的频率响应都能表示得很清楚。而且也可以将多级放大电路放大倍数的乘法运算转换为增益相加运算，使得频率响应曲线的绘制更加简便。

如果采用对数坐标绘制频率响应曲线，那么在波特图中，放大器的下限频率 f_L 和上限频率 f_H 也就是中频电压增益下降 3 dB 时所对应的两个频率。

2. 幅度失真和相位失真

由于放大器的输入信号一般都含有丰富的频率成分，如果实际放大器的通频带不够宽，就不能使不同频率的信号得到同样的放大，致使输出波形产生失真，这种失真称为频率失真。它是由线性电抗元件（电容、电感）所引起的，所以又称为线性失真（以区别于由非线性元件（三极管等）的特性曲线的非线性所引起的非线性失真）。频率失真又包括幅度失真和相位失真。

幅度失真是由于放大器对不同频率信号的放大倍数不同而引起的输出波形产生的失真，如图 5.2(a) 所示。相位失真是由于放大器对不同频率信号的相位移不同而引起的输出波形产生的失真，如图 5.2(b) 所示。

在电子电路中常见的电抗元件是电容，如晶体管或场效应管的极间电容、电路中的耦合电容、旁路电容及接线电容等。这些电容是影响放大电路频率响应的主要因素，在实际分析中

我们经常用 RC 电路来模拟放大电路的频率响应，下面先介绍 RC 电路的频率响应。

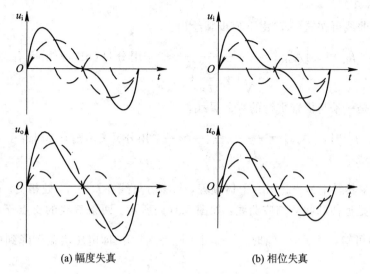

(a) 幅度失真　　　　　　　　　　(b) 相位失真

图 5.2　频率失真

5.1.2　RC 电路的频率响应

1. RC 低通电路

图 5.3 所示电路为 RC 低通电路，且有

$$\dot{A}_{uH} = \frac{\dot{U}_{\circ}}{\dot{U}_i} = \frac{\dfrac{1}{j\omega C_1}}{R_1 + \dfrac{1}{j\omega C_1}} = \frac{1}{1 + j\omega R_1 C_1} \tag{5.4}$$

式中：ω 是输入信号的角频率。

这个 RC 回路的时间常数 $\tau_H = R_1 C_1$，令

$$f_H = \frac{\omega_H}{2\pi} = \frac{1}{2\pi \tau_H} = \frac{1}{2\pi R_1 C_1} \tag{5.5}$$

代入式(5.4)得

$$\dot{A}_{uH} = \frac{1}{1 + j\dfrac{\omega}{\omega_H}} = \frac{1}{1 + j\dfrac{f}{f_H}} \tag{5.6}$$

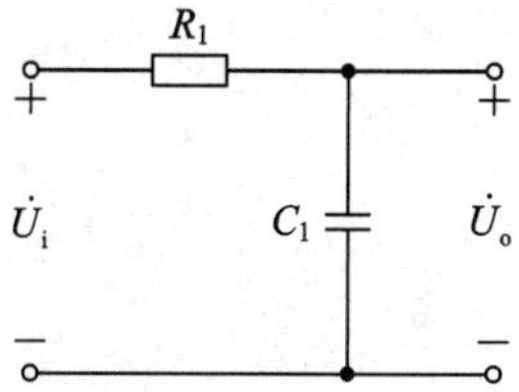

图 5.3　RC 低通电路

$\dot{A}_{uH}$ 的幅值和相角分别为

$$|\dot{A}_{uH}| = \frac{1}{\sqrt{1 + \left(\dfrac{f}{f_H}\right)^2}} \tag{5.7}$$

$$\varphi_H = -\arctan\frac{f}{f_H} \tag{5.8}$$

根据式(5.7)和式(5.8)，利用逐点描绘的方法就可以得到它的幅频响应和相频响应曲线。但是在实际应用中，绘制频率响应曲线(波特图)一般是不需要用逐点描绘的方法的，

而是采用折线近似的方法,这是工程上一种既简便又实用的方法。

1) 幅频响应

幅频响应曲线可按式(5.7)由下列步骤绘出:

(1) 当 $f \ll f_H$ 时,$|\dot{A}_{uH}| = \dfrac{1}{\sqrt{1+\left(\dfrac{f}{f_H}\right)^2}} \approx 1$,用分贝(dB)表示则有 $20\lg|\dot{A}_{uH}| \approx$

$20\lg 1 = 0$,这是一条与横轴平行的零分贝线。

(2) 当 $f \gg f_H$ 时,$|\dot{A}_{uH}| = \dfrac{1}{\sqrt{1+\left(\dfrac{f}{f_H}\right)^2}} \approx \dfrac{f_H}{f}$,用分贝表示则有 $20\lg|\dot{A}_{uH}| \approx 20\lg\dfrac{f_H}{f}$,

这是一条斜线,其斜率为 -20 dB/十倍频程,与零分贝线在 $f = f_H$ 处相交。由这两条直线构成的折线就是近似的幅频响应曲线,如图 5.4(a)所示。两条直线的交点 f_H 称为转折频率。由式(5.7)可知,当 $f = f_H$ 时,$|\dot{A}_{uH}| = \dfrac{1}{\sqrt{2}} = 0.707$,即电压增益下降到中频时电压增益的 0.707 倍。

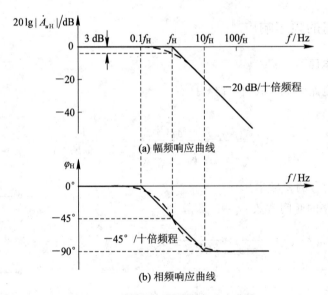

(a) 幅频响应曲线

(b) 相频响应曲线

图 5.4　RC 低通电路的频率响应曲线

2) 相频响应

在图 5.4(b)所示坐标图上,可根据式(5.8)作出相频响应曲线,它可用三条直线来近似描述:

(1) 当 $f \ll f_H$ 时,$\varphi_H \rightarrow 0°$,得一条 $\varphi_H = 0°$ 的直线。

(2) 当 $f \gg f_H$ 时,$\varphi_H \rightarrow -90°$,得一条 $\varphi_H = -90°$ 的直线。

(3) 当 $f = f_H$ 时,$\varphi_H = -45°$。

由于当 $\dfrac{f}{f_H} = 0.1$ 或 $\dfrac{f}{f_H} = 10$ 时,相应地可近似得 $\varphi_H = 0°$ 和 $\varphi_H = -90°$,故在 $0.1 f_H$ 和

$10f_H$ 之间,可用一条斜率为 $-45°/$十倍频程的直线来表示,可画出相频响应曲线如图 5.4(b)所示。

由以上分析可知,随着 f 的上升,$|\dot{A}_{uH}|$ 越来越小,同时相角 φ_H 越来越大,而且幅频响应和相频响应都与上限频率 f_H 有关。

由于在放大电路的高频区,晶体管的极间电容和接线电容是不容忽略的,在电路中这些电容与其他支路是并联的,这样我们可以利用 RC 低通电路来模拟放大电路的高频响应。

2. RC 高通电路

图 5.5 所示电路为 RC 高通电路,且有

$$\dot{A}_{uL} = \frac{\dot{U}_o}{\dot{U}_i} = \frac{R_2}{R_2 + \dfrac{1}{j\omega C_2}} = \frac{j\omega R_2 C_2}{1 + j\omega R_2 C_2} \tag{5.9}$$

回路的时间常数 $\tau_L = R_2 C_2$,令

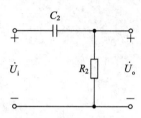

图 5.5　RC 高通电路

$$f_L = \frac{\omega_L}{2\pi} = \frac{1}{2\pi\tau_L} = \frac{1}{2\pi R_2 C_2} \tag{5.10}$$

代入式(5.9)得

$$\dot{A}_{uL} = \frac{j\dfrac{\omega}{\omega_L}}{1 + j\dfrac{\omega}{\omega_L}} = \frac{j\dfrac{f}{f_L}}{1 + j\dfrac{f}{f_L}} \tag{5.11}$$

$\dot{A}_{uL}$ 的幅值和相角分别为

$$|\dot{A}_{uL}| = \frac{\dfrac{f}{f_L}}{\sqrt{1 + \left(\dfrac{f}{f_L}\right)^2}} \tag{5.12}$$

$$\varphi_L = \arctan\frac{f_L}{f} \tag{5.13}$$

1) 幅频响应

幅频响应曲线可按式(5.12)由下列步骤绘出:

(1) 当 $f \gg f_L$ 时,$|\dot{A}_{uL}| = = \dfrac{\dfrac{f}{f_L}}{\sqrt{1 + \left(\dfrac{f}{f_L}\right)^2}} \approx 1$,用分贝表示则有 $20\,\lg|\dot{A}_{uL}| \approx 20\,\lg 1 = 0$,

这是一条与横轴平行的零分贝线。

(2) 当 $f \ll f_L$ 时,$|\dot{A}_{uL}| = = \dfrac{\dfrac{f}{f_L}}{\sqrt{1 + \left(\dfrac{f}{f_L}\right)^2}} \approx \dfrac{f}{f_L}$,用分贝表示则有 $20\,\lg|\dot{A}_{uL}| \approx 20\,\lg\dfrac{f_L}{f}$,

这是一条斜线，其斜率为 $+20$ dB/十倍频程，与零分贝线在 $f=f_L$ 处相交。同理，由这两条直线构成的折线就是近似的幅频响应曲线，如图 5.6(a) 所示。f_L 也是它的转折频率。

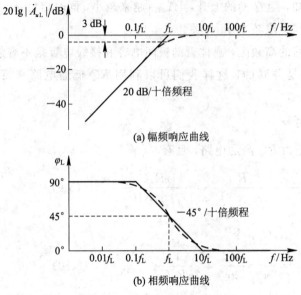

图 5.6　RC 高通电路的频率响应曲线

2）相频响应

在图 5.6(b) 所示坐标图上，可根据式(5.13)作出相频响应曲线，它可用三条直线来近似描述：

(1) 当 $f \gg f_L$ 时，$\varphi_L \to 0°$，得一条 $\varphi_L = 0°$ 的直线。

(2) 当 $f \ll f_L$ 时，$\varphi_L \to 90°$，得一条 $\varphi_L = 90°$ 的直线。

(3) 当 $f = f_L$ 时，$\varphi_L = 45°$。

当 $\dfrac{f}{f_L} = 0.1$ 或 $\dfrac{f}{f_L} = 10$ 时，同样相应地可近似得到 $\varphi_L = 90°$ 和 $\varphi_L = 0°$，故在 $0.1f_L$ 和 $10f_L$ 之间，也可用一条斜率为 $-45°$/十倍频程的直线来表示，画出相频响应曲线，如图 5.6(b)所示。

同理，由以上分析可知，随着 f 的下降，$|\dot{A}_{uL}|$ 越来越小，同时相角 φ_L 越来越大，而且幅频响应和相频响应都与下限频率 f_L 有关。

由于在放大电路的低频区，电路中的耦合电容和旁路电容是不容忽略的，而这些电容在电路中与其他支路是相串联的，这样我们可以利用 RC 高通电路来模拟放大电路的低频响应。

综上所述，可以归纳如下几点：

(1) 可以用 RC 低通电路和高通电路来模拟放大电路的频率响应。

(2) 频率响应是以转折频率 f_L 和 f_H 为中心变化的，求出 f_L 和 f_H 就可以近似地描绘出放大电路的完整的频率响应曲线。

(3) f_L 和 f_H 是与对应回路的时间常数 $\tau = RC$ 成反比的。

§5.2　晶体管的高频等效模型

晶体管在高频区要考虑 PN 结的电容效应，也就是说高频区三极管的极间电容和接线电容是影响放大电路频率响应的主要因素。此时晶体管微变等效模型中的 H 参数将是随频率而变化的复数，在分析时很不方便。为此我们从晶体管的物理结构出发，考虑发射结和集电结电容的影响，形成一个既实用又方便的模型，即高频混合 π 型等效模型。

5.2.1　高频混合 π 型等效模型的引出

图 5.7(a) 所示是三极管的物理等效模型，图 5.7(b) 是它的混合 π 型等效模型。在混合 π 型等效模型中，由于发射区和集电区的体电阻都很小（一般小于 10 Ω），因此可忽略它们的影响。为了分析方便，图中在基区内引入了一个等效端点 b′，它与基极引出端 b 是不同的。从基极 b 经过一段基区才能到达 b′，我们用基区体电阻 $r_{bb'}$ 来表示从基极 b 到 b′ 之间的等效电阻；$r_{b'e}$ 表示发射结的结电阻，C_π 为发射结的结电容；$r_{b'c}$ 为集电结的结电阻，C_μ 为集电结的结电容；r_{ce} 为三极管的输出电阻；高频时由于结电容的影响，$\dot{I}_c$ 和 $\dot{I}_b$ 已不能保持正比关系，所以用发射结上的电压 $\dot{U}_{b'e}$ 来控制集电极电流 $\dot{I}_c$，也就是用电流源 $g_m\dot{U}_{b'e}$ 来表示基极回路对集电极回路的控制作用。g_m 为低频互导，其定义为

$$g_m = \frac{\partial i_c}{\partial u_{b'e}}\bigg|_{U_{CE}} \approx \frac{\Delta i_c}{\Delta u_{b'e}}\bigg|_{U_{CE}} \tag{5.14}$$

实际中，由于 $r_{b'c}$ 的值很大，且与 C_μ 并联，可以忽略不计，而 r_{ce} 是与负载 R_L 并联的，一般 $r_{ce} \gg R_L$，r_{ce} 也可以忽略，这样就得到图 5.8 所示的晶体管简化混合 π 型等效模型。

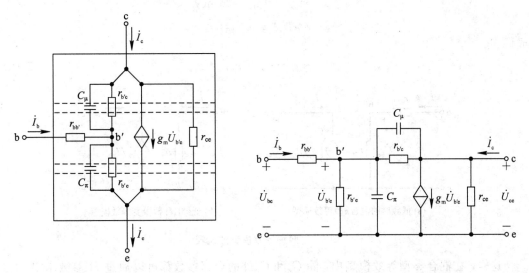

(a) 三极管的物理等效模型　　　　　　　　(b) 三极管的混合π型等效模型

图 5.7　三极管的物理等效模型与混合 π 型等效模型

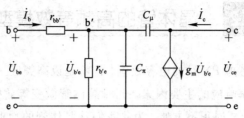

图 5.8　晶体管简化混合 π 型等效模型

5.2.2　混合 π 型等效模型参数的获得

由于混合 π 型等效模型中的元件参数在很宽的频率范围内与频率无关，所以可以利用低频 H 参数来计算混合 π 型等效模型中的一些参数。低频时 C_π 和 C_μ 的影响可以忽略，图 5.9(a)所示为低频时的混合 π 型等效模型，图 5.9(b)所示为低频 H 参数微变等效模型，将它们进行比较后可得出以下的近似关系：

$$g_m \dot{U}_{b'e} = \beta \dot{I}_b$$

由于

$$\dot{U}_{b'e} = \dot{I}_b r_{b'e}$$

则

$$\beta = g_m r_{b'e} \tag{5.15}$$

或

$$r_{b'e} = \frac{\beta}{g_m} = (1 + \beta) \frac{U_T}{I_{EQ}} \tag{5.16}$$

$$g_m = \frac{\beta}{r_{b'e}} \approx \frac{I_{EQ}}{U_T} = \frac{I_{EQ}}{26\ mV} \tag{5.17}$$

$$r_{be} = r_{bb'} + r_{b'e}$$

或

$$r_{bb'} = r_{be} - r_{b'e} \tag{5.18}$$

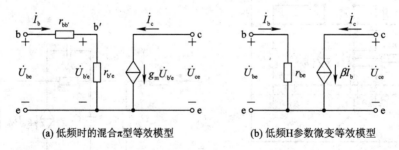

(a) 低频时的混合π型等效模型　　　　　　(b) 低频H参数微变等效模型

图 5.9　两种等效模型的比较

这样，在混合 π 型等效模型中，除 C_π 和 C_μ 外的全部参数都可以通过 H 参数求出，C_μ 的数值可以从手册中查到，手册中提供的 C_{ob} 值近似为 C_μ。而 C_π 值不能直接从手册中查到，可按下列公式计算：

$$C_\pi = \frac{g_m}{2\pi f_T} \tag{5.19}$$

式中：f_T 是三极管的特征频率，可由手册直接给出。通常 $C_\pi \gg C_\mu$，例如，一个三极管的 $C_\pi = 100$ pF，而 $C_\mu = 3$ pF。

　　三极管的高频响应取决于混合 π 型等效模型的参数 g_m、$r_{b'e}$、$r_{b'c}$、C_π 和 C_μ，而这些参数又可用 β、r_{be}、f_T 和 C_{ob} 来表示。因此，可以用 β、r_{be}、f_T 和 C_{ob} 来衡量三极管的高频性能。同时，通过上述分析可知，混合 π 型等效模型的参数不仅与静态工作点有关，还与温度有关。

5.2.3　三极管的频率参数

　　三极管的频率参数用来描述管子对不同频率信号的放大能力。常用的频率参数有共发射极截止频率 f_β、特征频率 f_T、共基极截止频率 f_α 等。

　　1）共发射极截止频率 f_β

　　当信号频率比较高时，晶体管内的载流子将不能紧密跟随信号的变化而运动，使得 β 值下降，$\dot{I}_c$ 与 $\dot{I}_b$ 之间产生了相位差。所以，电流放大系数 β 是频率的函数，即

$$\dot{\beta} = \left. \frac{\dot{I}_c}{\dot{I}_b} \right|_{\dot{U}_{ce}=0} \tag{5.20}$$

根据式(5.20)，将混合 π 型等效模型中的 c、e 输出端短路，则得计算 $\dot{\beta}$ 的等效电路，如图 5.10 所示。由图 5.10 可得集电极短路电流为

$$\dot{I}_c = (g_m - j\omega C_\mu)\dot{U}_{b'e}$$

而

$$\dot{I}_b = \frac{\dot{U}_{b'e}}{r_{b'e} \ /\!/ \ \dfrac{1}{j\omega C_\pi} \ /\!/ \ \dfrac{1}{j\omega C_\mu}}$$

则

$$\dot{\beta} = \frac{\dot{I}_c}{\dot{I}_b} = \frac{g_m - j\omega C_\mu}{\dfrac{1}{r_{b'e}} + j\omega(C_\pi + C_\mu)} \tag{5.21}$$

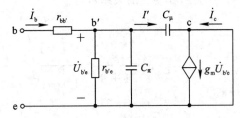

图 5.10　计算 $\dot{\beta}$ 的等效电路

　　在图 5.10 所示等效电路的有效频率范围内，$g_m \gg \omega C_\mu$，因而有

$$\dot{\beta} \approx \frac{g_m r_{b'e}}{1 + j\omega(C_\pi + C_\mu)r_{b'e}} \tag{5.22}$$

考虑式(5.15)的关系，则得

$$\dot{\beta} = \frac{\beta_0}{1 + j\omega(C_\pi + C_\mu)r_{b'e}} \tag{5.23}$$

式中：$\beta_0 = g_m r_{b'e}$。令 f_β 为 $\dot{\beta}$ 的截止频率，则

$$f_\beta = \frac{1}{2\pi\tau} = \frac{1}{2\pi r_{b'e}(C_\pi + C_\mu)} \tag{5.24}$$

我们称 f_β 为共发射极截止频率，将其代入式(5.23)可得

$$\dot{\beta} = \frac{\beta_0}{1 + j\dfrac{f}{f_\beta}} \tag{5.25}$$

其模值为

$$|\dot{\beta}| = \frac{\beta_0}{\sqrt{1 + \left(\dfrac{f}{f_\beta}\right)^2}} \tag{5.26}$$

$\dot{\beta}$ 的幅频响应曲线如图 5.11 所示。

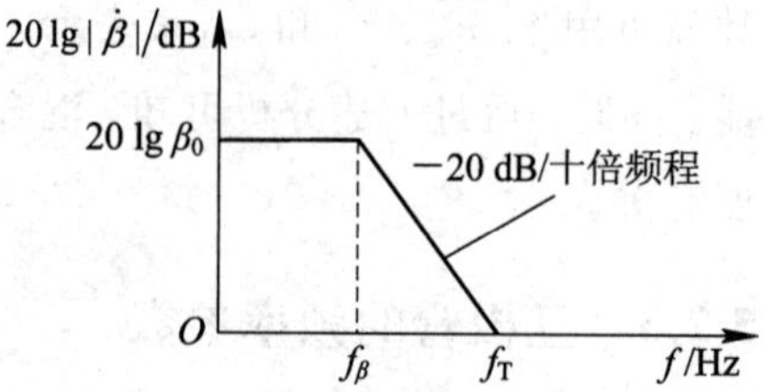

图 5.11　$\dot{\beta}$ 的幅频响应曲线

2) 特征频率 f_T

在图 5.11 所示 $\dot{\beta}$ 的频率响应曲线中，我们把当 $\dot{\beta}$ 的幅值以 -20 dB/十倍频程的斜率下降到 0 时的频率称为特征频率 f_T，此时 $|\dot{\beta}| = 1$，且 $f_T \gg f_\beta$，代入式(5.26)可得

$$f_T = \beta_0 f_\beta \tag{5.27}$$

将式(5.15)和式(5.24)代入式(5.27)得

$$f_T = \frac{g_m}{2\pi(C_\pi + C_\mu)} \tag{5.28}$$

一般地，$C_\pi \gg C_\mu$，故有

$$f_T \approx \frac{g_m}{2\pi C_\pi} \tag{5.29}$$

特征频率 f_T 是三极管的重要参数，常在手册中给出。f_T 的典型数据约为 $100 \sim 1000$ MHz。

3) 共基极截止频率 f_α

利用 β 与 α 的关系可得

$$\dot{\alpha} = \frac{\dot{\beta}}{1 + \dot{\beta}} = \frac{\dfrac{\beta_0}{1 + j\dfrac{f}{f_\beta}}}{1 + \dfrac{\beta_0}{1 + j\dfrac{f}{f_\beta}}} = \frac{\beta_0}{1 + \beta_0 + j\dfrac{f}{f_\beta}} = \frac{\dfrac{\beta_0}{1 + \beta_0}}{1 + j\dfrac{f}{(1 + \beta_0)f_\beta}} \tag{5.30}$$

令

$$\alpha_0 = \frac{\beta_0}{1 + \beta_0} \tag{5.31}$$

$$f_\alpha = (1 + \beta_0)f_\beta \approx f_T \tag{5.32}$$

将式(5.31)和式(5.32)代入式(5.30)可得

$$\dot{\alpha} = \frac{\alpha_0}{1 + j\dfrac{f}{f_\alpha}} \tag{5.33}$$

由式(5.33)可知 f_α 是当 $|\dot{\alpha}|$ 下降到 $0.707 |\dot{\alpha}|$ 时的频率，也就是共基极截止频率。另外，由于共基极放大电路的截止频率 f_α 远高于共发射极放大电路的截止频率 f_β，因此共

基极放大电路常用来作为宽频带放大电路。

§5.3　场效应管的高频等效模型

与晶体管一样，场效应管的各电极之间也会存在极间电容。根据场效应管的结构可得出它的高频等效模型，如图 5.12(a)所示。由于一般情况下，r_{gs} 和 r_{ds} 都比外接电阻大得多，因此可以忽略，认为它们开路。这样就可以得到如图 5.12(b)所示的简化高频等效模型。

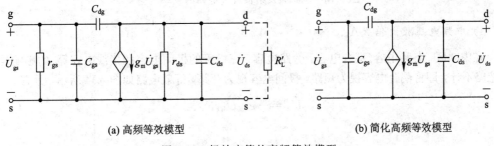

(a) 高频等效模型　　　　　　　　　　　　　　(b) 简化高频等效模型

图 5.12　场效应管的高频等效模型

§5.4　单管共发射极放大电路的频率响应

我们利用晶体管混合 π 型等效模型就可以分析放大电路的频率响应，现以图 5.13(a)所示电路为例，分析该电路的放大倍数与信号频率的关系。画出该电路的混合 π 型等效电路，如图 5.13(b)所示。由于 C_{μ} 跨接在基极和集电极之间，分析计算时列出的电路方程比较复杂。为简化计算过程，可利用密勒定理将 C_{μ} 的作用分别折合到输入回路和输出回路，设 $K = \dfrac{\dot{U}_{ce}}{\dot{U}_{b'e}}$，则根据密勒定理将 C_{μ} 折合到 b′、e 之间，即将 $(1-K)C_{\mu}$ 与 C_{π} 并联，得

$$C'_{\pi} = C_{\pi} + (1-K)C_{\mu} \tag{5.34}$$

将 C_{μ} 折合到 c、e 之间，得 $C'_{\mu} = \dfrac{K-1}{K}C_{\mu}$。电路如图 5.13(c)所示。

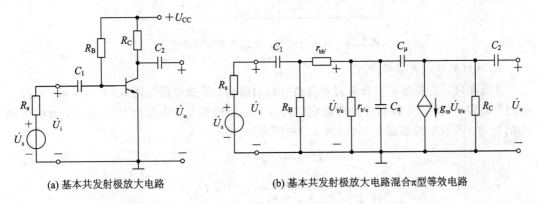

(a) 基本共发射极放大电路　　　　　　　(b) 基本共发射极放大电路混合π型等效电路

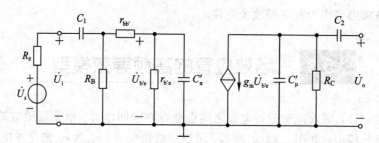

(c)利用密勒定理折合后的等效电路

图 5.13 基本共发射极放大电路的频率响应

1) 中频电压放大倍数 $\dot{A}_{usm}$

在中频区，各种电容(耦合电容、旁路电容、三极管的极间电容和接线电容等)的影响均可以忽略不计，即将耦合电容视为短路，极间电容视为开路，等效电路如图 5.14 所示，且有

$$\dot{U}_o = -g_m \dot{U}_{b'e} R_C \tag{5.35}$$

而

$$\dot{U}_{b'e} = \frac{r_{b'e}}{r_{bb'} + r_{b'e}} \dot{U}_i = p \dot{U}_i$$

$$\dot{U}_i = \frac{R_i}{R_s + R_i} \dot{U}_s$$

式中：$R_i = R_B /\!/ (r_{bb'} + r_{b'e})$，$p = \dfrac{r_{b'e}}{r_{bb'} + r_{b'e}}$。将 $\dot{U}_{b'e}$、$\dot{U}_i$ 代入式(5.35)得

$$\dot{U}_o = -\frac{R_i}{R_s + R_i} \cdot \frac{r_{b'e}}{r_{bb'} + r_{b'e}} g_m R_C \dot{U}_s = -\frac{R_i}{R_s + R_i} p g_m R_C \dot{U}_s$$

$$\dot{A}_{usm} = \frac{\dot{U}_o}{\dot{U}_s} = -\frac{R_i}{R_s + R_i} p g_m R_C \tag{5.36}$$

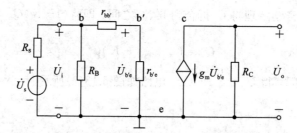

图 5.14 共发射极放大电路的中频等效电路

2) 低频电压放大倍数 $\dot{A}_{usL}$

在低频区，需要考虑耦合电容和旁路电容的影响，等效电路如图 5.15(a)所示。电路中有两个电容 C_1 和 C_2，我们分别考虑它们对放大电路的影响。先分析 C_1 的影响，此时忽略 C_2 的影响，等效电路如图 5.15(b)所示。由图可得

$$\dot{U}_o = -g_m \dot{U}_{b'e} R_C \tag{5.37}$$

$$\dot{U}_{b'e} = \frac{r_{b'e}}{r_{bb'} + r_{b'e}} \dot{U}_{be} = p \dot{U}_{be}$$

$$\dot{U}_{be} = \frac{R_i}{R_s + R_i + \dfrac{1}{j\omega C_1}} \dot{U}_s$$

式中：$R_i = R_B // (r_{bb'} + r_{b'e})$，$p = \dfrac{r_{b'e}}{r_{bb'} + r_{b'e}}$。将$\dot{U}_{b'e}$、$\dot{U}_i$代入式(5.37)得

$$\dot{U}_o = - \frac{R_i}{R_s + R_i + \dfrac{1}{j\omega C_1}} p g_m R_C \dot{U}_s$$

$$\dot{A}_{usL} = \frac{\dot{U}_o}{\dot{U}_s} = - \frac{R_i}{R_s + R_i + \dfrac{1}{j\omega C_1}} p g_m R_C = - \frac{R_i}{R_s + R_i} p g_m R_C \frac{1}{1 + \dfrac{1}{j\omega(R_s + R_i)C_1}}$$

将式(5.36)代入上式，并令

$$\tau_{L1} = (R_s + R_i)C_1 \tag{5.38}$$

$$f_{L1} = \frac{1}{2\pi\tau_{L1}} = \frac{1}{2\pi(R_s + R_i)C_1} \tag{5.39}$$

则

$$\dot{A}_{usL} = \dot{A}_{usm} \frac{j\dfrac{f}{f_L}}{1 + j\dfrac{f}{f_L}} \tag{5.40}$$

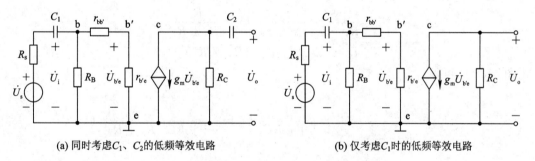

(a) 同时考虑C_1、C_2的低频等效电路　　　　　　　　(b) 仅考虑C_1时的低频等效电路

图 5.15　共发射极放大电路的低频等效电路

　　由上面的推导可以看出，f_{L1}与C_1所在回路的时间常数成反比。同理，当只考虑C_2的影响时，可以得出其下限截止频率f_{L2}为

$$f_{L2} = \frac{1}{2\pi(R_o + R_L)C_2} \approx \frac{1}{2\pi(R_C + R_L)C_2} \tag{5.41}$$

　　对于图 5.16(a)所示的分压式偏置放大电路来说，还应考虑发射极旁路电容C_E的影响（如图 5.16(b)所示），在回路中其时间常数为

$$\tau_{L3} = R'C_E \tag{5.42}$$

则下限截止频率为

$$f_{L3} = \frac{1}{2\pi\tau_{L3}} = \frac{1}{2\pi R'C_E} \tag{5.43}$$

式中：$R' = R_E // \dfrac{r_{be} + R_s // R_{B1} // R_{B2}}{1 + \beta}$。$R_o$很小，使得$f_{L3}$比较大，所以低频区放大倍数的下降主要受发射极旁路电容C_E的影响。

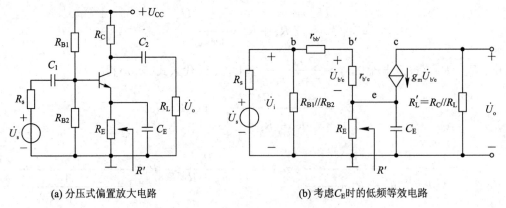

(a) 分压式偏置放大电路　　　　　　　　　(b) 考虑C_E时的低频等效电路

图 5.16　C_E 对频率响应的影响

3) 高频电压放大倍数 $\dot{A}_{usH}$

在高频区，由于容抗变小，则耦合电容和旁路电容可忽略不计，视为短路，但并联的极间电容的影响应予以考虑，其等效电路如图 5.17(a)所示。由于 $C'_\mu = \dfrac{K-1}{K} C_\mu$ 所在回路的时间常数比输入回路 C'_π 的时间常数小得多，因此 C'_μ 可忽略不计，如图 5.17(b)所示，则有

$$\dot{U}_o = - g_m \dot{U}_{b'e} R_C \tag{5.44}$$

$$\dot{U}'_s = \frac{R_i}{R_s + R_i} \frac{r_{b'e}}{r_{bb'} + r_{b'e}} \dot{U}_s = \frac{R_i}{R_s + R_i} p \dot{U}_s$$

$$R = r_{b'e} \mathbin{/\mkern-5mu/} \left[r_{bb'} + (R_s \mathbin{/\mkern-5mu/} R_B) \right]$$

由图 5.17(b)可得

$$\dot{U}_{b'e} = \frac{\dfrac{1}{j\omega C'_\pi}}{R + \dfrac{1}{j\omega C'_\pi}} \dot{U}'_s = \frac{1}{1 + j\omega R C'_\pi} \dot{U}'_s = \frac{1}{1 + j\omega R C'_\pi} \frac{R_i}{R_s + R_i} p \dot{U}_s$$

代入式(5.44)得

$$\dot{U}_o = - g_m R_C \frac{1}{1 + j\omega R C'_\pi} \frac{R_i}{R_s + R_i} p \dot{U}_s$$

$$\dot{A}_{usH} = \frac{\dot{U}_o}{\dot{U}_s} = - \frac{R_i}{R_s + R_i} p g_m R_C \frac{1}{1 + j\omega R C'_\pi}$$

将式(5.36)代入，并令

$$\tau_H = R C'_\pi$$

$$f_H = \frac{1}{2\pi\tau_H} = \frac{1}{2\pi R C'_\pi} \tag{5.45}$$

得

$$\dot{A}_{usH} = \dot{A}_{usm} \frac{1}{1 + j\dfrac{f}{f_H}} \tag{5.46}$$

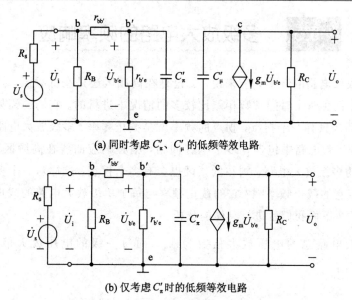

(a) 同时考虑 C_π'、C_μ' 的低频等效电路

(b) 仅考虑 C_π' 时的低频等效电路

图 5.17　共发射极放大电路的高频等效电路

4）完整的频率响应

前面我们已经讨论了电压放大倍数在中频区、低频区和高频区的情况，把它们结合起来，就可以得到放大倍数完整的频率响应。我们把式（5.36）、式（5.40）和式（5.46）结合在一起，就得到了放大倍数 $\dot A_u$ 在全部频率范围内的表达式：

$$\dot A_{us} = \dot A_{usm} \frac{\mathrm{j}\dfrac{f}{f_\mathrm{L}}}{\left(1+\mathrm{j}\dfrac{f}{f_\mathrm{L}}\right)\left(1+\mathrm{j}\dfrac{f}{f_\mathrm{H}}\right)} \tag{5.47}$$

根据式（5.47）可以画出完整的波特图，如图 5.18 所示。

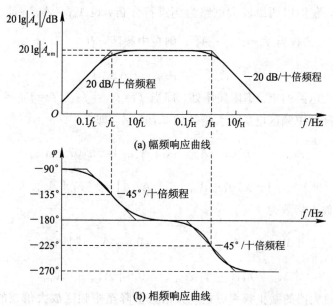

(a) 幅频响应曲线

(b) 相频响应曲线

图 5.18　单管共发射极放大电路的频率响应曲线

§5.5 多级放大电路的频率响应

对于单管放大电路的频率响应来说，无论是在高频区还是在低频区，都是只考虑一个电容起作用，并且在两个时间常数相差比较多的情况下进行的。它们的幅频响应曲线在高频区和低频区都是只有一个拐点，拐点的频率就是截止频率。多级放大电路中包含有多个晶体管，则高频等效电路中包含有多个电容回路，幅频响应曲线在高频区应有多个拐点。若是阻容耦合的多级放大电路，则在低频区也会有多个拐点。这样对一个多级放大电路来说，怎样来确定它的截止频率呢？它的截止频率与每个单级放大电路的截止频率之间的关系又是怎样的呢？下面我们就进行具体的分析。

设多级放大电路总的电压放大倍数为 $\dot{A}_u$，而每一级的电压放大倍数分别为 $\dot{A}_{u1}$、$\dot{A}_{u2}$、…、$\dot{A}_{un}$，则

$$\dot{A}_u = \dot{A}_{u1} \cdot \dot{A}_{u2} \cdot \cdots \cdot \dot{A}_{un} = \prod_{k=1}^{n} \dot{A}_{uk} \qquad (5.48)$$

用分贝表示为

$$20 \lg |\dot{A}_u| = 20 \lg |\dot{A}_{u1}| + 20 \lg |\dot{A}_{u2}| + \cdots + 20 \lg |\dot{A}_{un}| = \sum_{k=1}^{n} 20 \lg |\dot{A}_{uk}| \qquad (5.49)$$

$$\varphi = \varphi_1 + \varphi_2 + \cdots + \varphi_n = \sum_{k=1}^{n} \varphi_k \qquad (5.50)$$

式(5.49)表明多级放大电路的对数幅频响应等于各级对数幅频响应的代数和；式(5.50)表明相频响应也是各级相频响应的代数和。这样，若我们把各级的频率响应曲线在同一横坐标下的纵坐标值叠加起来，就可以得到多级放大电路的总频率响应曲线。

为简单起见，我们以两级放大电路为例进行分析，设 $\dot{A}_{u1} = \dot{A}_{u2}$，且 $f_{L1} = f_{L2}$，$f_{H1} = f_{H2}$，总的电压放大倍数为 $\dot{A}_u = \dot{A}_{u1} \cdot \dot{A}_{u2}$。则在中频区，有

$$|\dot{A}_{um}| = |\dot{A}_{um1}| |\dot{A}_{um2}|$$

在每一级放大电路的上、下限频率处，即当 $f = f_{L1} = f_{L2}$、$f = f_{H1} = f_{H2}$ 时，各级的电压放大倍数均下降到中频区电压放大倍数的 0.707 倍，即

$$|\dot{A}_{uH1}| = 0.707 |\dot{A}_{um1}|, \quad |\dot{A}_{uH2}| = 0.707 |\dot{A}_{um2}|$$

$$|\dot{A}_{uL1}| = 0.707 |\dot{A}_{um1}|, \quad |\dot{A}_{uL2}| = 0.707 |\dot{A}_{um2}|$$

而此时总的电压放大倍数为

$$|\dot{A}_{uH}| = |\dot{A}_{uH1}| |\dot{A}_{uH2}| = 0.5 |\dot{A}_{um1}| |\dot{A}_{um2}|$$

$$|\dot{A}_{uL}| = |\dot{A}_{uL1}| |\dot{A}_{uL2}| = 0.5 |\dot{A}_{um1}| |\dot{A}_{um2}|$$

根据定义，放大器的截止频率应是放大倍数下降至中频区放大倍数的 0.707 倍时的频率。所以，总的放大电路的截止频率 $f_L > f_{L1} = f_{L2}$、$f_H < f_{H1} = f_{H2}$，即两级放大电路的通

频带变窄了。同理，多级放大电路的通频带小于单级放大电路的通频带，多级放大电路的上限频率小于单级放大电路的上限频率，多级放大电路的下限频率大于单级放大电路的下限频率。

可以证明，多级放大电路的上、下限频率和组成它的各级放大电路的上、下限频率之间的关系为

$$\frac{1}{f_H} \approx 1.1 \sqrt{\frac{1}{f_{H1}^2} + \frac{1}{f_{H2}^2} + \cdots + \frac{1}{f_{Hn}^2}} \tag{5.51}$$

$$f_L \approx 1.1 \sqrt{f_{L1}^2 + f_{L2}^2 + \cdots + f_{Ln}^2} \tag{5.52}$$

实际中，各级放大电路的参数很少完全相同。当各级放大电路的上、下限频率相差悬殊时，可取起主要作用的那一级作为估算的依据。例如，如果 $f_{L1} > f_{L2}$，且 f_{L1} 是 f_{L2} 的 4 倍以上，则放大电路的下限频率 $f_L \approx f_{L1}$。同样，如果 $f_{H1} > f_{H2}$，且 f_{H1} 是 f_{H2} 的 4 倍以上，则放大电路的上限频率 $f_H \approx f_{H2}$。

【例 5.1】 放大电路如图 5.19 所示，设三极管的 $\beta = 100$，$r_{bb} = 100\ \Omega$，$f_T = 100\ \text{MHz}$，$C_\pi = 4\ \text{pF}$。试：

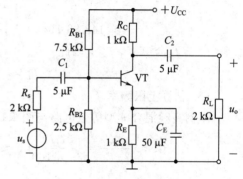

图 5.19　例 5.1 电路图

(1) 估算中频电压放大倍数 $\dot{A}_{usm}$；

(2) 估算下限频率 f_L；

(3) 估算上限频率 f_H。

解　(1) 估算 $\dot{A}_{usm}$：

$$U_B = \frac{R_{B2}}{R_{B1} + R_{B2}} U_{CC} = \frac{2.5}{7.5 + 2.5} \times 12\ \text{V} = 3\ \text{V}$$

$$I_{EQ} = \frac{U_B - U_{BE}}{R_E} = \frac{3 - 0.7}{1}\ \text{mA} = 2.3\ \text{mA}$$

$$r_{b'e} = (1 + \beta) \frac{26\ \text{mV}}{I_{EQ}} = (1 + 100) \frac{26}{2.3}\ \Omega \approx 1.14\ \text{k}\Omega$$

$$r_{be} = r_{bb'} + r_{b'e} = 100\ \Omega + 1.14\ \text{k}\Omega = 1.24\ \text{k}\Omega$$

$$R_i = r_{be}\ /\!/\ R_{B1}\ /\!/\ R_{B2} = 1.24\ /\!/\ 7.5\ /\!/\ 2.5 \approx 0.75\ \text{k}\Omega$$

$$p = \frac{r_{b'e}}{r_{bb'} + r_{b'e}} = \frac{1.14\ \text{k}\Omega}{100\ \Omega + 1.14\ \text{k}\Omega} \approx 0.92$$

$$g_m = \frac{\beta}{r_{b'e}} = \frac{100}{1.14\ \text{k}\Omega} \approx 87.79\ \text{mA/V}$$

$$R_L' = R_C\ /\!/\ R_L = 2\ /\!/\ 2\ \text{k}\Omega = 1\ \text{k}\Omega$$

$$\dot{A}_{usm} = \frac{\dot{U}_o}{\dot{U}_s} = -\frac{R_i}{R_s + R_i} p g_m R_L' = -\frac{0.75}{2 + 0.75} \times 0.92 \times 87.79 \times 1 \approx -22.03$$

（2）估算下限频率 f_L。

电路中有两个耦合电容 C_1 和 C_2 以及一个旁路电容 C_E，先分别计算出它们各自相应的下限频率 f_{L1}、f_{L2} 和 f_{L3}。

$$f_{L1} = \frac{1}{2\pi(R_s + R_i)C_1} = \frac{1}{2\pi(2 + 0.75) \times 5}\text{Hz} \approx 11.6\text{ Hz}$$

$$f_{L2} = \frac{1}{2\pi(R_C + R_L)C_2} = \frac{1}{2\pi(2 + 2) \times 5}\text{Hz} \approx 7.96\text{ Hz}$$

$$f_{L3} = \frac{1}{2\pi\left(R_E \mathbin{/\mkern-5mu/} \dfrac{r_{be} + R_s \mathbin{/\mkern-5mu/} R_{B1} \mathbin{/\mkern-5mu/} R_{B2}}{1 + \beta}\right)C_E}$$

$$= \frac{1}{2\pi\left(1 \mathbin{/\mkern-5mu/} \dfrac{1.24 + 2 \mathbin{/\mkern-5mu/} 7.5 \mathbin{/\mkern-5mu/} 2.5}{1 + 100}\right) \times 50}\text{Hz}$$

$$\approx 148.88\text{ Hz}$$

由于 $f_{L3} \gg f_{L1} > f_{L2}$，因此

$$f_L \approx f_{L3} = 148.88\text{ Hz}$$

（3）估算上限频率 f_H。

本例高频混合 π 型等效电路与图 5.17(a) 类同，图中：

$$C_\pi \approx \frac{g_m}{2\pi f_T} = \frac{87.79}{2\pi \times 100}\text{pF} \approx 139.79\text{ pF}$$

$$K = \frac{\dot{U}_{ce}}{\dot{U}_{b'e}} = \frac{-g_m \dot{U}_{b'e} R_L'}{\dot{U}_{b'e}} = -g_m R_L'$$

$$C_\pi' = C_\pi + (1 - K)C_\mu = C_\pi + (1 + g_m R_L')C_\mu$$
$$= [139.79 + (1 + 87.79 \times 1) \times 4]\text{ pF} = 494.95\text{ pF}$$

$$C_\mu' = \frac{K - 1}{K}C_\mu = \frac{g_m R_L' + 1}{g_m R_L'}C_\mu = \frac{87.79 \times 1 + 1}{87.79 \times 1} \times 4\text{ pF} \approx 4.05\text{ pF}$$

$$R = r_{b'e} \mathbin{/\mkern-5mu/} (r_{bb'} + R_s \mathbin{/\mkern-5mu/} R_{B1} \mathbin{/\mkern-5mu/} R_{B2})$$
$$= 1.14 \mathbin{/\mkern-5mu/} (0.01 + 2 \mathbin{/\mkern-5mu/} 7.5 \mathbin{/\mkern-5mu/} 2.5)\text{k}\Omega \approx 0.55\text{ k}\Omega$$

则输入回路的时间常数为

$$\tau_{H1} = RC_\pi' = 0.55\text{ k}\Omega \times 494.95\text{ pF} \approx 272.22 \times 10^{-9}\text{ s}$$

则

$$f_{H1} = \frac{1}{2\pi\tau_{H1}} = \frac{1}{2\pi \times 272.22 \times 10^{-9}\text{ s}} \approx 0.59\text{ MHz}$$

输出回路的时间常数为

$$\tau_{H2} = R_L'C_\mu' = 1\text{ k}\Omega \times 4.05\text{ pF} = 4.05 \times 10^{-9}\text{ s}$$

则

$$f_{H2} = \frac{1}{2\pi\tau_{H2}} = \frac{1}{2\pi \times 4.05 \times 10^{-9}\text{ s}} \approx 39.32\text{ MHz}$$

总的上限频率为

$$\frac{1}{f_{\mathrm{H}}} \approx 1.1\sqrt{\frac{1}{f_{\mathrm{H1}}^2}+\frac{1}{f_{\mathrm{H2}}^2}} = 1.1\sqrt{\frac{1}{0.59^2}+\frac{1}{39.32^2}} \approx 1.86 \times 10^{-6}\ \mathrm{s}$$

$$f_{\mathrm{H}} = \frac{1}{1.86 \times 10^{-6}\ \mathrm{s}} \approx 0.54\ \mathrm{MHz}$$

§5.6　放大电路的阶跃响应

前面我们分析放大电路时以正弦波作为放大电路的基本测试信号,研究放大电路在输入不同频率的正弦信号作用下的频率响应,这种分析方法称为频域法。它的优点是分析简单,实际测试方便;缺点是用幅频响应和相频响应不能直观地确定放大电路的波形失真,也难以选择使波形失真达到最小的电路参数。为此在实际中我们也经常采用阶跃信号作为输入测试信号,研究放大电路的输出波形随时间变化的情况,称为放大电路的阶跃响应,这种分析方法称为时域法。它的优点是可以很直观地判断放大电路的波形失真,缺点是分析过程比较复杂,尤其是在分析复杂电路和多级放大电路时更为突出。下面我们介绍放大电路的阶跃响应。

5.6.1　阶跃信号

由于放大电路的阶跃响应是以阶跃信号为放大电路的输入信号,因此有必要先了解一下阶跃信号。图 5.20 所示为一个阶跃电压信号,其表达式为

$$u(t) = \begin{cases} 0, & t < 0 \\ U, & t \geqslant 0 \end{cases} \qquad (5.53)$$

由图 5.20 可见阶跃电压信号中既有变化速度很快的部分,又有变化速度很慢的部分。如果放大电路在这样的输入信号作用下的输出电压的上升沿很陡直,顶部也很平坦,说明放大电路既可以很好地放大变化极快的信号,又可以放大变化缓慢的信号。因此

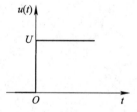

图 5.20　阶跃电压信号

用阶跃电压信号作为基本测试信号,可以很好地反映放大电路的波形失真情况。

5.6.2　单级放大电路的阶跃响应

当把阶跃电压信号加到放大电路的输入端时,由于放大电路中电抗元件的影响,输出电压跟不上输入电压的变化,即波形会产生失真。为了描述输出波形的失真情况,我们用上升时间 t_{r} 和平顶降落 δ 来表示。在求解这两个参数时,可以采用等效电路,并根据工作情况不同将其简化,同时把这两个参数与放大电路的频率参数——通频带联系起来。

1) 上升时间 t_{r}

阶跃信号的上升部分是信号变化速度较快的部分,它可以与高频信号相对应,相当于放大电路工作在高频区。所以可以利用 RC 低通电路来模拟,如图 5.21(a)所示。输入信号 $u_{\mathrm{s}}(t)$ 为阶跃信号,由 RC 低通电路可推出

$$u_{\mathrm{o}}(t) = U_{\mathrm{S}}(1-\mathrm{e}^{-\frac{t}{RC}}) \qquad (5.54)$$

式中：U_S 是阶跃信号平顶部分电压值。式(5.54)为 RC 低通电路的阶跃响应，也就是输出电压 u_o 在上升阶段与时间的关系，关系曲线如图 5.21(b)所示。

由图 5.21(b)可知，输入电压 u_s 是在 $t=0$ 时突然上升到最终值的，而输出电压是按指数规律上升的，需要经过一定的时间才能上升到最终值。这种现象称为前沿失真。我们定义上升时间 t_r 来表示前沿失真，上升时间 t_r 是指输出电压从最终值的 10% 上升到 90% 所需的时间，如图 5.21 所示，它与时间常数 RC 有关。

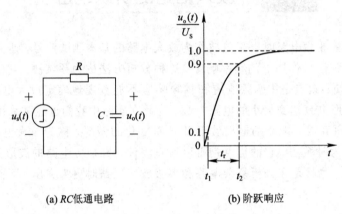

(a) RC低通电路　　　　　(b) 阶跃响应

图 5.21　RC 低通电路的阶跃响应

由式(5.54)可得

$$\frac{u_o(t_1)}{U_S}=1-e^{-\frac{t_1}{RC}}=0.1$$

则

$$e^{-\frac{t_1}{RC}}=0.9$$

而

$$\frac{u_o(t_2)}{U_S}=1-e^{-\frac{t_2}{RC}}=0.9$$

则

$$e^{-\frac{t_2}{RC}}=0.1$$

由此可得

$$\frac{e^{-\frac{t_1}{RC}}}{e^{-\frac{t_2}{RC}}}=\frac{0.9}{0.1}=9$$

两边取对数，整理后得

$$t_r=t_2-t_1=(\ln9)RC$$

由式(5.5)知，$f_H=\dfrac{1}{2\pi RC}$，代入上式可得

$$t_r=\frac{0.35}{f_H}\qquad 或 \qquad t_r f_H=0.35 \tag{5.55}$$

式(5.55)说明上升时间 t_r 与上限频率 f_H 成反比，f_H 越高，则上升时间愈短，前沿失真越小。说明放大电路能真实地放大变化很快的电压信号，也就是可以放大高频正弦波信

号。例如，当某放大电路的通频带为 1 MHz 时，其前沿上升时间 $t_{\mathrm{r}}=0.35\ \mu\mathrm{s}$。

　　2）平顶降落 δ

　　阶跃信号的平顶部分是信号变化速度较慢的部分，它可以与低频信号相对应，相当于放大电路工作在低频区。所以可以利用 RC 高通电路来模拟，如图 5.22(a) 所示。由 RC 高通电路可推出

$$u_{\mathrm{o}}(t)=U_{\mathrm{S}}\mathrm{e}^{-\frac{t}{RC}} \tag{5.56}$$

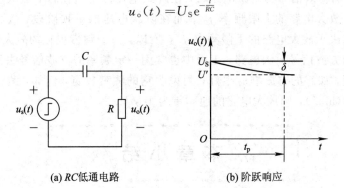

(a) RC低通电路　　　　　　(b) 阶跃响应

图 5.22　RC 高通电路的阶跃响应

　　输出电压 u_{o} 与时间 t 的关系曲线如图 5.22(b) 所示。式(5.56)说明由于电容 C 的影响，输出电压是按指数规律下降的，下降速度取决于时间常数 RC，这种现象称为平顶降落 δ。平顶降落 δ 是指在规定的时间 t_{p} 内，输出电压比最终值下降的百分数，即

$$\delta=\frac{U_{\mathrm{S}}-U'}{U_{\mathrm{S}}}\times100\% \tag{5.57}$$

　　由式(5.56)可得

$$U'=U_{\mathrm{S}}\mathrm{e}^{-\frac{t_{\mathrm{p}}}{RC}}$$

当 $t_{\mathrm{p}}\ll RC$ 时，有

$$U'\approx U_{\mathrm{S}}\Big(1-\frac{t_{\mathrm{p}}}{RC}\Big)$$

考虑到 $f_{\mathrm{L}}=\dfrac{1}{2\pi RC}$，代入式(5.57)则有

$$\delta=\frac{t_{\mathrm{p}}}{RC}\times100\%=2\pi f_{\mathrm{L}}t_{\mathrm{p}}\times100\% \tag{5.58}$$

　　由此可见，平顶降落 δ 与低频下限频率 f_{L} 成正比，f_{L} 越低，平顶降落 δ 越小。说明放大电路能很好地放大变化很慢的电压信号，也就是可以放大低频正弦波信号。

　　如果输入电压 $u_{\mathrm{s}}(t)$ 是一个方波信号，则 t_{p} 代表方波的半个周期，即 $t_{\mathrm{p}}=\dfrac{T}{2}=\dfrac{1}{2f}$，$U_{\mathrm{S}}$ 代表输出方波信号的峰值，f 是方波信号的频率，输出电压 $u_{\mathrm{o}}(t)$ 的波形如图 5.23 所示。则平顶降落 δ 为

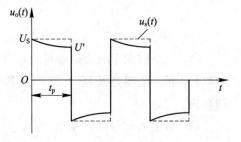

图 5.23　输入为方波信号时的输出波形

$$\delta = \frac{\pi f_L}{f} \times 100\% \qquad (5.59)$$

若放大器的输入信号是频率为 50 Hz 的方波,而要求平顶降落不超过 10%,则放大器的下限频率 f_L 不能高于 1.6 Hz。

从本节的分析可知,时域法和频域法虽然是两种不同的方法,但它们有着内在的联系,当放大电路的输入信号为阶跃电压时,在阶跃电压的上升阶段,放大电路输出电压的上升时间取决于放大电路的上限频率 f_H;而在阶跃电压的平顶阶段,放大电路输出电压的平顶降落又取决于放大电路的下限频率 f_L。所以,一个频带很宽的放大电路,同时也应该是一个很好的方波信号放大电路。工程中也常用一定频率的方波信号去测试宽频带放大电路的频率响应,如它的方波响应很好,则说明它的频带较宽。例如,测得上升时间 $t_r = 0.35\ \mu s$,根据式(5.55),则放大电路的通频带为 1 MHz。

本章小结

1. 频率响应

频率响应和通频带是衡量放大器性能的重要指标。由于放大电路中存在电抗性元件,会引起频率失真,因此要求放大电路的通频带要略大于放大信号所占据的频带。

2. 分析方法

高频区三极管的极间电容和接线电容不容忽视,可以用混合 π 型等效电路分析放大电路的高频响应;低频区应考虑放大电路的耦合电容和旁路电容的影响,用含电容的低频等效电路分析放大电路的低频响应,两者分别可以用 RC 低通电路和 RC 高通电路来模拟。

3. 频率法和时域法

频域法和时域法是分析放大电路的两种不同的方法,二者存在内在联系,上升时间与上限频率相对应,平顶降落与下限频率相对应,它们之间可以进行换算。

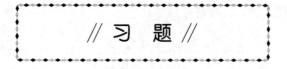

习 题

5.1 填空

(1) 电路的频率响应是指对于不同频率的输入信号放大倍数的变化情况。高频时放大倍数的下降,主要是因为_____的影响;低频时放大倍数的下降,主要是因为_____的影响。

(2) 当输入信号的频率为 f_L 或 f_H 时,放大倍数的幅值约下降为中频时的_____,或者是下降了_____dB。此时与中频时相比,放大倍数的附加相移约为_____。

5.2 若某放大电路的电压放大倍数为 100,则相应的对数电压增益是多少分贝(dB)?另一放大电路的对数电压增益为 80 dB,则相应的电压放大倍数为多少?

5.3　已知某放大电路电压放大倍数的表达式为

$$\dot{A}_u = 100 \frac{\mathrm{j}\dfrac{f}{50}}{\left(1+\mathrm{j}\dfrac{f}{50}\right)\left(1+\mathrm{j}\dfrac{f}{10^5}\right)} \quad (\text{式中 } f \text{ 的单位为 Hz})$$

试求该电路的上、下限频率，中频电压增益的分贝数，输出电压与输入电压在中频区的相位差，并画出波特图。

5.4　一单级阻容耦合共发射极放大电路的通频带是 50 Hz～50 kHz，中频电压增益为 40 dB，最大不失真交流输出电压范围是 $-3\sim+3$ V。

(1) 若输入信号为 $u_\mathrm{i}=10\sin(4\pi\times10^3 t)\,\mathrm{mV}$，输出波形是否会产生频率失真和非线性失真？若不失真，则输出电压的峰值是多大？$\dot{U}_\mathrm{o}$ 与 $\dot{U}_\mathrm{i}$ 间的相位差是多少？

(2) 若输入信号为 $u_\mathrm{i}=40\sin(4\pi\times25\times10^3 t)\,\mathrm{mV}$，重复回答(1)中的问题。

(3) 若输入信号为 $u_\mathrm{i}=10\sin(4\pi\times50\times10^3 t)\,\mathrm{mV}$，输出波形是否会失真？

(4) 若输入信号为 $u_\mathrm{i}=10\sin(4\pi\times10^3 t)\,\mathrm{mV}+10\sin(4\pi\times50\times10^3 t)\,\mathrm{mV}$，输出波形是否会失真？

5.5　一高频三极管，在 $I_\mathrm{C}=1.5$ mA 时，测出其低频 H 参数为：$r_\mathrm{be}=1.1$ kΩ，$\beta_0=50$，特征频率 $f_\mathrm{T}=100$ MHz，$C_\mu=3$ pF，试求混合 π 型参数 g_m、$r_\mathrm{b'e}$、$r_\mathrm{bb'}$、C_π、f_β。

5.6　放大电路如图 5.24 所示，设 $r_\mathrm{bb'}=200$ Ω，$r_\mathrm{b'e}=1.2$ kΩ，$g_\mathrm{m}=40$ mA/V，$C_\pi'=1000$ pF。试：

(1) 画出放大电路的简化混合 π 型等效电路；

(2) 计算中频区电压放大倍数 $|\dot{A}_{usm}|$；

(3) 计算下限频率 f_L 和上限频率 f_H。

5.7　分压式偏置放大电路如图 5.25 所示，三极管的参数为：$\beta=40$，$C_\mu=3$ pF，$C_\pi=100$ pF，$r_\mathrm{bb'}=100$ Ω，$r_\mathrm{b'e}=1$ kΩ，试：

(1) 画出该放大电路的高频混合 π 型等效电路；

(2) 计算中频区电压放大倍数 $\dot{A}_{usm}$；

(3) 计算下限频率 f_L 和上限频率 f_H。

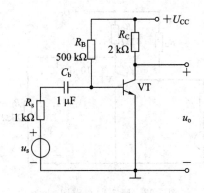

图 5.24　题 5.6 电路图

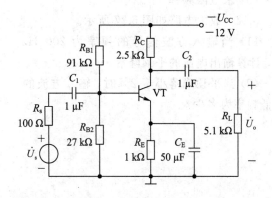

图 5.25　题 5.7 电路图

5.8　共源极放大电路如图 5.26 所示，
已知结型场效应管的参数为：$I_{DSS}=8$ mA，
$U_P=-4$ V，$r_d=\infty$，$C_{gs}=4$ pF，$C_{dg}=$
2 pF，$C_{ds}=0.5$ pF。试：

（1）画出该放大电路高频混合 π 型等效
电路；

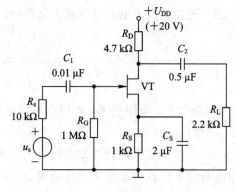

图 5.26　题 5.8 电路图

（2）计算中频区电压放大倍数$\dot{A}_{usm}$；

（3）计算下限频率 f_L 和上限频率 f_H。

5.9　两个放大电路的下限频率均为
100 Hz，上限频率为 10 MHz，用它们组成
两级放大电路，其总的下限频率 f_L 和上限频率 f_H 为多少？

5.10　已知一个两级放大电路的各级电压放大倍数分别为

$$\dot{A}_{u1}=-100\ \frac{\mathrm{j}\dfrac{f}{10}}{\left(1+\mathrm{j}\dfrac{f}{10}\right)\left(1+\mathrm{j}\dfrac{f}{10^5}\right)},$$

$$\dot{A}_{u2}=-100\ \frac{\mathrm{j}\dfrac{f}{50}}{\left(1+\mathrm{j}\dfrac{f}{50}\right)\left(1+\mathrm{j}\dfrac{f}{10^5}\right)}（式中\ f\ 的单位为\ Hz）$$

试求该电路的上、下限频率，中频电压增益的分贝数，并画出波特图。

5.11　某多级直接耦合放大电路由三级放大电路串联组成，设每级中频电压放大倍数
为 −10，且输入阻抗均大于输出阻抗，若$\dot{A}_{u1}$的上限频率为 $f_{H1}=1$ kHz，$\dot{A}_{u2}$的上限频率为
$f_{H2}=10$ kHz，$\dot{A}_{u3}$的上限频率为 $f_{H3}=1$ MHz。试：

（1）写出总的电压放大倍数$\dot{A}_u$的表达式；

（2）画出$\dot{A}_u$的波特图；

（3）求上限频率 f_H。

5.12　放大电路如图 5.27 所示。

（1）当输入方波信号的频率为 200 Hz
时，计算输出电压的平顶降落；

（2）当平顶降落小于 2% 时，输入方波的
最低频率为多少？

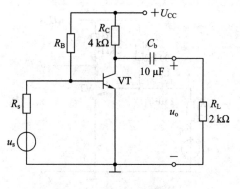

图 5.27　题 5.12 电路图

第 6 章 　放大电路中的反馈

内容提要：首先，介绍反馈的定义及基本概念，反馈的判断方法，以及交流负反馈的四种基本组态。其次，分析负反馈对放大电路性能的影响，以及深度负反馈条件下放大倍数的近似估算。最后，讨论负反馈放大电路的稳定问题。

学习提示：掌握反馈的基本概念是前提，弄清分类与判别方法是关键，熟悉负反馈对放大电路性能的影响是目的。

§6.1 　反馈的基本概念与判别方法

6.1.1 　反馈的基本概念

1. 反馈

在系统中，将电路的输出量(电压或电流)的一部分或全部，通过一定的网络(称为反馈网络)回送到电路的输入回路，与外部输入信号叠加，共同参与放大电路的输入控制作用，称之为反馈。

应用反馈来改善放大电路的性能，是电子电路中普遍应用的手段。在前面的章节中，已多次遇到反馈的不同存在形式。例如，为了稳定放大电路的静态工作点，曾讨论了分压偏置式工作点稳定电路：通过在晶体管发射极接入电阻 R_E，并固定其基极电压 U_B，以及输出电流 I_C 在发射极电阻 R_E 上所形成的电压变化来调节输入量 U_{BE}($U_{BE} \approx U_B - R_E I_E$)，以达到稳定 I_{CQ} 的目的。这种是人为改变电路结构，使得电路产生的反馈，称之为外部反馈，外部反馈可按人们的意图来设置。因此，本章重点讨论人为引入的反馈形式及其对电路性能所产生的影响。

2. 正反馈与负反馈

从反馈的定义可知，反馈信号与输入信号叠加，共同参与放大电路的输入控制作用，因此，反馈的效果不仅与反馈信号的大小有关，而且与其极性有关。通常人们规定，若反馈使放大电路的净输入信号增大，则称其为正反馈；若反馈使放大电路的净输入信号减小，则称其为负反馈。

放大电路的输出量与净输入量有关，当净输入信号增大时，其输出信号的变化量亦增大，反之亦然。因此，正反馈使放大电路输出量的变化增大，负反馈使放大电路的输出量变化减小。这表明正负反馈不仅可从净输入量的变化来判别，而且可从引入反馈后输出量的变化来判别。

3. 直流反馈与交流反馈

放大电路的特点之一是交、直流共存，且交、直流的作用不同。在放大电路的分析中，通常对交、直流是区别对待的，反馈也存在直流反馈和交流反馈。在放大电路的直流通道中存在的反馈称为直流反馈。通常在放大电路中引入直流负反馈用于稳定放大电路的静态工作点。

在放大电路的交流通路中存在的反馈称为交流反馈。放大电路中常引入交流负反馈用于改善放大电路的动态性能。交流负反馈是本章讨论的重点。

4. 级间反馈与级内反馈

在多级放大电路中，如果反馈只发生于某一级电路之内，则称为级内反馈。

如果反馈网络跨越多级，则称为级间反馈。在多级电路中，级间反馈的作用要强于级内反馈。

6.1.2　反馈的判断

1. 有无反馈的判断

分析反馈放大电路时，首先应会正确判别一个放大电路中是否存在反馈，若存在，则其是正反馈还是负反馈，是直流反馈还是交流反馈。

判别一个放大电路中有无反馈的关键是看这个电路中是否存在将输出量回送到输入回路的通路，即反馈网络。若电路中存在联系输出量与输入回路的反馈网络，则这个电路存在反馈。实际中，判别有无反馈存在可与判别交、直流反馈结合进行，具体方法是分别作出所给电路的直流通路和交流通路，若直流通路中存在联系输出量与输入回路的反馈网络，则这个放大电路存在直流反馈；若交流通路中存在反馈网络，则这个放大电路存在交流反馈。

例如，对于如图 6.1(a)所示电路，由于其输入端和输出端并无任何联系，因此没有反馈；在图 6.1(b)所示电路中，电阻 R_2 连接了反相输入端和输出端，因此存在反馈；在图 6.1(c)所示电路中，电阻 R 的左端是直接接地的，因此也不存在反馈。

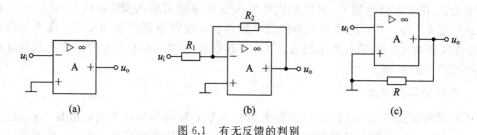

图 6.1　有无反馈的判别

2. 正、负反馈的判断

当确定一个放大电路存在反馈之后，为了进一步分析反馈对放大电路性能的影响，还必须判别此反馈是正反馈还是负反馈。判别反馈极性的基本方法是瞬时极性法。

设想在放大电路的输入端接入一变化的信号，规定其在某一时刻对地（参考点）的极性，并以此为依据，根据各种放大电路基本单元电路输入输出的相位关系，逐级判断电路中各相关点的电位极性（或电流的流向），从而得出输出信号的极性；根据输出信号的极性再由反馈网络判别反馈信号的极性，若反馈信号使基本放大电路的净输入信号减小，则说明引入的是负反馈；若反馈信号使基本放大电路的净输入信号增大，则说明引入的是正反馈。

在图 6.2(a)所示电路中，由于 R_f 联系输出端与输入回路，所以电路中存在反馈，它既有直流反馈又有交流反馈。设输入电压 u_i 的瞬时极性对地为＋，则运放同相输入端电位为＋。依据运放同相输入端的定义，推得输出电压 u_o 对地极性为＋；u_o 经 R_f 和 R_1 分压使 R_1 上电压的极性对地为 ⊕（为区别反馈信号与原输入信号各自对电路中有关电位极性的不同影响，加圆以示区别），由图 6.2(a)可见 $u_d = u_i - u_f$，故反馈的结果使运放的净输入信号减小，所以图 6.2(a)电路中引入的是负反馈。

正负反馈也可利用瞬时极性法来推断电路中某一点电位极性在输入信号和反馈信号作用下的异同来判别。如在图 6.2(b)中，R_f 联系着输出端与输入回路，因此，可确定此电路中存在反馈。设输入电压 u_i 的瞬时极性对地为"＋"，则运放反相输入端电压对地极性为"＋"，而输出电压 u_o 对地极性为"－"；u_o 经 R_f 和 R_1 分压，使 R_1 上的电压 u_f 对地极性为 ⊖。反馈信号加到运放的同相输入端，因此，反馈信号作用到输出电压 u_o 的对地极性为 ⊖。从输出端来看，原输入信号和反馈信号作用的效果相同，即反馈的结果使 u_o 的变化量加大，因此，此电路引入的是正反馈。

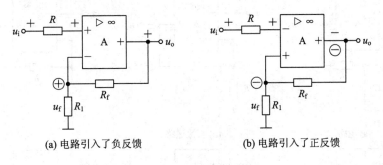

(a) 电路引入了负反馈　　　　　　　　(b) 电路引入了正反馈

图 6.2　反馈极性的判别（一）

图 6.3 为一两级放大电路，由图中可见，电阻 R 联系着输出回路与输入回路，故此电路存在交流反馈。设输入电压 u_i 的瞬时极性对地为"＋"，则 u_{o1} 对地极性为"＋"，u_{i2} 对地极性为"＋"，u_o 对地极性为"－"。对于电阻 R，左端为正，右端为负，那么必然形成一个从左向右的电流 i_f，对输入电流产生分流作用，使得净输入电流 i_d 变小，故可确定此电路引入了交流负反馈。

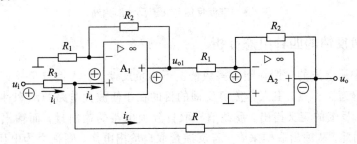

图 6.3　反馈极性的判别（二）

在利用瞬时极性法判断反馈时，当反馈信号和输入信号加在不同的输入端上时，以电压的形式进行判断；当反馈信号和输入信号加在同一个输入端上时，以电流的形式进行判断。在反馈极性的判别中，交、直流通路是前提，正确标注电路中相关点的相对瞬时极性是关键，净输入信号增加或减小（输出量变化范围增大或者减小）是判断正、负反馈的依据。

3. 直流反馈和交流反馈的判断

根据直流反馈和交流反馈的定义，可以通过反馈存在于放大电路的直流通路中还是交流通路中，来判断电路引入的是直流反馈还是交流反馈。

在如图 6.4(a) 所示电路中，已知电容对交流信号可视为短路，对直流量可视为开路。作直流通路如图 6.4(b) 所示，R_f 将集成运放的输出端和反相输入端相连接，故放大电路引入了直流负反馈。作交流通路如图 6.4(c) 所示，在交流通路中不存在连接输出回路与输入回路的通路，故电路不存在交流反馈。

在如图 6.4(d) 所示电路中，已知电容对交流信号可视为短路，对直流量可视为开路，其直流通路如图 6.4(e) 所示，在直流通路中不存在连接输出回路与输入回路的通路，故放大电路没有直流负反馈。作交流通路如图 (f) 所示，R_f 将集成运放的输出端和反相输入端相连接，故电路引入了交流反馈。

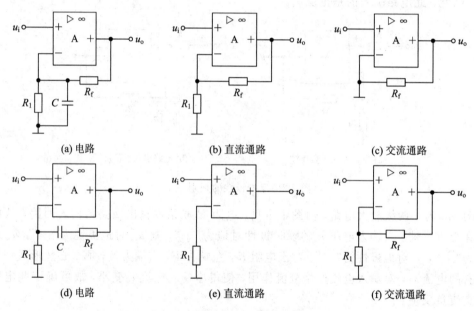

图 6.4　直流反馈与交流反馈的判断

6.1.3　交流负反馈的四种组态分析

放大电路中所引入的反馈在绝大多数情况下为负反馈。引入直流负反馈的目的在于稳定放大电路的静态工作点，引入交流负反馈的目的在于使放大电路的动态性能朝着人们希望的方向改善。反馈的定义指出，反馈信号取自放大电路的输出量，而输出量有电压或电流两种形式。因此，从输出取样来看，若反馈量取自输出电压，则称之为电压反馈；若反馈量取自输出电流，则称之为电流反馈。反馈定义中还指出，反馈信号与输入信号叠加共同参与对基本放大电路输入的控制作用，此处所指的信号叠加可以是电压信号叠加，也可以是电流信号叠加。若是电压信号叠加，则称之为串联反馈；若是电流信号叠加，则称之为并联反馈。这样一来，根据输入端和输出端的不同，交流负反馈共有四种组合形式，即四种组态，分别是电压串联负反馈、电压并联负反馈、电流串联负反馈、电流并联负反馈。不同的反馈组态对放大电路性能的影响亦不同。

因此，正确认识并判别各种反馈组态，是讨论交流负反馈对放大电路性能影响的前提。下面首先通过具体例子认识四种反馈组态及其方框图表示，然后介绍反馈组态的判别方法。

1. 电压串联负反馈

图 6.5(a)所示是一典型的电压串联负反馈放大电路，从输出端看，反馈信号取自输出电压端，注意到运放为理想运放，故有 $u_f = \dfrac{R_1}{R_1 + R_f} u_o$。令 $F_u = \dfrac{R_1}{R_1 + R_f}$，则 $u_f = F_u u_o$，此式说明反馈信号正比于输出电压，这是电压反馈的一个重要特征。从输入回路看，u_i、u_d、u_f 三者的关系可表示为 $u_i = u_d + u_f$，此式表明在输入回路中，反馈信号与输入信号的相互关系可用电压的代数和表示，这是串联反馈的一个重要特征。

从图 6.5(a)这一典型的电压串联负反馈放大电路及上述分析过程可概括出电压串联负反馈放大电路的一般形式，如图 6.5(b)所示。图中方框 A 表示基本放大电路，即负反馈放大电路除去反馈作用但考虑反馈网络的负载效应时所得到的放大电路。方框 F 代表反馈网络，此方框图反映了电压串联负反馈的基本特征。

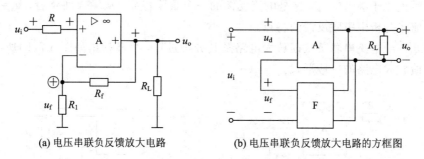

(a) 电压串联负反馈放大电路　　　　　(b) 电压串联负反馈放大电路的方框图

图 6.5　电压串联负反馈放大电路及其方框图

对于图 6.5 所示电路，设 u_i 一定，当某种因素使 u_o 减小时，u_f 也相应地减小，则 $u_d = u_i - u_f$ 增大，基本放大电路的净输入电压增大，u_o 随之增大，其结果是使 u_o 趋于稳定。这一过程可表示如下：

$$u_o \downarrow \longrightarrow u_f \downarrow \xrightarrow{\ u_i \text{一定}\ } u_d \uparrow$$
$$u_o \uparrow$$

上述分析过程说明电压负反馈可稳定输出电压，这是电压负反馈的基本特点。

2. 电压并联负反馈

图 6.6(a)所示为一典型的电压并联负反馈放大电路。从输出端看，反馈信号取自输出电压端，注意运放为理想运放，故有 $i_f = -\dfrac{u_o}{R_f}$。令 $F_G = -\dfrac{1}{R_f}$，则 $i_f = F_G u_o$，此式表明反馈信号正比于输出电压。从输入端看，$i_i = i_d + i_f$，即反馈信号与输入信号的相互关系可用电流的代数和表示，这是并联反馈的一个重要特征。

从图 6.6(a)这一典型的电压并联负反馈放大电路及其分析过程可概括出电压并联负反馈放大电路的一般形式，如图 6.6(b)所示，为了突出在输入电路中反馈电流与输入电流相叠加这一特点，输入信号采用了电流源形式。

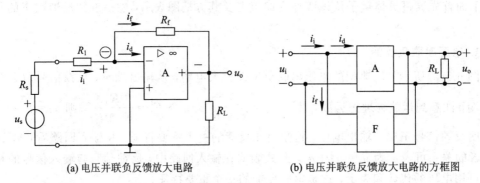

(a) 电压并联负反馈放大电路　　　　(b) 电压并联负反馈放大电路的方框图

图 6.6　电压并联负反馈放大电路及其方框图

3. 电流串联负反馈

图 6.7(a)所示为电流串联负反馈放大电路，通过负载电阻 R_L 的电流 i_o 作用于 R_f，形成反馈。注意到运放为理想运放，所以有 $u_f = R_f \cdot i_o$。令 $F_R = R_f$，则 $u_f = F_R \cdot i_o$，此式表明反馈信号正比于输出电流，这是电流反馈的一个重要特征。从输入回路看，$u_i = u_d + u_f$，它体现了前述分析中串联反馈的特点。

从图 6.7(a)电流串联负反馈放大电路及其分析过程，可概括出如图 6.7(b)所示的电流串联负反馈放大电路的一般形式。

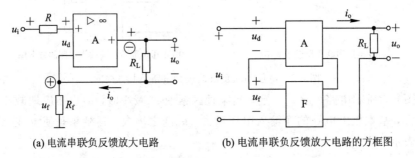

(a) 电流串联负反馈放大电路　　　　(b) 电流串联负反馈放大电路的方框图

图 6.7　电流串联负反馈放大电路及其方框图

对于图 6.7 所示电路，设 u_i 一定，当某种因素使 i_o 增大时，u_f 也随之增大，则 $u_d = u_i - u_f$ 减小，基本放大电路的净输入信号减小，引起 i_o 减小，其结果是使 i_o 趋于稳定，这一调节过程也可表示如下：

上述分析过程说明：电流负反馈稳定输出电流，这是电流负反馈的一个重要特点。

应该指出的是，上述分析中采用了理想运放作放大器件，由于理想运放的净输入电流为 0，这给反馈量的计算带来方便，且确实体现了反馈网络仅传输反馈信号这一本质，但理想运放净输入信号为 0（$u_+ = u_-$，$i_d = 0$）却给负反馈调节净输入量变化的解释带来不便。对此问题可采用下述处理方法：说明定性概念时，宜考虑实际运放的具体情况；进行定量计算时，可采用理想化模型（此处重要的是通过具体例子来理解负反馈的基本概念）。

4. 电流并联负反馈

图 6.8(a) 所示为两级电流并联负反馈放大电路。当忽略 u_{be1} 及 i_{b2} 时，有 $i_f \approx -\dfrac{R_{e2}}{R_{e2} + R_f} i_o$。

令 $F_i = -\dfrac{R_{e2}}{R_{e2} + R_f}$，则 $i_f \approx F_i \cdot i_o$，可见反馈信号与输出电流成正比，它体现了电流反馈的特点。由输入电路可见，$i_b = i_i - i_f$，即反馈信号与输入信号可用电流的代数和表示，这体现了并联反馈的特点。

由图 6.8(a) 所示两级电流并联负反馈放大电路及其分析过程，可概括出如图 6.8(b) 所示两级电流并联负反馈放大电路的一般形式。

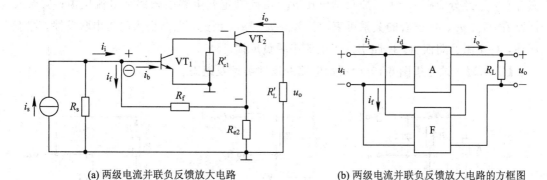

(a) 两级电流并联负反馈放大电路　　　　　　(b) 两级电流并联负反馈放大电路的方框图

图 6.8　两级电流并联负反馈放大电路及其方框图

放大电路中的交流负反馈有电压串联、电压并联、电流串联、电流并联四种连接形式。电压反馈时反馈量与输出电压成正比，反馈的效果能够稳定输出电压；电流反馈时反馈量与输出电流成正比，反馈的效果能够稳定输出电流。串联反馈在电路连接关系上使输入电路形成一个回路，输入电压、反馈电压、净输入电压之间的关系可用电压方程式表示；并联反馈使输入电流、反馈电流、净输入电流通过一个节点进行叠加，三者的关系可用电流方程式表示。从分析过程中对输入量的要求来看，当信号源为电压源且内阻较小时，适合采用串联反馈；当信号源为电流源且内阻较大时，适合采用并联反馈。

【**例 6.1**】 试分析图 6.9(a) 所示电路的反馈类型和组态。

解　由图 6.9(a) 分别作其直流通路和交流通路，如图 6.9(b)、图 6.9(c) 所示。在图 6.9(b) 所示直流通路中，R_3 将输出回路与输入回路相连接，因此，电路中引入了直流反馈。由图 6.9(c) 所示交流通路可见，R_3 连接输出回路与输入回路，因此，此电路存在交流反馈。实际上，此电路的交流和直流反馈由同一反馈网络实现。

利用瞬时极性法判别反馈极性的过程如下：设输入电压 u_i 对地极性为 $+$，此电压加到运放同相输入端，故运放输出电压 u'_o 对地极性为 $+$，三极管 VT 发射极电压对地为 $+$，经 R_3 反馈到运放反相输入端对地极性为 $\oplus$，此反馈电压使运放输出电压 u'_o 对地极性为 $\ominus$，可见反馈信号和输入信号的作用使 u'_o 的变化方向相反，故此电路引入了负反馈，判别过程中各点的电位极性如图 6.9(c) 所示。

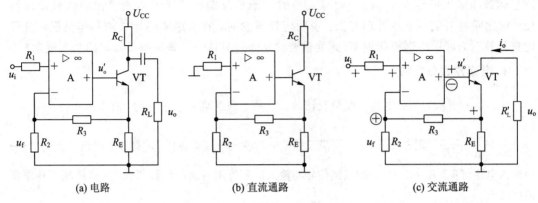

(a) 电路　　　　　　　　(b) 直流通路　　　　　　　　(c) 交流通路

图 6.9　例 6.1 电路图

从输出端看，当设想 R'_L 短路时，$u_o = 0$，但输出电流 i_o 受三极管的基极电流 i_b 控制仍然存在，i_o 经分流在 R_2 上形成反馈电压 u_f，由此判定此电路引入的为电流反馈；从输入回路看，u_i、u_d、u_f 三者的关系可表示为 $u_d = u_i - u_f$，因此，电路引入的为串联反馈。综上所述，对交流通路而言，电路引入了电流串联负反馈。

【例 6.2】　试分析图 6.10(a)所示电路的反馈类型及组态。

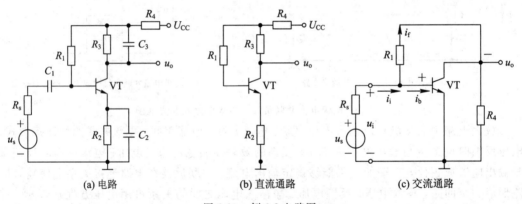

(a) 电路　　　　　　　　(b) 直流通路　　　　　　　　(c) 交流通路

图 6.10　例 6.2 电路图

解　由图 6.10(a)分别作其直流通路和交流通路，如图6.10(b)、图 6.10(c)所示。在图 6.10(b)所示直流通路中，R_2 将输出回路与输入回路相连接，因此，电路中引入了直流反馈。由图 6.10(c)所示交流通路可见，R_1 连接输出回路与输入回路，因此，此电路存在交流反馈。

利用瞬时极性法判别反馈极性的过程如下：设输入电压 u_i 对地极性为＋，此时电压加到晶体管的基极输入端，故晶体管的基极输入端对地极性为＋，晶极管 VT 集电极电压对地极性为－，则流过 R_2 的电流即为反馈电流 i_f，方向为从下到上，晶体管的净输入电流 $i_b = i_i - i_f$ 减小，故此电路引入了负反馈，判别过程中各点的电位极性如图 6.10(c)所示。

方法 1：由图 6.10(c)所示，从输出端看，当设想 R_4 对地短路时，$u_o = 0$，此时 R_1 右端接地，另一端接基极 b，输出回路和输入回路不存在联系，反馈消失，由此判定该电路引入的为电压反馈；从输入回路看，i_i、i_b、i_f 三者的关系可表示为 $i_b = i_i - i_f$，因此，电路引入的为并联反馈。综上所述分析，对交流通路而言，电路引入了电压并联负反馈。

方法 2：由图 6.10(c)可知，反馈支路 R_1 的反馈量来自输出电压 u_o，由此判定该电路引入的为电压反馈；从输入回路看，输入信号 u_s 接入晶体管的基极，反馈支路 R_1 也接入晶体管的基极，输入信号和反馈信号接在同一个电极基极上，因此，电路引入的为并联反馈。综上所述，对交流通路而言，电路引入了电压并联负反馈。

对于由分立元件组成的负反馈放大电路，反馈组态的判别除上述一般方法外，实际中，也可利用下述规律。具体作法是：判别是电压反馈还是电流反馈，可由反馈支路是从输出级三极管的集电极还是发射极引入来判别，若输出电压从集电极引出，此时，反馈由集电极引出为电压反馈，反馈由发射极引出则为电流反馈；若输出电压从发射极引出，此时，反馈由集电极引出为电流反馈，反馈由发射极引出则为电压反馈。判别是串联反馈还是并联反馈，可由反馈支路引到输入级三极管的那个电极来判别，输入信号加到输入级三极管的基极，若反馈引到三极管的发射极，则为串联反馈；若反馈引到三极管的基极，则为并联反馈。在差动放大电路中，有两个输入端，若输入信号与反馈信号同时加到其中一个三极管的基极，则为并联反馈；若输入信号加到差动输入级的一个三极管基极，反馈信号加到另一个三极管的基极，则为串联反馈。上述判别方法可用图 6.11 来说明。

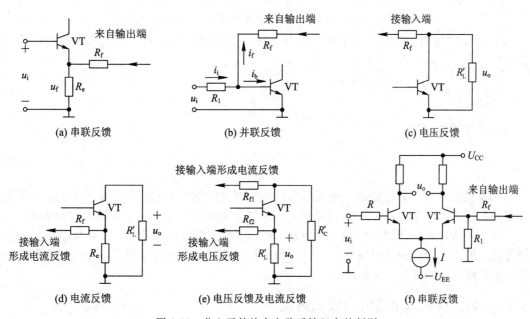

图 6.11　分立元件放大电路反馈组态的判别

§6.2　负反馈放大电路的方框图及放大倍数的一般表达式

6.2.1　负反馈放大电路的一般形式

交流负反馈放大电路有四种组态，可分别用图 6.5(b)、图 6.6(b)、图 6.7(b)、图 6.8(b)所示方框图表示。从这四种方框图出发，可分析负反馈放大电路的性能，与讨论具体电路相比，其概括性更强一些。但为了研究负反馈放大电路的共同规律，若能把四种组态的方框图形式归纳为一个方框图，则可使分析过程得到进一步简化。

　　分析对应四种组态的四个方框图表示形式可知，其共同特点是均包含一个代表基本放大电路的方框 A 和反映反馈网络的方框 F，其差别在于输入、输出部分的连接形式不同。从输出端看，有反映电压反馈和电流反馈的两种形式，当把输出量统一用 x_o 表示时，可在方框图中略去反映具体取样对象的连接形式；从输入部分看，因为有串联反馈与并联反馈之别，即分别体现电压叠加（$u_d = u_i - u_f$）或电流叠加（$i_d = i_i - i_f$），若用 X_d 表示基本放大电路的净输入信号，用 X_f 表示反馈信号，用 X_i 表示输入信号，则可把反映输入信号与反馈信号叠加关系的式子统一为 $X_d = X_i - X_f$。当所讨论的输入信号为正弦信号时，用相量 $\dot{X}_i、\dot{X}_d、\dot{X}_f、\dot{X}_o$ 分别表示输入信号、基本放大电路的净输入信号、反馈信号和输出信号，这样交流负反馈放大电路的四种组态可统一用图 6.12 所示的方框图表示。

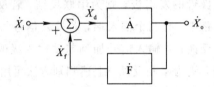

图 6.12　负反馈放大电路方框图的一般表示式

　　图 6.12 中带箭头的线段表示相互连接关系及信号的传递方向，定义基本放大电路的放大倍数为

$$\dot{A} = \frac{\dot{X}_o}{\dot{X}_d} \tag{6.1}$$

定义反馈系数为

$$\dot{F} = \frac{\dot{X}_f}{\dot{X}_o} \tag{6.2}$$

　　负反馈放大电路方框图的一般表示形式是从四种组态的方框图中抽象得来的，回顾关于反馈的定义，可知图 6.12 所示方框图表示形式正好是反馈定义文字描述的图形表示。

　　基本放大电路只考虑信号的正向传输，求基本放大电路的方法是：去掉反馈网络的反馈作用，但考虑反馈网络对基本放大电路的负载效应。反馈网络仅考虑信号的反向传输作用，而忽略反馈网络的正向传递作用。

6.2.2　负反馈放大电路的一般表达式

1. 一般表达式的引入

　　由图 6.12 所表示的相互连接关系有

$$\dot{X}_d = \dot{X}_i - \dot{X}_f, \quad \dot{X}_o = \dot{A}\dot{X}_d, \quad \dot{X}_f = \dot{F}\dot{X}_o$$

所以

$$\dot{X}_o = \dot{A}(\dot{X}_i - \dot{F}\dot{X}_o) = \dot{A}\dot{X}_i - \dot{A}\dot{F}\dot{X}_o$$

整理有

$$\frac{\dot{X}_o}{\dot{X}_i} = \frac{\dot{A}}{1 + \dot{A}\dot{F}}$$

定义负反馈放大电路的放大倍数为

$$\dot{A}_\mathrm{f} = \frac{\dot{X}_\mathrm{o}}{\dot{X}_\mathrm{i}}$$

则

$$\dot{A}_\mathrm{f} = \frac{\dot{A}}{1 + \dot{A}\dot{F}} \tag{6.3}$$

式(6.3)习惯上称作负反馈放大电路放大倍数的一般表达式,它反映了放大倍数$\dot{A}_\mathrm{f}$(也称闭环放大倍数)与基本放大电路的放大倍数$\dot{A}$(也称开环放大倍数)、反馈系数$\dot{F}$三者之间的关系。在应用式(6.3)时,对于不同的反馈组态,其中$\dot{A}$、$\dot{F}$、$\dot{A}_\mathrm{f}$的含义不同。

2. 关于一般表达式的讨论

在中频段,$\dot{A}$、$\dot{F}$、$\dot{A}_\mathrm{f}$均为实数,因此式(6.3)可写成

$$A_\mathrm{f} = \frac{A}{1 + AF} \tag{6.4}$$

当电路引入负反馈时,$AF > 0$,表明引入负反馈后电路的放大倍数等于基本放大电路放大倍数的$\dfrac{1}{1+AF}$,且 A、F、A_f 的符号均相同。

若$|1 + \dot{A}\dot{F}| < 1$,则$|\dot{A}_\mathrm{f}| > |\dot{A}|$,则说明电路引入了正反馈;而若$\dot{A}\dot{F} = -1$,$1 + \dot{A}\dot{F} = 0$,则说明电路在输入量为零时就有输出,称电路产生了自激振荡。

若电路引入了深度负反馈,即$1 + AF \gg 1$,则

$$A_\mathrm{f} \approx \frac{1}{F} \tag{6.5}$$

表明在深度负反馈条件下,放大倍数几乎仅仅取决于反馈网络,而与基本放大电路无关。

由于反馈网络为无源网络,受环境温度的影响极小,因而放大倍数具有很高的稳定性。从深度负反馈的条件可知,反馈网络参数确定后,基本放大电路的放大能力越强,即 A 的数值越大,反馈越深,A_f 与 $1/F$ 的近似程度越好。但必须注意,为了满足 $1 + AF \gg 1$ 这一条件,对 A 是有一定要求的,不能认为既然 $A_\mathrm{f} \approx 1/F$,就忽视了对基本放大电路中元器件参数的正常要求。

大多数负反馈放大电路,特别是由集成运放组成的负反馈放大电路,一般均满足 $1 + AF \gg 1$ 的条件,因而在近似分析中均可认为 $A_\mathrm{f} \approx 1/F$,而不必求出 A,当然也就不必定量分析基本放大电路了。

应当指出,通常所说的负反馈放大电路是指中频段的反馈极性;当信号频率进入低频段或高频段时,由于附加相移的产生,负反馈放大电路可能会对某一特定频率产生正反馈过程,甚至产生自激振荡,放大电路的频率响应一章已讲述了这一问题。

负反馈放大电路的一般表示形式及放大倍数的一般表达式,是对四种组态的归纳与理论统一,其优点是有利于从共性上来讨论负反馈对放大电路性能的影响及负反馈放大电路的一般规律,但在实际应用中,要注意区别不同的反馈组态中$\dot{A}_\mathrm{f}$的不同含义,具体情况见表 6.1。只有在电压串联负反馈时,反馈系数的倒数才等于闭环电压放大倍数。

表 6.1　四种反馈组态中基本放大电路的增益、反馈系数、闭环增益的具体含义

反馈组态	$\dot{A}$	$\dot{F}$	$\dot{A}_f$	$\dot{A}_f$的含义
电压串联	$\dfrac{\dot{U}_o}{\dot{U}_d}$	$\dfrac{U_f}{U_o}$	$\dfrac{U_o}{U_i}$	电压增益
电压并联	$\dfrac{\dot{U}_o}{\dot{I}_d}$	$\dfrac{\dot{I}_f}{\dot{U}_o}$	$\dfrac{\dot{U}_o}{\dot{I}_i}$	互阻增益
电流串联	$\dfrac{\dot{I}_o}{\dot{U}_d}$	$\dfrac{\dot{U}_f}{\dot{I}_o}$	$\dfrac{\dot{I}_o}{\dot{U}_i}$	互导增益
电流并联	$\dfrac{\dot{I}_o}{\dot{I}_d}$	$\dfrac{\dot{I}_f}{\dot{I}_o}$	$\dfrac{\dot{I}_o}{\dot{I}_i}$	电流增益

§6.3　负反馈对放大电路性能的影响

在放大电路中引入交流负反馈的目的在于改善放大电路的动态性能。人们经常关心的放大电路的动态性能有放大倍数的稳定性、线性与非线性失真、抑制干扰与噪声的能力、输入电阻与输出电阻的大小等。放大电路引入交流负反馈后，对这些性能产生的影响，我们将通过定性分析、定量计算、实例验证进行说明。

6.3.1　提高放大倍数的稳定性

实际中，工作环境（如温度、湿度）变化、元器件的更换或老化、电源电压的波动等因素都会导致放大电路放大倍数的不稳定。当放大电路引入深度负反馈时，$\dot{A}_f \approx 1/\dot{F}$，$\dot{A}_f$几乎仅取决于反馈网络，而反馈网络通常由电阻、电容组成，因而可获得较好的稳定性。那么，就一般情况而言，是否引入交流负反馈就一定会使$\dot{A}_f$稳定呢？

在中频段，$\dot{A}$、$\dot{F}$、$\dot{A}_f$均为实数，$\dot{A}_f$的表达式可写成

$$A_f = \frac{A}{1+AF} \tag{6.6}$$

对式（6.6）求微分得

$$dA_f = \frac{(1+AF)dA - AFdA}{(1+AF)^2} = \frac{dA}{(1+AF)^2} \tag{6.7}$$

用式（6.7）的左右式分别除以式（6.6）的左右式，可得

$$\frac{dA_f}{A_f} = \frac{1}{1+AF}\frac{dA}{A} \tag{6.8}$$

式（6.8）表明，负反馈放大电路放大倍数A_f的相对变化量dA_f/A_f仅为其基本放大电路放大倍数A相对变量dA/A的$(1+AF)$分之一，换句话说，A_f的稳定性是A的$(1+AF)$倍。

【例 6.3】　在某一负反馈放大电路的设计中，要求闭环放大倍数$A_f = 100$，当基本放大电路放大倍数A变化$\pm 10\%$时，A_f的相对变化量限定在0.1%以内，试确定A及反馈系数F的值。

解 因为

$$\frac{\mathrm{d}A_f}{A_f} = \frac{1}{1+AF}\frac{\mathrm{d}A}{A}$$

依据题意要求应有

$$1 + AF \geqslant \frac{\mathrm{d}A/A}{\mathrm{d}A_f/A_f} = \frac{10\%}{0.1\%} = 100$$

又因为

$$A_f = \frac{A}{1+AF}$$

所以

$$A = (1+AF)A_f \geqslant 100 \times 100 = 10\ 000$$

由 $1+AF \geqslant 100$ 有 $AF \geqslant 99$，则

$$F \geqslant \frac{99}{A} = \frac{99}{10\ 000} = 9.9 \times 10^{-3}$$

由上述分析过程可见，若取 $A = 10\ 000$，$F = 9.9 \times 10^{-3}$，则可保证 A_f 的相对变化量仅为 A 的相对变化量的 $\frac{1}{100}$。同时应该指出，A_f 的稳定性是以损失放大倍数为代价的，即 A_f 减小到 A 的 $\frac{1}{1+AF}$，才使其稳定性提高到 A 的 $(1+AF)$ 倍。

6.3.2 展宽通频带

放大电路引入交流负反馈之后，反馈环路中任何原因所引起的放大倍数的变化都将减小，所以，对于信号频率的升高或降低而引起放大倍数的下降也将减小，其效果是展宽了放大电路的通频带。

关于交流负反馈展宽放大电路通频带的原理，除上述定性解释外，还可用定量分析进行说明。为了使问题简化，设反馈网络为纯电阻网络，且基本放大电路在高频段和低频段的等效电路中各仅含一个惯性元件 C。用 A_m、f_H、f_L 分别表示基本放大电路的中频放大倍数、上限频率、下限频率。因此，基本放大电路高频段放大倍数的表达式为

$$\dot{A}_H = \frac{A_m}{1 + \mathrm{j}\dfrac{f}{f_H}} \tag{6.9}$$

引入负反馈后，电路的高频段放大倍数为

$$\dot{A}_{Hf} = \frac{\dot{A}_H}{1 + \dot{A}_H F} \tag{6.10}$$

把式(6.9)代入式(6.10)并整理有

$$\dot{A}_{Hf} = \frac{\dfrac{A_m}{1 + A_m F}}{1 + \mathrm{j}\dfrac{f}{(1 + A_m F)f_H}}$$

令

$$A_{\mathrm{mf}}=\frac{A_{\mathrm{m}}}{1+A_{\mathrm{m}}F},\qquad f_{\mathrm{Hf}}=(1+A_{\mathrm{m}}F)f_{\mathrm{H}}$$

则

$$\dot{A}_{\mathrm{Hf}}=\frac{A_{\mathrm{mf}}}{1+\mathrm{j}\dfrac{f}{f_{\mathrm{Hf}}}}\tag{6.11}$$

显然，闭环时中频段的放大倍数 A_{mf} 是开环时中频段放大倍数 A_{m} 的 $1/(1+A_{\mathrm{m}}F)$，而闭环放大倍数的上限频率 f_{Hf} 为开环时上限频率 f_{H} 的 $(1+A_{\mathrm{m}}F)$ 倍。

同理，可以证明交流负反馈使闭环放大倍数的下限频率 f_{Lf} 变为开环时下限频率 f_{L} 的 $\dfrac{1}{1+A_{\mathrm{m}}F}$，即

$$f_{\mathrm{Lf}}=\frac{f_{\mathrm{L}}}{1+A_{\mathrm{m}}F}$$

按照通频带的定义有

$$f_{\mathrm{BW}}=f_{\mathrm{H}}-f_{\mathrm{L}}\approx f_{\mathrm{H}}$$

$$f_{\mathrm{BWf}}=f_{\mathrm{Hf}}-f_{\mathrm{Lf}}\approx f_{\mathrm{Hf}}=(1+A_{\mathrm{m}}F)f_{\mathrm{H}}$$

可见引入负反馈之后，闭环放大电路的通频带是开环时通频带的 $(1+A_{\mathrm{m}}F)$ 倍。图6.13所示为负反馈改善放大电路频率响应的示意图，图中清楚地表明，引入负反馈之后，A_{mf} 减小了，而 f_{BWf} 增大了。

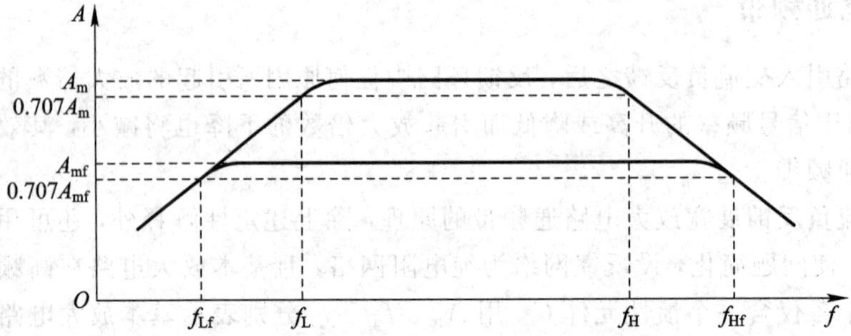

图 6.13　负反馈改善放大电路频率响应的示意图

6.3.3　减小非线性失真

构成各种放大电路的核心元件是晶体管和场效应管（运放也是放大电路的形式之一），而这些器件均具有非线性特性，若静态工作点设置得不合理或输入信号的幅度过大，当输入信号为单一正弦波时，其输出信号中除含有与输入信号频率相同的基波外，还含有其他谐波分量，这种现象叫作非线性失真。非线性失真的特征是输出信号中存在原输入信号中所没有的谐波分量。当电路引入负反馈之后，人为地把输出信号中由非线性失真产生的各种谐波分量引入到放大电路的输入端，按负反馈的自动调节原理，反馈回来的各种谐波分量使其输出信号中相应谐波成分的幅值减小。因此，放大电路引入交流负反馈可减小基本放大电路内部所产生的非线性失真，但不能消除非线性失真。

【例 6.4】　试定性分析图 6.14(a)所示单级共发射极放大电路引入交流负反馈之后，减

小非线性失真的原理。

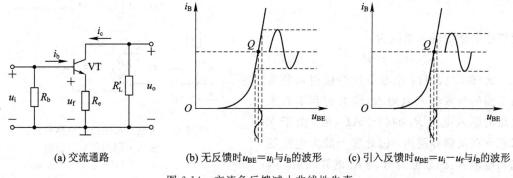

(a) 交流通路　　　(b) 无反馈时 $u_{BE}=u_i$ 与 i_B 的波形　　　(c) 引入反馈时 $u_{BE}=u_i-u_f$ 与 i_B 的波形

图 6.14　交流负反馈减小非线性失真

解　由于三极管是非线性器件(如它的输入特性的非线性)，当输入信号较大时，在没有引入负反馈前，若 u_{be} 为正弦波，但从 i_b 的波形看，其幅值正半周大、负半周小，则 i_c 的波形幅值正半周大、负半周小，结果使 $u_o=u_{ce}$ 的波形幅值负半周大、正半周小，出现了非线性失真。引入负反馈后，波形幅值正半周大、负半周小的集电极电流 i_c 在 R_e 上形成的电压幅值正半周大、负半周小，由于 $u_{be}=u_i-u_f$，u_{be} 的波形正半周小、负半周大，从而导致 i_e 的波形幅值正、负半周趋于一致，使 u_o 的非线性失真减小。上述分析过程可用图 6.14(b)、图 6.14(c)表示。

在深度负反馈条件下，由于 $A_f\approx1/F$，A_f 近似与基本放大电路的放大倍数无关，因此，构成基本放大电路的放大元器件的非线性特性几乎不影响 A_f，若反馈网络由线性元件组成，则可近似认为负反馈放大电路不产生非线性失真，但当输入信号存在非线性失真时，即使是深度负反馈对它也无法抑制。

6.3.4　改变输入电阻和输出电阻

放大电路中引入交流负反馈后，虽然因反馈组态不同对输入、输出电阻的影响也不同，但仍有一定的规律可循。对输入电阻的影响取决于是串联反馈还是并联反馈，对输出电阻的影响取决于是电压反馈还是电流反馈。只要掌握了不同反馈组态对负反馈放大电路输入、输出电阻影响的一般规律，就可以在实际应用中，根据对输入、输出电阻的不同要求，选择相应的反馈组态。下面分别讨论负反馈对放大电路输入、输出电阻的影响，为了简化分析过程，讨论限定在中频段。

1. 串联负反馈使输入电阻增大

图 6.15 所示为串联负反馈放大电路分析输入电阻的等效方框图。图中 R 是指未包含在反馈环路内，原放大电路中并联在输入电压两端所有电阻的等效电阻。

基本放大电路的输入电阻为

$$R_i=\frac{U_d}{I_i}$$

分析图 6.15 有

$$U_i=U_d+U_f=U_d+AFU_d=(1+AF)U_d$$

$$R_{if} = \frac{U_i}{I_i} = \frac{(1+AF)U_d}{I_i} = (1+AF)R_i$$

$$(6.12)$$

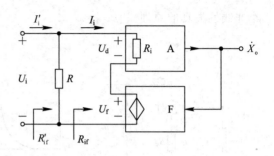

而整个电路的输入电阻为

$$R'_{if} = R \parallel R_{if} \qquad (6.13)$$

式(6.12)表明，串联负反馈使引入负反馈支路的等效输入电阻 R_{if} 增大到基本放大电路的输入电阻 R_i 的$(1+AF)$倍。由于 R 未包含在反馈环路内，因此整个放大电路的输入电阻 R'_{if} 的数值为 R 与 R_{if} 的并联值。因

图 6.15　串联负反馈放大电路分析
输入电阻的等效方框图

此，如果一般地讲串联负反馈使输入电阻增大到基本放大电路输入电阻的$(1+AF)$倍则不确切，只有当 $R=\infty$ 时，才可以这样说。但对于 R'_{if}，引入交流串联负反馈之后，肯定是增大了。

2. 并联负反馈使输入电阻减小

图 6.16 所示为并联负反馈放大电路分析输入电阻的等效方框图。由图可见：

基本放大电路的输入电阻为

$$R_i = \frac{U_i}{I_d}$$

$$I_i = I_d + I_f = I_d + AFI_d$$

负反馈放大电路的输入电阻为

$$R_{if} = \frac{U_i}{I_i} = \frac{U_i}{(1+AF)I_d} = \frac{R_i}{1+AF}$$

$$(6.14)$$

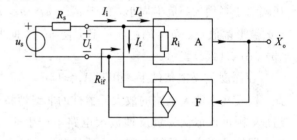

图 6.16　并联负反馈放大电路分析
输入电阻的等效方框图

式(6.14)表明，并联负反馈可使放大电路的输入电阻减小到基本放大电路输入电阻 R_i 的 $1/(1+AF)$。

3. 电压负反馈使输出电阻减小

图 6.17 所示为电压负反馈放大电路分析输出电阻的等效方框图。按输出电阻的定义，令 $X_i=0$，图中 A_0 为负载开路，R_o 为基本放大电路的输出电阻，由于反馈网络的负载效应已考虑到基本放大电路，因此，反馈网络的输入电流为 0。

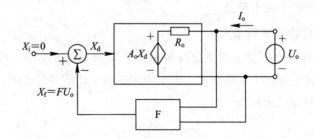

图 6.17　电压负反馈放大电路分析输出电阻的等效方框图

在输出端加电压 U_o，产生电流 I_o，分析图 6.17 有

$$I_o = \frac{U_o - A_o X_d}{R_o} = \frac{U_o + A_o F U_o}{R_o} = (1 + A_o F) \frac{U_o}{R_o}$$

则负反馈放大电路的输出电阻为

$$R_{of} = \frac{U_o}{I_o} = \frac{R_o}{1 + A_o F} \tag{6.15}$$

式(6.15)表明，引入电压负反馈可使放大电路的输出电阻减小到其基本放大电路输出电阻 R_o 的 $1/(1+A_o F)$。输出电阻减小意味着当负载电阻 R_L 变化时，输出电压 U_o 的稳定性提高了，这与前述电压负反馈稳定输出电压的结论相一致。

【例 6.5】 已知一基本放大电路的参数如下：$A_u = -100$，$R_i = 10$ kΩ，$R_o = 2$ kΩ。电路引入电压串联负反馈，反馈系数如下：(1) $F_u = -0.1$；(2) $F_u = -0.5$。试分别计算其闭环电压放大倍数及输入输出电阻。

解 (1)

$$A_{uf} = \frac{A_u}{1 + A_u F_u} = \frac{-100}{1 + 0.1 \times 100} = \frac{-100}{11} = -9.09$$

$$R_{if} = (1 + A_u F_u) R_i = (1 + 0.1 \times 100) \times 10 \text{ kΩ} = 110 \text{ kΩ}$$

$$R_{of} = \frac{R_o}{1 + A_u F_u} = \frac{2}{11} \text{ kΩ} = 0.182 \text{ kΩ}$$

(2)

$$A_{uf} = \frac{A_u}{1 + A_u F_u} = \frac{-100}{1 + 0.5 \times 100} = \frac{-100}{51} = -1.96$$

$$R_{if} = (1 + A_u F_u) R_i = (1 + 0.5 \times 100) \times 10 \text{ kΩ} = 510 \text{ kΩ}$$

$$R_{of} = \frac{R_o}{1 + A_u F_u} = \frac{2}{51} \text{ kΩ} = 0.039 \text{ kΩ}$$

上述计算结果表明，反馈系数不同，对放大电路性能的影响亦不同。

4. 电流负反馈使输出电阻增大

图 6.18 所示为电流负反馈放大电路分析输出电阻的等效方框图。按输出电阻的定义，令 $X_i = 0$，R_L 开路，R 表示在放大电路的交流通路中与 R_L 并联，但属于放大电路内部电阻的等效电阻，R_o 为考虑了反馈网络的负载效应时基本放大电路的输出电阻(但不含反馈环路之外的电阻 R)。

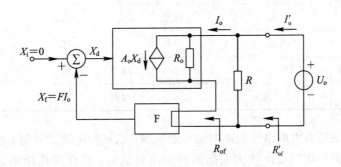

图 6.18 电流负反馈放大电路分析输出电阻的等效方框图

分析图 6.18 可见

$$I_{\text{o}} = \frac{U_{\text{o}}}{R_{\text{o}}} + AX_{\text{d}} = \frac{U_{\text{o}}}{R_{\text{o}}} - AFI_{\text{o}}$$

负反馈支路输出电阻为

$$R_{\text{of}} = \frac{U_{\text{o}}}{I_{\text{o}}} = (1 + AF)R_{\text{o}} \tag{6.16}$$

整个放大电路的输出电阻为

$$R'_{\text{of}} = R \mathbin{/\mkern-5mu/} R_{\text{of}} \tag{6.17}$$

式(6.17)表明，只有当 $R = \infty$ 时，才有 $R'_{\text{of}} = R_{\text{of}} = (1+AF)R_{\text{o}}$，引入电流负反馈可使放大电路输出电阻增大到基本放大电路的输出电阻 R_{o} 的 $(1+AF)$ 倍这种说法才成立。但无论 R 为何值，引入电流负反馈之后，放大电路的输出电阻肯定增大，输出电阻增大意味着负载电阻变化时，输出电流的稳定性提高了，这与前述电流负反馈稳定输出电流的结论相一致。

6.3.5　交流负反馈对放大电路性能的影响小结

交流负反馈对放大电路性能的影响是多方面的，且这些影响均可用负反馈的自动调节原理进行解释。理解负反馈对放大电路性能的影响，重要的是要清楚概念，同时应注意下述几个问题：

（1）负反馈对放大电路性能的影响，仅局限于反馈环路之内。

（2）负反馈自动调节原理决定了它只能抑制噪声和干扰，减小非线性失真，但不能消除噪声、干扰及非线性失真。

（3）负反馈对放大电路性能的改善是以牺牲放大倍数为条件的，其性能的改善程度与反馈深度有关。

为了便于比较和应用，现将负反馈对各类放大电路性能的影响归纳于表 6.2 中。

表 6.2　负反馈对放大电路性能的影响

项　目	电　路　组　态			
	电压串联负反馈	电压并联负反馈	电流串联负反馈	电流并联负反馈
输出电阻	减小		增大	
输入电阻	增大	减小	增大	减小
维持何种 A_{f} 稳定	A_{uf}	A_{Rf}	A_{Gf}	A_{if}
非线性失真与噪声	减小			
通频带	增宽			

掌握了负反馈对放大电路性能影响的一般规律，在进行电路设计时，就可根据输入信号源的类型及负载变化时要求放大电路何种输出量稳定，而合理选择相适应的负反馈组态。具体地讲，就是由信号源是电压源还是电流源决定选用串联反馈还是并联反馈；若需要放大电路输出电压稳定，则选用电压反馈，若需要输出电流稳定，则选用电流反馈。为

了便于记忆与应用,现将放大电路中引入负反馈的一般原则归纳于表 6.3 中。

表 6.3　引入不同组态负反馈的一般原则

输入信号类型	放大电路输出需要稳定的量	所稳定的放大倍数	适合引入的负反馈组态
电压源且信号源 内阻小	输出电压	A_{uf}	电压串联负反馈
	输出电流	A_{Gf}	电流串联负反馈
电流源且信号源 内阻大	输出电流	A_{if}	电流并联负反馈
	输出电压	A_{Rf}	电压并联负反馈

§6.4　深度负反馈条件下放大电路的计算

关于负反馈放大电路主要性能指标的定量计算,有多种分析方法,如方框图分析法、小信号模型分析法、深度负反馈条件下放大倍数的近似估算法等。各种分析方法的繁简程度不同,适应的分析对象也不同。但考虑到大多数负反馈放大电路均满足深度负反馈条件,且放大倍数的近似估算简单易行。因此,这种方法应用得较为普遍。下面首先讨论深度负反馈条件下放大倍数的近似估算法,然后对一个简单的负反馈放大电路,利用微变等效电路法进行分析。

1. 放大倍数的近似估算

由负反馈放大电路放大倍数的一般表达式知

$$\dot{A}_f = \frac{\dot{A}}{1 + \dot{A}\dot{F}}$$

当 $|1 + \dot{A}\dot{F}| \gg 1$ 时,则有

$$\dot{A}_f \approx \frac{1}{\dot{F}} \tag{6.18}$$

式(6.18)说明,在深度负反馈条件下,对闭环放大倍数的计算,事实上可变为先求其反馈系数再取倒数的计算过程。因此,反馈网络的确定及反馈系数的分析计算是近似估算放大倍数的关键。在多数情况下,人们关心的是放大电路的电压放大倍数,利用式(6.18)只有在电压串联负反馈时,才可直接求得电压放大倍数,对于其他反馈组态,需要进行适当转换。其计算公式分别如下:

电压串联负反馈:

$$\dot{A}_{uf} = \frac{\dot{U}_o}{\dot{U}_i} \approx \frac{1}{\dot{F}_u} \tag{6.19}$$

电压并联负反馈:

$$\dot{A}_{uf} = \frac{\dot{U}_o}{\dot{U}_i} = \frac{\dot{U}_o}{R_{if}\dot{I}_i} \approx \frac{1}{R_{if}} \cdot \dot{A}_{Rf} \approx \frac{1}{R_{if}} \cdot \frac{1}{\dot{F}_G} \tag{6.20}$$

电流串联负反馈：

$$\dot{A}_{uf} = \frac{\dot{U}_o}{\dot{U}_i} = \frac{-R_L' \dot{I}_o}{\dot{U}_i} = -R_L' \dot{A}_{Gf} \approx -R_L' \frac{1}{\dot{F}_R} \tag{6.21}$$

电流并联负反馈：

$$\dot{A}_{uf} = \frac{\dot{U}_o}{\dot{U}_i} = \frac{-R_L' \dot{I}_o}{R_{if}' \dot{I}_i} = -\frac{R_L'}{R_{if}} \dot{A}_{if} \approx -\frac{R_L'}{R_{if}} \cdot \frac{1}{\dot{F}_i} \tag{6.22}$$

式(6.20)和式(6.22)的计算中均涉及 R_{if}，而 R_{if} 的计算一般较麻烦。考虑到并联反馈的信号源内阻 $R_s \neq 0$，否则负反馈不起作用，这时可变通为求其源电压放大倍数。由于并联负反馈使输入电阻减小，在深度负反馈时，可近似认为 $R_{if} = 0$，因此：

电压并联负反馈源电压放大倍数：

$$\dot{A}_{usf} = \frac{\dot{U}_o}{\dot{U}_s} = \frac{\dot{U}_o}{(R_s + R_{if}) \dot{I}_i} \approx \frac{1}{R_s} \cdot \frac{1}{\dot{F}_G} \tag{6.23}$$

电流并联负反馈源电压放大倍数（$\dot{U}_o$、$\dot{I}_o$ 为非关联参考方向）：

$$\dot{A}_{usf} = \frac{\dot{U}_o}{\dot{U}_s} = \frac{-R_L' \dot{I}_o}{(R_s + R_{if}) \dot{I}_i} \approx -\frac{R_L'}{R_s} \dot{A}_{if} \approx -\frac{R_L'}{R_{if}} \cdot \frac{1}{\dot{F}_i} \tag{6.24}$$

实际分析中，也常利用下述途径来估算深度负反馈条件下的闭环放大倍数，因为：

$$\dot{A}_f = \frac{\dot{X}_o}{\dot{X}_i}, \qquad \dot{F} = \frac{\dot{X}_f}{\dot{X}_o}, \qquad \dot{A}_f \approx \frac{1}{\dot{F}} = \frac{\dot{X}_o}{\dot{X}_f}$$

所以

$$\dot{X}_i \approx \dot{X}_f$$

则串联负反馈时：

$$\dot{U}_i \approx U_f \tag{6.25}$$

并联负反馈时：

$$\dot{I}_i \approx \dot{I}_f \tag{6.26}$$

即在深度负反馈的近似估算中，可忽略净输入信号，利用式(6.25)、式(6.26)来分析闭环电压放大倍数往往使计算过程变得十分简单。

2. 分析举例

估算深度负反馈放大电路电压放大倍数的一般步骤是：

(1) 正确判别反馈组态。

(2) 根据深度负反馈条件下虚短和虚断的特点，寻找输入电压和输出电压的关系。

(3) 整理求出电压放大倍数。

【例 6.6】 电路如图 6.19 所示，试判别反馈极性，若为负反馈，试分析其反馈组态，并估算其电压放大倍数.

解 利用瞬时极性法判别其反馈极性，由图可知其为负反馈。分析图 6.19 所示电路，电路中 R_2 引入的既有直流反馈，又有交流反馈。对于交流负反馈而言，假设 u_o 对地短路，则反馈消失，所以电路引入的为电压反馈；反馈信号为 R_1 上的电压，从输入回路看，$u_i = u_d + u_f$，故为串联反馈，此电路引入了电压串联负反馈。

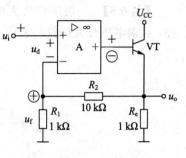

图 6.19　例 6.6 电路图

分析图 6.19 可得

$$u_f = \frac{R_1}{R_1 + R_2} u_o.$$

因为

$$u_i \approx u_f$$

所以

$$A_{uf} = \frac{u_o}{u_i} \approx \frac{u_o}{u_f} = 1 + \frac{R_2}{R_1}$$

代入数值计算有

$$A_{uf} = \frac{R_1 + R_2}{R_1} = \frac{10 + 1}{1} = 11$$

【例 6.7】　一负反馈放大电路的交流通路如图 6.20 所示，若电路满足深度负反馈条件，试求其电压放大倍数的表达式。

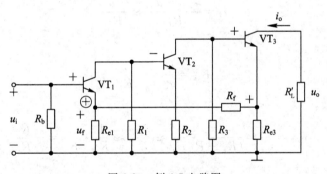

图 6.20　例 6.7 电路图

解　判别反馈组态：假设 u_o 对地短路，由于 i_o 仅与 i_{b3} 有关，反馈仍然存在，故电路引入的为电流反馈；从输入回路看，$u_i = u_{be} + u_f$，所以为串联反馈，即电路引入了电流串联负反馈。

分析反馈网络，计算反馈系数：分析图 6.20 所示电路，可知反馈网络由 R_{e3}、R_f、R_{e1} 组成，忽略反馈网络的正向传输作用，则

$$u_f = \frac{R_{e1} R_{e3}}{R_{e1} + R_{e3} + R_f} i_o$$

$$F_R = \frac{u_f}{i_o} = \frac{R_{e1} R_{e3}}{R_{e1} + R_{e3} + R_f}$$

电压放大倍数为

$$A_{uf} = \frac{u_o}{u_i} = -\frac{R_L' i_o}{u_i} = -R_L' A_{Gf} \approx -R_L' \frac{1}{F_R}$$

$$= -\frac{R_{e1} + R_{e3} + R_f}{R_{e1} R_{e3}} \cdot R_L'$$

【例 6.8】 一负反馈放大电路的交流通路如图 6.21 所示,设电路满足深度负反馈条件,试求电压放大倍数的表达式。

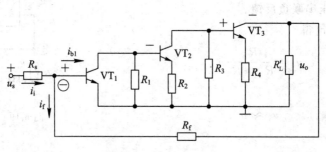

图 6.21　例 6.8 电路图

解 判别反馈组态:假设 u_o 对地短路,R_f 的一端接 VT_1 的基极,另一端接地,R_f 所形成的反馈消失,所以电路引入的为电压反馈;由于 R_f 所在的反馈支路接到了 VT_1 的基极,使输入电流、反馈电流及 i_{b1} 形成电流求和关系,故为并联反馈。因此,此电路引入的是电压并联负反馈。

分析反馈网络,计算反馈系数:此电路的反馈网络为 R_f 所在的支路,由图 6.21 可得

$$i_f = \frac{u_{be1} - u_o}{R_f} \approx \frac{-u_o}{R_f}$$

则

$$F_G = \frac{i_f}{u_o} = -\frac{1}{R_f}$$

电压放大倍数:

$$A_{usf} = \frac{u_o}{u_s} = \frac{u_o}{(R_s + R_{if})i_i} \approx \frac{A_{Rf}}{R_s} \approx \frac{1}{R_s} \cdot \frac{1}{F_G} = -\frac{R_f}{R_s}$$

§6.5　负反馈放大电路的稳定性

6.5.1　自激振荡

1. 自激振荡现象

在多级负反馈放大电路的实验中,有时会看到这样一种现象,即当输入信号为 0 时,用示波器在放大电路的输出端仍可观察到具有一定频率和幅度的输出信号,通常称这种现象为放大电路的自激振荡。放大电路产生自激振荡的结果是使放大电路无法对输入信号进行正常放大,因此,应通过分析产生自激振荡的原因,改进电路以破坏产生自激振荡的条件,从而避免负反馈放大电路中出现自激振荡现象。

2. 产生自激振荡的原因

在判别反馈极性时曾经指出,放大电路一般引入的反馈均为负反馈,正反馈通常用于信号发生电路。那么,人为引入的负反馈为什么会产生自激振荡呢?在放大电路中人为地

引入交流负反馈，一般是以中频段为前提而考虑的。在讨论放大电路的频率特性时曾得出下述结论：由于放大电路中耦合电容和旁路电容的存在，放大电路在低频段放大倍数的幅值下降，并产生超前的附加相移，一个等效的 RC 高通电路的附加相移最大可达 $90°$；由于放大元器件极间电容的存在，放大电路在高频段放大倍数的幅值下降，并产生滞后的附加相移，一个等效的 RC 低通电路的附加相移可达 $-90°$。负反馈放大电路在深度负反馈条件下，其基本放大电路一般为多级放大电路，这样，由于在低频段或高频段各级附加相移的叠加，在某一频率下附加相移可达到 $\pm 180°$，对这一特定频率，原设计中的负反馈事实上变为正反馈，若此时放大倍数还是够大，则将产生自激振荡。

综上所述，负反馈放大电路产生自激振荡的主要原因是放大电路在低频段或高频段产生了附加相移。

3. 维持自激振荡的条件

当负反馈放大电路产生自激振荡，即输入信号为 0 时，其输出端也能维持一定频率和幅度的信号输出，此文字描述可用图 6.22 所示的方框图表示。

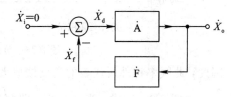

图 6.22　负反馈放大电路的自激振荡

由图 6.22 有

$$\dot{X}_\text{o} = \dot{A}\dot{X}_\text{d}$$

$$\dot{X}_\text{d} = -\dot{F}\dot{X}_\text{o}$$

$$\dot{X}_\text{d} = -\dot{F}\dot{A}\dot{X}_\text{o}$$

即

$$\dot{A}\dot{F} = -1 \tag{6.27}$$

或表示为

$$|\dot{A}\dot{F}| = 1 \tag{6.28}$$

$$\Delta\varphi_\text{A} + \Delta\varphi_\text{F} = (2n+1)\pi, \quad n \text{ 为整数} \tag{6.29}$$

式(6.27)为维持自激振荡的条件，式(6.28)为幅值平衡条件，式(6.29)为相位平衡条件，只有同时满足幅值平衡条件和相位平衡条件时，电路才能维持自激振荡。

6.5.2　负反馈放大电路稳定性的判断

1. 稳定性的判别方法

如果一个负反馈放大电路在整个频段内都不能使式(6.28)和式(6.29)同时满足，则这个负反馈放大电路是稳定的。由于集成运放的普遍应用，直接耦合放大电路具有典型意义。当反馈网络为纯电阻网络时，由运放组成的负反馈放大电路的环路放大倍数 $\dot{A}\dot{F}$ 的频率特性具有低通特点，现以图 6.23 为例，说明负反馈放大电路稳定性的判别方法。图中 f_II 表示 $\Delta\varphi_\text{A} + \Delta\varphi_\text{F} = -180°$ 时所对应的频率，即当 $f = f_\text{II}$ 时，满足相位平衡条件；f_o 表示 $|\dot{A}\dot{F}| = 1$ 时所对应的频率，即当 $f = f_\text{o}$ 时，满足幅值平衡条件。

在图 6.23(a)中，当 $f = f_\text{II}$，即 $\Delta\varphi_\text{A} + \Delta\varphi_\text{F} = -180°$ 时，有 $20\lg|\dot{A}\dot{F}| > 0$，即 $|\dot{A}\dot{F}| > 1$，

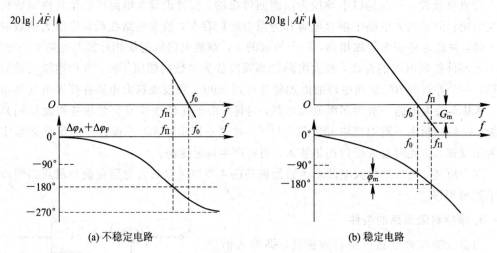

图 6.23　负反馈放大电路稳定性的判别

因此，此频率特性所代表的负反馈放大电路是不稳定的。

在图 6.23(b)中，当 $f=f_0$，即 $|\dot{A}\dot{F}|=1$ 时，有 $|\Delta\varphi_A+\Delta\varphi_F|<180°$，此时，相位平衡条件不满足，或者说当 $f=f_\Pi$ 时，有 $|\dot{A}\dot{F}|<1$，幅值条件不满足，即图 6.23(b)所示频率特性所代表的负反馈放大电路不会同时满足相位平衡条件和幅值平衡条件，因此，此负反馈放大电路是稳定的。

综合上述判别过程，可归纳出由环路放大倍数的频率特性判别负反馈放大电路稳定性的方法如下：

(1) 在整个频率范围内，不存在 f_Π，即附加相移不会达到 $\pm180°$，则放大电路是稳定的。

(2) 若 $f_0<f_\Pi$，即当 $|\dot{A}\dot{F}|=1$ 时，$|\Delta\varphi_A+\Delta\varphi_F|<180°$，则放大电路是稳定的。

(3) 若 $f_\Pi<f_0$，即当 $|\Delta\varphi_A+\Delta\varphi_F|=180°$时，$|\dot{A}\dot{F}|>1$，则放大电路不稳定。

2. 稳定裕度

利用上述判别方法，从环路放大倍数的频率特性曲线可判别一个负反馈放大电路是否稳定，但考虑到环境温度、湿度、电源电压变化等因素时，为了使放大电路具有足够的可靠性，即希望电路远离自激振荡的平衡条件，通常规定负反馈放大电路应具有一定的稳定裕度。

1) 幅值裕度 G_m

定义 $f=f_\Pi$ 时所对应的 $20\lg|\dot{A}\dot{F}|$ 的值为幅值裕度 G_m，即

$$G_m = 20\lg|\dot{A}\dot{F}|_{f=f_\pi} \tag{6.30}$$

稳定的负反馈放大电路要求 $G_m<0$，而且 $|G_m|$ 愈大，电路愈稳定，一般规定 $G_m\leqslant-10$ dB。

2) 相位裕度 φ_m

定义 $f=f_0$ 时所对应的 $|\Delta\varphi_A+\Delta\varphi_F|$ 与 $180°$的差值为相位裕度 φ_m，即

$$\varphi_m = 180° - |\Delta\varphi_A+\Delta\varphi_F|_{f=f_0} \tag{6.31}$$

稳定的负反馈放大电路要求 $\varphi_m>0°$，而且 φ_m 愈大，电路愈稳定，一般规定 $\varphi_m\geqslant45°$。

6.5.3 负反馈放大电路消除自激振荡的方法

负反馈放大电路由于在低频段或高频段附加相移的作用，在某个频率下，电路满足了自激振荡的条件而产生自激振荡。因此，消除自激振荡的思路是采用频率补偿的方法，破坏电路自激振荡的条件。常用的方法是，人为引入 RC 环节，使电路的频率特性曲线改变，以保证当 $f=f_{\text{II}}$ 时，$|\dot{A}\dot{F}|<1$。另外，常说的频率补偿还包含当电路的稳定裕度不满足要求时，采用补偿的方法使电路满足稳定裕度的要求。

1. 滞后补偿

滞后补偿分为电容滞后补偿和 RC 滞后补偿两种形式，其原理电路如图 6.24 和图 6.25 所示。

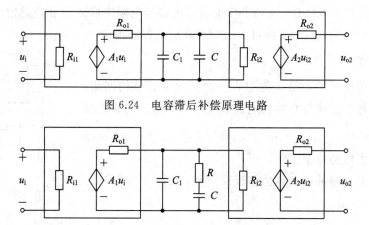

图 6.24 电容滞后补偿原理电路

图 6.25 RC 滞后补偿原理电路

电容滞后补偿是在放大电路时间常数最大的一级（放大倍数的主极点）并接补偿电容 C，以高频增益的下降换取稳定工作，它是以牺牲带宽换取稳定工作的。在图 6.24 中，C_1 为前级输出电容和后级输入电容的等效电容，C 为接入的补偿电容。分析此电路可知，补偿前后，该级的上限频率分别为

$$f_{\text{H1}}=\frac{1}{2\pi C_1(R_{\text{o1}}\ /\!/\ R_{\text{i2}})}$$

$$f'_{\text{H1}}=\frac{1}{2\pi(C_1+C)R_{\text{o1}}\ /\!/\ R_{\text{i2}}}$$

若补偿前电路的环路放大倍数表达式为

$$\dot{A}\dot{F}=\frac{A_{\text{m}}F_{\text{m}}}{\left(1+\text{j}\dfrac{f}{f_{\text{H1}}}\right)\left(1+\text{j}\dfrac{f}{f_{\text{H2}}}\right)\left(1+\text{j}\dfrac{f}{f_{\text{H3}}}\right)}$$

其幅频特性曲线如图 6.26 所示。适当选取电容 C 的值，使 $f=f_{\text{H2}}$ 时，$20\lg|\dot{A}\dot{F}|=0\ \text{dB}$，即补偿后环路放大倍数有如图 6.25 中实线所示的频率特性。这样，当 $f=f_0$ 时，$\Delta\varphi_{\text{A}}+\Delta\varphi_{\text{F}}$ 约为 $-135°$，即补偿后电路有 $45°$ 的相位裕度，所以电路肯定可以稳定工作。

RC 滞后补偿是在环路放大倍数的表达式中，人为引入一个零点，使该零点与 $\dot{A}\dot{F}$ 中的

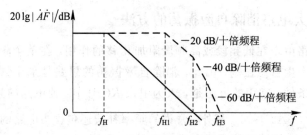

图 6.26　电容滞后补偿的幅频特性曲线

一个极点相抵消，从而使补偿后放大电路的频带损失较小。具体方法是在时间常数最大的一级放大电路的输出端并接 RC 串联补偿网络，并适当选取 R 和 C 值，以满足零极点对消的要求。

实际中，常利用密勒效应，将补偿电容或电容与电阻串联跨接在所选定的某一级放大电路的输入与输出端之间，这样可大大减小补偿电容的容量。

2. 超前补偿

超前补偿的指导思想是人为引入一产生超前相移的网络，使其所产生的超前相移与原放大电路中所产生的滞后相移相抵消。当 $|\dot{A}\dot{F}|=1$ 时，$|\Delta\varphi_A+\Delta\varphi_F|\leqslant 135°$（考虑 $\varphi_m\geqslant 45°$），从而保证负反馈放大电路稳定工作。

超前补偿通常将补偿电容加在反馈回路，如图 6.27 所示。

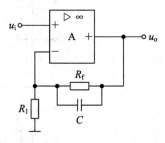

图 6.27　超前补偿

由图 6.27 可知

$$\dot{F} = \frac{R_1}{R_1 + R_f // \dfrac{1}{j\omega C}} = \frac{R_1}{R_1 + R_f} \cdot \frac{1+j\omega R_f C}{1+j\omega C(R_1 // R_f)}$$

若令

$$F_0 = \frac{R_1}{R_1 + R_f}, \quad f_1 = \frac{1}{2\pi R_f C}, \quad f_2 = \frac{1}{2\pi(R_1 // R_f)C}$$

则

$$\dot{F} = F_0 \frac{1+j\dfrac{f}{f_1}}{1+j\dfrac{f}{f_2}} \tag{6.32}$$

由于 $f_1 < f_2$，故 $\left(arctan\dfrac{f}{f_1} - arctan\dfrac{f}{f_2}\right) > 0$，因此，反馈网络加入补偿电容 C 后，具有超前附加相移。只要合理选择参数，就可使电路稳定工作并满足一定的稳定裕度。

综上所述，补偿的基本思路是通过在电路中适当引入电容或电阻、电容网络，来影响环路放大倍数的频率特性，使其不满足自激振荡的条件，并具有一定的稳定裕度，从而保证负反馈放大电路稳定工作。应当注意的是，负反馈放大电路自激振荡的消除，实际中多是在基本思路的指导下，初步估算出补偿元件参数，再通过实验进行调整，以求达到较为满意的效果。

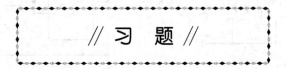

1. 基本概念

（1）反馈：把放大电路的输出量（u_o或i_o）的一部分或全部，通过反馈网络回送到放大电路的输入回路，与外部输入信号叠加，共同参与放大电路的输入控制作用。

（2）交（直）流反馈：交（直）流通路中存在反馈网络。

（3）负（正）反馈：反馈的结果使放大电路的净输入信号减小（增大）。

（4）四种组态：电压串联负反馈、电压并联负反馈、电流串联负反馈、电流并联负反馈。

（5）负反馈的一般表示形式：

$$A_f = \frac{A}{1+AF}$$

2. 判别方法

（1）有无交、直流反馈：分别作放大电路的交、直流通路，看是否存在反馈通路。

（2）正负反馈：用瞬时极性法判别。

（3）组态判别：假设R_L短路，若反馈消失，则为电压反馈，否则为电流反馈；若$u_i = u_d + u_f$，则为串联反馈；若$i_i = i_d + i_f$，则为并联反馈。

3. 负反馈对放大电路性能的影响

负反馈提高了A_f的稳定性，展宽了通频带，能够抑制噪声和干扰，减小线性和非线性失真；电压负反馈稳定输出电压，使输出电阻减小；电流负反馈稳定输出电流，使输出电阻增大；串联负反馈使输入电阻增大；并联负反馈使输入电阻减小。

4. 近似估算 A_f

在深度负反馈条件下（$1+AF \geqslant 10$），利用$A_f \approx 1/F$ 或 $x_i \approx x_f$可估算电压放大倍数。

5. 稳定性问题

（1）维持自激振荡的条件：$|AF| = 1$ 且 $\Delta\varphi_A + \Delta\varphi_F = (2n+1)\pi$。

（2）稳定裕度：$\varphi_m \geqslant 45°$及 $G_m \leqslant -10$ dB。

（3）频率补偿的基本思路：通过在电路中适当引入电容或电阻、电容网络，来影响环路放大倍数的频率特性，破坏自激振荡的条件，并使其具有一定的稳定裕度。

// 习　题 //

6.1　填空

（1）引入负反馈后，放大电路的闭环增益与开环增益的关系是 $A_f =$ ＿＿＿＿＿＿。当$(1+AF) \gg 1$ 时，$A_f \approx$ ＿＿＿＿＿＿。

（2）在负反馈放大电路中，已知 $A = \dfrac{x_o}{x_d}$，$F = \dfrac{x_f}{x_o}$。对于四种不同的组态，x 被 u 或 i 替换后，它们的具体形式如下：

电压串联，$A =$ _____，$F =$ _____；

电压并联，$A =$ _____，$F =$ _____；

电流串联，$A =$ _____，$F =$ _____；

电流并联，$A =$ _____，$F =$ _____；

（3）引入负反馈后，放大电路的带宽会_____。

（4）负反馈放大电路产生自激振荡的根本原因是_____。

6.2　回答下列问题：

（1）对于反馈的基本概念（如正、负反馈，交、直流反馈等）及交流负反馈的四种组态，你能用具体电路来解释它们吗？

（2）对于交流负反馈放大电路，在判别是电压反馈还是电流反馈时，可用假设负载电阻 R_L 短路的方法来判别，即假设 R_L 短路，若反馈消失，则为电压反馈；否则，为电流反馈。除此之外，你是否认为还有别的途径来判别是电压反馈还是电流反馈？

6.3　在图 6.28 所示的各放大电路中，试判别所引入的是直流反馈还是交流反馈？是正反馈还是负反馈？对其中的交流负反馈放大电路，试判别其反馈组态。

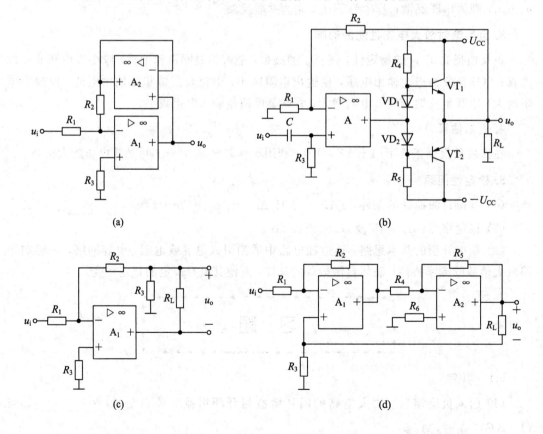

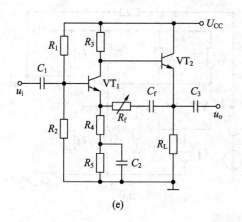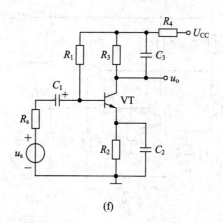

图 6.28　题 6.3 电路图

6.4　如何正确理解负反馈的定义与负反馈放大电路方框图的一般形式，以及闭环放大倍数的一般表达式之间的相互联系？

6.5　如果要求开环放大倍数 A 变化 $\pm 20\%$，闭环放大倍数 A_f 的变化不超过 $\pm 1\%$，若闭环放大倍数 $A_f = 100$，试确定开环放大倍数 A 及反馈系数 F 的值。

6.6　已知一个负反馈放大电路的开环放大倍数 $A = 10^4$，$F = 2 \times 10^{-2}$。

（1）试计算闭环放大倍数 A_f；

（2）若 A 的相对变化率为 20%，则 A_f 的相对变化率为多少？

6.7　在图 6.29 所示的两个放大电路中，设其晶体管及相应的电阻皆相同，试问：

（1）两个放大电路哪个输入电阻大？哪个输出电阻大？

（2）当信号源内阻 R_s 变化时，哪个放大电路的输出电压稳定性好？

（3）当负载电阻 R_L 变化时，哪个放大电路的输出电压稳定性好？

（4）两个放大电路各对信号源内阻有何要求？

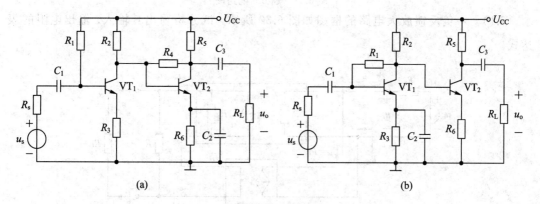

图 6.29　题 6.7 电路图

6.8　两个负反馈放大电路如图 6.30(a)、图 6.30(b) 所示。

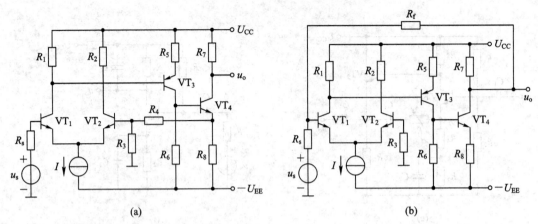

图 6.30　题 6.8 电路图

（1）试判别各引入了什么类型的反馈？

（2）各稳定了什么放大倍数？

（3）对输入电阻和输出电阻各有什么影响？

（4）两电路满足深度负反馈条件，试估算各自的闭环电压放大倍数。

6.9　一负反馈放大电路的框图如图 6.31 所示，试分析写出其输入、输出电阻的表达式。

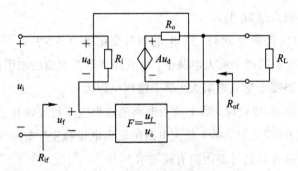

图 6.31　题 6.9 电路图

6.10　一负反馈放大电路的框图如图 6.32 所示，试分析写出其输入、输出电阻的表达式。

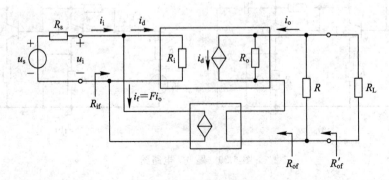

图 6.32　题 6.10 电路图

6.11　对于图 6.33 所示放大电路，若设它们满足深度负反馈条件，试估算各自的闭环电压放大倍数。

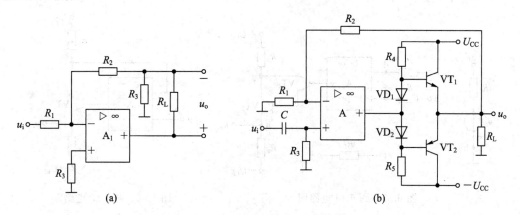

图 6.33　题 6.11 电路图

6.12　电路如图 6.34 所示，为稳定输出电压，应引入什么类型的级间反馈？反馈电阻 R_f 应如何连接？如果电路满足深度负反馈条件，且要求 $|A_{uf}| = 10$，则 R_f 应选多大？

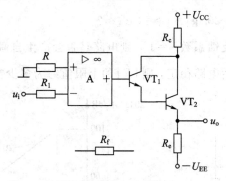

图 6.34　题 6.12 电路图

6.13　以集成运放作为放大电路，引入合适的负反馈，分别达到下列目的，要求画出电路图。

(1) 实现电压-电流转换的电路；

(2) 实现电流-电压转换的电路；

(3) 实现输入电阻高、输出电压稳定的电压放大电路；

(4) 实现输入电阻低、输出电流稳定的电流放大电路。

6.14　由集成运放 A 及晶体管 VT_1、VT_2 组成的放大电路如图 6.35 所示，试分别按下列要求将信号源 u_s、电阻 R_f 正确接入该电路。

(1) 引入电压串联负反馈；

(2) 引入电压并联负反馈；

(3) 引入电流串联负反馈；

(4) 引入电流并联负反馈.

6.15 一放大电路如图 6.36 所示，试判别其反馈的极性和组态；若电路为交流负反馈，试估算其电压放大倍数 A_{uf}。

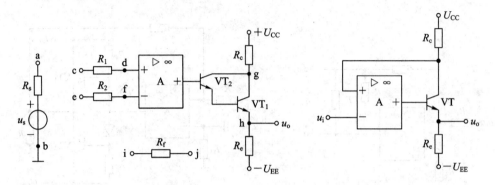

图 6.35 题 6.14 电路图   图 6.36 题 6.15 电路图

6.16 电路如图 6.37 所示，试判别电路中所引入反馈的极性，分析写出 u_i 与 i_o 的关系式，说明电路的特点。

6.17 已知一放大电路的幅频特性近似如图 6.38 所示，引入负反馈时，反馈网络为纯电阻网络，且其参数的变化对基本放大电路的影响可忽略不计。试回答下列问题：

(1) 当 $f=10^3$ Hz 时，$20\lg|\dot A|\approx?$，$\varphi_A\approx?$

(2) 若引入负反馈后反馈系数 $\dot F=1$，则电路是否会产生自激振荡？

(3) 若想引入负反馈后电路稳定，则 $|\dot F|$ 的上限值约为多少？

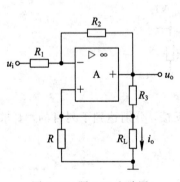

图 6.37 题 6.16 电路图

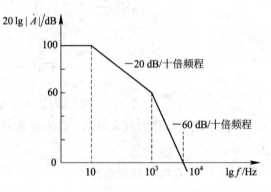

图 6.38 题 6.17 电路图

第 7 章　信号运算与处理电路

　　内容提要：本章主要介绍由集成运放组成的模拟信号运算电路和信号处理电路，重点讨论这些电路的输入输出关系。

　　学习提示：在正确区分运放的线性应用和非线性应用的基础上，对于线性应用，重点掌握基本运算电路(如比例、求和、减法、积分和微分运算电路)的工作原理及分析方法；对于非线性应用，应掌握简单电压比较器和迟滞电压比较器的电路结构、工作原理及电压传输特性。

　　为了分析计算方便，在这一章集成运放的应用电路分析中，通常把集成运放当作理想器件。所谓理想集成运放，就是将集成运放的各项技术指标理想化，即

　　(1) 开环差模电压放大倍数 $A_{ud} = \infty$；

　　(2) 差模输入电阻 $R_{id} = \infty$；

　　(3) 输出电阻 $R_o = 0$；

　　(4) 共模抑制比 $K_{CMR} = \infty$；

　　(5) 开环带宽 $BW = \infty$；

　　(6) 没有温度漂移。

　　集成运放的工作区域分为线性区和非线性区，当集成运放工作在线性区时，作为一个线性放大器件，它的输出信号与输入信号之间满足的关系是：

$$u_o = A_{ud}(u_P - u_N) \tag{7.1}$$

　　由于理想集成运放的开环电压放大倍数趋于无穷大，而集成运放的输出电压 u_o 为有限值，故输入信号的变化范围很小，由此推出

$$u_P - u_N = \frac{u_o}{A_{ud}} \rightarrow 0$$

即

$$u_P = u_N \tag{7.2}$$

　　这种情况称为"虚短"，即理想集成运放的同相输入端与反相输入端的电位相等，但不是短路。

　　同时，又由于理想集成运放的差模输入电阻趋于无穷大，因而流入集成运放输入端的电流也就必趋于零，即

$$i_P = i_N = 0 \tag{7.3}$$

　　这种情况称为"虚断"，即理想集成运放的两个输入端不取电流，但不是断开。

　　这样我们就可以利用集成运放的"虚短"和"虚断"的概念，使电路分析得以简化。

§7.1　基本运算电路

基本运算电路包括比例、加法、减法、积分、微分、对数和反对数等运算电路。在这些运算电路中要求集成运放工作在线性区，所以在电路中引入负反馈来扩大集成运放的线性范围。

7.1.1　比例运算电路

将信号按比例放大的电路称为比例运算电路，也是常用的基本放大电路。按输入信号加入集成运放输入端的不同，它有反相输入和同相输入两种不同形式，下面分别介绍。

1. 反相比例运算电路

反相比例运算电路的输入信号加在集成运放的反相输入端，电路如图 7.1 所示。图中由电阻 R_F 引入了电压并联负反馈。利用"虚短"和"虚断"可得

$$\begin{cases} \dfrac{u_i - u_N}{R_1} = \dfrac{u_N - u_o}{R_f} \\ u_N = u_P = 0 \end{cases}$$

解之，得

$$u_o = -\frac{R_f}{R_1} u_i \qquad (7.4)$$

由式(7.4)可见输出电压与输入电压成比例运算关系，式中的负号表示输出电压与输入电压反相。由于图 7.1 电路中的 $u_N = 0$，因此称此时集成运放的反相输入端为虚地点。

因为实际的集成运放不是理想的，不可避免地存在误差和温漂，而集成运放的输入级是由差动放大电路组成

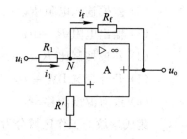

图 7.1　反相比例运算电路

的，它要求两边的输入回路参数对称，即从集成运放反相输入端和地两点之间向外看的等效电阻 R_N 应等于从集成运放同相输入端和地两点之间向外看的等效电阻 R_P，即要求 $R_P = R_N$。图 7.1 电路中 $R_P = R'$，$R_N = R_1 /\!/ R_f$，所以 $R' = R_1 /\!/ R_f$。

由上述分析可得反相比例运算电路的特点如下：

（1）由于集成运放的反相输入端为虚地点，它的共模输入电压可视为零，因此对运放的共模抑制比要求低。这是反相比例运算电路的突出优点。

（2）由于电路中引入了电压负反馈，所以它的输出电阻小，通常可视为零，因此带负载能力强。

（3）由于电路中引入了并联负反馈，所以它的输入电阻小，通常可认为 $R_i = R_1$，因此对输入电流有一定的要求。

2. 同相比例运算电路

同相比例运算电路的输入信号加在集成运放的同相输入端，电路如图 7.2 所示。图中由电阻 R_1 和 R_f 引入了电压串联负反馈。利用"虚短"和"虚断"可得

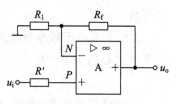

图 7.2　同相比例运算电路

$$\begin{cases} \dfrac{0 - u_N}{R_1} = \dfrac{u_N - u_o}{R_f} \\ u_N = u_P = u_i \end{cases}$$

解之，得

$$u_o = \left(1 + \dfrac{R_f}{R_1}\right) u_i \tag{7.5}$$

由式（7.5）可见输出电压与输入电压成比例运算关系，且输出电压与输入电压同相。图 7.2 电路中的 R' 可使 $R_P = R_N$，因为 $R_P = R'$，$R_N = R_1 /\!/ R_f$，所以 $R' = R_1 /\!/ R_f$。

由上述分析可得同相比例运算电路的特点如下：

（1）由于电路中引入了串联负反馈，所以它的输入电阻高，可高达 1000 MΩ 以上。

（2）由于电路中引入了电压负反馈，所以它的输出电阻小，通常可视为零，因此带负载能力强。

（3）由于 $u_N = u_P = u_i$（此时集成运放的反相输入端不是虚地点），即在同相比例运算电路中集成运放的共模输入电压等于输入电压，因此对集成运放的共模抑制比要求较高。这是同相比例运算电路的缺点。

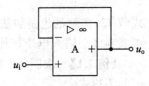

图 7.3　电压跟随器

（4）当 $R_1 = \infty$、$R_f = 0$ 或 $R_1 = \infty$ 且 $R_f = 0$ 时，$u_o = u_i$，此时电路为电压跟随器，如图 7.3 所示。

7.1.2　加法运算电路

1. 反相求和电路

图 7.4 所示电路是在反相比例运算电路的基础上增加了一个输入端，所以称为反相求和电路。因为集成运放是理想的，利用虚短、虚断，可以得出 $u_N = u_P = 0$，所以节点 N 为虚地点，又由虚断可得集成运放的输入电流 $i_d = 0$，对节点 N 可列出下面的方程式：

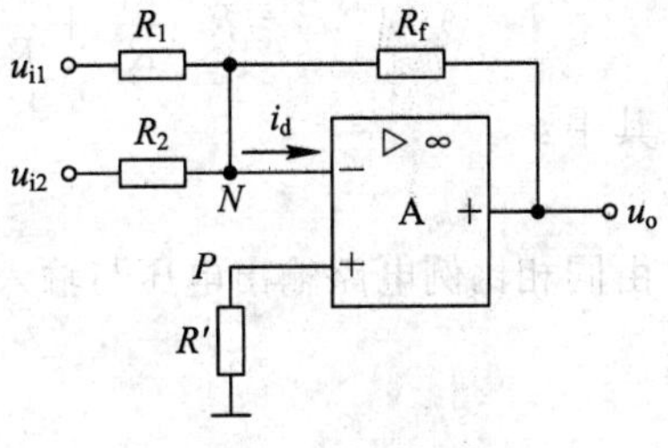

$$\dfrac{u_{i1} - u_N}{R_1} + \dfrac{u_{i2} - u_N}{R_2} = \dfrac{u_N - u_o}{R_f} \tag{7.6}$$

图 7.4　反相求和电路

将 $u_N = u_P = 0$ 代入式（7.6），整理可得

$$u_o = -\left(\dfrac{R_f}{R_1} u_{i1} + \dfrac{R_f}{R_2} u_{i2}\right) \tag{7.7}$$

若取 $R_1 = R_2 = R_f$，则式（7.7）变为

$$u_o = -(u_{i1} + u_{i2}) \tag{7.8}$$

式中负号是因反相输入所引起的。在输出端再接一个反相器就可消去负号，实现加法运算。为保持从集成运放的两输入端向外看的等效电阻相等，要求

$$R' = R_1 /\!/ R_2 /\!/ R_f \tag{7.9}$$

如果继续在图 7.4 所示电路中增加输入端，该加法电路也可以扩展到多个输入电压相加。

2. 同相求和电路

图 7.5 所示为利用同相比例运算放大电路组成的加法电路。由同相比例电路输出电压与输入电压的关系可知：

$$u_o = \left(1 + \frac{R_f}{R}\right) u_P \tag{7.10}$$

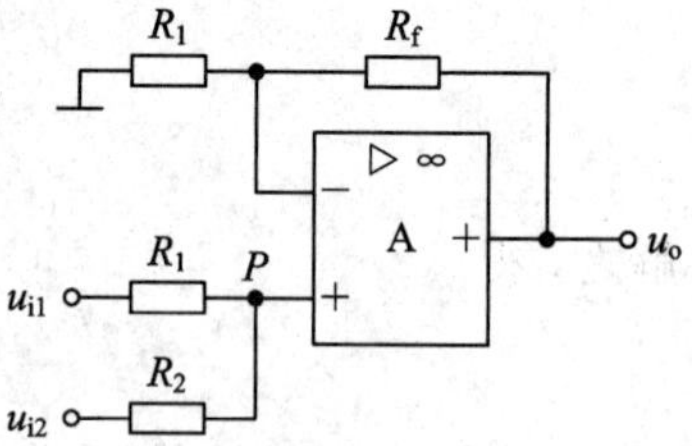

利用叠加定理可得

$$u_P = \frac{R_2}{R_1 + R_2} u_{i1} + \frac{R_1}{R_1 + R_2} u_{i2} \tag{7.11}$$

将式(7.11)代入式(7.10)得

$$u_o = \left(1 + \frac{R_f}{R}\right)\left(\frac{R_2}{R_1 + R_2} u_{i1} + \frac{R_1}{R_1 + R_2} u_{i2}\right) \tag{7.12}$$

若取 $R_1 = R_2 = R_f = R$，则

$$u_o = u_{i1} + u_{i2} \tag{7.13}$$

式(7.13)实现的也是加法运算。同样，如果继续在图 7.5 电路中增加输入端，该电路也可以扩展到多个输入电压相加。

【例 7.1】 求图 7.6 所示加法运算电路的输出电压 u_o 的表达式。

解 由虚断可知集成运放的输入电流 $i_d = 0$，对节点 P 列出 KCL 方程式为

$$\frac{u_{i1} - u_P}{R_1} + \frac{u_{i2} - u_P}{R_2} + \frac{u_{i3} - u_P}{R_3} = \frac{u_P}{R_4}$$

解之得

$$u_P = R'\left(\frac{u_{i1}}{R_1} + \frac{u_{i2}}{R_2} + \frac{u_{i3}}{R_3}\right)$$

其中：

$$R' = R_1 \mathbin{/\mkern-5mu/} R_2 \mathbin{/\mkern-5mu/} R_3 \mathbin{/\mkern-5mu/} R_4$$

由同相比例电路输出电压与输入电压的关系可知

$$u_o = \left(1 + \frac{R_f}{R}\right) u_P$$

所以

$$u_o = \left(1 + \frac{R_f}{R}\right) R'\left(\frac{u_{i1}}{R_1} + \frac{u_{i2}}{R_2} + \frac{u_{i3}}{R_3}\right)$$

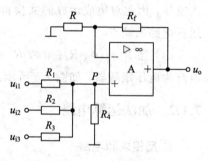

图 7.5

图 7.6 例 7.1 电路图

7.1.3 减法运算电路

1. 利用反相信号求和以实现减法运算

减法电路如图 7.7 所示，图中运放 A_1 为反相器，则 $u_{o1} = -u_{i1}$；运放 A_2 为反相加法器，由加法器可得

$$u_o = -(u_{o1} + u_{i2}) = u_{i1} - u_{i2} \tag{7.14}$$

因为在图 7.7 所示电路中运放 A_1 和运放 A_2 均采用了反相输入结构，N_1、N_2 为"虚地"点，放大器没有共模信号，所以允许输入信号的共模电压范围较大；另外由于电路中

引入了电压并联负反馈，因此其输入电阻较低，输出电阻很小。此外为了减小温漂，提高运算精度，可以分别在两个集成运放同相端到地之间串接一个平衡电阻。

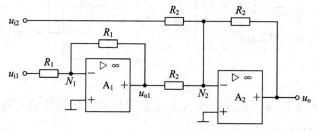

图 7.7　减法电路

2. 利用差动式电路以实现减法运算

减法运算也可以采用差动式放大电路来实现，电路如图 7.8 所示，输入信号 u_{i1}、u_{i2} 分别从集成运算放大器的反相端和同相端输入。其输出电压与输入电压的关系可以利用叠加定理求出，当 u_{i1} 单独作用时，u_{i2} 置零，此时电路为反相比例运算电路，输出电压为

$$u'_o = -\frac{R_2}{R_1}u_{i1}$$

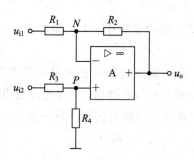

图 7.8　差动式放大电路

当 u_{i2} 单独作用时，u_{i1} 置零，此时电路为同相比例运算电路，输出电压为

$$u''_o = \frac{R_4}{R_3+R_4}\left(1+\frac{R_2}{R_1}\right)u_{i2}$$

由叠加定理可得输出电压为

$$u_o = u'_o + u''_o = -\frac{R_2}{R_1}u_{i1} + \frac{R_1+R_2}{R_1}\frac{R_4}{R_3+R_4}u_{i2} \tag{7.15}$$

如果 $R_2/R_1 = R_4/R_3$，则输出电压表达式可简化为

$$u_o = \frac{R_2}{R_1}(u_{i2}-u_{i1}) \tag{7.16}$$

即输出电压 u_o 与两输入电压之差成比例，实现了减法运算。由于电路中存在共模输入电压，因此应选用共模抑制比较高的集成运放，才能保证它的运算精度。差动式放大器除了可以作为减法运算电路外，还常用于自动检测仪器中。

【例 7.2】　图 7.9 所示电路为利用两个运算放大器组成的具有较高输入电阻的差动式放大电路，试求输出电压 u_o 的表达式。

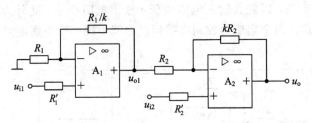

图 7.9　例 7.2 电路图

解　在图 7.9 所示电路中集成运放 A_1 组成的是同相比例运算放大器，由同相比例运算放大器的输入输出关系可得 u_{o1} 为

$$u_{o1} = \left(1 + \frac{R_1/k}{R_1}\right) u_{i1} = \left(1 + \frac{1}{k}\right) u_{i1} \tag{7.17}$$

而集成运放 A_2 组成的是差动式放大电路，利用叠加定理可求出输出电压 u_o 为

$$u_o = -\frac{kR_2}{R_2} u_{o1} + \left(1 + \frac{kR_2}{R_2}\right) u_{i2} = -k u_{o1} + (1+k) u_{i2} \tag{7.18}$$

将式(7.17)代入式(7.18)可得输出电压 u_o 为

$$u_o = -k\left(1 + \frac{1}{k}\right) u_{i1} + (1+k) u_{i2} = (1+k)(u_{i2} - u_{i1}) \tag{7.19}$$

式(7.19)说明图 7.9 所示电路完成的是减法运算，同时由于电路中引入的是串联负反馈，因此其输入电阻比较高。

综上所述，在求解运算电路的输出电压与输入电压关系时，可以采用两种分析方法。一种是利用理想集成运放的虚短、虚断的概念，列出电路方程进行分析计算；另一种是利用叠加定理，结合反相比例运算放大电路和同相比例运算放大电路的输入输出电压关系结果进行分析计算。

7.1.4　积分运算电路

积分电路如图 7.10 所示。输入信号 u_i 从集成运放的反相端输入，与反相比例电路相比，不同的是用电容器 C 代替了反馈电阻 R_f。利用虚短和虚断的概念可知：$u_N = u_P = 0$，$i_d = 0$。则有 $i_R = i_C = \dfrac{u_i}{R}$。假设电容器 C 的初始电压为零，则

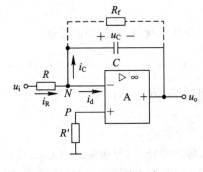

图 7.10　积分电路

$$u_N - u_o = -u_o = u_C = \frac{1}{C}\int i_C \, dt$$

$$= \frac{1}{C}\int i_R \, dt = \frac{1}{C}\int \frac{u_i}{R} \, dt$$

所以

$$u_o = -\frac{1}{RC}\int u_i \, dt \tag{7.20}$$

式(7.20)说明，输出电压与输入电压成积分关系，负号表示它们的相位相反。

如果输入信号 u_i 为阶跃电压，当 $t \geqslant 0$ 时，$u_i = U$，设 $u_C(0) = 0$，由式(7.20)得

$$u_o = -\frac{1}{RC}\int_0^t U\mathrm{d}t = -\frac{U}{RC}t \tag{7.21}$$

由此可以看出，在阶跃电压的作用下，电容以恒流方式进行充电，输出电压 u_o 与时间 t 呈线性关系；当输出电压向负值方向增大到反向饱和电压时，集成运放进入到非线性工作状态，u_o 保持不变，积分作用也就停止了，其变化关系如图 7.11(a)所示。

若输入信号 u_i 为方波，则输出应为三角波，波形关系如图 7.11(b)所示。

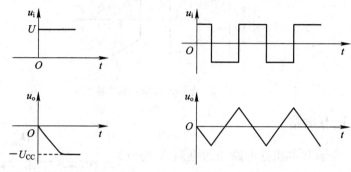

(a) 输入阶跃信号时的输入输出波形　　　　(b) 输入方波信号时的输入输出波形

图 7.11　积分电路的输入输出波形

另外要注意的是，上述积分电路的分析结果是在理想情况下得出的。对于实际的积分电路来说，由于受集成运放的参数不理想、实际的电容器存在吸附效应和漏电阻等影响，工作时常常会出现积分误差，严重时会使电路不能正常工作。此外为了限制低频信号增益，常在电容上并联一个电阻 R_f，如图 7.10 中虚线所示，通常 R_f 的阻值比较大，所以它不会影响积分电路中输出输入电压的积分关系。

实际积分电路的应用是十分广泛的，它可以用来作为显示器的扫描电路，也可以用于模－数转换器及数学模拟运算等。

【例 7.3】　电路如图 7.12 所示，A 为理想运放，当 $t = 0$ 时，电容器 C 的初始电压 $u_C(0) = 0$。

(1) 写出电路的电压增益 $\dot{A}_u$ 的表达式；

(2) 若输入电压为一方波，试定性地画出 u_o 稳态时的波形。

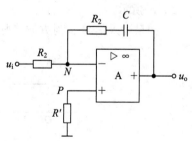

图 7.12　例 7.3 电路图

解　(1) 由于电路连接成反相比例运算电路的形式。反相端 N 为"虚地"点，所以 $u_N = 0$，利用"虚断"可得电路的电压增益为

$$\dot{A}_u = \frac{\dot{U}_o}{\dot{U}_i} = -\frac{R_2 + \dfrac{1}{\mathrm{j}\omega C}}{R_1} = -\frac{R_2}{R_1} - \frac{1}{\mathrm{j}\omega R_1 C}$$

(2) 因为 $i_R = i_C = \dfrac{u_i}{R}$，且 $u_C = \dfrac{1}{C}\int i_R \mathrm{d}t = \dfrac{1}{R_1 C}\int u_i \mathrm{d}t$。所以

$$u_o = -R_2 i_R - u_C = -\frac{R_2}{R_1}u_i - \frac{1}{R_1 C}\int u_i \mathrm{d}t \tag{7.22}$$

若输入电压为一方波,根据式(7.22)可画出 u_o 稳态时的波形,如图 7.13 所示。

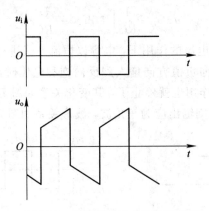

图 7.13　电路图的输入输出波形图

7.1.5　微分运算电路

将图 7.10 所示基本积分电路中的电阻 R 与电容器 C 交换位置,可得基本微分电路如图 7.14 所示。利用虚短和虚断的概念可知 $u_N=u_P=0$,$i_d=0$,则有 $i_R=i_C=C\dfrac{\mathrm{d}u_C}{\mathrm{d}t}=C\dfrac{\mathrm{d}u_i}{\mathrm{d}t}$,而 $u_o=-i_R R$,于是

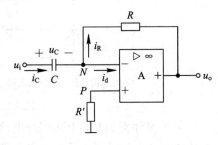

图 7.14　基本微分电路

$$u_o=-RC\frac{\mathrm{d}u_i}{\mathrm{d}t} \qquad (7.23)$$

式(7.23)说明,输出电压与输入电压呈微分关系,负号表示它们的相位相反。

当输入信号 u_i 为阶跃电压时,考虑到信号源内阻的存在,当 $t=0$ 时,输出电压 u_o 为有限值,随着电容器 C 的充电,输出电压 u_o 将逐渐减小,最后趋近零,其变化关系如图 7.15(a)所示。

如果输入信号 u_i 为方波,则输出应为尖脉冲,波形关系如图 7.15(b)所示。

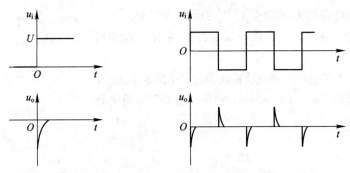

(a) 输入阶跃信号时的输入输出波形　　　　(b) 输入方波信号时的输入输出波形

图 7.15　微分电路的输入输出波形

如果输入信号 u_i 是正弦波 $u_i=U_{im}\sin\omega t$,则输出信号为 $u_o=-RC\omega U_{im}\cos\omega t$。说明输出信号 u_o 的幅度是随频率的变化而变化的,因此微分电路对高频干扰和噪声十分敏感,以

致输出噪声可能完全淹没微分信号，使电路不能正常工作。所以图 7.14 的基本微分电路虽然从原理上可以实现微分运算，但实际上它的稳定性是很差的。图 7.16 给出了一种实际微分电路，它在输入端串接了一个小电阻 R_1，用来限制因噪声和突变的输入电压所形成的过大输入电流；并联在电阻 R_2 两端的稳压二极管 VD_{Z1}、VD_{Z2} 用来限制输出电压的幅度，确保集成运放始终工作在放大区；并联在电阻 R_2 两端的电容 C_2 起相位补偿作用，可提高电路的稳定性，并且要求 $R_1C_1 = R_2C_2$。若输入信号是周期为 T 的方波，当 $R_2C_2 \ll T/2$ 时，可保证该电路的输出电压与输入电压呈近似微分关系。

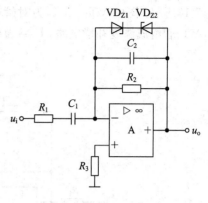

图 7.16 实际微分电路

§7.2 对数和反对数运算电路

7.2.1 对数运算电路

在前面章节里曾介绍过二极管的电流与它两端电压的关系是

$$i_D = I_S(e^{\frac{u_D}{U_T}} - 1)$$

当 $u_D \gg U_T$ 时，有

$$i_D \approx I_S e^{\frac{u_D}{U_T}}$$

利用上式关系，用二极管或三极管代替反相比例电路中的反馈电阻 R_f，即可组成对数运算电路，电路如图 7.17 所示。

由图 7.17 可得，当二极管正向导通时，有

$$i_R = i_D \approx I_S e^{\frac{u_D}{U_T}} \tag{7.24}$$

由虚地得

$$i_R = \frac{u_i}{R} \tag{7.25}$$

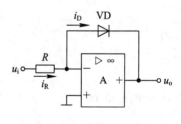

图 7.17 对数运算电路

输出电压为

$$u_o = -u_D \tag{7.26}$$

将式(7.25)和式(7.26)代入式(7.24)可得

$$u_o = -U_T \ln \frac{u_i}{RI_S} \tag{7.27}$$

式(7.27)说明输出电压与输入电压为对数运算关系。但是它的输出电压与二极管的 I_S 和 U_T 有关，二极管的 I_S 和 U_T 均是温度的函数，因此运算精度受到温度的影响。同时输出电压的幅值不能超过 0.7 V。

为了克服温度的影响，可以利用特性相同的两个晶体管来实现温度补偿，电路如图

7.18所示。图中 VT_1、VT_2为对管，运放 A_1 与 VT_1 管组成基本对数运算电路，运放 A_2 与
VT_2 管组成温度补偿电路，U_{REF} 为外加参考电压。

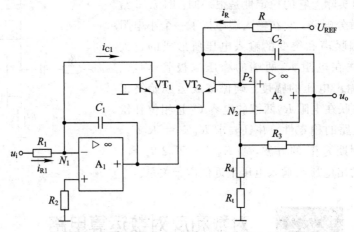

图 7.18　具有温度补偿的对数运算电路

利用集成运放虚短和虚断的概念，列节点 N_1 的 KCL 方程为

$$i_{C1} = i_{R1} = \frac{u_i}{R_1} \approx I_S e^{\frac{u_{BE1}}{U_T}}$$

而

$$u_{BE1} \approx U_T \ln \frac{u_i}{R_1 I_S}$$

列节点 P_2 的 KCL 方程为

$$i_{C2} = I_R \approx I_S e^{\frac{u_{BE2}}{U_T}}$$

而

$$u_{BE2} \approx U_T \ln \frac{I_R}{I_S}$$

P_2 点的电位为

$$u_{P2} = u_{BE2} - u_{BE1} \approx -U_T \ln \frac{u_i}{R_1 I_R}$$

所以输出电压 u_o 为

$$u_o = \left(1 + \frac{R_3}{R_4 + R_t}\right) u_{P2} = -\left(1 + \frac{R_3}{R_4 + R_t}\right) U_T \ln \frac{u_i}{R_1 I_R} \tag{7.28}$$

式(7.28)消除了 I_S 的影响，但仍然与 U_T 有关，若电路中的电阻 R_t 为具有正温度系数的热
敏电阻，当环境温度升高时，U_T 增加，会使输出电压 u_o 增加，电阻 R_t 的阻值也会增加，使
得放大倍数 $1 + \dfrac{R_3}{R_4 + R_t}$ 减小，从而使输出电压 u_o 维持恒定，这样在一定温度范围内补偿了
U_T 的温度影响。

另外，调节电阻 R_3、R_4 可以改变输出电压 u_o，使之超过 0.7 V，电路中的 C_1 和 C_2 起
频率补偿作用，以消除自激。

7.2.2　反对数运算电路

将图 7.17 所示电路中的电阻 R 和二极管 VD 的位置互换，即为反对数运算电路，如图 7.19 所示。由虚地得 $u_i = u_D$，当二极管正向导通时，有

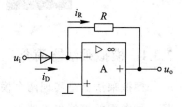

图 7.19　反对数运算电路

$$\begin{cases} i_R = i_D \approx I_S e^{\frac{u_D}{U_T}} = I_S e^{\frac{u_i}{U_T}} \\ u_o = -i_R R = -I_S R e^{\frac{u_i}{U_T}} \end{cases} \tag{7.29}$$

式(7.29)说明输出电压与输入电压为反对数运算关系。同样输出电压与二极管的 I_S 和 U_T 有关，运算精度会受到温度的影响。

为了克服温度的影响，同样可以利用特性相同的两个晶体管来实现温度补偿，电路如图 7.20 所示。

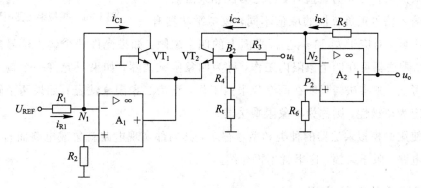

图 7.20　具有温度补偿的反对数运算电路

由图 7.20 可以得出

$$i_{C1} \approx i_{E1} = I_S e^{\frac{u_{BE1}}{U_T}}$$

$$i_{C2} \approx i_{E2} = I_S e^{\frac{u_{BE2}}{U_T}}$$

从而有

$$u_{B2} = \frac{R_4 + R_t}{R_3 + R_4 + R_t} u_i = u_{BE2} - u_{BE1} \approx U_T \ln \frac{i_{C2}}{i_{C1}} \tag{7.30}$$

考虑到 $i_{C1} \approx i_{R1} = \dfrac{U_{REF}}{R_1}$ 和 $i_{C2} \approx i_{R5} = \dfrac{u_o}{R_5}$，代入式(7.30)可得

$$\frac{R_4 + R_t}{R_3 + R_4 + R_t} u_i \approx U_T \ln \frac{R_1 u_o}{R_5 U_{REF}}$$

所以输出电压 u_o 为

$$u_o \approx \frac{R_5 U_{REF}}{R_1} e^{\frac{R_4+R_t}{R_3+R_4+R_t} \frac{u_i}{U_T}} \tag{7.31}$$

由式(7.31)可知，输出电压 u_o 仍然与 U_T 有关。为了克服温度的影响，可以选取电阻 R_t 为具有正温度系数的热敏电阻，使其在一定温度范围内补偿 U_T 的温度影响。

§7.3　　模拟乘法器及其应用

7.3.1　模拟乘法器简介

模拟乘法器是实现两个模拟信号相乘的电子器件，其性能优越、价格低廉、使用方便，是一种常用的模拟集成器件。

模拟乘法器的图形符号如图 7.21 所示，它有两个输入端，一个输出端，输入及输出均对"地"而言，输出电压与输入电压的关系为

$$u_O = k u_X u_Y \tag{7.32}$$

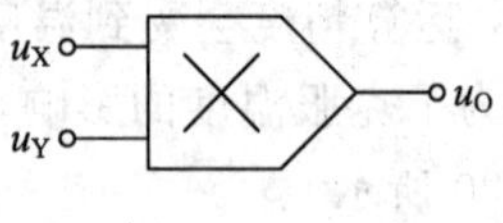

式中：k 为乘积系数，其值可正可负。当 k 为正值时，称之为同相乘法器；当 k 为负值时，称之为反相乘法器。

图 7.21　模拟乘法器图形符号

根据输入信号正负极性的取值不同，模拟乘法器有四个工作区域，对应于 u_X 和 u_Y 坐标平面上的四个象限。如果允许两个输入信号的极性可正可负，则乘法器可在四个象限内工作，称为四象限乘法器；如果只允许一个输入信号的极性可正可负，则乘法器只能在两个象限内工作，称为二象限乘法器；如果两个输入信号均只能限定为单极性，则称为单象限乘法器。

目前使用的模拟乘法器的种类和型号很多，其内部实现电路就集成电路而言，多采用变跨导型电路，限于篇幅，这里就不再介绍。

7.3.2　模拟乘法器的应用

模拟乘法器除了自身能实现两个模拟信号的乘法和平方运算外，还可以与集成运放相配合构成除法、开方等运算电路。

1. 乘方运算电路

将乘法器的两个输入端连在一起输入相同的信号，就可实现平方运算，如图 7.22(a)所示。其输出电压为

$$u_O = k u_I^2 \tag{7.33}$$

当多个乘法器串联使用时，可以实现信号的任意次方运算，图 7.22(b)所示电路为三次方运算，其输出电压为

$$u_O = k^2 u_I^3 \tag{7.34}$$

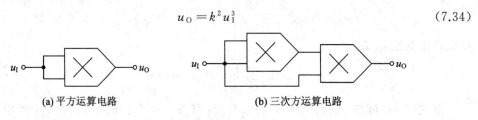

(a) 平方运算电路　　　　　　　　　　(b) 三次方运算电路

图 7.22　乘方运算电路

2. 除法运算电路

除法运算电路如图 7.23 所示，由"虚断"可得

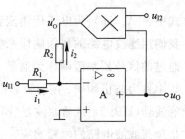

$$\frac{u_{I1}}{R_1} = -\frac{u'_O}{R_2} = -\frac{ku_{I2}u_O}{R_2} \qquad (7.35)$$

整理可得输出电压为

$$u_O = -\frac{R_2}{kR_1}\frac{u_{I1}}{u_{I2}} \qquad (7.36)$$

图 7.23　除法运算电路

需要注意的是，在图 7.23 所示电路中，为保证集成运放能够稳定工作，应在电路中引入负反馈，为此，u'_O 的极性必须与 u_O 的极性相同，也就是要求当 $u_{I2} > 0$ 时，使用同相乘法器；当 $u_{I2} < 0$ 时，使用反相乘法器。

3. 开方运算电路

开方运算电路如图 7.24 所示，由"虚断"可得

$$\frac{u_I}{R_1} = -\frac{u'_O}{R_2} = -\frac{ku_O^2}{R_2} \qquad (7.37)$$

整理可得输出电压为

$$u_O = \sqrt{-\frac{R_2 u_I}{kR_1}} \qquad (7.38)$$

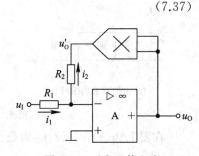

为保证式(7.38)中根号内的表达式大于零，当 $u_I > 0$ 时，应使用反相乘法器；当 $u_I < 0$ 时，应使用同相乘法器，即输入信号的极性与 k 的极性相反，这时电路引入的是负反馈。因此对给定的模拟乘法器，电路只能对一种极性的信号实现开方运算。

图 7.24　开方运算电路

§7.4　有源滤波电路

滤波器是一种能使某一部分频率信号比较顺利地通过而另一部分频率信号受到较大衰减的电子装置，常用在处理信息、传输数据和抑制干扰等方面。滤波器最初由无源器件 R、C、L 组成，也称为无源滤波器。20 世纪 60 年代以来，由于集成运放的迅速发展，由集成运放和 R、C 组成的有源滤波电路也应用得日益广泛。与无源滤波器相比，有源滤波器具有不用电感、体积小、重量轻等优点，同时集成运放具有高开环电压增益、高输入电阻和低输出电阻的特点，用它构成的有源滤波器还具有电压放大和缓冲作用。但集成运放的带宽有限，因此有源滤波器的工作频率不能做得很高，这是它的不足之处。

7.4.1　滤波电路的基本概念

图 7.25 所示是滤波电路的一般结构图。滤波电路的输出电压与输入电压之比定义为电压传递函数，即

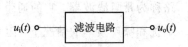

$u_i(t) \circ\!\!-\!\!\boxed{\text{滤波电路}}\!\!-\!\!\circ u_o(t)$

$$\dot{A}_u(\mathrm{j}\omega) = \frac{\dot{U}_o}{\dot{U}_i} = |\dot{A}_u(\mathrm{j}\omega)| \angle \varphi(\mathrm{j}\omega) \qquad (7.39)$$

图 7.25　滤波电路的结构图

式中：$|\dot{A}_u(j\omega)|$ 为电压传递函数的模，$\varphi(j\omega)$ 为输出电压与输入电压之间的相位角。通常我们用滤波电路的幅频响应来描述滤波电路的特征。对于滤波电路的幅频响应来说，能够通过的信号频率范围称为通带，受阻或衰减的信号频率范围称为阻带，通带和阻带的界限频率称为截止频率。按通带和阻带的位置不同，滤波电路可分为低通滤波器（LPF）、高通滤波器（HPF）、带通滤波器（BPF）、带阻滤波器（BEF）和全通滤波器（APF）。图 7.26 所示是理想滤波电路的幅频响应。

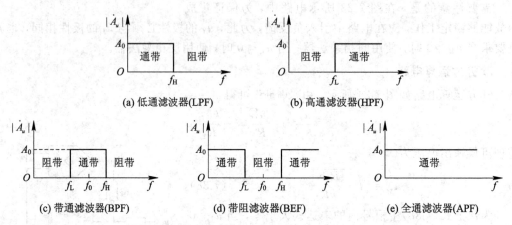

图 7.26　各种理想滤波电路的幅频相应

在图 7.26(a)中，设 f_H 为截止频率，频率低于 f_H 的信号可以通过，频率高于 f_H 的信号被衰减，这种滤波电路称为低通滤波器。它的带宽 BW＝f_H。无源低通滤波器常用来作为直流电源中的滤波电路，从而获得平滑的直流电压。

在图 7.26(b)中，设 f_L 为截止频率，频率高于 f_L 的信号可以通过，频率低于 f_L 的信号被衰减，这种滤波电路称为高通滤波器。它的通带和阻带的位置与低通滤波器相反。在理论上它的带宽 BW＝∞，但实际上，由于受集成运放、外接元件和杂散参数的影响，高通滤波器的带宽受到限制，因此它的带宽是有限的。利用高通滤波器可以隔离交流放大电路中的直流信号，只放大频率高于 f_L 的交流信号。

在图 7.26(c)中，设 f_L 为低频段截止频率，f_H 为高频段截止频率，f_0 为中心频率。频率高于 f_L 和低于 f_H 的信号可以通过，频率低于 f_L 和高于 f_H 的信号被衰减，这种滤波电路称为带通滤波器。它的带宽 BW＝f_H－f_L。带通滤波器常用于载波通信或弱信号提取等场合，以提高信噪比。

在图 7.26(d)中，设 f_L 为低频段截止频率，f_H 为高频段截止频率，f_0 为中心频率。频率低于 f_L 和高于 f_H 的信号可以通过，频率高于 f_L 和低于 f_H 的信号被衰减，这种滤波电路称为带阻滤波器。它的通带和阻带的位置与带通滤波器相反。带阻滤波器常用于在已知干扰和噪声频率的情况下，阻止干扰和噪声通过。

图 7.26(e)是全通滤波器的幅频响应，它没有阻带，它的通带是从零到无穷大，但相移的大小随频率变化。

　　需要指出的是，实际滤波电路与理想滤波电路的频率响应会有差别，下面就各种有源滤波电路加以具体分析。

7.4.2 一阶有源滤波器

　　图 7.27 所示电路为一阶有源低通滤波器，它是由一阶 RC 低通电路和同相比例运算放大器组成的；由于同相比例运算放大器引入的是电压串联负反馈，它具有输入电阻很高，输出电阻很低，带负载能力强的特点，所以在电路中可以很好地将一阶 RC 低通电路与负载隔离开来。由同相比例运算放大器的输入输出关系知

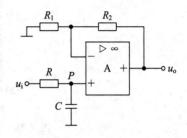

图 7.27 一阶有源低通滤波器

$$\dot{U}_\circ = \left(1 + \frac{R_2}{R_1}\right)\dot{U}_P \tag{7.40}$$

$$\dot{U}_P = \frac{\dfrac{1}{j\omega C}}{R + \dfrac{1}{j\omega C}}\dot{U}_i = \frac{1}{1 + j\omega RC}\dot{U}_i \tag{7.41}$$

由式(7.40)和式(7.41)可得一阶有源低通滤波器的传递函数为

$$\dot{A}_u = \frac{\dot{U}_\circ}{\dot{U}_i} = \frac{1}{1 + j\omega RC}\left(1 + \frac{R_2}{R_1}\right) \tag{7.42}$$

令

$$A_0 = 1 + \frac{R_2}{R_1},\ \omega_n = \frac{1}{RC}$$

则传递函数为

$$\dot{A}_u = \frac{A_0}{1 + \dfrac{j\omega}{\omega_n}} \tag{7.43}$$

式中：$\omega_n = 1/(RC)$ 称为特征角频率。

　　由式(7.43)可得其幅频响应为

$$|\dot{A}_u| = \frac{A_0}{\sqrt{1 + \left(\dfrac{\omega}{\omega_n}\right)^2}} \tag{7.44}$$

　　由式(7.44)可画出一阶有源低通滤波器的幅频响应曲线，如图 7.28 所示。由图 7.28 可以看出，特征角频率 ω_n 实际上就是 $-3\ dB$ 截止角频率 ω_H。同时，一阶有源低通滤波器的滤波效果不够好，因为它的衰减率只有 $-20\ dB$/十倍频程。对于理想的低通滤波器来说，当 $\omega > \omega_n$ 时，滤波器的输出应为零。为了使滤波器的滤波效果更接近理想的情况，要求其幅频响应曲线以 $-40\ dB$ 或 $-60\ dB$/十倍频程的斜率变化，则需要采用二阶、三阶或更高阶次的滤波电路。一般二阶或二阶以上的滤波电路均可由一阶和二阶有源滤波电路组成，因此下面我们重点分析二阶有源滤波电路的组成和特性。

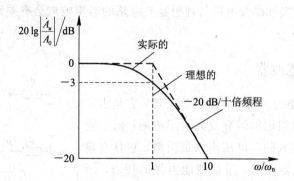

图 7.28　一阶有源低通滤波器的幅频响应曲线

7.4.3　二阶有源滤波器

1. 二阶有源低通滤波器

图 7.29 所示电路为二阶有源低通滤波器，图中的集成运放与电阻 R_1 和 R_2 组成同相比例运算放大器，它是作为有限增益有源器件使用的，所以该滤波电路称为压控电压源滤波电路（VCVS）。由同相比例运算放大器的输入输出关系得

$$\dot{U}_{\mathrm{o}} = \left(1 + \frac{R_2}{R_1}\right)\dot{U}_{\mathrm{P}} = A_0\,\dot{U}_{\mathrm{P}} \tag{7.45}$$

式中：$A_0 = 1 + \dfrac{R_2}{R_1}$。

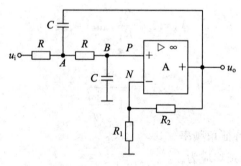

图 7.29　二阶有源低通滤波器

由图 7.29 可列出结点 A 和结点 B 的结点电压方程为

$$\left(\frac{1}{R} + \frac{1}{R} + \mathrm{j}\omega C\right)\dot{U}_{\mathrm{A}} - \frac{1}{R}\dot{U}_{\mathrm{B}} = \frac{\dot{U}_{\mathrm{i}}}{R} + \mathrm{j}\omega C\,\dot{U}_{\mathrm{o}} \tag{7.46}$$

$$-\frac{1}{R}\dot{U}_{\mathrm{A}} + \left(\frac{1}{R} + \mathrm{j}\omega C\right)\dot{U}_{\mathrm{B}} = 0 \tag{7.47}$$

联立求解，且 $\dot{U}_{\mathrm{B}} = \dot{U}_{\mathrm{P}} = \dot{U}_{\mathrm{N}}$，代入式（7.45），可得电路的传递函数为

$$\dot{A}_u = \frac{\dot{U}_{\mathrm{o}}}{\dot{U}_{\mathrm{i}}} = \frac{A_0}{1 + (3 - A_0)\mathrm{j}\omega RC + (\mathrm{j}\omega RC)^2} \tag{7.48}$$

令 $\omega_n = \dfrac{1}{RC}$，$Q = \dfrac{1}{3-A_0}$，则有

$$\dot{A}_u = \frac{A_0}{1 - \dfrac{\omega^2}{\omega_n^2} + \mathrm{j}\,\dfrac{1}{Q}\,\dfrac{\omega}{\omega_n}} \tag{7.49}$$

式(7.49)为二阶有源低通滤波电路传递函数的典型表达式。其中 $\omega_n = 1/(RC)$ 为特征角频率，Q 为等效品质因数。

由式(7.49)可得图 7.29 所示二阶有源低通滤波器的幅频响应为

$$|\dot{A}_u| = \frac{A_0}{\sqrt{\left[1 - \left(\dfrac{\omega}{\omega_n}\right)^2\right]^2 + \left(\dfrac{\omega}{Q\omega_n}\right)^2}} \tag{7.50}$$

由式(7.50)可画出二阶有源低通滤波器在不同 Q 值下的幅频响应曲线，如图 7.30 所示。由图 7.30 可见，当 $Q = 0.707$ 时，幅频响应曲线较平坦；当 $Q > 0.707$ 时，出现峰值；当 $Q = 0.707$、$\omega/\omega_n = 1$ 时，$20\lg|\dot{A}_u/A_0| = -3$ dB；当 $\omega/\omega_n = 10$ 时，$20\lg|\dot{A}_u/A_0| = -40$ dB，它的下降斜率是 -40 dB/十倍频程。这表明二阶低通滤波电路比一阶低通滤波电路的滤波效果要好得多。进一步增加滤波电路的阶数，它的滤波特性会更接近理想特性。

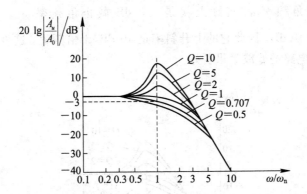

图 7.30　二阶有源低通滤波器的幅频响应曲线

2. 二阶有源高通滤波器

如果将图 7.29 所示二阶有源低通滤波器中的电阻 R 和电容 C 的位置互换，就可以得到二阶有源高通滤波器，其电路如图 7.31 所示。由电路可求得它的传递函数为

$$\dot{A}_u = \frac{\dot{U}_o}{\dot{U}_i} = \frac{A_0\,(\mathrm{j}\omega RC)^2}{1 + (3 - A_0)\mathrm{j}\omega RC + (\mathrm{j}\omega RC)^2} \tag{7.51}$$

式中：$A_0 = 1 + \dfrac{R_2}{R_1}$。令 $\omega_n = \dfrac{1}{RC}$，$Q = \dfrac{1}{3-A_0}$，则有

$$\dot{A}_u = \frac{-A_0\,\dfrac{\omega^2}{\omega_n^2}}{1 - \dfrac{\omega^2}{\omega_n^2} + \mathrm{j}\,\dfrac{1}{Q}\,\dfrac{\omega}{\omega_n}} \tag{7.52}$$

式(7.52)为二阶有源高通滤波电路传递函数的典型表达式。其中 $\omega_n = 1/(RC)$ 为特征角频率，Q 为等效品质因数。

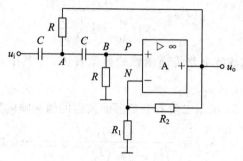

图 7.31　二阶有源高通滤波器

由式(7.52)可得图 7.31 所示二阶有源高通滤波器的幅频响应为

$$|\dot{A}_u| = \frac{A_0 \omega^2}{\sqrt{\left[1 - \left(\frac{\omega}{\omega_n}\right)^2\right]^2 + \left(\frac{\omega}{Q\omega_n}\right)^2}} \tag{7.53}$$

由式(7.53)可画出二阶有源高通滤波器在不同 Q 值下的幅频响应曲线，如图 7.32 所示。由图 7.32 可见，当 $Q = 0.707$ 时，幅频响应曲线较平坦，在 $\omega/\omega_n = 1$ 处，$20\lg|\dot{A}_u/A_0| = -3$ dB，所以特征角频率 ω_n 实际上就是 -3 dB 截止角频率 ω_L；当 $\omega/\omega_n = 0.1$ 时，$20\lg|\dot{A}_u/A_0| = -40$ dB，因此它的上升斜率是 40 dB/十倍频程。这表明二阶高通滤波电路比一阶高通滤波电路的滤波效果要好。

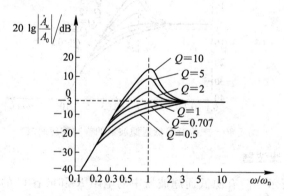

图 7.32　二阶有源高通滤波器的幅频响应曲线

3. 二阶有源带通滤波器

如果将低通滤波器和高通滤波器级联就可以得到带通滤波器，两者覆盖的通带就是一个带通响应。图 7.33 所示电路为二阶压控电压源带通滤波器。由电路可求得它的传递函数为

$$\dot{A}_u = \frac{\dot{A}_o}{\dot{A}_i} = \frac{A_0 j\omega RC}{1 + (3 - A_0)j\omega RC + (j\omega RC)^2} \tag{7.54}$$

式中：$A_0 = 1 + \dfrac{R_2}{R_1}$。令 $\omega_0 = \dfrac{1}{RC}$，$Q = \dfrac{1}{3 - A_0}$，则有

$$\dot{A}_u = \frac{A_0 \mathrm{j}\dfrac{\omega}{\omega_0}}{1 - \dfrac{\omega^2}{\omega_0^2} + \mathrm{j}\dfrac{1}{Q}\dfrac{\omega}{\omega_0}} = \frac{QA_0}{1 + \mathrm{j}Q\left(\dfrac{\omega}{\omega_0} - \dfrac{\omega_0}{\omega}\right)} \tag{7.55}$$

式(7.55)为二阶有源带通滤波电路传递函数的典型表达式。其中 $\omega_0 = 1/(RC)$ 为中心角频率，Q 为等效品质因数。当 $\omega = \omega_0$ 时，$|\dot{A}_u| = QA_0$ 为带通滤波器的通带电压增益，也是电路的最大电压增益。

由式(7.55)可画出二阶有源带通滤波器在不同 Q 值下的幅频响应曲线，如图 7.34 所示。由图 7.34 可见，Q 值越高，通带越窄。当式(7.55)分母虚部的绝对值为 1 时，有 $|\dot{A}_u| = \dfrac{QA_0}{\sqrt{2}}$；利用 $\left|Q\left(\dfrac{\omega}{\omega_0} - \dfrac{\omega_0}{\omega}\right)\right| = 1$，解方程，取正根，可求出带通滤波器的两个截止角频率，从而推导出带通滤波器的通带宽度为

$$\mathrm{BW} = \frac{\omega_0}{2\pi Q} = \frac{f_0}{Q} \tag{7.56}$$

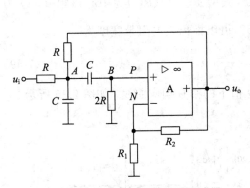

图 7.33　二阶压控电压源带通滤波器　　　　图 7.34　二阶有源带通滤波器的幅频响应曲线

【例 7.4】 设图 7.33 所示带通滤波器中的 $R_1 = 20\ \mathrm{k\Omega}$，$R_2 = 30\ \mathrm{k\Omega}$，$R = 36\ \mathrm{k\Omega}$，$C = 0.022\ \mu\mathrm{F}$，试求：

(1) 通带电压放大倍数和 Q 值；

(2) 中心频率 f_0 和通带宽度 BW。

解　(1)

$$A_0 = 1 + \frac{R_2}{R_1} = 1 + \frac{30}{20} = 2.5$$

$$Q = \frac{1}{3 - A_0} = \frac{1}{3 - 2.5} = 2$$

通带电压放大倍数：

$$|\dot{A}_u| = QA_0 = 2 \times 2.5 = 5$$

(2) 中心频率：

$$f_0 = \frac{1}{2\pi RC} = \frac{1}{2\pi \times 36 \times 10^3 \times 0.022 \times 10^{-6}}\ \mathrm{Hz} = 201\ \mathrm{Hz}$$

通带宽度：

$$BW = \frac{f_0}{Q} = \frac{201}{2} = 100.5 \text{ Hz}$$

4. 带阻滤波器

带阻滤波器又称陷波器，其电路如图 7.35 所示。它是由虚线框内的双 T 网络和同相比例运算电路组成的，所以也称为双 T 带阻滤波器。由电路可求得它的传递函数为

$$\dot{A}_u = \frac{\dot{U}_o}{\dot{U}_i} = \frac{A_0[1 + (j\omega RC)^2]}{1 + 2(2 - A_0)j\omega RC + (j\omega RC)^2} \tag{7.57}$$

式中：$A_0 = 1 + \frac{R_2}{R_1}$。令 $\omega_0 = \frac{1}{RC}$，$Q = \frac{1}{2(2 - A_0)}$，则有

$$\dot{A}_u = \frac{A_0\left(1 - \frac{\omega^2}{\omega_0^2}\right)}{1 - \frac{\omega^2}{\omega_0^2} + j\frac{1}{Q}\frac{\omega}{\omega_0}} = \frac{A_0}{1 + j\frac{1}{Q}\frac{\omega\omega_0}{\omega_0^2 - \omega^2}} \tag{7.58}$$

式(7.58)为带阻滤波电路传递函数的典型表达式。其中 $\omega_0 = 1/(RC)$ 为中心角频率，Q 为等效品质因数。当 $\omega = \omega_0$ 时，$|\dot{A}_u| = 0$。由式(7.58)可以推出它的阻带宽度为

$$BW = \frac{\omega_0}{2\pi Q} = \frac{f_0}{Q} \tag{7.59}$$

由式(7.58)可画出双 T 带阻滤波器在不同 Q 值下的幅频响应曲线，如图 7.36 所示。

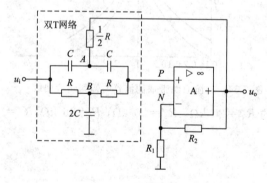

图 7.35　双 T 带阻滤波器

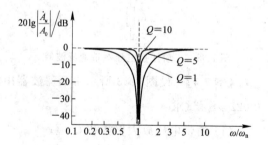

图 7.36　双 T 带阻滤波器的幅频响应曲线

§7.5　集成运放应用举例

7.5.1　电流源和电压源

1. 电流源

由集成运放组成的电流源电路如图 7.37 所示，它实际上是一个电流串联负反馈电路，在理想的情况下有 $U_Z = U_P = U_N = U_R = I_L R$，所以输出电流 I_L 为

$$I_L = \frac{U_z}{R} \qquad (7.60)$$

即 I_L 与负载电阻 R_L 无关。又因为该电路引入的是电流串联负反馈，可以稳定输出电流，且输入电阻和输出电阻均很大，因此该电路具有电流源性质。

此时输出电压 U_O 为

$$U_O = U_L = I_L R_L = \frac{R_L}{R} U_z \qquad (7.61)$$

说明输出电压 U_L 是随负载电阻 R_L 的变化而变化的。

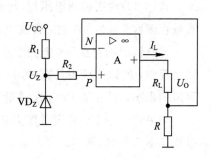

图 7.37　电流源电路

2. 电压源

由集成运放组成的电压源电路如图 7.38 所示，它实际上是一个电压串联负反馈电路，在理想的情况下有

$$U_O = \left(1 + \frac{R_f}{R}\right) U_P = \left(1 + \frac{R_f}{R}\right) U_z \qquad (7.62)$$

即输出电压的大小与负载电阻 R_L 无关。由于该电路引入的是电压串联负反馈，可以稳定输出电压，且输入电阻很大，输出电阻很小，因此该电路具有电压源性质。

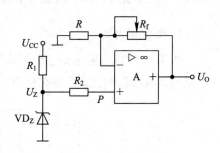

图 7.38　电压源电路

7.5.2　直流电压表

在普通的模拟式电表中，大都采用磁电式电流表（又称表头）作为指示器，它具有灵敏度高、准确度高、刻度线性好以及受外界磁场和环境温度影响小等优点，但它的性能还不能达到较为理想的程度。在某些测量电路中，如要求电压表的内阻很高，电流表的内阻很低，而在测量微小电压量时的灵敏度要高等情况下，直接利用普通的模拟式电表测量往往达不到要求。将集成运放与磁电式电流表相结合，可构成性能优良的电子测量仪表。

图 7.39(a)是由一块普通的由集成运放构成的高灵敏度直流毫伏表电路。若电流表的内阻为 R_g，微安表测量的电流为 I_g，则由图 7.39(a)可得被测电压 U_X 为

$$U_X = I_g R \qquad (7.63)$$

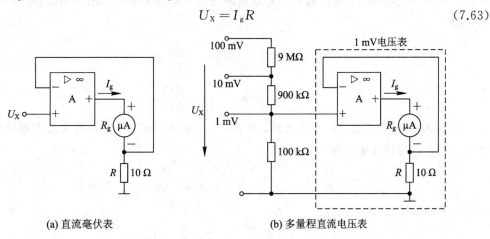

(a) 直流毫伏表　　　　　　　　　(b) 多量程直流电压表

图 7.39　直流电压表

式(7.63)说明被测电压 U_x 与流过表头的电流 I_g 成正比。若电阻 $R=10\ \Omega$，当微安表的满量程读数为 $100\ \mu A$ 时，直流毫伏表的满量程为 $100\times10^{-6}\ A\times10\ \Omega=10^{-3}\ V=1\ mV$。

该毫伏表的特点是：能测量小于 $1\ mV$ 的微弱信号，灵敏度高；由于电路中引入了串联负反馈，所以毫伏表具有很高的输入电阻；同时毫伏表的满量程电压值不受表头内阻 R_g 阻值的影响，只要是 $100\ \mu A$ 满量程的电流表均可利用，互换性较好。

如果将上述 $1\ mV$ 表头作为基本元件，配以分压器，就可以构成多量程的直流电压表，电路如图 7.39(b)所示。

7.5.3　电子信息处理系统中的放大电路

1. 仪表放大器

图 7.40 所示电路为由三个集成运放组成的差动放大电路，它具有高输入电阻、低输出电阻和高共模抑制比，常用在仪器仪表和控制系统中，故称为仪表放大器或测量放大器。

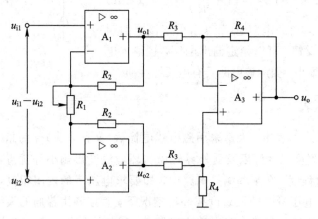

图 7.40　仪表放大器

在图 7.40 中，运放 A_1 和 A_2 组成第一级对称放大器，而且均引入了电压串联负反馈，所以它的输入电阻很高。设各运算放大器是理想的，运用虚短和虚断的概念，并利用叠加定理得

$$u_{o1}=\left(1+\frac{R_2}{R_1}\right)u_{i1}-\frac{R_2}{R_1}u_{i2} \tag{7.64}$$

$$u_{o2}=-\frac{R_2}{R_1}u_{i1}+\left(1+\frac{R_2}{R_1}\right)u_{i2} \tag{7.65}$$

运放 A_3 组成第二级差动式放大器，将式(7.64)和式(7.65)代入差动式放大器的输入输出关系式可以得输入输出电压关系为

$$u_o=-\frac{R_4}{R_3}(u_{o1}-u_{o2})=-\frac{R_4}{R_3}\left(1+\frac{2R_2}{R_1}\right)(u_{i1}-u_{i2}) \tag{7.66}$$

而放大器的电压放大倍数为

$$A_u=\frac{u_o}{u_{i1}-u_{i2}}=-\frac{R_4}{R_3}\left(1+\frac{2R_2}{R_1}\right) \tag{7.67}$$

改变 R_1 即可改变电压放大倍数。

当输入为共模信号，即 $u_{i1}＝u_{i2}＝u_{ic}$ 时，由式(7.66)可得输出电压 $u_o＝0$。可见，该电路能够抑制共模信号，放大差模信号。输入信号中含有的共模噪声，也将会被抑制。目前这种仪表放大器已有多种型号的单片集成电路，如 INA101/102 等，它们使用方便，并且具有较高的精度和良好的性能，所以在微弱信号放大电路中得到了广泛的应用。

2. 电荷放大器

在实际应用中有时会用到电容性传感器，如压电式加速度传感器、压力传感器等。这类传感器工作时，将产生正比于被测物理量的电荷量，且具有较好的线性度，它们的阻抗呈电容性。利用积分运算电路可以将电荷量转换成电压量，电路如图 7.41(a)所示。电容性传感器的等效电路如图 7.41(a)中虚线框内所示，u_t 表示传感器因存储电荷而产生的电动势，C_t 为输出电容。u_t、C_t 和电容上的电量 q 之间的关系为

$$u_t＝\frac{q}{C_t} \tag{7.68}$$

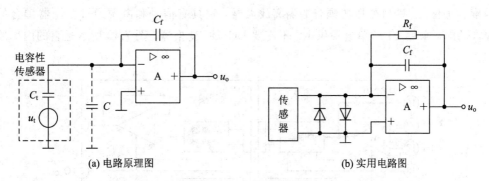

(a) 电路原理图　　　　　　　　　　　　　　(b) 实用电路图

图 7.41　电荷放大器

在图 7.41(a)中，设运放 A 是理想的，由于运放的反相输入端 u_N 虚地，传感器对地的杂散电容 C 短路，从而消除了杂散电容 C 的影响。利用"虚短"和"虚断"，可得运放 A 的输出电压为

$$u_o＝-\frac{\dfrac{1}{\mathrm{j}\omega C_f}}{\dfrac{1}{\mathrm{j}\omega C_t}}u_t＝-\frac{C_t}{C_f}u_t \tag{7.69}$$

将式(7.68)代入式(7.69)，可得

$$u_o＝-\frac{C_t}{C_f}\cdot\frac{q}{C_t}＝\frac{q}{C_f} \tag{7.70}$$

在实用电路中，为了防止因 C_f 长时间充电导致集成运放饱和，常在 C_f 上并联电阻 R_f，如图 7.41(b)所示。为了使 $\dfrac{1}{\omega C_f}\ll R_f$，要求传感器输出信号的频率 f 不能过低，f 应大于 $\dfrac{1}{2\pi R_f C_f}$。

此外，在图 7.41(b)所示电路中，为了减少传感器输出电缆的电容对放大电路的影响，

一般常将电荷放大器装在传感器内；同时为了防止传感器在过载时有较大的输出，则在集成运放输入端加保护二极管。

3. 隔离放大器

在远距离信号传输的过程中，不可避免地要受到各种干扰的影响，干扰严重时甚至会将有用信号淹没，造成系统无法正常工作。将电路的输入侧和输出侧在电气上完全隔离的放大电路称为隔离放大器。它既可以切断输入侧和输出侧的直接联系，避免干扰，又可以使有用信号畅通无阻。目前常用的集成隔离放大器有变压器耦合式、光电耦合式和电容耦合式三种。

1) 变压器耦合式

采用变压器耦合式是不能传递变化缓慢的直流信号和频率很低的交流信号的。解决办法是采用调制和解调技术，在隔离放大器中，在变压器输入侧先对输入信号进行调制，让输入信号与一个具有较高固定频率的信号混合转变为已调波；经变压器耦合到输出侧，在输出侧，再对已调波进行解调，将原信号还原出来。

目前这种变压器耦合隔离放大器已有多种型号的单片集成电路，如 AD210。它是一种高精度、宽带、三端口变压器耦合的隔离放大器，它具有信号和电源通过变压器耦合的完全隔离功能，采用 15 V 单电源供电，不需要 DC/DC 变换器。图 7.42 所示是它的内部原理简图。

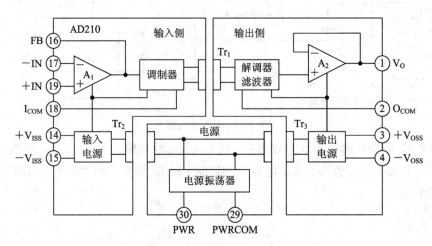

图 7.42　变压器耦合隔离放大器 AD210 的内部原理简图

图 7.42 中 A_1 为输入放大电路，它可以根据用户需要分别接成同相比例运算电路或反相比例运算电路，从而设定整个电路的增益，其数值范围为 1～100。A_1 的输出信号经调制器与振荡器输出的具有较高固定频率信号转变为已调波；经变压器 Tr_1 耦合到输出侧，再经解调器对已调波进行解调，将原信号还原出来，最后通过由 A_2 构成的电压跟随器输出，以增强带负载能力。振荡器的输出分别通过变压器 Tr_2、Tr_3 耦合到输入侧、输出侧，经输入侧、输出侧电源电路变换成直流电，分别为 A_1 和调制器、A_2 和解调器供电。振荡器则由外部电源供电。

综上可知，输入侧、输出侧和振荡器的供电电源相互隔离，并各自有公共端。这类电路隔离放大器称为三端口隔离电路，它的额定隔离电压高达 2500 V。

2）光电耦合式

光电耦合放大器 ISO100 的内部原理如图 7.43 所示，它是由两个运放 A_1 和 A_2、两个恒流源 I_{REF1} 和 I_{REF2} 以及一个光电耦合器组成的。光电耦合器由一个发光二极管 LED 和两个光电二极管 VD_1、VD_2 组成，起隔离作用，使输入侧和输出侧没有电通路。两侧电路的电源与地也相互独立。

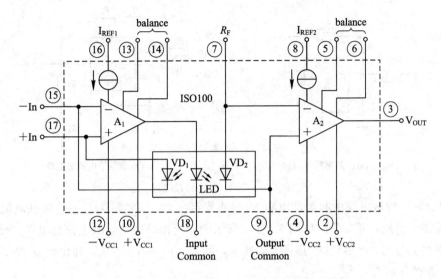

图 7.43　光电耦合放大器 ISO100 的内部原理简图

图 7.44 是 ISO100 的基本应用电路，图中 R 和 R_f 为外接电阻，调整它们的阻值可以改变放大器增益。若光电二极管 VD_1、VD_2 所受光照相同，可以得出

$$u_O = \frac{R_f}{R} u_1 \tag{7.71}$$

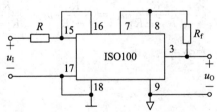

图 7.44　ISO100 的基本应用电路

除了变压器耦合式、光电耦合式隔离放大器以外，还有电容耦合式隔离放大器。限于篇幅，关于电容耦合式隔离放大器就不再作介绍了。

7.5.4　电压-电流转换电路

1. 电压-电流转换电路

经过电子系统处理以后的信号最终要输出，驱动负载来执行某些动作。但有些负载是需要有一定的输出电流来驱动的，如继电器、磁路中的线圈等。为此，我们需要将电压转换成电流。

图 7.45(a)所示电路是一种电压-电流转换电路，该电路中引入了电流并联负反馈。设集成运放是理想的，利用"虚短"和"虚断"的概念，可知 $u_N = u_P = 0$，$i_O = i_R$，从而可得

$$i_O = i_R = \frac{u_I}{R} \tag{7.72}$$

i_O 与 u_I 呈线性关系，且与负载电阻 R_L 无关，实现了电压-电流转换。

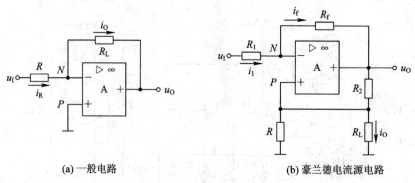

(a) 一般电路　　　　　　　　　(b) 豪兰德电流源电路

图 7.45　电压-电流转换电路

图 7.45(a)所示电路中的负载电阻 R_L 没有直接接地，而实际中有一些负载电阻是需要有接地端的，为此，可以采用如图 7.45(b)所示的豪兰德(Howland)电流源电路。设集成运放是理想的，利用"虚短"和"虚断"的概念，可知 $u_N = u_P$，$i_1 = i_f$，列出结点 N 和结点 P 的 KCL 方程分别为

$$\frac{u_I - u_N}{R_1} = \frac{u_N - u_O}{R_f} \tag{7.73}$$

$$\frac{u_P}{R} + i_O = \frac{u_O - u_P}{R_2} \tag{7.74}$$

将式(7.73)、式(7.74)与 $u_N = u_P$ 联立求解可得

$$\frac{R_f}{R_1 + R_f} u_I + \frac{R_1}{R_1 + R_f} u_O = \frac{R}{R + R_2} u_O - \frac{R R_2}{R + R_2} i_O \tag{7.75}$$

若取 $\dfrac{R_f}{R_1} = \dfrac{R_2}{R}$，代入式(7.75)可得

$$i_O = -\frac{u_I}{R} \tag{7.76}$$

式(7.76)与式(7.72)仅差一个符号，同样可以实现电压-电流转换。同时，在图 7.45(b)电路中不仅引入了负反馈，还引入了正反馈，由于正、负反馈的相互作用，i_O 仅受控于 u_I，不受负载电阻的影响，它的输出电阻趋于无穷大，输出电流 i_O 具有恒流特性。

2. 电流-电压转换电路

在实际应用中，某些传感器产生的电信号为电流。例如光电二极管或光探测仪的输出信号就是电流。如果要进行数字化显示，就需要将电流转换为电压，实现电路如图 7.46 所示。该电路中引入了电压并联负反馈，在理想运放条件下，输入电阻 $R_{if} = 0$，因而 $i_f = i_S$，所以输出电压

$$u_O = -i_S R_f \tag{7.77}$$

式(7.77)说明输出电压 u_O 与输入电流 i_S 成正比,实现了电流-电压转换。

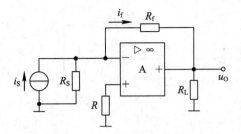

图 7.46 电流-电压转换电路

7.5.5 精密整流电路

整流电路是利用二极管的单向导电性将交流电压转换为单方向的脉动电压。但由于二极管的非线性会产生比较大的误差,特别是当信号幅度小于二极管的死区电压时,问题更为严重。然而利用集成运放的放大作用和深度负反馈就可以克服二极管非线性造成的误差,由集成运放组成的精密半波整流电路如图 7.47(a)所示,它是在反相比例电路的基础上增加了二极管 VD_1 和 VD_2,其工作原理如下:

当 $u_i < 0$ 时,集成运放的输出电压 $u_A > 0$,二极管 VD_2 截止,VD_1 导通,集成运放工作在深度负反馈状态,这时的电路相当于反相比例电路,因此输出电压 u_o 为

$$u_o = -\frac{R_f}{R_1}u_i$$

当 $R_1 = R_f$ 时,$u_o = -u_i$,因为 $u_i < 0$,所以输出电压 u_o 为正值。

当 $u_i > 0$ 时,$u_A < 0$,二极管 VD_2 导通,集成运放仍然工作在深度负反馈状态,且 $u_A \approx -0.7$ V,VD_1 截止,反馈电阻 R_f 上没有电流流过。又因为集成运放的反相输入端为虚地点,所以输出电压 $u_o = 0$。

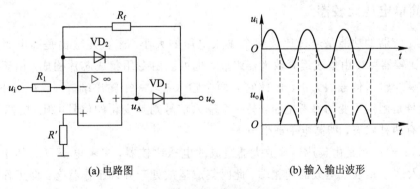

(a) 电路图　　　　　　　　　　(b) 输入输出波形

图 7.47 精密半波整流电路

综上所述,当输入电压为正弦波时,可以画出它的输出波形,如图 7.47(b)所示。在电路中即使输入电压小于二极管的死区电压,输出电压 u_o 仍为 $|u_i|$,所以该整流电路具有较高的精度。同时,当 $u_i < 0$ 时,$u_o = -Ku_i (K > 0)$;当 $u_i > 0$ 时,$u_o = 0$,实现的是半波整流。如果利用反相求和电路,让图 7.47(a)电路的输出 $-Ku_i$ 与 u_i 相加,就可以实现全波整流,电路如图 7.48(a)所示。

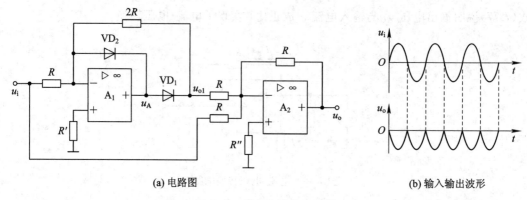

(a) 电路图　　　　　　　　　　　　　　(b) 输入输出波形

图 7.48　精密全波整流电路

在图 7.48(a)中 A_1 构成半波整流电路，A_2 构成反相求和电路，其输出电压为

$$u_o = -(u_{o1} + u_i)$$

当 $u_i > 0$ 时，$u_{o1} = 0$，$u_o = -u_i$；当 $u_i < 0$ 时，$u_{o1} = -2u_i$，$u_o = 2u_i - u_i = u_i$。故所以

$$u_o = -|u_i| \tag{7.78}$$

将图 7.48(a)电路中的二极管 VD_1 和 VD_2 反接，就可以把式(7.78)中的负号去掉，即 $u_o = |u_i|$，所以图 7.48(a)所示电路也称为绝对值电路。当输入电压为正弦波时，可以画出图 7.48(a)所示电路的输出波形，如图 7.48(b)所示。

§7.6　电压比较器

在电子系统中，经常会遇到信号的比较，完成其功能的电路称为电压比较器。电压比较器在信号处理和产生电路中的应用很广泛，下面分别介绍它的电路结构和工作原理。

7.6.1　简单电压比较器

电压比较器的功能是通过比较两个输入电压的大小，来决定输出是高电平还是低电平。电压比较器可以由集成运算放大器组成，也可以由专用集成芯片构成。由于电压比较器要比较两个输入信号的大小，因此它有两个输入端，一个输出端。一般情况下，其中一个输入信号是固定不变的参考电压，另一个输入信号则是变化的信号电压(模拟量)，而输出信号只有两种状态，即高电平或低电平。

图 7.49(a)所示是由集成运算放大器组成的电压比较器，参考电压 U_{REF} 加于运放的反相端，输入信号 u_i 加于运放的同相端。此时集成运放处于开环工作状态，即工作在非线性区域，其输出高电平可接近正电源电压($+U_{CC}$)，输出低电平可接近负电源电压($-U_{CC}$)。当输入电压 u_i 小于参考电压 U_{REF} 时，运放处于负饱和状态，输出电压 u_o 为低电平 U_{oL}，即 $u_o = U_{oL}$；当输入电压 u_i 大于参考电压 U_{REF} 时，运放处于正饱和状态，输出电压 u_o 为高电平 U_{oH}，即 $u_o = U_{oH}$。画出其电压传输特性，如图 7.49(b)所示。它表明当输入电压 u_i 从低逐渐升高经过参考电压 U_{REF} 时，输出电压将由低电平跳变为高电平；相反，当输入电压 u_i 从高逐渐降低经过参考电压 U_{REF} 时，输出电压将由高电平跳变为低电平。我们把比较器的

输出电压从一个电平跳变到另一个电平时所对应的输入电压值称为门限电压或阈值电压，简称为阈值，用符号 U_{TH} 表示。对于图 7.49(a)所示电路，$U_{\text{TH}}=U_{\text{REF}}$。因为图 7.49(a)所示比较器只有一个门限电压，所以称为简单电压比较器或单门限电压比较器。而在图 7.49(a)所示电路中输入信号 u_i 是由运放的同相端输入的，所以也称为同相输入比较器；相反，如果输入信号 u_i 是由运放的反相端输入的，参考电压改接到同相端，则称为反相输入比较器，其电路图和电压传输特性分别如图 7.50(a)、图 7.50(b)所示。

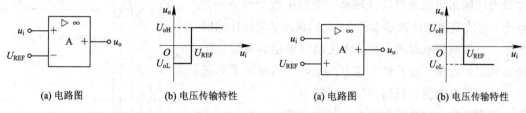

| (a) 电路图 | (b) 电压传输特性 | (a) 电路图 | (b) 电压传输特性 |

图 7.49　同相输入简单电压比较器　　　　图 7.50　反相输入简单电压比较器

综合上述分析可见：当 $u_P>u_N$ 时，$u_o=U_{\text{OH}}$；当 $u_P<u_N$ 时，$u_o=U_{\text{OL}}$；当 $u_P=u_N$ 时，比较器发生翻转，即为转折点。

在图 7.49(a)和图 7.50(a)所示的简单电压比较器中，参考电压 U_{REF} 可正，也可为负或为零。当 $U_{\text{REF}}=0$ 时，输入电压每经过一次零点，比较器的输出端就产生一次电压突变，这种比较器称为过零电压比较器。利用电压比较器可以将正弦波变为同频率的方波或矩形波。如果图 7.51(a)所示过零电压比较器的输入端加一正弦波信号，则其输出应为同频率的方波信号，波形如图 7.51(b)所示。

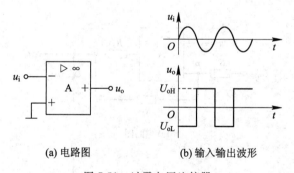

(a) 电路图　　　　　　　　　(b) 输入输出波形

图 7.51　过零电压比较器

有时为了减小输出电压的幅值，以适应某种需要(如驱动数字电路的 TTL 器件)，可以在比较器的输出回路加限幅电路。如果考虑输入信号过大而造成集成运放的损坏，可在输入回路中串接电阻，还可以在集成运放的两个输入端之间并接两个方向相反的二极管，其电路如图 7.52 所示。

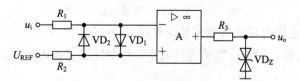

图 7.52　具有输入保护电路和输出限幅电路的电压比较器

7.6.2　迟滞电压比较器

　　简单电压比较器虽然具有结构简单、灵敏度高等特点，但它的抗干扰能力差，当输入信号因受干扰而在阈值附近变化时，波形如图 7.53(a)所示，如果将该信号加到图 7.51(a)所示过零电压比较器输入端，则过零电压比较器的输出电压就会反复地从一个电平跳变到另一个电平，它的输出电压波形如图 7.53(b)所示。用这样的输出电压去控制继电器或电机，将会出现继电器频繁动作或电机起停现象。为了解决这个问题，人们设计了迟滞电压比较器来提高比较器的抗干扰能力。

　　迟滞电压比较器是在简单电压比较器的基础上引入正反馈回路构成的。其电路如图 7.54(a)所示。这种比较器具有很强的抗干扰能力，同时由于引入了正反馈加速了比较器的状态转换，使输出波形的边沿得到了改善。

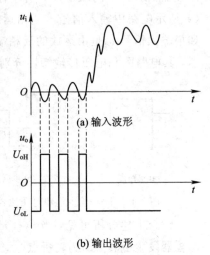

(a) 输入波形

(b) 输出波形

图 7.53　过零电压比较器抗干扰能力波形图

　　在图 7.54(a)所示迟滞电压比较器中，输入信号由运算放大器 A 的反相端输入，电阻 R_1、R_2 组成正反馈网络，将输出电压 u_o 的一部分反馈到运算放大器 A 的同相端，参考电压 U_{REF} 也经电阻 R_1 一起加到运算放大器的同相端，电阻 R_3 与双向稳压管 VD_Z 组成输出限幅电路，使输出高低电平为 $\pm U_Z$。下面我们分析该电路的工作原理。

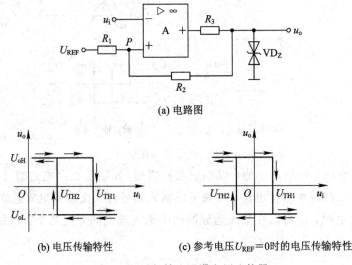

(a) 电路图

(b) 电压传输特性　　　　(c) 参考电压 $U_{REF}=0$ 时的电压传输特性

图 7.54　反相输入迟滞电压比较器

　　假设当 $t=0$ 时迟滞电压比较器的输出电压 u_o 为高电平，即 $u_o=+U_Z$。只要输入电压 $u_i<u_P$，迟滞电压比较器就会持续输出高电平，利用叠加定理可以求出此时运算放大器 A 的同相端电压 u_P 为

$$u_P = \frac{R_2}{R_1 + R_2} U_{REF} + \frac{R_1}{R_1 + R_2}(+U_Z) \tag{7.79}$$

当输入电压 u_i 从小逐渐增大，且 $u_i = u_P$ 时，迟滞电压比较器的输出电压 u_o 将由高电平转换为低电平，我们把输出电压 u_o 从高电平转换为低电平时所对应的输入电压值称为上门限电压或上阈值，记为 U_{TH1}，其值为

$$U_{TH1} = u_P = \frac{R_2}{R_1 + R_2} U_{REF} + \frac{R_1}{R_1 + R_2}(+U_Z) \tag{7.80}$$

而此时迟滞电压比较器的输出电压 $u_o = -U_Z$，运算放大器的同相端电压 u_P 也转变为

$$u_P' = \frac{R_2}{R_1 + R_2} U_{REF} + \frac{R_1}{R_1 + R_2}(-U_Z) \tag{7.81}$$

如果输入电压 $u_i > u_P'$，迟滞比较器就会持续输出低电平；而当输入电压 u_i 从大逐渐减小，且 $u_i = u_P'$ 时，迟滞电压比较器的输出电压 u_o 又将由低电平转换为高电平，我们把输出电压 u_o 从低电平转换为高电平时所对应的输入电压值称为下门限电压或下阈值，记为 U_{TH2}，其值为

$$U_{TH2} = u_P' = \frac{R_2}{R_1 + R_2} U_{REF} + \frac{R_1}{R_1 + R_2}(-U_Z) \tag{7.82}$$

综上所述，我们可以画出迟滞电压比较器的电压传输特性，如图 7.54(b) 所示。如果参考电压 $U_{REF} = 0$，则 $U_{TH1} = -U_{TH2}$，此时阈值电压是对称的，其电压传输特性如图 7.54(c) 所示。我们把迟滞电压比较器的上门限电压与下门限电压之差称为门限宽度或回差电压，用 U_H 表示：

$$U_H = U_{TH1} - U_{TH2} = \frac{2R_1}{R_1 + R_2} U_Z \tag{7.83}$$

改变电阻 R_1 的数值可以改变回差电压的大小。正是由于回差电压的存在，才提高了比较器的抗干扰能力，但同时又会降低比较器的鉴别灵敏度。此外，为了保证迟滞电压比较器正常工作，要求它的输入电压 u_i 峰-峰值必须大于回差电压，否则输出电平不可能转换。

由于图 7.54(a) 所示迟滞电压比较器的输入信号是从运算放大器的反相端输入的，故称该电路为反相输入迟滞电压比较器。当然输入信号也可以从运算放大器的同相端输入，组成同相输入迟滞电压比较器，电路如图 7.55(a) 所示。

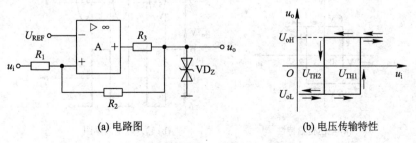

(a) 电路图　　　　　　　　　　　　　(b) 电压传输特性

图 7.55　同相输入迟滞电压比较器

同理,可以分析得出该电路的电压传输特性,如图 7.55(b)所示,由电路可以推出其阈值电压分别为

$$U_{\text{TH1}} = \frac{R_1 + R_2}{R_2} U_{\text{REF}} - \frac{R_1}{R_2}(-U_Z) \tag{7.84}$$

$$U_{\text{TH2}} = \frac{R_1 + R_2}{R_2} U_{\text{REF}} - \frac{R_1}{R_2}(+U_Z) \tag{7.85}$$

【例 7.5】　电路如图 7.56 所示。设集成运放是理想的,稳压管 VD_Z 的双向限幅值为 ± 6 V。

(1) 试求出该电压比较器的门限电压和回差电压,并画出它的传输特性;

(2) 如果输入电压是一幅值为 6 V 的正弦信号,试画出它所对应的输出电压波形。

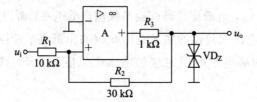

图 7.56　例 7.5 的电路图

解　(1) 图 7.56 所示电路为同相输入迟滞电压比较器,它的参考电压 $U_{\text{REF}} = 0$。由式(7.84)和式(7.85)可得比较器的门限电压为

$$U_{\text{TH1}} = \frac{R_1}{R_2} U_Z = \frac{10}{30} \times 6 \text{ V} = 2 \text{ V}$$

$$U_{\text{TH2}} = -\frac{R_1}{R_2} U_Z = -\frac{10}{30} \times 6 \text{ V} = -2 \text{ V}$$

回差电压为

$$U_H = U_{\text{TH1}} - U_{\text{TH2}} = \frac{2R_1}{R_2} U_Z = \frac{2 \times 10}{30} \times 6 \text{ V} = 4 \text{ V}$$

电压传输特性如图 7.57(a)所示。

(2) 根据输入信号,由图 7.57(a)所示的电压传输特性,可以画出它的输出电压波形,如图 7.57(b)所示。

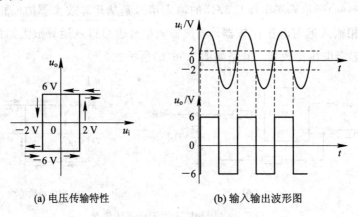

(a) 电压传输特性　　　　　(b) 输入输出波形图

图 7.57　例 7.5 的解

7.6.3 窗口电压比较器

当输入信号单方向变化时，简单电压比较器和迟滞电压比较器的输出都只能跳变一次，仅能判断输入电压大于或小于某一参考电压。如果要判断输入电压是否在某两个规定电压之间，则应采用窗口电压比较器。

图 7.58(a)所示电路是一种窗口电压比较器，在电路中有两个运放 A_1、A_2 分别组成两个不同阈值的简单电压比较器，所以它需要外加两个参考电压 U_{REF1} 和 U_{REF2}，而且 $U_{REF2} > U_{REF1}$，同时用两个二极管 VD_1、VD_2 将两个简单电压比较器的输出引到同一点，作为窗口电压比较器的输出端。

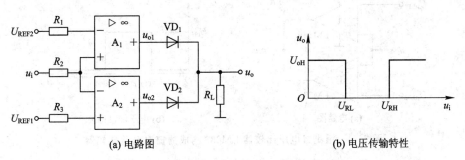

(a) 电路图 　　　　　　　　　　(b) 电压传输特性

图 7.58 窗口电压比较器

当 $u_i > U_{REF2}$ 时，运放 A_1 的输出电压 u_{o1} 为高电平，二极管 VD_1 导通；运放 A_2 的输出电压 u_{o2} 为低电平，二极管 VD_2 截止。所以此时窗口电压比较器的输出电压 $u_o = u_{o1}$，输出为高电平。

当 $u_i < U_{REF1}$ 时，运放 A_1 的输出电压 u_{o1} 为低电平，二极管 VD_1 截止；运放 A_2 的输出电压 u_{o2} 为高电平，二极管 VD_2 导通。所以此时窗口电压比较器的输出电压 $u_o = u_{o2}$，输出为高电平。

当 $U_{REF1} < u_i < U_{REF2}$ 时，运放 A_1、A_2 的输出电压均为低电平，二极管 VD_1、VD_2 都截止。所以此时窗口电压比较器的输出电压 $u_o = 0$，输出为低电平。

通过以上分析可知，参考电压 U_{REF1}、U_{REF2} 分别为窗口电压比较器的两个阈值电压 U_{RL}、U_{RH}，设 U_{RL}、U_{RH} 均大于零，则可以画出它的电压传输特性，如图 7.58(b)所示。

7.6.4 集成电压比较器

电压比较器可以将模拟信号转换成数字信号，即只有高电平和低电平两种状态的离散信号。因此，可用电压比较器作为模拟电路和数字电路的接口电路。与集成运算放大器相比，虽然集成电压比较器的开环增益低、失调电压大、共模抑制比小，但其响应速度快、传输延迟时间短，而且一般不需要外加限幅电路就可以直接驱动 TTL、CMOS 和 ECL 等集成数字电路，有些带负载能力很强的芯片还可以直接驱动继电器和指示灯。

目前，集成电压比较器已有多种类型可供用户选用。按器件内含有比较器的个数划分有单、双和四电压比较器，按功能划分有通用型、高速型、低功耗型、低电压型和高精度型电压比较器，按输出方式划分有普通、集电极（或漏极）开路输出或互补输出三种情况。集电极(或漏极)开路输出电路必须在输出端与电源之间接一个电阻。互补输出电路有两个输出端，一个为高电平，另一个为低电平。

图 7.59 所示是用集成电压比较器 LM339 构成的窗口电压比较器，其电路如图 7.59(a)所示。LM339 芯片内集成了四个独立的电压比较器，并采用了集电极开路的输出形式，所以可以将各比较器的输出端直接连在一起，共用一个外接电阻。当 $U_{REF1} < u_i < U_{REF2}$ 时，输出电压 u_o 为高电平，否则，输出电压 u_o 为低电平。由此可画出其电压传输特性，如图7.59(b)所示。

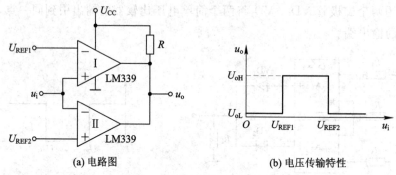

(a) 电路图　　　　　　　　　　　(b) 电压传输特性

图 7.59　用集成电压比较器 LM339 构成的窗口电压比较器

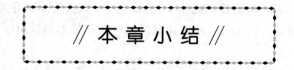

本章小结

1. 基本运算电路

在由集成运放构成的运算电路中，集成运放工作在线性放大状态，为扩大它的线性区域，电路中应引入负反馈。在分析电路时，可应用虚短和虚断这两个重要概念来求出电路的输出与输入的函数关系。

2. 有源滤波电路

有源滤波电路是由 RC 网络和集成运放构成的，按它的幅频特性的不同，可分为低通、高通、带通和带阻滤波电路。可以通过求出滤波电路的传递函数来分析各种不同滤波电路的特性。

3. 电压比较器

电压比较器的功能是比较两个电压的大小，它的输入电压是模拟量，输出电压只有高电平和低电平两个稳定状态，它可将正弦波信号转变为方波或矩形波信号；比较器电路中的集成运放工作在非线性状态，所以电压比较器通常工作在开环状态或在电路中引入正反馈来加速比较器翻转；分析比较器的步骤是：先由电路求出它的阈值，再由电路输入输出电压的变化关系画出电路的传输特性，最后画出输出电压随输入电压变化的波形。本章重点介绍了简单电压比较器和迟滞电压比较器。

// 习 题 //

7.1 填空

(1) 理想集成运放的 $A_{od}=$ _____ , $r_{id}=$ _____ , $r_{od}=$ _____ , CMRR= _____ 。

(2) 集成运放应用于信号运算时工作在 _____ 区,用作电压比较器时工作在 _____ 区。

(3) 虚地是 _____ 的特殊情况。

(4) 已知图 7.60 所示电路中的集成运放为理想的,最大输出电压幅值为 ±14 V。则电路引入的交流负反馈类型是 _____ ,电路的输入电阻趋近 _____ ,电压放大倍数 $A_u=u_o/u_i=$ _____ 。设 $u_i=1$ V,则 $u_o=$ _____ V;若 R_1 开路,则 u_o 变为 _____ V;若 R_1 短路,则 u_o 变为 _____ V;若 R_2 开路,则 u_o 变为 _____ V;若 R_2 短路,则 u_o 变为 _____ V。

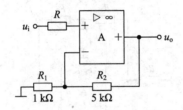

图 7.60 题 7.1(4)电路图

(5) _____ 运算电路可实现 $A_u > 1$ 的放大器; _____ 运算电路可实现 $A_u < 0$ 的放大器; _____ 运算电路可将三角波转换为方波电压; _____ 运算电路可实现函数 $Y=aX_1+bX_2+cX_3$,a、b 和 c 均大于零; _____ 运算电路可实现函数 $Y=aX_1+bX_2+cX_3$,a、b 和 c 均小于零; _____ 运算电路可实现函数 $Y=aX^2$。

7.2 电路如图 7.61 所示,假设集成运放是理想的,试写出电路输出电压 u_o 的值。

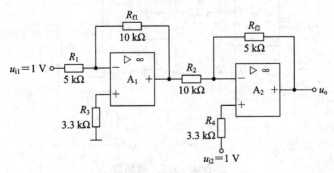

图 7.61 题 7.2 电路图

7.3 电路如图 7.62 所示。图中集成运放均为理想集成运放,试分别求出它们的输出电压与输入电压的函数关系。

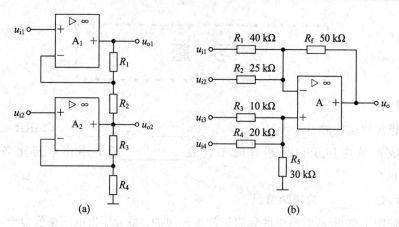

图 7.62　题 7.3 电路图

7.4　为了用低值电阻实现高电压增益的比例运算，常用一 T 型网络以代替反馈电阻 R_f，如图 7.63 所示，试证明：

$$\frac{u_o}{u_i} = -\frac{R_2 + R_3 + R_2 R_3 / R_4}{R_1}$$

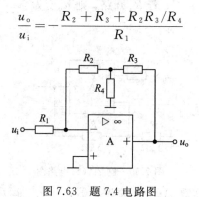

图 7.63　题 7.4 电路图

7.5　图 7.64 所示为增益线性调节运放电路。试推导该电路的电压增益 $A_u = u_o/(u_{i1} - u_{i2})$ 的表达式。

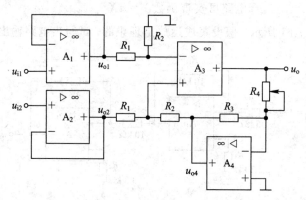

图 7.64　题 7.5 电路图

7.6　电路如图 7.65 所示。集成运放均为理想集成运放，试列出它们的输出电压 u_{o1}、u_{o2} 和 u_o 的表达式。

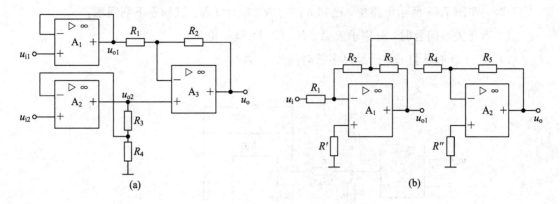

图 7.65　题 7.6 电路图

7.7　试画出一个能实现 $u_o = 2u_{i1} - 5u_{i2} + 0.1u_{i3}$ 的求和电路。

7.8　由运放组成的三极管电流放大系数 β 的测试电路如图 7.66 所示，设三极管的 $U_{BE} = 0.7\text{ V}$。

（1）求出三极管的 c、b、e 各极的电位值；

（2）若电压表读数为 200 mV，试求三极管的 β 值。

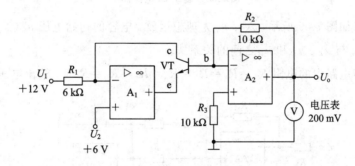

图 7.66　题 7.8 电路图

7.9　实用积分电路如图 7.67(a) 所示，A 为理想运放，电容的初始电压 $u_C(0) = 0$。

（1）写出 u_o 与 u_i 之间的关系式；

（2）若输入电压 u_i 是频率为 1 kHz 的方波，如图 7.67(b) 所示，试画出输出电压 u_o 的波形，并表明幅值。

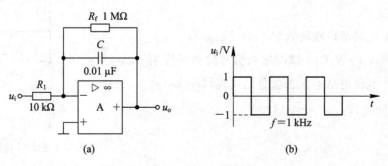

图 7.67　题 7.9 电路图

7.10　在图 7.68 所示电路中，已知 $u_{i1}=4$ V，$u_{i2}=1$ V。试回答下列问题：

(1) 当开关 S 闭合时，分别求解 A、B、C、D 和 u_o 电位；

(2) 设 $t=0$ 时 S 打开，问经过多长时间 $u_o=0$？

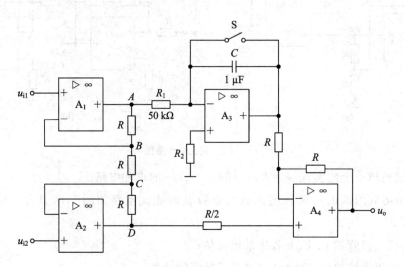

图 7.68　题 7.10 电路图

7.11　电路如图 7.69 所示，A_1、A_2 为理想运放，电容的初始电压 $u_C(0)=0$。

(1) 写出 u_o 与 u_{i1}、u_{i2} 和 u_{i3} 之间的关系式；

(2) 写出当电路中的电阻 $R_1=R_2=R_3=R_4=R_5=R_6=R$ 时，输出电压 u_o 的表达式。

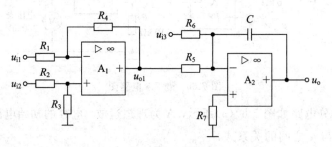

图 7.69　题 7.11 电路图

7.12　图 7.70 所示为实用微分电路，它具有衰减高频噪声的作用。

(1) 确定电路的传递函数 $U_o(j\omega)/U_i(j\omega)$；

(2) 若 $R_1C_1=R_2C_2$，试问输入信号的频率应当怎么限制，才能使电路不失去微分的功能 $[U_o(j\omega)=\text{cosnt}\times j\omega U_i(j\omega)]$？

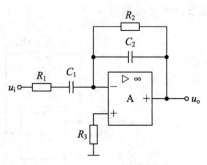

图 7.70　题 7.12 电路图

7.13　分别设计实现下列运算关系的电路：

(1) $u_o = 5(u_{i1} - u_{i2})$；

(2) $u_o = 3u_{i1} - 4u_{i2}$；

(3) $u_o = \dfrac{1}{RC} \int u_i \mathrm{d}t$；

(4) $u_o = k_1 \ln k_2 u_i$。

7.14　电路如图 7.71 所示，试分别求解各电路的运算关系。

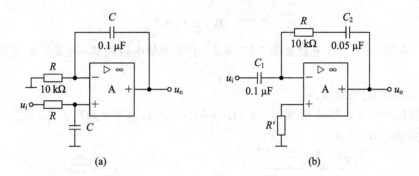

图 7.71　题 7.14 电路图

7.15　在下列各种情况下，分别需要采取哪种类型的滤波器（低通、高通、带通、带阻）？

(1) 抑制 50 Hz 交流电源的干扰；

(2) 处理有 1 Hz 固定频率的有用信号；

(3) 从输入信号中取出低于 2 kHz 的信号；

(4) 提取 100 kHz 以上的高频信号。

7.16　设运放为理想运放，在下列几种情况下，它们分别属于哪种类型的滤波器？并定性画出其幅频特性曲线。

(1) 理想情况下，当 $f=0$ 或 $f=\infty$ 时的电压增益相等，且不为零；

(2) 直流电压增益就是它的通带电压增益；

(3) 理想情况下，当 $f=\infty$ 时的电压增益相等；

(4) 理想情况下，当 $f=0$ 或 $f=\infty$ 时的电压都等于零；

7.17　在图 7.29 所示二阶压控电压源 LPF 电路中，若要求特征频率 $f_n = 400$ Hz，$Q=0.7$，试求该电路中的各电阻、电容值，并计算该电路在上述条件下的通带增益。

7.18　在图 7.33 所示二阶压控电压源 BPF 电路中，若要求 $f_0 = 400$ Hz，$Q=0.7$，试求该电路中的各电阻、电容值，并计算该电路在上述条件下的通带增益和带宽。

7.19　电路如图 7.72 所示。试分别推导出各电路的电压传递函数，指出它们属于何种滤波器。

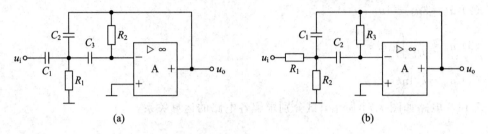

图 7.72　题 7.19 电路图

7.20　电阻-电压变换电路如图 7.73 所示。它是测量电阻的基本电路，R_x 是被测电阻，试求：

(1) U_o 与 R_x 的关系式。

(2) 若 $U_R = 6$ V，当 R_1 分别为 0.6 kΩ，6 kΩ，60 kΩ 和 600 kΩ 时，U_o 都为 5 V，则相应的各被测电阻 R_x 是多少？

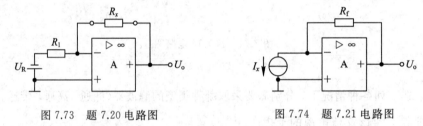

图 7.73　题 7.20 电路图　　　　　　　图 7.74　题 7.21 电路图

7.21　电流-电压变换电路如图 7.74 所示。它可用来测量电流 I_x。试求：

(1) U_o 与 I_x 的关系式。

(2) 若 $R_f = 10$ kΩ，电路输出电压的最大值 $U_{om} = \pm 10$ V，试问电路能测量的最大电流是多少？

7.22　电压比较器电路如图 7.75 所示，设集成运放是理想的。

(1) 若稳压管 VD_Z 的双向限幅值为 $\pm U_Z = \pm 6$ V，试画出此电压比较器的电压传输特性；

(2) 若在同相输入端加一参考电压 $U_{REF} = -3$ V，重画 (1) 问的内容。

7.23　电压比较器电路如图 7.76 所示。设集成运放是理想的，且 $U_{REF} = -1$ V，$U_Z = 5$ V，试求门限电压值 U_{TH}，并画出此电压比较器的电压传输特性。

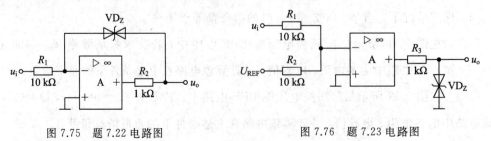

图 7.75　题 7.22 电路图　　　　　　　图 7.76　题 7.23 电路图

7.24 图 7.77 所示电路是利用两个二极管 VD_1、VD_2 和两个参考电压 U_A、U_B 来实现双限比较的窗孔比较器。通常设 R_2 和 R_3 均远小于 R_4 和 R_1。

（1）试证明只有当 $U_A > u_i > U_B$ 时，VD_1、VD_2 导通，输出 u_o 才为负；

（2）试画出它的输入输出传输特性。

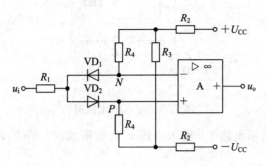

图 7.77 题 7.24 电路图

7.25 电路如图 7.78 所示。

（1）分别指出图中各电路的功能；

（2）分别画出图中各电路的电压传输特性；

（3）若输入信号为正弦波 $u_i = 5\sin\omega t$，试分别画出图中各电路的输出信号 u_o 的波形。

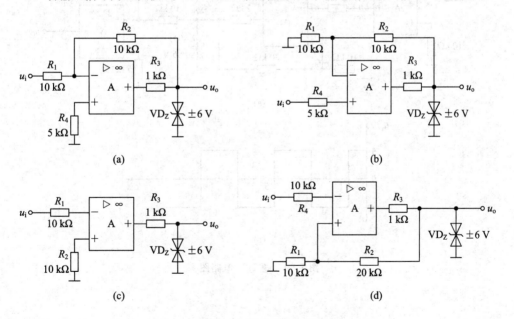

图 7.78 题 7.25 电路图

7.26 电路如图 7.79 所示，设稳压管 VD_Z 的双向限幅值为 $\pm 6\ V$。

（1）试画出该电路的电压传输特性；

（2）画出幅值为 6 V 的正弦信号电压所对应的输出电压波形。

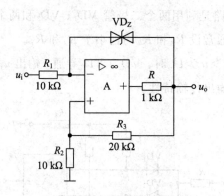

图 7.79　题 7.26 电路图

7.27　图 7.80(a)所示电路中,输入电压 u_1 的波形如图7.80(b)所示,已知电容的初始电压为零。

(1) 指出 A_1、A_2、A_3 各组成何种电路;

(2) 画出各输出电压 u_{O1}、u_{O2} 和 u_O 的波形,标出有关电压的幅值。

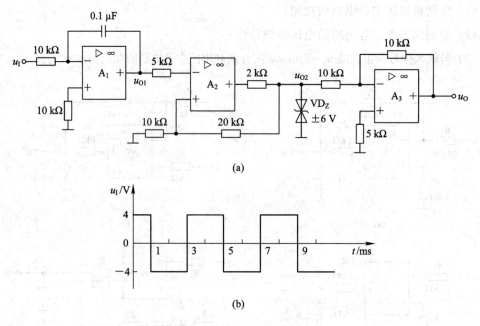

图 7.80　题 7.27 电路图

第 8 章　信号产生电路

内容提要：信号产生电路有正弦波和非正弦波振荡电路两种形式，本章就这两类信号发生器的电路组成、工作原理、波形分析和主要参数计算等分别加以讨论。

学习提示：对于正弦波产生电路，正确理解各种电路的组成形式是基础，熟悉各种选频网络的选频特性是关键；对于非正弦波产生电路，明确放大电路引入正反馈和 RC 充放电电路是前提，工作原理分析的基本分析思路是定性分析、波形分析（画波形图）、定量计算，其中用三要素法求解电容电压的变化规律是关键。

§8.1　正弦波振荡电路的组成及振荡条件

在生产和实践中，广泛采用各种类型的信号产生电路，依据产生的波形可将其分为正弦波信号产生电路和非正弦波信号产生电路。正弦波信号产生电路又称正弦波振荡电路，是一种基本的模拟电子电路。实验中常用的低频信号发生器就是一种正弦波振荡器。大功率的振荡电路还可以直接为工业生产提供能源，如高频加热炉的高频电源。在测量、自动控制、通信和热处理等各种技术领域中都离不开正弦波振荡电路。

1. 正弦波振荡电路的组成及振荡条件

由第 6 章可知，在放大电路中引入负反馈后，在一定条件下能产生自激振荡，使放大电路不能稳定工作，因此必须设法避免和消除。但另一方面，我们又可以利用这种自激振荡，把放大电路变成振荡器，从而产生正弦波信号。为此需要在放大电路中有意地引入正反馈，使之产生振荡。显然，正弦波振荡电路是由正反馈网络和放大电路组成的，如图 8.1 (a)所示。振荡电路中是不需要外加输入信号的，即输入信号 $\dot{X}_{\mathrm{i}}=0$，这种电路是将基本放大电路的净输入端与反馈网络的输出端直接连在一起而形成闭环系统，图 8.1(b)所示就是正弦波振荡电路的组成方框图。由图可得 $\dot{X}_{\mathrm{d}}=\dot{X}_{\mathrm{i}}+\dot{X}_{\mathrm{f}}=\dot{X}_{\mathrm{i}}$，于是

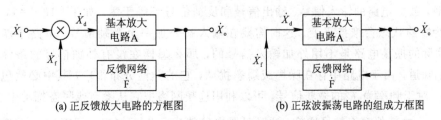

(a) 正反馈放大电路的方框图　　　　　　(b) 正弦波振荡电路的组成方框图

图 8.1　正弦波振荡电路的组成方框图

$$\frac{\dot{X}_f}{\dot{X}_d} = \frac{\dot{X}_o}{\dot{X}_d} \cdot \frac{\dot{X}_f}{\dot{X}_o} = 1$$

或

$$\dot{A}\dot{F} = 1 \tag{8.1}$$

式(8.1)为正弦波振荡电路的振荡条件。

若设 $\dot{A} = A\angle\varphi_a$，$\dot{F} = F\angle\varphi_f$，代入式(8.1)可得

$$\dot{A}\dot{F} = AF\angle(\varphi_a + \varphi_f) = 1$$

即

$$|\dot{A}\dot{F}| = AF = 1 \tag{8.2}$$
$$\varphi_a + \varphi_f = 2n\pi, \quad n = 0, 1, 2, \cdots \tag{8.3}$$

式(8.2)称为振幅平衡条件，式(8.3)称为相位平衡条件。将式(8.1)与负反馈放大电路产生自激振荡的条件 $\dot{A}\dot{F} = -1$ 相比，发现它们之间相差一个负号。其原因是二者引入的反馈极性不同。在放大电路中，为了改善放大器的性能，引入的是负反馈，即反馈信号与输入信号的符号相反。当放大电路及反馈网络在高频或低频情况下所产生的附加相移使在中频情况下的负反馈作用转变为正反馈时，电路产生振荡；在振荡电路中，为使电路产生振荡，我们有意识地将反馈接成正反馈，这样反馈信号与输入信号的符号相同，从而导致相位条件不一致(这一点读者请务必注意，以免混淆)。

2. 正弦波振荡电路的选频网络

正弦波振荡电路的振荡频率是由式(8.3)相位平衡条件决定的。它要求电路只有一个频率满足振荡条件，这样才能产生单一频率的正弦波。为此必须在 $\dot{A}\dot{F}$ 环路中包含一个具有选频特性的网络，简称选频网络。选频网络可以设置在放大电路 $\dot{A}$ 中，也可设置在反馈网络 $\dot{F}$ 中，在很多正弦波振荡电路中选频网络和反馈网络结合在一起，即同一个网络既有选频作用，又起反馈作用，这样正弦波振荡电路的振荡频率也就取决于选频网络的参数。由此，从结构上来看，正弦波振荡电路就是一个没有输入信号的带选频网路的正反馈放大电路。选频网络的类型比较多，正弦波振荡电路按其选频网络的类型不同可分为 RC 正弦波振荡电路、LC 正弦波振荡电路和石英晶体正弦波振荡电路。

3. 正弦波振荡电路的起振条件和稳幅环节

式(8.2)振幅平衡条件是指正弦波已经产生且电路已进入稳态。由于在刚接通电源开始工作时，放大电路的输入信号、输出信号和反馈信号都等于零，如果 $|\dot{A}\dot{F}| = 1$，那么这种信号为零的状态会维持不变。这时需要在输入端外加一个激励信号，电路才能正常振荡，而实际的振荡电路是不用外加输入信号的，那么怎样在没有外加信号的条件下起振呢？我们知道，由于电路中存在噪声或瞬态扰动，它的频谱分布很广，其中必然包含振荡频率 f_0。对于频率为 f_0 的微弱信号，可以利用选频网络把它从噪声或瞬态扰动中选出来，并把 f_0 以外的其他频率信号滤除，这时只要电路能满足 $|\dot{A}\dot{F}| > 1$，频率为 f_0 的微弱信号经过放大后，就会使输出信号由小变大，电路开始振荡。

电路起振以后,正弦波振荡电路的输出信号会随着时间的推移逐渐增大,致使放大器工作在非线性区域,输出波形产生严重的非线性失真,这是应该设法避免的,为此在电路中还应设有一定的稳幅环节,以达到 $|\dot{A}\dot{F}| = 1$,使输出幅度稳定,输出波形不失真,电路进入稳定平衡状态。

4. 正弦波振荡电路的基本组成和分析方法

综上所述,正弦波振荡电路应包括基本放大电路、反馈网络、选频网络和稳幅环节这四个部分。电路中应保证放大电路工作在线性放大区,也就是说,放大电路要有一个合适的静态工作点。

由正弦波振荡电路的基本组成和振荡条件可知,分析正弦波振荡电路能否振荡的方法和步骤是:

(1) 检查正弦波振荡电路是否具有放大电路、反馈网络、选频网络和稳幅环节这四个组成部分。

(2) 检查放大电路的静态工作点是否保证放大电路正常工作。

(3) 分析电路是否满足振荡条件。首先判断电路是否满足相位平衡条件,判别方法是利用瞬时极性法得出放大电路输出与输入信号的相位差 φ_a,再根据选频网络的特点得出反馈网络的输出信号(反馈信号)与输入信号(放大电路的输出信号)的相位差 φ_f,如果在某一特定频率下满足 $\varphi_\mathrm{a} + \varphi_\mathrm{f} = \pm 2n\pi$,则电路可能产生振荡;否则,电路不能振荡。电路在满足相位平衡条件的情况下,还应满足振幅平衡条件和起振条件,一般振幅平衡条件比较容易满足。若不满足,可改变放大电路的放大倍数或改变反馈网络的反馈系数,使电路起振时 $|\dot{A}\dot{F}| > 1$,再利用稳幅环节使电路振荡稳定后满足 $|\dot{A}\dot{F}| = 1$。

(4) 根据选频网络的参数计算正弦波振荡电路的振荡频率。

§8.2　RC 正弦波振荡电路

常见的 RC 正弦波振荡电路是 RC 串并联式正弦波振荡电路,又称文氏桥正弦波振荡电路或桥式正弦波振荡电路。它选用 RC 串并联网络作为选频和反馈网络,为此我们有必要先了解 RC 串并联网络的选频特性,再分析 RC 正弦波振荡电路的工作原理。

1. RC 串并联网络的选频特性

RC 串并联网络如图 8.2 所示,其频率响应是不均匀的,它具有选频作用。由图 8.2 可得

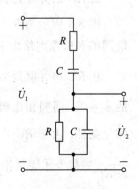

$$\dot{F}_u = \frac{\dot{U}_2}{\dot{U}_1} = \frac{R \mathbin{/\mkern-5mu/} \dfrac{1}{\mathrm{j}\omega C}}{R + \dfrac{1}{\mathrm{j}\omega C} + R \mathbin{/\mkern-5mu/} \dfrac{1}{\mathrm{j}\omega C}} = \frac{\mathrm{j}\omega RC}{(1 - \omega^2 R^2 C^2) + \mathrm{j}3\omega RC}$$

$$(8.4)$$

令 $\omega_0 = \dfrac{1}{RC}$,代入式(8.4)则有

图 8.2　RC 串并联网络

$$\dot{F}_u = \frac{1}{3 + \mathrm{j}\left(\dfrac{\omega}{\omega_0} - \dfrac{\omega_0}{\omega}\right)} \tag{8.5}$$

由此可得 RC 串并联网络的幅频响应和相频响应为

$$|\dot{F}_u| = \frac{1}{\sqrt{3^2 + \left(\dfrac{\omega}{\omega_0} - \dfrac{\omega_0}{\omega}\right)^2}} \tag{8.6}$$

$$\varphi_f = -\arctan \frac{\left(\dfrac{\omega}{\omega_0} - \dfrac{\omega_0}{\omega}\right)}{3} \tag{8.7}$$

由式(8.6)和式(8.7)可知，当

$$\omega = \omega_0 = \frac{1}{RC} \quad \text{或} \quad f = f_0 = \frac{1}{2\pi RC} \tag{8.8}$$

时，幅频响应的幅值最大，即

$$F_{u\max} = \frac{1}{3} \tag{8.9}$$

而相频响应的相位差为零，即

$$\varphi_f = 0° \tag{8.10}$$

根据式(8.6)和式(8.7)，可以画出 RC 串并联网络的频率响应曲线，如图 8.3 所示。

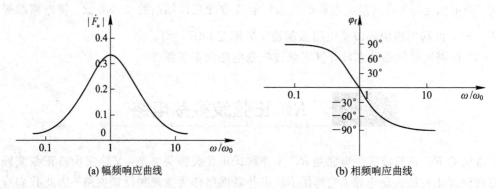

(a) 幅频响应曲线　　　　　　　　　　　　　　(b) 相频响应曲线

图 8.3　RC 串并联网络的频率响应曲线

2. RC 串并联正弦波振荡电路

图 8.4 所示为 RC 串并联正弦波振荡电路，其放大电路为同相比例运算放大电路，反馈网络和选频网络由 RC 串并联网络组成。

由 RC 串并联网络的选频特性得知，在 $\omega = \omega_0 = \dfrac{1}{RC}$ 或 $f = f_0 = \dfrac{1}{2\pi RC}$ 时，RC 选频网络的 $\varphi_f = 0°$，而同相比例运算放大电路的相位差为 $\varphi_a = 0°$，则 $\varphi_a + \varphi_f = 2n\pi$ 满足振荡电路的相位条件。由于 RC 串并联网络的选频特性，信号通过闭合环路 $\dot{A}\dot{F}$ 后，仅有 $f = f_0 = \dfrac{1}{2\pi RC}$ 的信号才满足相位条件，从而保证了电路输出为单一频率的正弦波，而且该电路的振荡频率为 f_0。

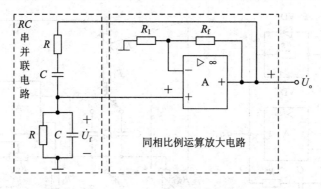

图 8.4 RC 串并联正弦波振荡电路

为了使电路能振荡，还应满足起振条件，即要求 $|\dot{A}\dot{F}| > 1$。由于当 $\omega = \omega_0$ 时，$\dot{F}_u = 1/3$，则要求 $\dot{A}_u = 1 + R_f / R_1 > 3$，即 $R_f > 2R_1$，输出就会产生近似正弦波。

振荡电路起振后，如果一直维持 A_u 大于 3，则输出电压会继续增加，这样会因输出信号振幅的增长致使放大器件工作在非线性区，波形将产生严重的非线性失真。为此必须设法使输出电压幅值在增大的同时，让 $|\dot{A}\dot{F}|$ 适当减小，以维持输出电压的幅值基本不变。这一任务是由稳幅环节来完成的。通常可以在放大电路中采用非线性元件来自动调节反馈的强弱以维持输出电压恒定。常用的方案有下列三种：

第一种方案是在图 8.4 所示的电路中，选择负温度系数的热敏电阻代替反馈电阻 R_f，当输出电压 $\dot{U}_o$ 的幅值增加时，会使 R_f 的功耗增大，温度上升，则 R_f 的阻值下降，负反馈加强，放大倍数下降，输出电压 $\dot{U}_o$ 也会随之下降。也可选择正温度系数的热敏电阻代替电阻 R_1，同样可实现稳幅，其工作原理读者可自行分析。

第二种方案是利用二极管的非线性特性。图 8.5 所示电路是在 R_{f2} 两端并联两个二极管 VD_1、VD_2，用来稳定输出电压 $\dot{U}_o$ 的幅度。当 $\dot{U}_o$ 的幅值很小时，二极管 VD_1、VD_2 接近开路，如果二极管的反向电阻无穷大，则反馈电阻 $R_f = R_{f1} + R_{f2}$，$\dot{A}_u > 3$，有利于起振；反之，当 $\dot{U}_o$ 的幅值较大时，VD_1 或 VD_2 导通，二极管的正向电阻会随着正向电流的增大而减小，反馈电阻 $R_f \approx R_{f1} + R'_{f2}$ 会减小，$\dot{A}_u$ 随之下降，$\dot{U}_o$ 的幅值趋于稳定。

第三种方案是利用场效应管的非线性特性。当场效应管工作在可变电阻区时，它的漏源电阻 R_{DS} 是受栅源电压 u_{GS} 控制的可变电阻。图 8.6 所示就是利用场效应管的这一特性进行稳幅的振荡电路。负反馈网络由 R_2、R_{w2} 和场效应管的漏源电阻 R_{DS} 组成。当电路正常工作时，输出电压经二极管 VD 整流和 R_3、C_3 滤波后，再经过 R_4、R_{w3} 分压为场效应管提供一个栅源控制电压 u_{GS}。当输出电压的幅值增大时，u_{GS} 变负，R_{DS} 将自动增大，负反馈加强，$\dot{A}_u$ 随之下降，$\dot{U}_o$ 的幅值趋于稳定。反之亦然，从而实现自动稳幅。

如果改变 RC 串并联网络中 R、C 的数值，就可以改变振荡频率。所以在 RC 串并联网络中，常用双层波段开关接不同的电容，作为振荡频率的粗调；用同轴电位器实现振荡频率的微调，如图 8.6 所示，该振荡电路的振荡频率范围约为几赫兹到几百千赫兹。

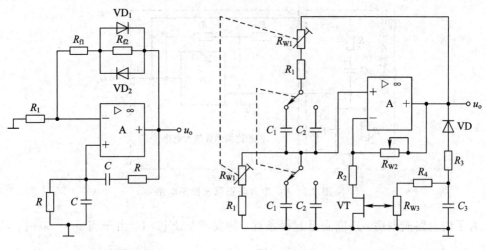

图 8.5　利用二极管稳幅的
　　　正弦波振荡电路

图 8.6　利用场效应管稳幅的正弦波振荡电路

【例 8.1】　图 8.7 所示电路为 RC 移相式正弦波振荡电路，试分析其工作原理。

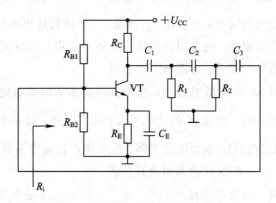

图 8.7　RC 移相式正弦波振荡电路

解　图 8.7 所示 RC 移相式正弦波振荡电路是由共发射极基本放大电路和三节 RC 电路组成的。基本放大电路的相移 $\varphi_a = 180°$，要满足相位平衡条件，则要求反馈网络的相移 $\varphi_f = 180°$。由第 4 章 RC 电路的频率响应可知，一节 RC 电路的最大相移不超过 $\pm 90°$，两节 RC 电路的最大相移也不超过 $\pm 180°$，当相位接近 $\pm 180°$ 时，RC 低通电路的频率会很高，而 RC 高通电路的频率会很低，此时其输出电压已接近零，又不能满足振荡电路的振幅平衡条件。对于三节 RC 电路，其最大相移可接近 $\pm 270°$，有可能在某一特定频率下使其相移为 $\pm 180°$，即 $\varphi_f = \pm 180°$，则有

$$\varphi_a + \varphi_f = 360°$$

满足相位平衡条件，合理选取元器件使电路满足起振条件和振幅平衡条件，电路开始振荡。通常选取 $C_1 = C_2 = C_3 = C$，$R_1 = R_2 = R$。如果 $R_C = R$，而且 $R \gg R_i$（R_i 为基本放大电路的输入电阻），则根据相位平衡条件和振幅平衡条件可以求出 RC 移相式正弦波振荡电路的振荡频率为

$$f_0 \approx \frac{1}{2\pi\sqrt{6}\,RC} \tag{8.11}$$

其起振条件为

$$\beta > 29$$

　　RC 移相式正弦波振荡电路具有结构简单、经济方便等优点,缺点是选频作用较差,频率调节不方便。由于没有负反馈,输出幅度不稳定,输出波形较差,因此此电路一般适用于振荡频率固定且稳定性要求不高的场合,其频率范围为几赫兹到几十千赫兹。

　　由前面的分析可知,RC 移相式正弦波振荡电路的振荡频率取决于 RC 乘积,当要求振荡频率较高时,就必须减小 RC 的数值。而在电路中 RC 网络是放大电路的负载,减小 R 值会加重放大电路的负载,减小 C 值又会使振荡频率受寄生电容的影响而不稳定。此外,振荡频率还会受到普通集成运放的带宽较窄的限制。因此,RC 正弦波振荡电路的振荡频率比较低,一般不超过 1 MHz。如需要产生更高频率的正弦波信号,可采用 LC 正弦波振荡电路。

§8.3　LC 正弦波振荡电路

　　LC 正弦波振荡电路主要用来产生高频正弦波信号,其振荡频率一般在 1 MHz 以上。由于普通集成运放的频带较窄,而高速集成运放比较贵,因此 LC 正弦波振荡电路一般采用分立元件组成。

　　常见的 LC 正弦波振荡电路有变压器反馈式和三点式。它们的共同特点是用 LC 并联谐振回路作为选频网络,为此我们先介绍一下 LC 并联谐振回路的选频特性。

8.3.1　LC 并联谐振回路的选频特性

　　图 8.8 所示为一个 LC 并联谐振回路,图中 R 表示回路的等效损耗电阻。由图可知,LC 并联谐振回路的等效阻抗为

$$Z = \frac{\dfrac{1}{\mathrm{j}\omega C}(R + \mathrm{j}\omega L)}{\dfrac{1}{\mathrm{j}\omega C} + R + \mathrm{j}\omega L} \qquad (8.12)$$

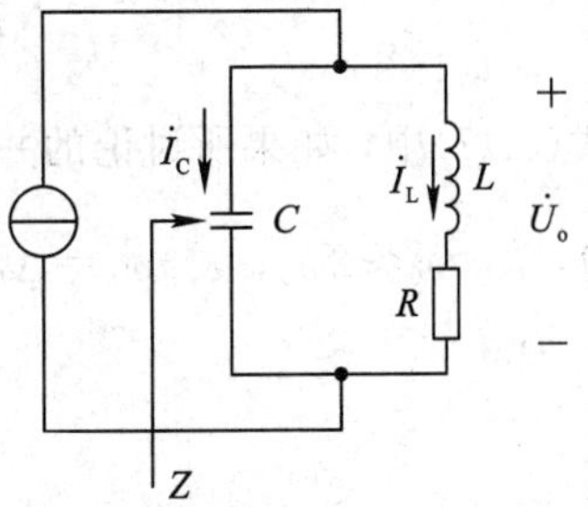

通常 $R \ll \omega L$,忽略 R 可得

$$Z \approx \frac{\dfrac{1}{\mathrm{j}\omega C} \cdot \mathrm{j}\omega L}{R + \mathrm{j}\left(\omega L - \dfrac{1}{\omega C}\right)} = \frac{L/C}{R + \mathrm{j}\left(\omega L - \dfrac{1}{\omega C}\right)}$$

$$(8.13)$$

图 8.8　LC 并联谐振回路

　　由式(8.13)可得出 LC 并联谐振回路的特点:

　　(1) 对于某个特定频率 ω_0,满足 $\omega_0 L = \dfrac{1}{\omega_0 C}$,即

$$\omega_0 = \frac{1}{\sqrt{LC}} \quad 或 \quad f_0 = \frac{1}{2\pi\sqrt{LC}} \qquad\qquad (8.14)$$

电路产生并联谐振,所以 f_0 为回路的谐振频率。

（2）谐振时，回路的等效阻抗呈现纯电阻性质，其值最大，称为谐振阻抗 Z_0，并有

$$Z_0 = \frac{L}{RC} = Q\omega_0 L = \frac{Q}{\omega_0 C} \tag{8.15}$$

式中：$Q = \dfrac{\omega_0 L}{R} = \dfrac{1}{\omega_0 RC} = \dfrac{1}{R}\sqrt{\dfrac{L}{C}}$，称为回路品质因数，是用来评价回路损耗大小的重要指标，一般 Q 值在几十到几百范围内。由于谐振阻抗呈纯电阻性质，此时信号源电流 $\dot{I}_s$ 与 $\dot{U}_o$ 同相。

（3）谐振时 LC 并联回路的输入电流为

$$\dot{I}_s = \frac{\dot{U}_s}{Z_0} = \frac{\dot{U}_o}{Q\omega_0 L} = \frac{\dot{U}_o \omega_0 C}{Q}$$

而

$$|\dot{I}_L| \approx \left| \frac{\dot{U}_o}{\omega_0 L} \right| = Q|\dot{I}_s|$$

$$|\dot{I}_C| = |\omega_0 C \dot{U}_o| = Q|\dot{I}_s| \tag{8.16}$$

通常 $Q \gg 1$，所以 $|\dot{I}_C| \approx |\dot{I}_L| \gg |\dot{I}_s|$。由此可见，谐振时 LC 并联电路的回路电流比输入电流大得多，即谐振回路外界的影响可忽略。这个结论对分析正弦波振荡电路是十分有用的。

（4）根据式（8.13）有

$$Z = \frac{\dfrac{L}{RC}}{1 + j\dfrac{\omega L}{R}\left(1 - \dfrac{\omega_0^2}{\omega^2}\right)} = \frac{\dfrac{L}{RC}}{1 + j\dfrac{\omega L}{R}\dfrac{(\omega + \omega_0)(\omega - \omega_0)}{\omega^2}} \tag{8.17}$$

式（8.17）中，如果所讨论的并联谐振阻抗只局限于 ω_0 附近，则可认为 $\omega \approx \omega_0$，$\dfrac{\omega L}{R} \approx \dfrac{\omega_0 L}{R} = Q$，$\omega + \omega_0 \approx 2\omega_0$，$\omega - \omega_0 = \Delta\omega$，$Z_0 = L/(RC)$，则式（8.17）可改写为

$$Z = \frac{Z_0}{1 + jQ\dfrac{2\Delta\omega}{\omega_0}} \tag{8.18}$$

阻抗的模为

$$|Z| = \frac{Z_0}{\sqrt{1 + \left(Q\dfrac{2\Delta\omega}{\omega_0}\right)^2}} \tag{8.19}$$

或

$$\frac{|Z|}{Z_0} = \frac{1}{\sqrt{1 + \left(Q\dfrac{2\Delta\omega}{\omega_0}\right)^2}} \tag{8.20}$$

其相角（阻抗角）为

$$\varphi = -\arctan Q \frac{2\Delta\omega}{\omega_0} \qquad (8.21)$$

式(8.19)和式(8.20)中，$|Z|$ 为角频率偏离谐振角频率 ω_0，即 $\omega = \omega_0 + \Delta\omega$ 时的回路等效阻抗；Z_0 为谐振阻抗；$\dfrac{2\Delta\omega}{\omega_0}$ 为相对失谐量，表明信号角频率偏离回路谐振角频率 ω_0 的程度。

由式(8.20)和式(8.21)可绘出 LC 并联谐振回路的频率响应曲线，如图 8.9 所示，从图中可以看出谐振曲线的形状与回路的 Q 值有密切的关系，Q 值愈大，谐振曲线愈尖锐，相角变化愈快，在 ω_0 附近，$|Z|$ 值和 φ 值的变化更为急剧。

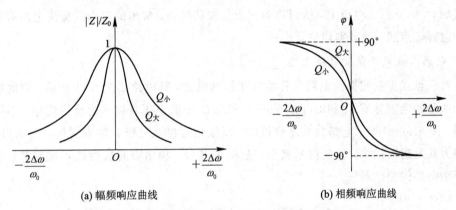

(a) 幅频响应曲线　　　　　　　　(b) 相频响应曲线

图 8.9　LC 并联谐振回路的频率响应曲线

8.3.2　变压器反馈式 LC 正弦波振荡电路

图 8.10 所示为变压器反馈式 LC 正弦波振荡电路，它采用 LC 并联谐振回路作为三极管的集电极负载，起选频作用，反馈信号通过变压器次级线圈传输到三极管的基极，因此称为变压器反馈式 LC 正弦波振荡电路。在 $f = f_0 = \dfrac{1}{2\pi\sqrt{LC}}$ 的情况下，LC 回路呈纯电阻性质，并且数值最大（$Z_0 = L/RC$），而电容 C_b 和 C_e 通常足够大，可视为短路，这样三极管的集电极输出电压与基极输入电压将产生 180°的相移，即 $\varphi_a = 180°$。同时由图中标出的变压器同名端符

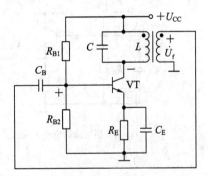

图 8.10　变压器反馈式 LC 正弦波振荡电路

号"·"，可知次级线圈也引入了 180°的相移（设变压器的次级负载电阻很大），即 $\varphi_f = 180°$，则 $\varphi_a + \varphi_f = 180° + 180° = 360°$，满足相位平衡条件。

振荡电路在满足相位平衡条件的同时，还应满足振荡电路的起振条件。一般对变压器反馈式振荡电路来说，只要变压器的变比设计恰当，三极管的电流放大系数 β 和变压器一次、二次绕组之间的互感等参数合适，就满足起振条件。

LC 正弦波振荡电路的稳幅措施是利用放大器件的非线性来实现的。当振幅大到一定程度时，三极管会进入截止或饱和状态，使集电极电流波形产生明显失真，但由于集电极

的负载是 LC 并联谐振回路，具有良好的选频作用，因此输出电压的波形一般失真不大。

当 Q 值较高时，变压器反馈式 LC 正弦波振荡电路的振荡频率基本上就等于 LC 谐振回路的谐振频率，即

$$\omega = \omega_0 \approx \frac{1}{\sqrt{LC}} \quad \text{或} \quad f = f_0 \approx \frac{1}{2\pi\sqrt{LC}} \tag{8.22}$$

8.3.3　三点式 LC 正弦波振荡电路

由于三点式 LC 正弦波振荡电路的谐振回路都有三个引出端，在交流通路中分别接至三极管的 e、b、c 三个电极上，所以称为三点式振荡电路。常用的三点式振荡电路有电感三点式和电容三点式，现分别讨论。

1) 电感三点式正弦波振荡电路

电感三点式正弦波振荡电路又称哈特莱振荡电路，其电路如图 8.11 所示。它的特点是把谐振回路的电感分成 L_1 和 L_2 两个部分，利用 L_2 上的电压直接作为反馈信号，不需要用变压器。图 8.11(a) 所示电路为共基极接法，反馈信号接至三极管的发射极。图 8.11(b) 所示电路为共发射极接法，反馈信号接至三极管的基极。利用瞬时极性法不难判断，它们均满足振荡电路的相位条件。

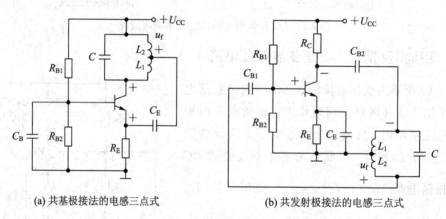

(a) 共基极接法的电感三点式　　　　　　　(b) 共发射极接法的电感三点式

图 8.11　电感三点式正弦波振荡电路

电感三点式正弦波振荡电路的振荡频率基本上等于 LC 并联电路的谐振频率，即

$$\omega = \omega_0 \approx \frac{1}{\sqrt{L'C}} \quad \text{或} \quad f = f_0 \approx \frac{1}{2\pi\sqrt{L'C}} \tag{8.23}$$

式中：L' 是谐振回路的等效电感，即

$$L' = L_1 + L_2 + 2M \tag{8.24}$$

式中：M 为 L_1 的绕组 N_1 和 L_2 的绕组 N_2 之间的互感。

电感三点式正弦波振荡电路不仅容易起振，而且采用可变电容器能在较宽的范围内调节振荡频率，所以在需要经常改变频率的场合（如收音机、信号发生器等）得到了广泛的应用。但是由于它的反馈电压取自电感 L_2，对高次谐波的阻抗较大（电感的感抗与频率成正比），因此输出波形中含有高次谐波，波形较差。

2）电容三点式正弦波振荡电路

电容三点式正弦波振荡电路又称考毕兹振荡电路，其电路如图 8.12 所示。它的特点是用 C_1 和 C_2 两个电容作为谐振回路电容，利用电容 C_2 上的电压直接作为反馈信号。与电感三点式相似，图 8.12(a)所示电路为共基极接法，反馈信号接至三极管的发射极。图 8.12(b)所示电路为共发射极接法，反馈信号接至三极管的基极。同样利用瞬时极性法不难判断，它们也满足振荡电路的相位条件。

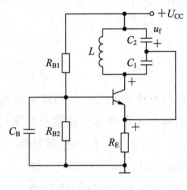
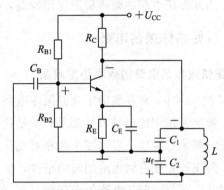

(a) 共基极接法的电容三点式   (b) 共发射极接法的电容三点式

图 8.12 电容三点式正弦波振荡电路

电容三点式正弦波振荡电路的振荡频率近似等于 LC 并联电路的谐振频率，即

$$\omega = \omega_0 \approx \frac{1}{\sqrt{LC'}} \quad 或 \quad f = f_0 \approx \frac{1}{2\pi\sqrt{LC'}} \qquad (8.25)$$

式中：C' 是谐振回路的等效电容，对图 8.12 所示电路有

$$C' = \frac{C_1 C_2}{C_1 + C_2} \qquad (8.26)$$

由于电容三点式正弦波振荡电路的反馈电压取自电容 C_2，它对高次谐波的阻抗小，对高次谐波有滤除作用，因而反馈电压中的谐波分量小，输出波形较好。但当要求振荡频率比较高时，电容 C_1、C_2 的容量比较小，而在电路中，电容 C_1 并联在三极管 c、e 之间，而电容 C_2 并联在三极管 b、e 之间，如果电容 C_1、C_2 的容量小到可与三极管的极间电容相比拟的程度，管子的极间电容是不容忽视的，而管子的极间电容随温度等因素的变化而变化，会对振荡频率产生显著影响，造成振荡频率不稳定。为了克服这一缺点，可以在电感 L 支路中串接一电容 C，使振荡频率取决于 L 和 C，而 C_1 和 C_2 只起分压作用。改进型电容三点式振荡电路如图 8.13 所示。

由图 8.13 所示电路可得

$$\frac{1}{C'} = \frac{1}{C} + \frac{1}{C_1} + \frac{1}{C_2} \qquad (8.27)$$

在选取电容参数时，让 C_1、C_2 取较大的容值以消除极间电容变化的影响，即 $C_1 \gg C$，

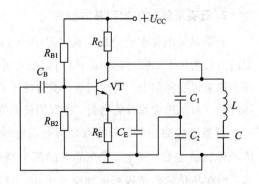

图 8.13 改进型电容三点式振荡电路

$C_2 \gg C$，由式(8.27)可得

$$C' \approx C$$

故

$$f = \frac{1}{2\pi\sqrt{LC'}}$$

由于振荡频率基本上由电感 L 和电容 C 确定，与电容 C_1、C_2 及管子的极间电容的关系很小，因此振荡电路的频率稳定度比较高，可达到 $10^{-4} \sim 10^{-5}$。

8.3.4 石英晶体振荡电路

1. 正弦波振荡电路的频率稳定问题

在工程应用中，常常要求正弦波振荡电路的振荡频率十分稳定，如通信系统中的射频振荡器、数字系统中的时钟发生器等，于是我们引用频率稳定度这个质量指标来衡量振荡器的性能。频率稳定度一般用频率的相对变化量 $\Delta f/f_0$ 来表示，f_0 为振荡频率，Δf 为频率偏移，频率稳定度有时也附加时间条件，如一小时或一日的频率相对变化量。

影响 LC 正弦波振荡电路的振荡频率 f_0 的主要因素是 LC 谐振回路中的 L、C 和 R。由于 LC 谐振回路的选频特性与回路的品质因数 Q 有关，因而 Q 值的大小对频率稳定也有较大影响，Q 值愈大，频率稳定度愈高。由品质因数的定义 $Q = \frac{1}{R}\sqrt{\frac{L}{C}}$ 可知，要想提高 Q 值，应尽量减小回路的损耗电阻 R 并加大 L/C 值。但 L/C 值的加大是有一定限度的，因为若 L 值选得太大，它的体积将要增大，则线圈的损耗和分布电容也必然增大；若 C 选得太小，则当并联的分布电容及杂散电容变化时，将显著影响频率的稳定性。因此必须适当选取 L/C 值。一般 LC 并联谐振回路的 Q 值最高可达数百。实践证明，在 LC 正弦波振荡电路中，即使采用了各种稳频措施，频率稳定度也很难突破 10^{-5} 数量级。所以在一些要求高频率稳定度的场合，往往采用高 Q 值的石英晶体谐振器代替 LC 谐振回路。

因为石英晶体具有比较高的 L/C 值，用石英晶体组成的振荡电路，其频率稳定度可高达 $10^{-10} \sim 10^{-11}$ 数量级，所以要求频率稳定度高于 10^{-6} 以上的电子设备中大都采用石英晶体振荡电路。下面我们先了解石英晶体的结构和基本特性，然后分析具体的石英晶体振荡电路。

2. 石英晶体的结构和基本特性

石英晶体的化学成分是二氧化硅(SiO_2)，是一种各向异性的结晶体。从一块晶体上按一定的方位角切下的薄片称为晶片(可以是正方形、矩形或圆形等)，然后在晶片的两个对应表面上涂敷银层并装上一对金属板，就构成了石英晶体产品，其结构如图 8.14(a)所示，石英晶体产品一般采用金属外壳密封，也有用玻璃壳封装的。它的表示符号如图 8.14(b)所示。

石英晶片的一个显著特点是具有压电效应。若在晶片的两个极板上加一电场，会使晶体产生机械变形；反之，若在晶片的两个极板上施加机械力，又会在相应的方向上产生电场。如在晶片的两个极板上加交变电压，晶片就会产生机械振动，同时机械振动又会产生交变电场。一般来说，这种机械振动的振幅和交变电场的振幅比较小，但当外加交变电压

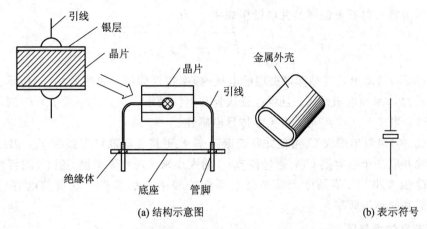

(a) 结构示意图　　　　　　　(b) 表示符号

图 8.14　石英晶体谐振器的结构示意图及表示符号

的频率与晶片的固有频率(由晶片的尺寸决定)相等时,机械振动的幅度明显加大,比其他频率下的振幅大得多,这种现象称为压电谐振,石英晶体又可称为石英晶体谐振器。

　　石英晶体谐振器的等效电路如图 8.15(a)所示。等效电路中的 C_0 为切片与金属板构成的静电电容,L 和 C 分别模拟晶体的质量(代表惯性)和弹性,用电阻 R 等效晶片振动时因摩擦而造成的损耗。石英晶体具有很高的质量与弹性的比值(等效于 L/C),因而它的品质因数 Q 值可达 $10^4 \sim 10^6$。加上晶片本身的谐振频率基本上只与晶片的切割方式、几何形状、尺寸有关,而且可以做得很精确,因此利用石英晶体谐振器组成的正弦波振荡电路的振荡频率可获得很高的频率稳定度。

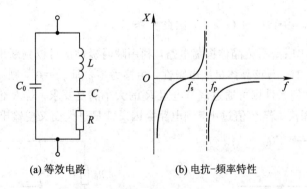

(a) 等效电路　　　　　　(b) 电抗-频率特性

图 8.15　石英晶体谐振器的等效电路及电抗-频率特性

由图 8.15(a)石英晶体谐振器的等效电路可得出石英晶体的总电抗近似为

$$X \approx \frac{1}{\omega} \cdot \frac{\omega^2 LC - 1}{C_0 + C - \omega^2 LCC_0} \tag{8.28}$$

令式(8.28)的分子和分母分别为零,可求得石英晶体谐振器的两个谐振频率。由分子为零可得石英晶体的串联谐振频率 f_s 为

$$f_s = \frac{1}{2\pi\sqrt{LC}} \tag{8.29}$$

由分母为零可得石英晶体的并联谐振频率 f_p 为

$$f_p = \frac{1}{2\pi\sqrt{LC}}\sqrt{1+\frac{C}{C_0}} = f_s\sqrt{1+\frac{C}{C_0}} \tag{8.30}$$

由式(8.28)可画出石英晶体谐振器的电抗-频率特性曲线，如图 8.15(b)所示。当 $f=f_s$ 时，石英晶体呈纯电阻性质，且可近视认为其阻抗最小。当 $f<f_s$ 或 $f>f_p$ 时，石英晶体呈电容性；当 $f_s<f<f_p$ 时，石英晶体呈电感性。

从式(8.30)可看出增大 C_0 可使并联谐振频率 f_p 更接近串联谐振频率 f_s，因此可在石英晶体两端并联一个电容器 C_L，通过调节 C_L 的大小来实现频率微调。但 C_L 的容量不宜过大，否则 Q 值太小。石英晶体产品外壳上所标的频率一般是指并联负载电容(如 C_L = 30 pF)时的并联谐振频率。

3. 石英晶体振荡器

石英晶体振荡器的电路形式主要有两类：一类是把振荡频率选择在 f_s 与 f_p 之间，使石英晶体的阻抗呈电感性，它与两个外接电容器构成电容三点式正弦波振荡器，这种电路称为并联型石英晶体振荡器；另一类是把振荡频率选择在 f_s 处，此时石英晶体呈纯电阻性，且其阻抗最小，相移为零，把石英晶体设置在反馈网络中，就构成了串联型石英晶体振荡器。

图 8.16 所示为并联型石英晶体振荡电路，用石英晶体的等效电感 L 来代替 LC 回路的电感，振荡频率为

$$f_0 = \frac{1}{2\pi\sqrt{L\dfrac{C(C_0+C')}{C+C_0+C'}}} \tag{8.31}$$

式中：$C' = \dfrac{C_1C_2}{C_1+C_2}$，由于 $C_0+C' \gg C$，因此 $f_0 \approx f_s$。

图 8.17 所示为串联型石英晶体振荡电路，利用瞬时极性法可以判断出，放大电路的相移 $\varphi_a = 0°$，而当 $f=f_s$ 时，石英晶体呈纯电阻性，相移为零，即 $\varphi_f = 0°$，则 $\varphi_a + \varphi_f = 0°$，满足相位平衡条件。振幅平衡条件则可通过调节电阻 R 的大小满足要求。若 R 值过大，则电路会因反馈量过小而不能振荡。若 R 值过小，则电路会因反馈量过大而又使输出波形失真。

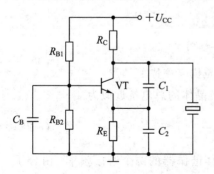

图 8.16　并联型石英晶体振荡电路

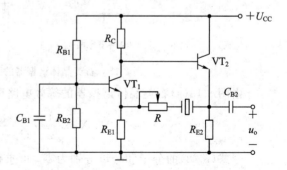

图 8.17　串联型石英晶体振荡电路

由于石英晶体特性好，而且仅有两根引线，安装简单，调试方便，因此石英晶体在正弦波振荡电路和方波发生电路中获得了广泛的应用。

§8.4 非正弦信号发生电路

8.4.1 矩形波发生电路

1. 方波发生电路

在脉冲和数字系统中我们常采用方波作为信号源，方波信号也是电子电路中常用的一种基本测试信号。由于方波包含极丰富的谐波，所以方波发生电路又称为多谐振荡电路。方波发生电路如图8.18所示，它是由一个迟滞比较器和 RC 积分延时电路组成的，在电路中迟滞比较器起开关作用，RC 电路起反馈和延时作用，下面我们来定性地分析它的工作原理。

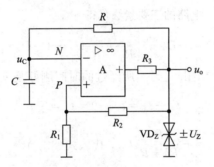

图 8.18　方波发生电路

迟滞比较器只能输出高电平和低电平两个稳定状态，在图 8.18 中迟滞比较器的输出电压也就是双向稳压管的稳压值 $\pm U_Z$，集成运放同相输入端的电位为

$$V_P = \frac{R_1}{R_1 + R_2}(\pm U_Z) \tag{8.32}$$

设电源接通的瞬间电容两端的电压 $u_C = 0$，迟滞比较器的输出电压 $u_o = +U_Z$，$u_C = u_o$，电容开始充电，电容两端的电压 u_C 增加，集成运放反相输入端的电位 $V_N = u_C$，由零逐渐上升。此时集成运放同相输入端的电位为 $V_P = \frac{R_1}{R_1 + R_2}(+U_Z)$。当 V_N 低于 V_P 时，迟滞比较器的输出电压维持高电平 $+U_Z$ 不变；当 V_N 上升到略高于 V_P 时，迟滞比较器发生翻转，输出电压会立即从高电平跳变到低电平，即输出电压 $u_o = -U_Z$。

当 $u_o = -U_Z$ 时，$u_C > u_o$，电容经电阻 R 开始放电，电容两端的电压 u_C 逐渐下降，集成运放反相输入端的电位 V_N 减小，此时集成运放同相输入端的电位为 $V_P = \frac{R_1}{R_1 + R_2}(-U_Z)$。当 V_N 高于 V_P 时，迟滞比较器的输出电压维持低电平 $-U_Z$ 不变；当 V_N 下降到略低于 V_P 时，迟滞比较器发生翻转，输出电压会立即从低电平跳变到高电平，即输出电压 $u_o = +U_Z$，比较器又回到初始状态。如此循环反复，电路产生振荡。由于电容的充、放电回路相同，即充、放电时间常数相同，比较器维持低电平的时间与维持高电平的时间相等，因此输出电压 u_o 为一方波信号。

根据上述分析，我们把输出电压 u_o 和电容两端的电压 u_C 的波形画在图 8.19 中。

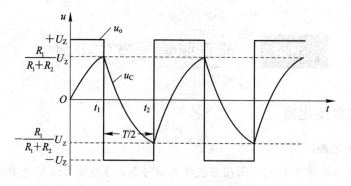

图 8.19　方波发生电路的波形图

由图 8.19 可知，当 $t=t_1$ 时，$u_C(t_1)=\dfrac{R_1}{R_1+R_2}U_Z$；当 $t=t_2$ 时，$u_C(t_2)=-\dfrac{R_1}{R_1+R_2}U_Z$。设 t_1 时刻的 u_C 值为初始值，即当 $t=t_1=0$ 及 $t=\infty$ 时 u_C 的值始终为 $-U_Z$，电容 C 的充放电时间常数 $\tau=RC$，根据一阶 RC 电路的三要素法可得

$$u_C(t)=-U_Z+\left[\frac{R_1}{R_1+R_2}U_Z-(-U_Z)\right]e^{-\frac{t}{RC}} \tag{8.33}$$

同时从图 8.19 中可以看出由 t_1 到 t_2 所经过的时间刚好是振荡周期的一半，即

$$t_2-t_1=t_2-0=t_2=\frac{T}{2} \tag{8.34}$$

当 $t=t_2=\dfrac{T}{2}$ 时，$u_C(t_2)=-\dfrac{R_1}{R_1+R_2}U_Z$，代入式(8.33)得

$$-\frac{R_1}{R_1+R_2}U_Z=-U_Z+U_Z\left(1+\frac{R_1}{R_1+R_2}\right)e^{-\frac{T}{2RC}} \tag{8.35}$$

解之可得

$$T=2RC\ln\left(1+\frac{2R_1}{R_2}\right) \tag{8.36}$$

则方波的振荡频率为

$$f=\frac{1}{T}=\frac{1}{2RC\ln(1+2R_1/R_2)} \tag{8.37}$$

2. 矩形波发生电路

矩形波与方波的不同之处在于矩形波的高电平持续时间与低电平持续时间不相等，通常我们把矩形波的高电平持续时间与振荡周期之比称为占空比。方波的占空比为 50%。如果需要产生占空比小于或大于 50% 的矩形波，在图 8.18 所示电路中可以通过设法使电容的充电时间常数与放电时间常数不相等来实现。图 8.20(a)所示为一占空比可调的矩形波发生电路，它利用了二极管的单向导电性来改变电容的充电与放电回路，从而使电容的充电与放电时间常数不相等。图 8.20(b)是输出电压 u_o 和电容两端电压 u_C 的波形图。

当输出电压为高电平时，二极管 VD_1 导通，VD_2 截止，电容 C 被充电，如果电位器 R_W 滑动端到上端点的阻值为 R_W'，二极管 VD_1 的导通电阻为 r_{d1}，VD_2 的反向电阻和稳压管的内阻忽略不计，则电容 C 的充电时间常数为

$$\tau_1=(R_W'+r_{d1}+R)C \tag{8.38}$$

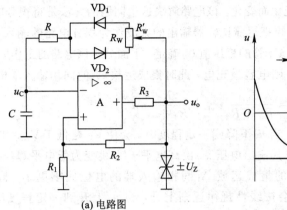 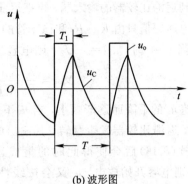

(a) 电路图　　　　　　　　　　　　　　　(b) 波形图

图 8.20　占空比可调的矩形波发生电路

当输出电压为低电平时，二极管 VD_1 截止，VD_2 导通，电容 C 开始放电，若二极管 VD_2 的导通电阻为 r_{d2}，VD_1 的反向电阻忽略不计，则电容 C 的放电时间常数为

$$\tau_2 = (R_w - R'_w + r_{d2} + R)C \tag{8.39}$$

利用前面估算方波振荡周期的方法可求出电容 C 的充、放电时间分别为

$$T_1 = \tau_1 \ln\left(1 + \frac{2R_1}{R_2}\right) \tag{8.40}$$

$$T_2 = \tau_2 \ln\left(1 + \frac{2R_1}{R_2}\right) \tag{8.41}$$

矩形波的振荡周期为

$$T = (\tau_1 + \tau_2)\ln\left(1 + \frac{2R_1}{R_2}\right) \tag{8.42}$$

将式(8.38)和式(8.39)代入式(8.42)，得

$$T = (R_w + r_{d1} + r_{d2} + 2R)C\ln\left(1 + \frac{2R_1}{R_2}\right) \tag{8.43}$$

可见调节电位器 R_w 滑动端的位置，矩形波的周期不变，但占空比会发生变化，根据定义可知占空比为

$$q = \frac{T_1}{T} = \frac{\tau_1}{\tau_2 + \tau_1} \tag{8.44}$$

将式(8.38)和式(8.39)代入式(8.44)，得

$$q = \frac{T_1}{T} = \frac{R'_w + r_{d1} + R}{R_w + r_{d1} + r_{d2} + 2R} \tag{8.45}$$

可见调节电位器 R_w 可调节矩形波的占空比，占空比的可调范围为 $10\% \sim 90\%$。

8.4.2　三角波与锯齿波发生电路

1. 三角波发生电路

1）电路组成及工作原理

三角波发生电路如图 8.21 所示，它由一个同相输入迟滞比较器和一个积分器组成。我们知道对方波信号进行积分，就可以得到线性度高的三角波信号。但这样得到的三角波信号的幅值会随着输入方波信号频率的变化而变化。该电路解决这个问题的方法是将积分电路的输出量反馈到迟滞比较器的输入端,再把迟滞比较器输出的方波作为积分电路的输入,使三角波的输出电压幅值只由 R_1、R_2 和稳压管的稳压值 U_Z 确定。下面分析该电路的工作原理。

假设当 $t=0$ 时,$u_{o1}=+U_Z$,则电容被充电,此时集成运放 A_1 的同相输入端电位为

$$V_{P1}=\frac{R_1}{R_1+R_2}u_{o1}+\frac{R_2}{R_1+R_2}u_o \qquad (8.46)$$

可见 V_{P1} 随 u_o 的下降而逐渐减小,当 u_o 下降到一定程度时,会使 V_{P1} 略低于 $V_{N1}=0$,即 V_{P1} 略低于零,迟滞比较器发生翻转,其输出电压 u_{o1} 由高电平 $+U_Z$ 跳变为低电平 U_Z,即 $u_{o1}=U_Z$,代入式(8.46)后会使得此时的集成运放 A_1 同相输入端的电位比零更小。同时由于 $u_{o1}<u_C$,则电容开始放电,u_o 又会按线性规律逐渐上升,当 u_o 上升到一定程度时,会使 V_{P1} 略高于 $V_{N1}=0$,即 V_{P1} 略高于零,迟滞比较器又会发生翻转,其输出电压 u_{o1} 由低电平 $+U_Z$ 又跳变为高电平 $+U_Z$,即 $u_{o1}=+U_Z$。如此循环反复,电路开始振荡。由于电容充电回路与放电回路相同,积分电路输出电压上升与下降的时间相等,上升与下降的斜率之绝对值也相等,因此 u_o 是三角波。

根据上述分析,可画出该电路 u_{o1} 和 u_o 的波形,如图 8.22 所示。由图可见该电路既能输出三角波又能输出方波,所以该电路又称为方波-三角波发生电路。

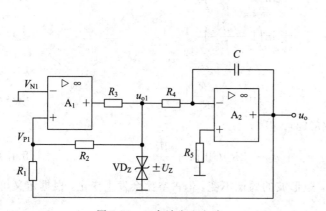

图 8.21　三角波发生电路

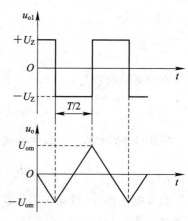

图 8.22　三角波发生电路波形图

2) 分析计算

由图 8.22 所示波形可知,在迟滞比较器的输出电压 u_{o1} 从 $-U_Z$ 跳变到 $+U_Z$ 时刻,输出电压 u_o 为峰值 U_{om}。当比较器发生跳变时,$V_{P1}=V_{N1}=0$,$u_{o1}=-U_Z$,代入式(8.46)可得

$$U_{om}=\frac{R_1}{R_2}U_Z \qquad (8.47)$$

同时由图 8.22 可以看出,输出电压从 $-U_{om}$ 上升到 $+U_{om}$ 所需的时间就是振荡周期的一半,积分电路输出电压 u_o 的变化量为 $2U_{om}$。由积分电路输出电压与输入电压的关系可得

$$u_o=-\frac{1}{R_4C}\int_0^{T/2}(-U_Z)\mathrm{d}t=2U_{om}$$

从而有

$$T=4R_4C\frac{U_{om}}{U_Z} \qquad (8.48)$$

把式(8.47)代入式(8.48)得振荡周期为

$$T = \frac{4R_1R_4C}{R_2} \tag{8.49}$$

所以振荡频率为

$$f = \frac{1}{T} = \frac{R_2}{4R_1R_4C} \tag{8.50}$$

式(8.47)和式(8.50)说明，输出电压的峰值只与电阻 R_1、R_2 及稳压管的稳压值有关，振荡频率 f 与电阻 R_1、R_2、R_4 和电容 C 有关。所以调节三角波的峰值和频率时，应先调节电阻 R_1 或 R_2 来确定三角波的峰值，再调节电阻 R_4 或电容 C 来确定三角波的频率。反之，若先调节振荡频率，那么调节三角波的峰值时，振荡频率也会随之变化。

2. 锯齿波发生电路

锯齿波与三角波的区别在于锯齿波的上升和下降的斜率不相等，这样只要在图 8.21 所示的三角波发生电路上，改变电容的充、放电回路，使电容的充、放电时间常数不相等，便可得到锯齿波发生电路，如图 8.23 所示。

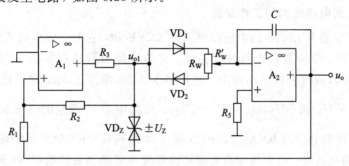

图 8.23　锯齿波发生电路

当迟滞比较器的输出电压 u_{o1} 为高电平 $+U_z$ 时，二极管 VD_1 导通，VD_2 截止，电容 C 被充电，其充电时间常数为

$$\tau_1 = (r_{d1} + R_w')C \tag{8.51}$$

当迟滞比较器的输出电压 u_{o1} 为低电平 $-U_z$ 时，二极管 VD_1 截止，VD_2 导通，电容 C 开始放电，其放电时间常数为

$$\tau_2 = (r_{d2} + R_w - R_w')C \tag{8.52}$$

改变电位器 R_w，使电容的充、放电时间常数不相等，波形的上升和下降斜率不相等，即可输出锯齿波，如图 8.24 所示。

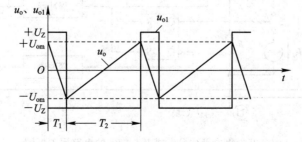

图 8.24　锯齿波发生电路波形图

比较图 8.24 与图 8.22 所示波形可以得出，锯齿波发生电路输出电压的峰值由式 (8.47)确定，振荡周期为

$$T = \frac{2R_1}{R_2}(r_{d1} + r_{d2} + R_W)C \tag{8.53}$$

所以振荡频率为

$$f = \frac{1}{T} = \frac{R_2}{2R_1(r_{d1} + r_{d2} + R_W)C} \tag{8.54}$$

§8.5　集成函数发生器

集成函数发生器是一种可以产生方波、三角波和正弦波等多种波形的专用集成电路。当调节外部电路参数时，可以获得占空比可调的矩形波和锯齿波。下面以型号为 ICL8038 的集成函数发生器为例，介绍它的电路结构、工作原理和使用方法。

1. ICL8038 的电路结构和工作原理

集成函数发生器 ICL8038 的电路原理如图 8.25 所示，它的主要组成部分有电流源、电压比较器、触发器、缓冲器和正弦波变换器。它的外部引脚排列如图 8.26 所示。电流源 I_{S1}、I_{S2} 的大小可以通过外接电阻调节，并且要求 I_{S2} 必须大于 I_{S1}；电压比较器 C_1、C_2 的阈值电压分别为 $\frac{2}{3}U_R$ 和 $\frac{1}{3}U_R(U_R = U_{CC} + U_{EE})$，外接电容 C 两端的电压 u_C 是它们的输入电压，它们的输出端分别与 RS 触发器的 S 端和 R 端相接；RS 触发器的输出端控制开关 S，实现对电容的充放电；两个缓冲器起隔离波形发生电路和负载的作用，同时增强波形发生电路的带负载能力；利用正弦波变换器可将三角波变换为正弦波。

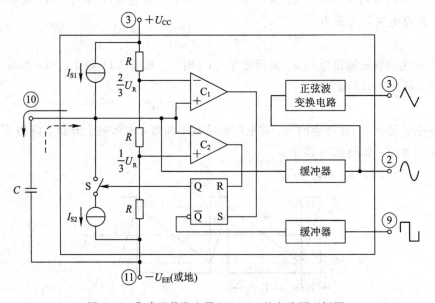

图 8.25　集成函数发生器 ICL8038 的电路原理框图

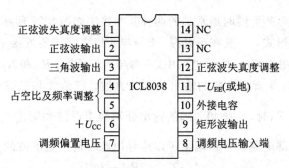

正弦波失真度调整 1   14 NC
正弦波输出 2   13 NC
三角波输出 3   12 正弦波失真度调整
占空比及频率调整 { 4   ICL8038   11 $-U_{EE}$(或地)
5   10 外接电容
$+U_{CC}$ 6   9 矩形波输出
调频偏置电压 7   8 调频电压输入端

图 8.26 集成函数发生器 ICL8038 的引脚图

当集成函数发生器 ICL8038 接通电源时，设电容 C 的初始电压为 0，使得电压比较器 C_1 的输出为低电平，电压比较器 C_2 的输出为高电平，即 S＝0，R＝1，RS 触发器的输出端 Q 为低电平，$\overline{Q}$ 为高电平，控制开关 S 断开，电流源 I_{S1} 向电容 C 充电，如果 $I_{S1}＝I$，则充电电流为 I。由于充电电流是恒流，因此电容两端的电压 u_C 会随时间的增长而线性上升。当 $u_C \geqslant \frac{1}{3}U_R$ 时，电压比较器 C_2 的输出由高电平跳变为低电平，即S＝0，R＝0，RS 触发器维持原状态不变，也就是 Q 为低电平，$\overline{Q}$ 为高电平，继续向电容 C 充电，u_C 继续上升；当 $u_C \geqslant \frac{2}{3}U_R$ 时，电压比较器 C_1 的输出由低电平跳变为高电平，即S＝1，R＝0，RS 触发器发生翻转，它的输出端 Q 变为高电平，$\overline{Q}$ 变为低电平，控制开关 S 闭合，电容 C 开始放电，如果 $I_{S2}＝2I$，则放电电流为 $I_{S2-S1}＝I$；同样由于放电电流是恒流，因此 u_C 会随时间的增长而线性下降。当 $u_C \leqslant \frac{2}{3}U_R$ 时，电压比较器 C_1 的输出由高电平跳变为低电平，即 S＝0，R＝0，RS 触发器又维持原状态不变，也就是 Q 为高电平，$\overline{Q}$ 为低电平，电容 C 继续放电，u_C 继续下降；当 $u_C \leqslant \frac{1}{3}U_R$ 时，电压比较器 C_2 的输出由低电平跳变为高电平，即 S＝0，R＝1，RS 触发器发生翻转，它的输出端 Q 变为低电平，$\overline{Q}$ 变为高电平，控制开关 S 断开，电流源 I_{S1} 又会向电容 C 充电，这样周而复始，电路开始振荡。由于电容 C 的充电电流与放电电流相等，u_C 的上升时间和下降时间也相等，所以 u_C 为三角波，RS 触发器的输出端 Q 和 $\overline{Q}$ 为方波，经缓冲器放大后输出。同时由正弦波变换器将三角波变换成正弦波输出。如果电容 C 的充电电流与放电电流不相等，u_C 的上升时间和下降时间也不相等，那么 u_C 就是锯齿波，Q 和 $\overline{Q}$ 也就是占空比可调的矩形波。

2. ICL8038 的应用电路

实际应用时，ICL8038 可以采用单电源供电，即管脚 11 接地，管脚 6 接 $+U_{CC}$，供电电压范围是 10～30 V；也可以采用双电源供电，即管脚 11 接 $-U_{EE}$，管脚 6 接 $+U_{CC}$，供电电压范围是 ±5～±15 V。频率调节范围是 0.001 Hz～300 kHz。矩形波的占空比调节范围是 2%～98%，上升时间为 180 ns，下降时间为 40 ns。锯齿波的非线性小于 0.05%。正弦波的失真度小于 1%。

ICL8038 作为波形产生器时最常见的两种基本接法如图 8.27 所示，由于该器件的方波输出端为集电极开路形式，一般在正电源 $+U_{\text{CC}}$ 与 9 脚之间需要外接一电阻 R_{L}，其阻值常选为 10 kΩ 左右。在图 8.27(a) 所示电路中，8 脚与 7 脚短接，R_{A} 和 R_{B} 可分别独立调整。当 $R_{\text{A}} = R_{\text{B}} = R$ 时，9 脚、3 脚和 2 脚的输出分别为方波、三角波和正弦波，电路的振荡频率 f 约为 $\dfrac{0.33}{RC}$，当 $R_{\text{A}} \neq R_{\text{B}}$ 时，9 脚和 3 脚的输出分别为矩形波和锯齿波，2 脚不再输出正弦波。根据 ICL8038 内部电路和外接电阻可以推导出此时输出矩形波的占空比为

$$q = \frac{T_1}{T} = \frac{2R_{\text{A}} - R_{\text{B}}}{2R_{\text{A}}} \tag{8.55}$$

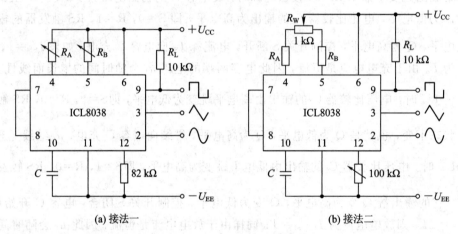

图 8.27　ICL8038 的两种基本接法

在图 8.27(b) 所示电路中，增加了电位器 R_{W}，改变 R_{W} 滑动端的位置可以改变 R_{A} 和 R_{B} 的数值，从而改变输出矩形波的占空比，当 R_{W} 滑动端处于中间位置时，9 脚、3 脚和 2 脚的输出分别为方波、三角波和正弦波。此外，图 8.27(b) 电路中用 100 kΩ 电位器取代了图 8.27(a) 电路中 82 kΩ 的电阻，调节 100 kΩ 电位器可以减小正弦波的失真度。如果要进一步减小正弦波的失真度，可以采用图 8.28 所示电路，调节图中两个 100 kΩ 电位器滑动端的位置可使正弦波的失真度减小到 0.5%。

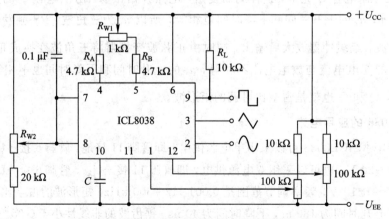

图 8.28　减小正弦波的失真度和频率可调电路

　　ICL8038 的振荡频率不仅与 R_A、R_B 和外接电容 C 有关，还与 8 脚的电位有关，所以在图 8.28 电路中给 8 脚提供了一定的电位，调节 R_{w2} 可以改变 8 脚的电位，可使电路振荡频率最大值与最小值之比达到 100：1。也可以在 8 脚和 6 脚之间直接加输入电压来调节振荡频率，最高频率与最低频率之比可达 1000：1。

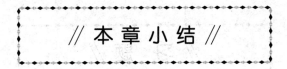

// 本 章 小 结 //

1. 正弦波振荡电路

1）正弦波振荡电路的组成

正弦波振荡电路一般包括基本放大电路、反馈网络、选频网络和稳幅环节四个基本组成部分。

2）自激振荡的条件

$$\dot{A}\dot{F} = 1$$

振幅平衡条件：

$$|\dot{A}\dot{F}| = 1$$

相位平衡条件：

$$\varphi_a + \varphi_f = \pm 2n\pi, \; n = 0, 1, 2, \cdots$$

3）正弦波振荡电路的分类

正弦波振荡电路分类 ——按选频网络的不同——
- RC 振荡电路
  - RC 选频网络振荡电路
  - RC 移相式振荡电路
- LC 振荡电路
  - 变压器反馈式 LC 振荡电路
  - 电感三点式 LC 振荡电路
  - 电容三点式 LC 振荡电路
- 石英晶体振荡电路

熟悉选频网路的选频特性是学习正弦波振荡电路的一个重要方面。

4）分析方法

（1）定性判断：主要用于判别所给振荡电路是否满足正弦波振荡电路的组成原则，判别可从两方面着手，一是判别放大电路部分是否能对变化信号进行有效传输，二是判别电路是否满足正反馈条件。

（2）定量计算：主要是振荡频率 f_0 的计算
- RC 正弦波振荡电路的振荡频率 $f_0 = \dfrac{1}{2\pi RC}$
- LC 正弦波振荡电路的振荡频率 $f_0 = \dfrac{1}{2\pi\sqrt{LC}}$

当要求振荡电路具有很高的频率稳定度时可采用石英晶体振荡电路，它有串联型和并联型两种类型。

2. 非正弦信号发生电路

非正弦信号发生电路一般包括带限幅的滞回电压比较器和 RC 积分电路，通过改变电容的充放电时间常数，可得到各种输出波形。此类电路工作原理分析可由三部分组成，即文字描述、画波形图、定量计算。

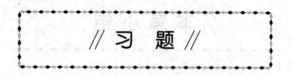

8.1　填空

（1）正弦波振荡电路应包括 ＿＿＿＿＿ 、 ＿＿＿＿＿ 、 ＿＿＿＿＿ 、 ＿＿＿＿＿4 个组成部分。

（2）正弦波振荡电路维持稳幅振荡的条件是＿＿＿＿。振幅平衡条件是＿＿＿＿＿，相位平衡条件是＿＿＿＿。

8.2　电路如图 8.29 所示，试用相位平衡条件判断哪个电路可能振荡，哪个不能，并简述理由。

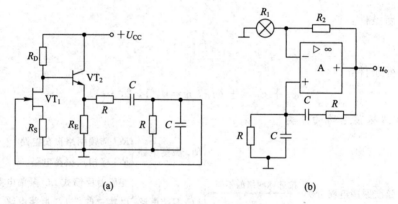

(a)　　　　　　　　　　　　(b)

图 8.29　题 8.2 电路图

8.3　一阶 RC 高通或低通电路的最大相移绝对值小于 90°，试用相位平衡条件判断图 8.30 所示电路哪个可能振荡，哪个不能，并简述理由。

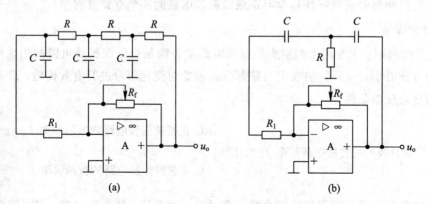

(a)　　　　　　　　　　　　(b)

图 8.30　题 8.3 电路图

8.4　在图 8.29(b)所示电路中，设运放是理想器件，运放的最大输出电压为±10 V。试问：由于某种原因使 R_2 断开时，其输出电压的波形是什么（正弦波、近似为方波或停振）？输出波形的峰值为多少？

8.5　图 8.31 所示为 RC 桥氏正弦波振荡电路，已知运算放大器的最大输出电压为±14 V。

（1）图中用二极管 VD_1、VD_2 作为自动稳幅环节，试分析它的稳幅原理；

（2）设电路已产生稳幅正弦波振荡，当输出电压达到正弦波峰值时，二极管的正向压降为 0.6 V，试粗略估算输出电压能够达到的正弦波峰值 U_{om}；

（3）该电路的振荡频率是多少？

（4）试定性说明当 R_2 短路时，输出电压 u_o 的波形；

（5）试定性说明当 R_2 开路时，输出电压 u_o 的波形（并标明振幅）。

8.6　正弦波振荡电路如图 8.32 所示，图中运放 A 是理想的。试问：

（1）为满足振荡条件，在图中标出运放 A 的同相端和反相端；

（2）为了实现稳幅，选择热敏电阻代替电阻 R_1，它应具有正温度系数还是负温度系数？

（3）该电路的振荡频率是多少？

（4）在理想情况下的最大输出功率 P_{om} 是多少？

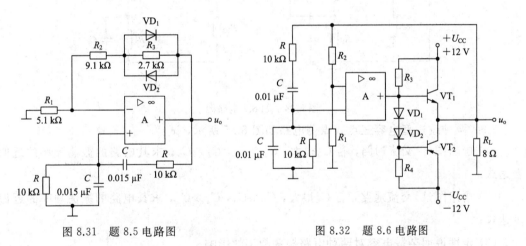

图 8.31　题 8.5 电路图　　　　　　　图 8.32　题 8.6 电路图

8.7　电路如图 8.33 所示，试用相位平衡条件判断哪个电路可能振荡，哪个不能，说明理由。

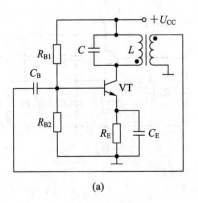

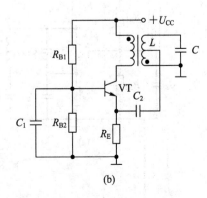

(a)　　　　　　　　　　　　　(b)

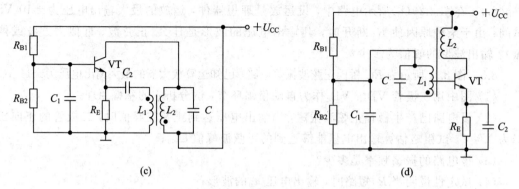

图 8.33　题 8.7 电路图

8.8　试分析图 8.34 所示正弦波振荡电路是否有误，如有错误请改正。

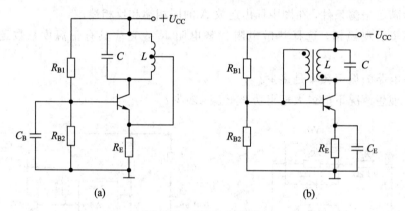

图 8.34　题 8.8 电路图

8.9　两种改进型电容三点式振荡电路如图 8.35 所示，试：

（1）画出图(a)交流通路，若 C_b 很大，$C_1 \gg C_3$，$C_2 \gg C_3$，求其电路的振荡频率的近似表达式；

（2）画出图(b)交流通路，若 C_b 很大，$C_1 \gg C_3$，$C_2 \gg C_3$，求其电路的振荡频率的近似表达式；

（3）定性说明杂散电容对两种电路振荡频率的影响。

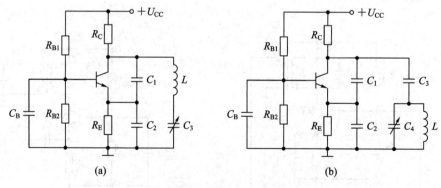

图 8.35　题 8.9 电路图

8.10 试分析下列各种情况，各应采用哪种类型(a. RC 振荡电路；b. LC 振荡电路；c. 石英晶体振荡电路)的正弦波振荡电路，它们的放大电路一般采用哪种元器件(d. 集成运放；e. 分立元件)。将答案填在各小题后面的括号中。

(1) 振荡频率在 1~100 kHz 范围内可调。(　　　)

(2) 振荡频率在 10~20 MHz 范围内可调。(　　　)

(3) 产生 100 MHz 的正弦波，要求振荡频率的稳定性好。(　　　)

8.11 为了使图 8.36 中各电路能产生正弦波振荡，图中点 j、k、m、n 应如何正确连接。

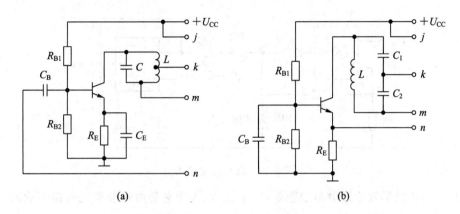

图 8.36 题 8.11 电路图

8.12 在图 8.37 所示的方波产生电路中，已知 $R_1 = R_2 = R = 20$ kΩ，$C = 0.01$ μF，$U_Z = 7$ V。计算方波的频率和 u_C 的幅值。

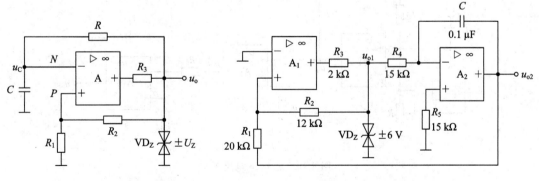

图 8.37 题 8.12 电路图　　　　　　图 8.38 题 8.13 电路图

8.13 图 8.38 所示电路为方波-三角波发生电路，试：

(1) 求出其振荡频率；

(2) 画出 u_{o1}、u_o 的波形(标出幅度)；

(3) 若要改变三角波的幅度和频率，应如何调变？

(4) 若要产生占空比可调的矩形波和锯齿波，在图 8.38 电路上应作何变动？你能给出几种实现方案？

8.14 在图 8.38 所示电路中，已知 $U_Z = 6\ \text{V}$，$R_1 = 20\ \text{k}\Omega$，$C = 0.1\ \mu\text{F}$，三角波的电压峰-峰值为 12 V，频率为 500 Hz，试确定 R_2、R_4 的阻值。

8.15 一连续扫描波发生电路如图 8.39 所示，图中 $-U$ 为一幅度恒定的负电压，$R_4 \ll R_5$，试：

(1) 说明电路的工作原理，并描绘出输出电压 u_{o1} 和 u_{o2} 的波形；

(2) 如要求扫描电压 u_{o2} 由 0 到 U_s 时，求 U_{REF} 和 U_s 的值；

(3) 求扫描顺程时间 T_s；

(4) 说明扫描波的频率如何调变？并确定扫描频率与 $-U$ 的关系。

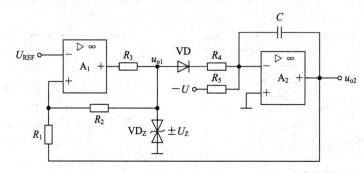

图 8.39 题 8.15 电路图

8.16 一种波形发生器电路如图 8.40 所示，试说明它是由哪些单元电路组成的，各起什么作用？并定性画出在电路正常工作情况下的输出电压 u_{o1}、u_{o2} 和 u_{o3} 的波形。若要求各种输出波形的幅值大小可调，试给出一种实现电路。

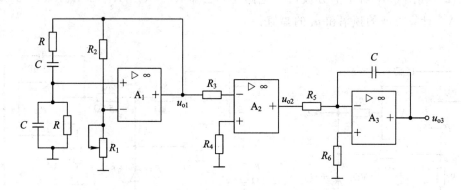

图 8.40 题 8.16 电路图

第 9 章 直流电源

内容提要：本章主要讨论直流电源的组成、各部分的具体电路结构、工作原理以及主要技术指标的计算。

学习提示：对于半波、全波和桥式三种单相整流电路，在了解其工作原理时应重点掌握单相桥式整流电路；电容滤波电路是最常见的滤波电路之一，应熟悉其电路特点；串联稳压电路是构成三端集成稳压器的基础。学完本章之后，应能熟练掌握单相桥式整流电容滤波串联稳压电路的工作原理及相关参数的分析计算。

§ 9.1 直流稳压电源

9.1.1 直流稳压电源的组成

放大电路的正常工作离不开直流电源供电。获得直流电源的方法较多，如使用干电池、蓄电池、直流发电机等，实际中一般采用对交流电源进行变换而得到的直流电源。

小功率直流稳压电源是由电源变压器、整流电路、滤波电路和稳压电路等四部分组成的，其组成框图如图 9.1 所示。工作过程是：先由电源变压器将电网电源提供的 220 V 交流电压变换为所需要的电压值，然后通过整流电路将交流电压转变为单方向脉动的直流电压。单方向脉动的直流电压中含有较大的纹波，需要经过滤波电路加以滤除，才能得到比较平滑的直流电压。但该直流电压还会随着电网电压波动(一般为±10％左右的波动)、负载和温度的变化而变化，为此还应加稳压电路来维持输出直流电压恒定。

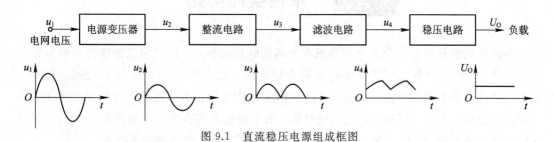

图 9.1 直流稳压电源组成框图

9.1.2 直流稳压电源的主要性能指标

直流稳压电源性能的好坏是由它的质量指标来衡量的，它的质量指标主要有稳压系数、输出电阻、温度系数、输出纹波电压。

1) 稳压系数

稳压系数是指在负载固定时稳压电路的输出电压相对变化量与输入电压相对变化量之

比，即

$$S_r = \frac{\Delta U_O/U_O}{\Delta U_I/U_I}\bigg|_{\Delta I_L=0,\ \Delta T=0} \tag{9.1}$$

式(9.1)中的稳压电路输入电压 U_I 是指整流滤波电路的输出直流电压。稳压系数 S_r 反映了电网电压波动对输出电压的影响，由于工程上常常把电网电压波动±10％作为极限条件，因此有时也采用电压调整率作为衡量指标，电压调整率是指在固定负载下，输入电压变化10％时，输出电压的相对变化量。

2）输出电阻

输出电阻是指在保持输入电压不变的情况下，稳压电路的输出电压变化量与输出电流变化量之比，即

$$R_O = \frac{\Delta U_O}{\Delta I_O}\bigg|_{\Delta U_I=0} \tag{9.2}$$

它表示稳压电路受负载变化的影响程度，R_O 越小，说明负载变化时对稳压电路输出电压的影响越小。

3）温度系数

温度系数是指在电网电压和负载都不变的情况下，输出电压的变化量与温度的变化量之比，即

$$S_T = \frac{\Delta U_O}{\Delta T}\bigg|_{\substack{\Delta U_I=0\\\Delta I_O=0}} \tag{9.3}$$

4）输出纹波电压

输出纹波电压是指稳压电路输出电压中的交流成分，通常用有效值或峰值表示，一般为毫伏数量级，它表示输出电压的微小波动。

§9.2　单相整流电路

整流电路的任务是将交流电变换成单方向的脉动电压，可以利用二极管的单向导电作用来完成，所以二极管是组成整流电路的关键元件。在小功率（200W以下）整流电路中，常见的整流电路有单相半波、全波、桥式和倍压整流电路。本节在简单介绍单相半波、全波整流电路后，主要介绍单相桥式整流电路。为了分析简便起见，将整流电路中的二极管当作理想元件来处理，即认为它的正向导通电阻为零，而反向电阻为无穷大。

9.2.1　单相半波整流电路

1. 电路组成与工作原理

单相半波整流电路原理如图9.2(a)所示，它只有一个二极管。电源变压器将电网电源提供的（220 V，50 Hz）交流电压变换为符合整流电路需要的电压值，图9.2(a)所示电路中 u_1 为电网电压，u_2 为变压器次级电压。设 u_2 极性为上正下负，则在交流电的正半周，二极

管 VD 两端加的是正向电压，二极管 VD 处于导通状态，有电流流向负载 R_L；而在交流电的负半周，二极管 VD 两端加的是反向电压，二极管 VD 处于截止状态，流向负载 R_L 的电流为零。所以负载 R_L 两端的电压是单方向的，即实现了整流。由于二极管 VD 在交流电的半周期内处于导通状态，有电流流向负载 R_L，因此称为半波整流，其工作波形如图 9.2(b) 所示。

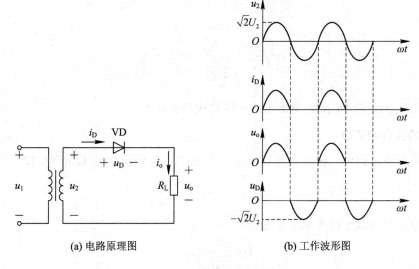

(a) 电路原理图　　　　　　　　　　(b) 工作波形图

图 9.2　单相半波整流电路

2. 输出直流电压 U_O 和直流电流 I_O 的计算

输出直流电压 U_O 是输出电压瞬时值 u_o 在一个周期内的平均值，即

$$U_O = \frac{1}{2\pi} \int_0^{2\pi} u_o \mathrm{d}(\omega t) \tag{9.4}$$

图 9.2(b) 所示半波整流的输出电压为

$$u_o = \begin{cases} \sqrt{2}U_2 \sin\omega t, & 0 \leqslant \omega t \leqslant \pi \\ 0, & \pi \leqslant \omega t \leqslant 2\pi \end{cases} \tag{9.5}$$

其中 U_2 是变压器次级绕组电压 u_2 的有效值。将式(9.5)代入式(9.4)可得输出直流电压 U_O 为

$$U_O = \frac{1}{2\pi} \int_0^{\pi} \sqrt{2}U_2 \sin\omega t \, \mathrm{d}(\omega t) = \frac{\sqrt{2}}{\pi} U_2 = 0.45 U_2 \tag{9.6}$$

直流电流 I_O 为

$$I_O = \frac{U_O}{R_L} = 0.45 \frac{U_2}{R_L} \tag{9.7}$$

3. 脉动系数

整流电路输出电压的脉动系数是指输出电压的基波最大值 U_{o1m} 与输出直流电压值 U_O 之比，即

$$S = \frac{U_{o1m}}{U_O} \tag{9.8}$$

图 9.2(b)所示半波整流输出电压 $u_。$ 的傅里叶级数展开式为

$$u_。=\frac{2\sqrt{2}U_2}{\pi}\left(\frac{1}{2}+\frac{\pi}{4}\sin\omega t-\frac{1}{3}\cos2\omega t-\frac{1}{15}\cos4\omega t-\cdots\right) \tag{9.9}$$

式中：第一项为输出电压的平均值，第二项为基波，所以基波电压的最大值为 $U_{\text{olm}}=$ $\frac{\sqrt{2}}{2}U_2$，代入式(9.8)可得半波整流输出电压的脉动系数 S 为

$$S=\frac{U_{\text{olm}}}{U_O}=\frac{\dfrac{U_2}{\sqrt{2}}}{\dfrac{\sqrt{2}}{\pi}U_2}=\frac{\pi}{2}=1.57 \tag{9.10}$$

式(9.10)说明半波整流电路的输出电压中脉动成分比较大。

4. 整流元件的选取

在半波整流电路中二极管的导通电流 I_D 与负载上的输出电流 I_O 相等，即

$$I_D=I_O=0.45\frac{U_2}{R_L} \tag{9.11}$$

二极管在反向截止时所承受的最大电压为

$$U_{R\,\max}=\sqrt{2}U_2 \tag{9.12}$$

一般情况下，还应考虑电网电压有 $\pm10\%$ 的波动，选择二极管时，对二极管的最大整流电流 I_F 和最大反向工作电压 U_{RM} 的选取至少应留有 10% 的余地，以保证二极管能安全工作，所以要求 $I_F\geqslant1.1I_D$，最大反向工作电压 $U_{\text{RM}}\geqslant1.1U_{R\,\max}=1.1\times\sqrt{2}U_2$。

单相半波整流电路的优点是结构简单，使用的元件少；但它的输出波形脉动大，直流成分(平均值)比较低，交流电有半个周期未被利用，即交流电的利用率低。为了解决这个问题，人们提出了单相全波整流电路。

9.2.2　单相全波整流电路

设计单相全波整流电路的指导思想是将带中心抽头的变压器与二极管配合，使得在交流电的正、负半周内都有电流流向负载，其电路如图 9.3(a)所示。

设交流电的正负半周以 u_1 为准，在交流电的正半周，u_1、u_2 的电压极性均为上正下负(因为变压器是同方向绕的)，此时二极管 VD_1 导通，二极管 VD_2 截止，电流经二极管 VD_1 流向负载 R_L；在交流电的负半周，u_1、u_2 的电压极性与之前相反(如图中带圈的正负号所示)，而此时二极管 VD_1 截止，二极管 VD_2 导通，电流经二极管 VD_2 流向负载 R_L；这样在交流电的正负半周内都有电流流向负载 R_L，所以称为全波整流。全波整流的直流电压(平均值)为半波整流的两倍，而输出波形脉动也会减小，其工作波形如图 9.3(b)所示。

全波整流电路的主要缺点是变压器的利用率低，因为每个线圈只有半个周期通过电流。而且对整流元件的要求高，因为二极管截止时所承受的反向压降为变压器次级两个绕组的电压之和，最大为 $2\sqrt{2}U_2$。图 9.3(b)中画出了 u_{D1} 的波形。

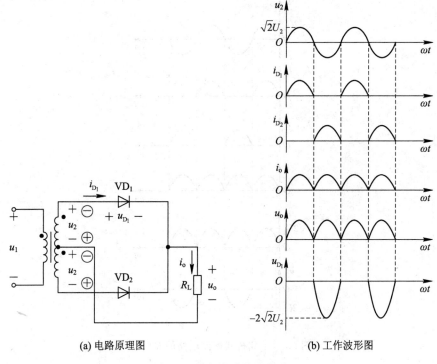

(a) 电路原理图　　　　　　　　(b) 工作波形图

图 9.3　单相全波整流电路

9.2.3　单相桥式整流电路

1. 电路组成与工作原理

为克服全波整流电路的缺点，变压器仍采用只有一个副边的线圈，来实现全波整流，为此提出了如图 9.4(a) 所示单相桥式整流电路。此电路中采用了四个二极管，互相连接成电桥形式，故称之为桥式整流电路。图 9.4(b) 是电桥的简化表示。

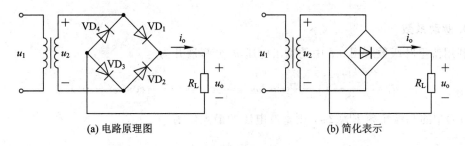

(a) 电路原理图　　　　　　　　　　　　　(b) 简化表示

图 9.4　单相桥式整流电路

在 u_2 的正半周，二极管 VD_1、VD_3 导通，VD_2、VD_4 截止，有电流流向负载 R_L；而在 u_2 的负半周，二极管 VD_2、VD_4 导通，VD_1、VD_3 截止，同样有电流流向负载 R_L。而且流向负载的电流方向是一致的，这样在交流电的正负半周内都有电流流向负载 R_L，其波形如图 9.5 所示。桥式整流同样实现了全波整流。

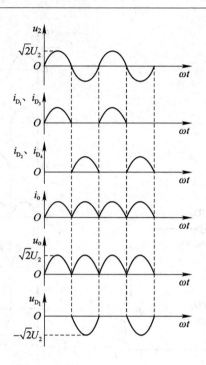

图 9.5　单相桥式整流电路的波形图

2. 输出直流电压和直流电流的计算

由图 9.5 可知，桥式整流电路的输出直流电压 U_O 为

$$U_O = \frac{1}{2\pi}\int_0^{2\pi} u_o \mathrm{d}(\omega t) = \frac{1}{\pi}\int_0^{\pi}\sqrt{2}U_2\sin\omega t\,\mathrm{d}(\omega t) = \frac{2\sqrt{2}}{\pi}U_2 = 0.9U_2 \tag{9.13}$$

式(9.13)说明桥式整流的直流输出电压是半波整流的两倍。

直流电流 I_O 为

$$I_O = \frac{U_O}{R_L} = 0.9\frac{U_2}{R_L} \tag{9.14}$$

3. 脉动系数

利用傅里叶级数对图 9.5 中的输出电压 u_o 分解展开为

$$u_o = \frac{2\sqrt{2}U_2}{\pi}\left(1 - \frac{2}{3}\cos2\omega t - \frac{2}{15}\cos4\omega t - \frac{2}{35}\cos6\omega t - \cdots\right) \tag{9.15}$$

式(9.15)中的基波角频率为 2ω，则基波电压的最大值为

$$U_{o1m} = \frac{4\sqrt{2}}{3\pi}U_2 \tag{9.16}$$

将式(9.16)代入式(9.8)得桥式整流电路的脉动系数为

$$S = \frac{U_{o1m}}{U_O} = \frac{\frac{4\sqrt{2}}{3\pi}U_2}{\frac{2\sqrt{2}}{\pi}U_2} = \frac{2}{3} = 0.67 \tag{9.17}$$

4. 整流元件的选取

在桥式整流电路中，二极管 VD_1、VD_3 和 VD_2、VD_4 是两两轮流导通的，从图 9.5 中可以看出，流过每个二极管的平均电流应为输出平均电流值的一半，即

$$I_D = \frac{1}{2}I_O = 0.45\frac{U_2}{R_L} \tag{9.18}$$

而每管所承受的最大反向电压为

$$U_{R\,max} = \sqrt{2}U_2 \tag{9.19}$$

由以上分析可知，桥式整流电路的优点是输出电压的直流成分比较高，输出波形脉动较小；二极管所承受的最大反向电压较低，即对管子参数的要求降低了；电源变压器在正负半周内都有电流供给负载，电源变压器的利用率得到了提高。因此，单相桥式整流电路在半导体整流电路中得到了颇为广泛的应用。它的缺点是二极管用得多。

为了便于比较，我们将三种单相整流电路的主要参数列于表 9.1 中。

表 9.1　单相整流电路的主要参数

电路形式	主 要 参 数			
	U_O/U_2	S	I_D/I_O	$U_{R\,max}/U_2$
半波整流	0.45	1.57	1	$\sqrt{2}$
全波整流	0.9	0.67	0.5	$2\sqrt{2}$
桥式整流	0.9	0.67	0.5	$\sqrt{2}$

9.2.4　单相倍压整流电路

由前面介绍的单相整流滤波电路可知，整流滤波电路的直流输出电压是与变压器次级线圈电压 u_2 的有效值成正比的。一旦变压器的变比确定，则输出电压平均值也即为确定值。而在许多实际的电子设备中，常常需要用到电压较高而负载电流很小的直流电源，如果采用上述各种整流电路，就必须升高变压器次级线圈电压，增加变压器次级绕组的匝数，使变压器体积增大，同时还应增强二极管和电容的耐压性能。这时可采用倍压整流电路，来实现高电压、小电流的直流电源。

1. 二倍压整流电路

二倍压整流电路如图 9.6 所示。工作时，在 u_2 的正半周，VD_1 导通，VD_2 截止，电容器 C_1 被充电，其电压的最大值为 $\sqrt{2}U_2$，电压极性为右正左负，如图 9.6 所示；在 u_2 的负半周，VD_1 截止，VD_2 导通，此时变压器次级电压 u_2 与电容器 C_1 上的电压一起对电容器 C_2 进行充电，C_2 上的电压最大可达 $2\sqrt{2}U_2$，电压极性为左负右正，如图 9.6 所示。在此电路中，一般负载电阻值较大，放电时间常数也较大，故电容器

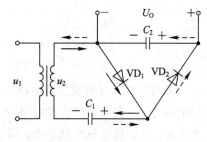

图 9.6　二倍压整流电路

C_2 上的电压值基本维持为 $2\sqrt{2}U_2$，使输出电压的电压值基本上等于变压器次级线圈电压 u_2 最大值的 2 倍，故该电路为二倍压整流电路。按照同样的方法，增加级数可以得到更高倍数的输出电压，构成多倍压整流电路。

2. 多倍压整流电路

多倍压整流电路如图 9.7 所示。该电路由四个二极管和四个电容器组成了四倍压整流电路。从图中可以得出 a、c 两端的电压为 $4\sqrt{2}U_2$，而 b、d 两端的电压为 $3\sqrt{2}U_2$。这种电路虽然可以得到较高的直流输出电压，但输出特性很差，所以只适用于负载电流很小（小于 10 mA）、负载基本不变的场合。

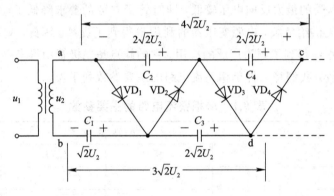

图 9.7　多倍压整流电路

§9.3　滤波电路

从以上分析的整流电路来看，无论是哪种整流电路，它的输出电压中都含有较大的脉动成分，除了在一些特殊的场合可以作为直流电源外，通常都需要采用一定的滤波措施，在输出电压中尽量保留其直流成分的同时，降低其脉动成分，使输出电压接近理想的直流电压。滤波电路一般由电抗元件组成，如在负载电阻 R_L 两端并联电容 C、与负载电阻 R_L 串联电感 L 以及由电容电感组成各种复式滤波电路，常见的电路结构如图 9.8 所示。

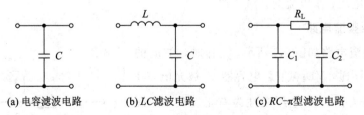

(a) 电容滤波电路　　　　(b) LC 滤波电路　　　　(c) RC-π 型滤波电路

图 9.8　常见滤波电路的电路结构

采用电抗元件组成滤波电路主要是由于电抗元件具有储能作用。与负载电阻 R_L 并联的电容器 C，在电源供给的电压升高时把能量存储起来，电源供给的电压降低时把能量释放出来，使负载电压比较平滑，即电容器 C 具有平波的作用；与负载电阻 R_L 串联的电感 L，在电源供给的电流增加时把能量存储起来，电源供给的电流减少时把能量释放出来，使负载电流比较平滑，即电感 L 也具有平波的作用。

9.3.1 电容滤波电路

1. 工作原理

图 9.9 所示为单相桥式整流电容滤波电路。分析电容滤波电路时，要特别注意电容器两端电压对整流电路的影响，整流二极管只有受正向电压作用才导通，否则就截止。空载时，设初始时刻电容器 C 两端的电压为零。接通交流电源后，在 u_2 的正半周，VD_1、VD_3 导通，u_2 通过 VD_1、VD_3 向电容器 C 充电；在 u_2 的负半周，VD_2、VD_4 导通，u_2 通过 VD_2、VD_4 向电容器 C 充电。由于充电回路的等效电阻很小，充电时间短，电容器 C 两端的电压被迅速充到交流电压的最大值 $\sqrt{2}U_2$，电容器 C 的充电极性如图 9.9 所示。此时二极管的电压始终小于或等于零，二极管处于截止状态；同时由于负载 $R_L = \infty$，电容器 C 无放电回路，因此电容器 C 两端的电压保持在 $\sqrt{2}U_2$，输出 u_o 为一个恒定的直流，输出波形如图 9.10(a) 所示。由图 9.10(a) 可以看出电路空载时的滤波效果很好，输出直流电压 u_o 由全波整流输出电压 $0.9U_2$ 上升到 $1.4U_2$，且 u_o 中无脉动成分。

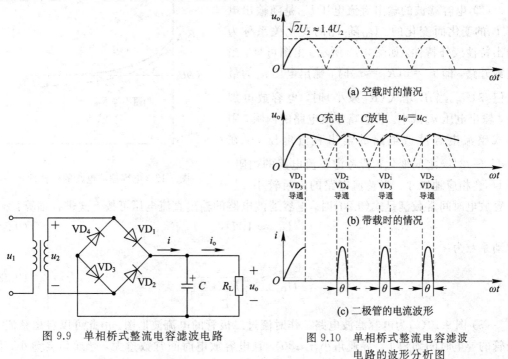

图 9.9 单相桥式整流电容滤波电路

图 9.10 单相桥式整流电容滤波
电路的波形分析图

电容滤波电路带载时的工作情况如图 9.10(b) 所示。设 $t = 0$ 时电容器 C 两端的初始电压为零，接通交流电源后，在 u_2 的正半周，VD_1、VD_3 导通，u_2 通过 VD_1、VD_3 向电容器 C 充电，由于充电回路的等效电阻很小，充电时间短，因此电容器两端的电压达到最大值 $\sqrt{2}U_2$，之后 u_2 下降，二极管反向截止，电容器通过负载 R_L 放电。由于 R_L 较大，因此放电时间常数 $R_L C$ 较大，电容器 C 两端的电压会按指数规律慢慢下降；在 u_2 的负半周，经桥式整流，u_2 的电压按正弦规律上升，当 $u_2 > u_C$ 时，二极管 VD_2、VD_4 正向导通，u_2 又通过 VD_2、VD_4 向电容器 C 充电，到达最大值，二极管又反向截止，电容器 C 又通过负载 R_L 放电。电容器 C 如此周而复始地进行充放电，负载上便得到图 9.10(b)所示的一个近似锯齿波的电压 $u_{\circ}=u_C$，使负载电压的波动大为减少。

2. 电容滤波电路的特点

(1) 经过电容滤波以后，输出直流电压增大了，同时它的脉动成分也得到了降低。而且这些变化与放电时间常数 R_LC 有关，R_LC 越大，电容放电速率越慢，负载上的平均电压越高，负载电压中的纹波成分越少，时间常数对电容滤波输出电压的影响如图 9.11 所示。为了获得较好的滤波效果，一般要求

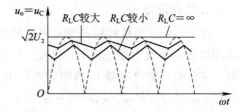

图 9.11　R_LC 对电容滤波输出电压的影响

$$R_LC \geqslant (3 \sim 5) \frac{T}{2} \tag{9.20}$$

式中：T 为交流电网电压的周期。为满足式(9.20)的要求，实际选取的电容器的容量一般应比较大(几十至几千微法)，并选用电解电容器，且其耐压值应大于 $\sqrt{2}U_2$。

(2) 电容滤波的输出直流电压 U_O 是随输出电流 I_O 的变化而变化的。U_O 随 I_O 的变化关系称为输出特性或外特性，如图 9.12 所示。由图可见，当负载开路，即 $I_O=0(R_L=\infty)$时，输出电压 $u_{\circ}$ 为最大值 $\sqrt{2}U_2$；当 I_O 增大(R_L 减小)时，电容放电加快，输出电压 $u_{\circ}$ 减小。若忽略整流电路的内阻，则桥式整流电容滤波电路的输出直流电压 U_O 在 $0.9U_2 \sim \sqrt{2}U_2$ 之间变化；若考虑整流电路的内阻，则 U_O 会相应地减小。当整流电路的内阻较小，且

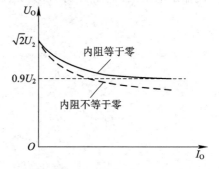

图 9.12　电容滤波电路的外特性

电容放电时间常数满足式(9.20)时，电容滤波电路的输出直流电压可按下式进行估算：

$$U_O \approx 1.2U_2 \tag{9.21}$$

脉动系数为

$$S = \frac{U_{\text{olm}}}{U_O} \approx \frac{1}{4\dfrac{R_LC}{T}-1} \tag{9.22}$$

(3) 图 9.10(c)为电容滤波电路工作时流过二极管的电流波形图。由此可以看出整流二极管的导电时间缩短了，导通角小于 180°，且电容放电时间常数愈大，导通角会愈小，而输出直流电压得到了提高，所以在短暂的导电时间内流过整流二极管的瞬时电流很大，这样容易损坏整流二极管，故选择整流二极管时要求它的最大整流电流 I_F 满足：

$$I_F \geqslant (2 \sim 3)\frac{U_O}{2R_L} \tag{9.23}$$

【例 9.1】 单相桥式整流电容滤波电路如图 9.9 所示。已知 220 V 交流电源频率 $f=50$ Hz，变压器次级线圈电压的有效值 $U_2=20$ V，$R_L=50$ Ω。试求该电路的直流输出电压 U_O，并选择整流二极管和滤波电容器，计算脉动系数 S。

　　解　(1) 由式(9.21)可得直流输出电压 U_O 为

$$U_O = 1.2 U_2 = 1.2 \times 20 \text{ V} = 24 \text{ V}$$

（2）选择整流二极管。

流过二极管的平均电流 I_D 为

$$I_D = \frac{1}{2} I_O = \frac{1}{2} \frac{U_O}{R_L} = \frac{1}{2} \frac{24}{50} \text{A} = 240 \text{ mA}$$

二极管所承受的最大反向耐压为

$$U_{RM} = \sqrt{2} U_2 = 1.41 \times 20 \text{ V} = 28.2 \text{ V}$$

考虑到带有滤波电容以后，二极管的瞬时电流很大，选用的整流二极管参数要比实际的大一些，所以可选用 2CP1D 作为整流二极管，2CP1D 允许的最大整流电流 $I_F = 500$ mA，最大反向电压 $U_{RM} = 100$ V。

（3）选择滤波电容器。

由式(9.20)，取 $R_L C = 4 \times \dfrac{T}{2} = 2T = 2 \times \dfrac{1}{50} \text{s} = 0.04 \text{ s}$，由此得滤波电容为

$$C = \frac{0.04 \text{ s}}{R_L} = \frac{0.04 \text{ s}}{50 \text{ } \Omega} = 800 \text{ } \mu\text{F}$$

如果考虑电网电压波动 $\pm 10\%$，则电容器所承受的最高耐压为

$$U_{CM} = \sqrt{2} U_2 \times 1.1 = 1.41 \times 20 \times 1.1 \text{ V} = 31.02 \text{ V}$$

所以可选用标称值为 $1000 \text{ } \mu\text{F}/50$ V 的电解电容器。

（4）由式(9.22)可得脉动系数 S 为

$$S = \frac{1}{4 \dfrac{R_L C}{T} - 1} = \frac{1}{\dfrac{4 \times 50 \times 1000}{0.02} - 1} \approx 11\%$$

总之，电容滤波电路结构简单，使用方便，但在要求输出电压的脉动成分较小时，需要采用大容量的电容器，这样不经济，甚至不可能实现。同时电容滤波电路对负载有一定的限制，一般适用于负载电阻大、工作电流较小的场合。在要求输出电流较大或输出电流变化较大时，可采用电感滤波电路。

9.3.2　电感滤波电路

电感滤波电路如图 9.13 所示，它在桥式整流电路与负载电阻 R_L 之间串接了一个电感器 L。由于电感的直流电阻小，交流电阻大，因此直流分量可以顺利通过。而对于交流分量，经电感和负载的分压后，大部分交流分量都降在电感上，使输出电压的脉动成分降低。如果忽略电感上的直流压降，则此时的输出直流电压就等于全波整流的输出电压，即

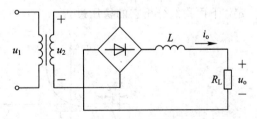

图 9.13　桥式整流电感滤波电路

$$U_O = 0.9 U_2 \tag{9.24}$$

由于电感的特点，当输出电流变化时，电感的反电势会使整流二极管的导通角增大（大于 $180°$），因此它的峰值电流较小，输出特性比较平坦。但同时由于电感中存在铁芯，

所以它的体积比较大，比较笨重，易引起电磁干扰，一般只适用于低电压、大电流场合。

当单独使用电容或电感进行滤波，效果仍不理想时，可采用如图 9.8(b)、(c)所示的复式滤波电路。复式滤波电路的基本滤波元件仍然是电容和电感，利用它们对直流量和交流量呈现不同电抗的特点可达到滤波的目的。图 9.8(b)所示是 LC 滤波电路，图 9.8(c)所示是 RC - π 型滤波电路。表 9.2 中列出了各种滤波电路性能的比较。

表 9.2　各种滤波电路性能的比较

性能	类　型			
	电容滤波电路	电感滤波电路	LC 滤波电路	RC - π 型滤波电路
U_O/U_2	1.2	0.9	0.9	1.2
整流二极管的导通角 θ	$<180°$	$>180°$	$>180°$	$<180°$
适用场合	小电流负载	大电流负载	适应性较强	小电流负载

§9.4　稳压电路

9.4.1　稳压管稳压电路

1. 电路组成及稳压过程

当二极管发生反向击穿时，它的电压变化量 ΔU_Z 很小，而它的电流变化量 ΔI_Z 很大，如图 9.14(a)所示。利用这一特性可以将二极管制作成稳压管，让稳压管与负载电阻并联就可以起到稳压的作用。由稳压管构成的稳压电路如图 9.14(b)所示。稳压管作为一个二极管，要保证它工作在反向击穿区，应采用反向接法。电路中输入电压为经过整流滤波以后的直流电压，它受电网电压的影响，继而影响输出电压；同时当负载电阻发生变化时，也会使输出电压发生变化。采用图 9.14(b)所示稳压电路进行稳压，可使输出电压维持恒定，下面我们分析它的稳压过程。

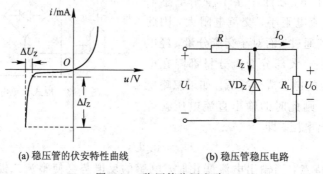

(a) 稳压管的伏安特性曲线　　　　(b) 稳压管稳压电路

图 9.14　稳压管稳压电路

当输入电压增大(电网电压升高)或负载电阻 R_L 增大时，会导致输出电压变大，而稳压管的电压也会增大，使它的电流急剧增大，限流电阻 R 上的电流也会增大，则其压降增大，输出电压减小，输出电压基本上维持恒定。上述过程可简明表示如下：

$$U_I(R_L)\!\uparrow \longrightarrow U_O\!\uparrow \longrightarrow I_Z\!\uparrow\uparrow \longrightarrow I_R\!\uparrow\uparrow \longrightarrow U_R\!\uparrow$$

$$U_O\!\downarrow \longleftarrow \!\!\!\!\!\!\!\!\!\!\!$$

2. 指标计算

1）稳压系数 S_r

当输入电压 U_I 变化（有一变化量 ΔU_I）时，图 9.14(b)所示稳压管稳压电路的输出端也会产生相应的变化量（ΔU_O）。此时可以利用图 9.15 所示的等效电路进行计算。图 9.15 等效电路中的 r_z 是稳压管的动态内阻，由稳压管的伏安特性曲线可得 $r_z=\dfrac{\Delta U_Z}{\Delta I_Z}$，它的大小可以衡量稳压管稳压性能的

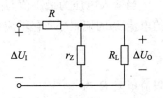

图 9.15　稳压管稳压电路的微变等效电路

优劣，动态内阻 r_z 越小，说明稳压管的稳压性能越好，r_z 的具体数值也可以在手册中直接查出。由图 9.15 可以得出

$$S_r=\left.\frac{\Delta U_O/U_O}{\Delta U_I/U_I}\right|_{R_L=常数}=\frac{\Delta U_O}{\Delta U_I}\cdot\frac{U_I}{U_O}=\frac{r_z\,/\!/\,R_L}{R+r_z\,/\!/\,R_L}\cdot\frac{U_I}{U_O} \tag{9.25}$$

通常 $R_L\gg r_z$，$R\gg r_z$，则

$$S_r=\frac{\Delta U_O}{\Delta U_I}\cdot\frac{U_I}{U_O}\approx\frac{r_z}{R+r_z}\cdot\frac{U_I}{U_O}\approx\frac{r_z}{R}\cdot\frac{U_I}{U_O} \tag{9.26}$$

可见稳压管的动态内阻 r_z 愈小，限流电阻 R 愈大，则稳压系数 S_r 愈小。

2）输出电阻 R_O

从图 9.15 所示的等效电路中可以求出输出电阻为

$$R_O=r_z\,/\!/\,R\approx r_z \tag{9.27}$$

3. 限流电阻 R 的选取

通过前面的分析可知，当电网电压波动或负载电阻 R_L 变化时，可通过调节限流电阻 R 上的压降来保持输出电压基本不变，所以限流电阻 R 是稳压电路中不可缺少的组成元件。限流电阻 R 的大小直接影响稳压电路是否能够正常工作。若限流电阻 R 选得太大，则会因供给电流不足，在负载电流较大时，使稳压管的电流减小到临界值以下，即稳压二极管失去稳压作用；若限流电阻 R 选得太小，则会因供给电流太大，在负载电阻 R_L 很大或开路时，使流向稳压管的电流太大，可能超过它的允许定额而造成损坏。为此需要合理选择以避免出现上述两种不利的情况。

在图 9.14(b)所示电路中，流过稳压管的电流 I_Z 为

$$I_Z=I_R-I_L=\frac{U_I-U_Z}{R}-\frac{U_Z}{R_L} \tag{9.28}$$

式(9.28)中会发生变化的参数是输入电压和负载电阻，当它们变化时会引起流过稳压管的电流 I_Z 发生变化，考虑在最不利的情况下，通过分析它们的变化，来确定限流电阻 R。

当输入电压为最大值 $U_{\text{I max}}$（电网电压最高），负载电阻为最大值 $R_{\text{L max}}$ 时，流过稳压管的电流 I_{Z} 的值最大，它不应超过稳压管允许的最大值 $I_{\text{Z max}}$，即

$$I_{\text{Z}} = \frac{U_{\text{I max}} - U_{\text{Z}}}{R} - \frac{U_{\text{Z}}}{R_{\text{L max}}} < I_{\text{Z max}}$$

从而可得限流电阻 R 为

$$R > \frac{U_{\text{I max}} - U_{\text{Z}}}{R_{\text{L max}} I_{\text{Z max}} + U_{\text{Z}}} R_{\text{L max}} \qquad (9.29)$$

式中：U_{Z} 为稳压管的标称稳压值。

当输入电压为最小值 $U_{\text{I min}}$（电网电压最低），负载电阻为最小值 $R_{\text{L min}}$ 时，流过稳压管的电流 I_{Z} 的值最小，它不应低于稳压管允许的最小值 $I_{\text{Z min}}$，即

$$I_{\text{Z}} = \frac{U_{\text{I min}} - U_{\text{Z}}}{R} - \frac{U_{\text{Z}}}{R_{\text{L min}}} > I_{\text{Z min}}$$

限流电阻 R 为

$$R < \frac{U_{\text{I min}} - U_{\text{Z}}}{R_{\text{L min}} I_{\text{Z min}} + U_{\text{Z}}} R_{\text{L min}} \qquad (9.30)$$

由此可得限流电阻 R 的选取范围为

$$\frac{U_{\text{I max}} - U_{\text{Z}}}{R_{\text{L max}} I_{\text{Z max}} + U_{\text{Z}}} R_{\text{L max}} < R < \frac{U_{\text{I min}} - U_{\text{Z}}}{R_{\text{L min}} I_{\text{Z min}} + U_{\text{Z}}} R_{\text{L min}} \qquad (9.31)$$

如果不满足上述条件，则说明在给定条件下已超出稳压管的工作范围，需要重新限制使用条件或选用大容量的稳压管。

【例 9.2】 在图 9.14(b) 所示电路中，稳压管为 2CW14，它的参数是：$U_{\text{Z}} = 6$ V，$I_{\text{Z}} = 10$ mA，$P_{\text{Z}} = 200$ mW，$r_{\text{Z}} \leqslant 15$ Ω。整流滤波输出电压 $U_{\text{I max}} = 16$ V，$U_{\text{I min}} = 13$ V；$R_{\text{L max}} = 1.2$ kΩ，$R_{\text{L min}} = 500$ Ω。

(1) 试选择限流电阻 R 的阻值；

(2) 在所选定的限流电阻 R 的情况下，计算该电路的稳压系数和内阻。

解　(1) 由给定稳压管 2CW14 的参数可确定 $I_{\text{Z max}}$ 和 $I_{\text{Z min}}$ 为

$$I_{\text{Z max}} = \frac{P_{\text{Z}}}{U_{\text{Z}}} = \frac{200}{6} \text{mA} \approx 33 \text{ mA}$$

$I_{\text{Z min}}$ 一般取手册中给定的稳定电流，即

$$I_{\text{Z min}} = I_{\text{Z}} = 10 \text{ mA}$$

由式 (9.29) 可得

$$R > \frac{U_{\text{I max}} - U_{\text{Z}}}{R_{\text{L max}} I_{\text{Z max}} + U_{\text{Z}}} R_{\text{L max}} = \frac{16 - 6}{1.2 \times 33 + 6} \times 1.2 \text{ Ω} \approx 263 \text{ Ω}$$

由式 (9.30) 可得

$$R < \frac{U_{\text{I min}} - U_{\text{Z}}}{R_{\text{L min}} I_{\text{Z min}} + U_{\text{Z}}} R_{\text{L min}} = \frac{13 - 6}{500 \times 10 + 6} \times 500 \text{ Ω} \approx 318 \text{ Ω}$$

即 263 Ω $<R<$ 318q Ω，可以选取 $R = 300$ Ω，电阻的额定功率为

$$P_{\text{R}} = \frac{(U_{\text{I max}} - U_{\text{Z}})^2}{R} = \frac{(16 - 6)^2}{300} \text{W} \approx 0.33 \text{ W}$$

所以限流电阻 R 应选择阻值为 300 Ω、额定功率为 1 W 的碳电阻或金属膜电阻。

（2）若 $U_I=14$ V，则由式（9.26）和式（9.27）可分别求得

$$S_r \approx \frac{r_z}{R+r_z} \cdot \frac{U_I}{U_O} = \frac{15}{300+15} \times \frac{14}{6} \approx 11\%$$

$$R_o = r_z \mathbin{/\mkern-5mu/} R = 15\ \Omega \mathbin{/\mkern-5mu/} 300\ \Omega \approx 14.3\ \Omega$$

稳压管稳压电路的结构简单，稳压效果比较好，它一般适用于输出电压不需要调节、负载电流比较小的小型电子设备中。但这种稳压电路由于输出电压不能调节，其输出电压就是稳压管的稳压值 U_Z；当电网电压或负载电流变化太大时，此电路将不能适应。这种情况下可考虑采用串联型稳压电路。

9.4.2 串联型稳压电路

1. 电路组成及工作原理

串联型稳压电路是一种应用广泛的实际稳压电路，它主要由调整管、基准电压、取样电路和比较放大电路等几部分组成，其基本原理框图如图 9.16 所示。根据图 9.16 所示的基本原理框图设计的串联稳压电路如图 9.17 所示。下面以图 9.17(a) 为例进行分析。

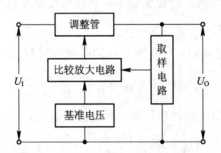

图 9.16　串联型稳压电路的基本原理框图

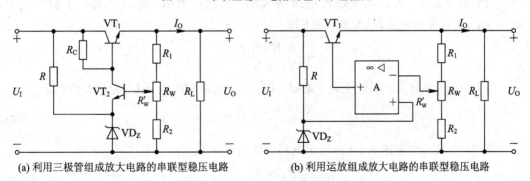

(a) 利用三极管组成放大电路的串联型稳压电路　　(b) 利用运放组成放大电路的串联型稳压电路

图 9.17　具有放大环节的串联型稳压电路

在图 9.17(a) 所示电路中，三极管 VT_1 是以射极输出器形式连接的，由于它在电路中能起到电压调节作用，因此称为调整管。三极管 VT_1 跨接在直流输入电压和负载电阻之间，整流滤波电路的输出电压（直流输入电压）作为它的直流电源，其工作点应设置在放大区。

图 9.17(a) 所示电路中的三极管 VT_2 为放大管，它的作用是将稳压电路输出电压的变化量先放大，再送到调整管的基极。这样只要输出电压有一微小的变化，就会引起调整管 VT_1 的管压降产生较大变化，从而提高稳压效果。放大倍数愈大，输出电压的稳定性愈高。所以该电路也称为具有放大环节的串联型稳压电路。图 9.17(b) 所示电路中的运放与图

9.17(a)所示电路中三极管 VT_2 的作用相同，都是起比较放大作用的。

基准电压是由电阻 R 和稳压管 VD_Z 构成的稳压电路提供的，电阻 R 为限流电阻，保证稳压管 VD_Z 有一个合适的工作电流。

电阻 R_1、R_W 和 R_2 组成取样电路，其作用是在输出电压变化时，将输出电压变化量的一部分送到放大管的基极。

图 9.17(a)所示稳压电路的稳压过程是：当直流输入电压和负载电阻变化时，输出电压会发生变化，经过取样电路采样，将变化量与基准电压进行比较，再经过放大后，送到调整管的基极，使调整管的 U_{CE} 产生变化，从而调整输出电压 U_O，维持输出电压 U_O 恒定。该自动调整过程可简明描述如下：

$$U_I(R_L)\uparrow \rightarrow U_O\uparrow \rightarrow U_{B2}\uparrow \rightarrow I_{B2}\uparrow \rightarrow I_{C2}\uparrow \rightarrow U_{C2}\downarrow \rightarrow I_{B1}\downarrow \rightarrow U_{CE1}\uparrow$$
$$U_O\downarrow \leftarrow$$

由此可以看出，串联型稳压电路是一种电压串联负反馈电路，电压负反馈本身具有稳定输出电压的特点，所以其稳压过程实际上是利用负反馈使输出电压维持恒定的过程。

2. 输出电压调节范围

由图 9.17(a)所示电路可知，三极管 VT_2 的基极电位 U_B 为

$$U_B = U_Z + U_{BE} = \frac{R'_W + R_2}{R_1 + R_W + R_2}U_O \tag{9.32}$$

式中：$U_{BE} = 0.7\ V$，U_Z 为稳压管的稳压值，所以输出电压 U_O 为

$$U_O = \frac{R_1 + R_W + R_2}{R'_W + R_2}(U_Z + U_{BE}) \tag{9.33}$$

调节电位器 R_W 可以改变输出电压的大小，当电位器 R_W 的滑动端位于最上端时，$R'_W = R_W$，此时输出电压 U_O 为最小值，即

$$U_{O\,min} = \frac{R_1 + R_W + R_2}{R_W + R_2}(U_Z + U_{BE}) \tag{9.34}$$

当电位器 R_W 的滑动端位于最下端时，$R'_W = 0$，此时输出电压 U_O 为最大值，即

$$U_{O\,max} = \frac{R_1 + R_W + R_2}{R_2}(U_Z + U_{BE}) \tag{9.35}$$

同理，也可以求出图 9.17(b)所示电路的输出电压 U_O 为

$$U_O = \frac{R_1 + R_W + R_2}{R'_W + R_2}U_Z \tag{9.36}$$

调节电位器 R_W 可以改变输出电压的大小。

3. 调整管的选择

由以上分析可知，在串联型稳压电路中，调整管起着非常重要的作用，它承担了全部的负载电流，设计时需要考虑调整管的安全工作问题，一般可选用大功率晶体管作为调整管。选管时应考虑它的极限参数：I_{CM}、P_{CM} 和 $U_{(BR)CEO}$。由图 9.17(a)所示电路可知，如果忽略 R_1 支路的电流，则调整管的极限参数必须满足：

$$\begin{cases} I_{\text{CM}} > I_{\text{O max}} \\ U_{\text{(BR)CEO}} > U_{\text{I max}} - U_{\text{O min}} \\ P_{\text{CM}} > I_{\text{O max}}(U_{\text{I max}} - U_{\text{O min}}) \end{cases} \qquad (9.37)$$

当负载电流过大或负载短路时，会烧毁调整管，为此在稳压电路中通常加有过载自动保护电路。目前常用的保护电路有限流型、截流型及过热保护型等几种，图9.18 所示为一种限流型保护电路，图中 VT$_1$ 为调整管，三极管 VT 和电阻 R 组成过载保护电路，当电源正常工作时，流过电阻 R 的电流在额定范围内，电阻 R 的压降很小，三极管 VT 处于截止状态；当负载电流超过额定

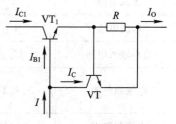

图 9.18　限流型保护电路

值时，电阻 R 的压降增大，VT 导通，分走了 VT$_1$ 的一部分基极电流，因而限制了 VT$_1$ 电流的增加，起到保护的作用。

当负载电流较大时，要求调整管有较大的集电极电流，这时单靠一个三极管很难达到要求，可以采用复合管代替单个三极管作为调整管。

9.4.3　集成稳压电路

随着集成工艺的发展，目前已研制出许多集成稳压器件，它们具有体积小、重量轻、使用调节方便、运行可靠和价格低廉等一系列优点，因而得到了广泛的应用。

1. 三端集成稳压器 W78××简介

目前集成稳压电源的规格种类繁多，具体电路结构也有差异。实际中比较常用的是三端集成稳压器，它只有三个引线端：输入端、输出端和公共引出端。如 W78×× 系列，可提供输出 5 V、6 V、9 V、12 V、15 V、18 V、24 V 七个档次正的稳定电压，一般型号后面的两位数字表示输出电压值，而且是固定的。输出电流有 1.5 A(W78××)、0.5 A(W78M××) 和 0.1 A(W78L××) 三个档次。例如 W7805 表示输出电压为 5 V、最大输出电流为 1.5 A，其他类推。图 9.19 所示为三端集成稳压器 W78×× 的表示符号和电路原理框图。由图 9.19(b) 可以看出，三端集成稳压器 W78×× 是在串联型稳压电路的基础上增加了启动电路和保护电路，这样可使它的应用更加安全可靠。表 9.3 列出了在温度为 25℃条件下 W7805 的主要参数。由于篇幅有限，对三端集成稳压器的具体电路原理不再介绍，读者如有兴趣，请参阅有关文献。

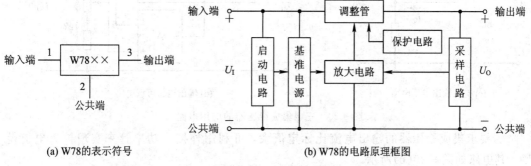

(a) W78的表示符号　　　　　　　　　(b) W78的电路原理框图

图 9.19　三端集成稳压器 W78×× 的表示符号和电路原理框图

表 9.3 在温度为 25℃ 条件下 W7805 的主要参数

参数名称	符号	测试条件	单位	W7805（典型值）
输入电压	U_I	—	V	10
输出电压	U_O	$I_O = 500$ mA	V	5
最小输入电压	$U_{I \min}$	$I_O \leqslant 1.5$ A	V	7
电压调整率	$S_U(\Delta U_O)$	$I_O = 500$ mA 8 V$\leqslant U_I \leqslant$18 V	mV	7
电流调整率	$S_I(\Delta U_O)$	10 mA$\leqslant I_O \leqslant$1.5 A	mV	25
输出电压温度变化率	S_r	$I_O = 5$ mA	mV	1
输出噪声电压	U_{no}	10 Hz$\leqslant f \leqslant$100 kHz	μV	40

2. 三端集成稳压器 W78×× 的应用

图 9.20 所示是三端集成稳压器的几种典型应用。图 9.20(a)所示为基本应用电路，它的输出电压为固定值，其中电容 C_1 用来抵消输入线较长时的电感效应，防止电路产生自激振荡，C_1 的容量较小，一般小于 1 μF。电容 C_2 用来消除输出电压中的高频噪声。VD 为保护二极管，用来防止当输入端短路时由于 C_2 放电而造成集成稳压器损坏。

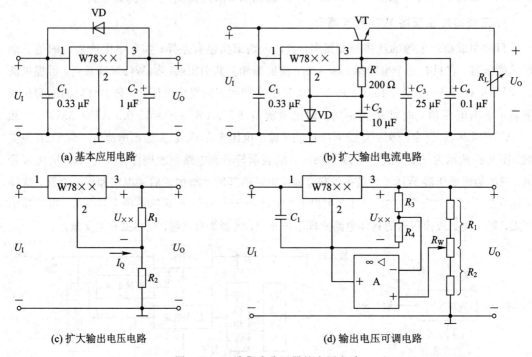

(a) 基本应用电路

(b) 扩大输出电流电路

(c) 扩大输出电压电路

(d) 输出电压可调电路

图 9.20 三端集成稳压器的应用电路

若要求集成稳压器的输出电流比标定值大，可利用外接一功率管来实现扩大电流范围，其电路如图 9.20(b)所示。

若要提高集成稳压器的输出电压,可采用如图 9.20(c)所示的升压电路。图中 W78××
的标称输出电压为 $U_{××}$,可以得到它的输出电压 U_O 为

$$U_O = U_{××} + \frac{U_{××}}{R_1}R_2 + I_Q R_2$$

式中: I_Q 为 W78×× 的静态工作电流,通常 $I_Q R_2$ 较小,输出电压 U_O 近似为

$$U_O \approx \left(1 + \frac{R_2}{R_1}\right)U_{××} \tag{9.38}$$

改变外接电阻 R_1、R_2 可以提高输出电压,但同时由于电阻支路 R_1、R_2 的接入,输出
电压的稳定度会有所降低。

W78×× 系列属于固定输出类型,一般它的额定输出电压是不变的,在要求稳压电源
输出电压可调时,也可通过图 9.20(d)所示外接电路来实现输出电压的改变。图中集成运
放是接成差动放大电路的形式,可以推导电路的输出电压 U_O 为

$$U_O = \left(1 + \frac{R_2}{R_1}\right)\left(\frac{R_3}{R_3 + R_4}\right)U_{××} \tag{9.39}$$

3. 正、负输出稳压电路

在电子电路中经常需要正、负双直流电源进行供电,W78×× 系列输出的是正稳定电
压,与它对应的 W79×× 系列是输出负电压的固定式三端集成稳压器。它的输出电压同样
有 −5 V、−6 V、−9 V、−12 V、−15 V、−18 V 和 −24 V 七个档次,输出电流也有
1.5 A、0.5 A 和 0.1 A 三个档次,使用方法与 W78×× 系列三端集成稳压器相同,只是输
入电压和输出电压的极性不同。W79×× 和 W78×× 相配合,就可以得到输出正、负电压
的稳压电路,如图 9.21 所示。

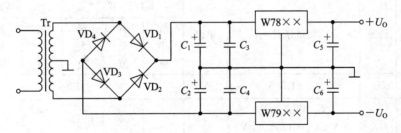

图 9.21　输出正、负电压稳压电路

4. 三端集成稳压器 W317 简介

W317 为可调式三端集成稳压器,它的原理框图如图 9.22 所示。其内部电路有比较放
大器、偏置电路、电流源电路和带隙基准电压 U_{REF} 等,它有三个引出端:输入端 U_I、输出
端 U_O 和电压调整端 adj(简称调整端)。调整端是基准电压电路的公共端,器件本身没有接
地端。内部基准电压 U_{REF}(约为 1.25 V)接在比较放大器的同相端和调整端之间。R_1 和 R_2
为外接采样电阻,调整端接在它们的连接点上。此时输出电压为

$$U_O = U_{REF}\left(1 + \frac{R_2}{R_1}\right) + I_{adj}R_2 \tag{9.40}$$

由于 W317 的 $I_{adj} = 50\ \mu A$, $I_{adj} \ll I_1$,故 I_{adj} 可以忽略,则式(9.40)可简化为

$$U_O = U_{REF}\left(1 + \frac{R_2}{R_1}\right) \tag{9.41}$$

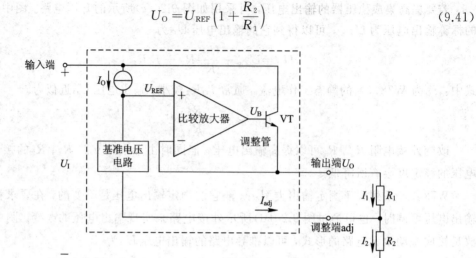

图 9.22　W317 的原理框图

　　调节 R_2 的阻值，就可以改变输出电压的大小。另外，与一般串联型稳压电路一样，W317 电路中也引入了深度电压负反馈，所以它的输出电压非常稳定。

　　W317 与 W78×× 系列产品一样，它的输出电流有 1.5 A（W317）、0.5 A（W317M）和 0.1 A（W317L）三个档次。W117、W217 与 W317 具有相同的引出端、相同的基准电压和相似的内部电路，它们的工作温度范围分别为 −55～150℃、−25～150℃、0～125℃。表 9.4 是它们在 25℃ 时的主要参数。

表 9.4　**W117、W217 与 W317 在 25℃ 时的主要参数**

参数名称	符号	测试条件	单位	W117、W217			W317		
				最小值	典型值	最大值	最小值	典型值	最大值
输出电压	U_O	$I_O = 1.5$ A	V	1.2～37					
电压调整率	S_U	$I_O = 500$ mA 3 V≤$U_I - U_O$≤40 V	％/V		0.01	0.02		0.01	0.04
电流调整率	S_I	10 mA≤I_O≤1.5 A	％		0.1	0.3		0.1	0.5
调整端电流	I_{adj}		μA		50	100		50	100
调整端电流变化	ΔI_{adj}	3 V≤$U_I - U_O$≤40 V 10 mA≤I_O≤1.5 A	μA		0.2	5		0.2	5
基准电压	U_R	$I_O = 500$ mA 25 V≤$U_I - U_O$≤40 V	V	1.2	1.25	1.30	1.2	1.25	1.30
最小负载电流	$I_{O\,min}$	$U_I - U_O = 40$ V	mA	3.5	5		3.5	10	

　　图 9.23 所示电路是 W317 的应用电路，图 9.23（a）是它的典型应用电路，由于 W317 是依靠外接电阻来调节输出电压的，为了保证输出电压的精度和稳定性，应选用精度高的

电阻，同时连接时外接电阻应紧靠稳压器，以防止输出电流在连线电阻上产生误差电压。图 9.23(a)电路中的 $U_{REF}=1.25$ V，$R_1=120\sim240$ Ω。为保证空载情况下输出电压稳定，R_1 不宜高于 240 Ω。R_2 的大小可根据输出电压调节范围确定。若稳压器的输入电压 U_I 为 25 V，则输出电压可调范围为 $1.2\sim20$ V。另外，由于 W317 自身具有 60 dB 以上的纹波抑制比，为了进一步减小 R_2 上的纹波电压，可采取在 R_2 上并联一个 10 μF 的电容 C，电路如图 9.23(b)所示。但是这样电容 C 会在输出短路时向稳压器调整端放电，使调整管发射结反偏，为了保护稳压器，可在输出端与调整端之间加一个二极管 VD_2，给电容 C 提供一个放电回路。二极管 VD_1 的作用与图 9.20(a)电路中的二极管 VD 相同。

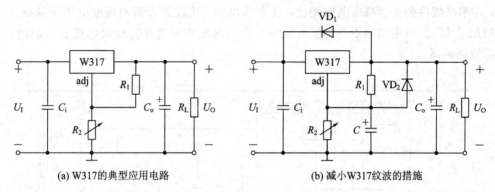

(a) W317的典型应用电路　　　　　　　(b) 减小W317纹波的措施

图 9.23　W317 的应用电路

W117、W217、W317 是输出为正压的可调三端集成稳压器，与它对应的输出为负压的可调三端集成稳压器是 W137、W237、W337，其工作原理和电路结构与 W117、W217、W317 相似。同样也具有输出电压连续可调、调节范围宽和电压/电流调节率等指标优良的特点。

§9.5　开关型稳压电源

在 9.4.2 节的图 9.17(a)串联型稳压电路中，它的调整管必须工作在放大状态，所以该电路属于串联线性调整型稳压电路，它具有输出稳定度高、输出电压可调、纹波系数小、线路简单和工作可靠等优点，并且有多种集成稳压器件产品供用户选用，是目前应用最广泛的稳压电路。但是，由于该稳压电路要求它的调整管必须工作在放大状态，总是要有电流流过，因此调整管的管耗较大，电源转换效率比较低，一般只有 30%～50%，有时还需要配备庞大的散热装置。而开关型稳压电源可以很好地解决上述问题，因为在开关型稳压电源中，它的调整管工作在开关状态，即管子交替工作在饱和与截止两种状态。当管子饱和导通时，虽然流过管子的电流很大，但此时管子的管压降很小，这样管耗很低；当管子截止时，它的管压降很大，但流过管子的电流接近零，这样管耗也很低。所以调整管在开关状态下的功耗很小，电源转换效率高，一般可达 80%～90%。由于管子的管耗低，有时可以不用散热片，因此它的体积小、重量轻。它的主要缺点是输出电压中所含纹波较大，由于调整管不断地在导通与截止之间变化，因此对电子设备的干扰较大，同时它的电路比较复杂，对元器件的要求较高。但由于优点突出，开关型稳压电源在计算机、电视机、通信和航天设备中得到了广泛的应用。

开关型稳压电源的种类繁多,可按不同的工作方式分类。按激励方式不同分为自激式、他激式和同步式;按控制方式不同分为脉宽调制(PWM)、脉频调制(PFM)和混合调制;按开关调整管与负载的连接方式不同分为串联型和并联型;按开关电路的结构形式不同分为降压型、反相型、升压型和变压器型;按开关调整管不同分为晶体三极管、场效应管和可控硅开关电路等。

由于篇幅限制,不能对各种开关型稳压电源做一一介绍,下面我们主要介绍串联型开关稳压电源的组成及工作原理。

串联型开关稳压电源是目前最常用的一种开关型稳压电源。图9.24为它的电路原理图,与串联线性调整型稳压电路相比,在采样电路、比较放大器和基准电压的基础上,电路增加了LC滤波电路和由三角波电压发生器与脉宽调制电压比较器组成的控制电路(又称脉宽调制器)。

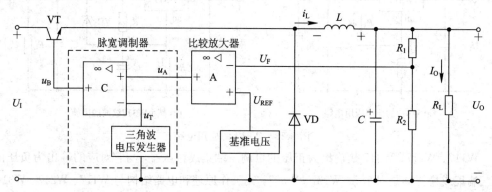

图9.24 串联型开关稳压电源的电路原理图

图9.24中U_I为开关电源的输入电压,即整流滤波的输出电压。三极管VT为开关调整管,它工作在开关状态时,受比较器C的输出电压u_B的控制。当比较器C的输出电压u_B为高电平时,VT饱和导通,输入电压经三极管VT加到二极管VD的两端,如果忽略三极管VT的饱和压降,则$u_E=U_I$,此时二极管VD因承受反向电压而处于截止状态,输入电压经滤波电感L加到滤波电容C和负载R_L两端,i_L增大,L和C存储能量。当u_B为低电平时,VT由饱和导通转为截止,因电感电流不能突变,并产生自感电势(极性如图9.24所示),二极管VD导通,i_L经VD向负载R_L释放能量,电容C也会通过R_L放电,因而R_L两端仍会继续有电流流过,基于二极管VD所起的作用,常称其为续流二极管。此时$u_E=-U_D$(二极管的正向导通压降)。在u_B的控制下,三极管VT又会饱和导通,L和C又会再次被充电;之后三极管VT再次截止,L和C又会再次放电,如此反复可得到如图9.25所示的u_E、i_L及u_o的波形。图中t_{on}是调整管VT的导通时间,t_{off}是调整管VT的截止时间,$T=t_{on}+t_{off}$是开关转换周期,它由三角波发生器输出电压u_T的周期决定。显然在不计二极管、三极管的管压降和电感的直流压降时,输出电压的平均值(直流电压)U_O为

$$U_O=\frac{t_{on}}{T}U_I=qU_I \tag{9.42}$$

式中:$q=t_{on}/T$为脉冲波形的占空比。由式(9.42)可见,在U_I为定值的情况下,调节占空比q即可改变输出电压U_O。

正常情况下，输出电压 U_O 恒定不变，即为该稳压器的标称值，此时反馈电压 $U_F = U_{REF}$（基准电压），比较放大器 A 的输出电压 $u_A = 0$，而使比较器 C 为过零比较器，所以它的输出电压 u_B 是一占空比为 $q = 50\%$ 的方波，波形如图 9.26(a)所示。

当输入电压 U_I 或负载电流 I_O 变化时，将会引起输出电压 U_O 发生变化而偏离标称值。由于负反馈的作用，电路会自动调整使输出电压 U_O 基本维持在标称值上，保持不变。其稳压过程是：当输入电压 U_I 增加致使输出电压 U_O 上升时，$U_F > U_{REF}$，比较放大器 A 的输出电压 $u_A < 0$，与固定三角波电压 u_T 相比较后，得到的输出电压 U_O 波形的占空比 $q < 50\%$，使输出电压 U_O 下降到稳压器的标称

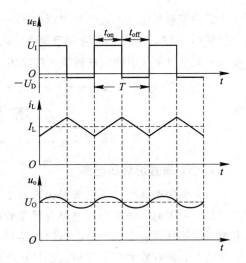

图 9.25 开关稳压电源的
电压、电流波形图

值，维持恒定，波形如图 9.26(b)所示。同理，当输入电压 U_I 下降时，输出电压 U_O 也下降，$U_F < U_{REF}$，$u_A > 0$，与固定三角波电压 u_T 相比较后，得到的输出电压 U_O 波形的占空比 $q > 50\%$，使输出电压 U_O 上升到稳压器的标称值，维持恒定，波形如图 9.26(c)所示。

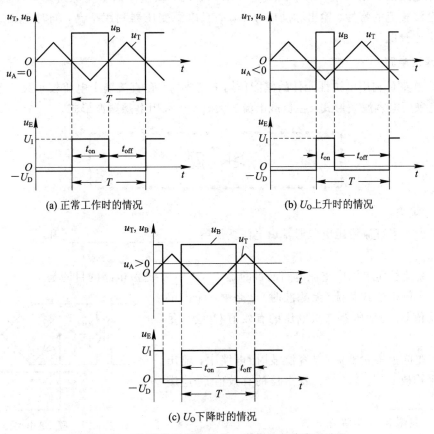

(a) 正常工作时的情况

(b) U_O 上升时的情况

(c) U_O 下降时的情况

图 9.26 U_O 变化引起占空比 q 变化的自动稳压过程

开关型稳压电路的最佳开关频率 f_T 一般在 $10\sim100$ kHz 之间。f_T 越高，需要使用的 L、C 值越小。这样，系统的尺寸和重量将会减小，成本将会降低。另一方面，开关频率的增加将使开关调整管单位时间内的转换次数增加，使开关调整管的功耗增加，效率将会降低。

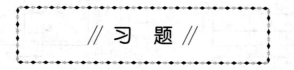

1. 小功率直流稳压电路

（1）小功率直流稳压电源是由电源变压器、整流、滤波和稳压电路等四部分组成的。

（2）常用的小功率稳压电路有稳压管稳压电路、具有放大环节的串联型稳压电路和串联型开关稳压电路。稳压管稳压电路结构简单，但输出电压不可调，仅适用于负载电流较小的情况；具有放大环节的串联型稳压电路中由于引入了电压负反馈，输出电压稳定，且输出电压可调，但其调整管始终工作在线性区（放大区），功耗较大，电路效率低；开关型稳压电路中的调整管工作在开关状态，因而功耗小，电路效率高，但一般输出的纹波电压较大，适用于负载对输出纹波要求不高的场合。

2. 整流电路

整流电路是利用二极管的单向导电性来完成的，最常用的整流电路是桥式整流电路，它具有全波整流的特性，输出脉动成分小，而且电源变压器利用率高，同时整流二极管的参数要求比较低。

3. 滤波电路

滤波电路是利用电抗性元件的储能作用来完成的，在直流输出电流较小且负载几乎不变时，宜采用电容滤波形式，在负载电流较大时，宜采用电感滤波形式。

// 习　题 //

9.1　填空

（1）小功率直流稳压电源通常由电源变压器 、_____、_____ 和 _____四部分组成。

（2）直流稳压电源中整流电路的目的是 _____ 、滤波电路的目的是 _____ 。

（3）在单相桥式整流（无滤波时）电路中，输出电压的平均值 U_o 与变压器二次电压的有效值 U_2 应满足关系 _____ 。

（4）在单相桥式整流（电容滤波时）电路中，输出电压的平均值 U_o 与变压器二次电压的有效值 U_2 应满足关系 _____ 。

9.2　在图 9.27 电路中，试：

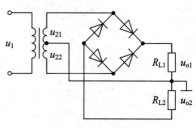

图 9.27　题 9.2 电路图

(1) 标出 u_{o1}、u_{o2} 对地的极性；

(2) u_{o1}、u_{o2} 的波形是全波整流还是半波整流？

(3) 当 $U_{21} = U_{22} = 20$ V 时，直流输出电压 U_{O1} 和 U_{O2} 各是多大？

9.3　桥式整流电容滤波电路如图 9.9 所示，已知交流电源电压 $U_1 = 220$ V，$f = 50$ Hz，$R_L = 50$ Ω，要求输出直流电压为 18 V，纹波较小。

(1) 选择整流管的型号；

(2) 选择滤波电容器(容量和耐压)；

(3) 确定变压器副边电压的有效值。

9.4　在图 9.9 所示的桥式整流电容滤波电路中，若 $U_2 = 20$ V，并忽略变压器和整流管内阻，试计算：

(1) $C = 1000$ μF，$R_L = 1$ kΩ 时直流输出电压 U_O 和脉动系数 S 的值；

(2) C 不变，$R_L = 50$ Ω 时直流输出电压 U_O 和脉动系数 S 的值；

(3) 当 $R_L = 100$ Ω 时，若要求脉动系数 $S = 0.1 \%$，C 应选多大？

9.5　桥式整流电容滤波电路如图 9.9 所示，已知 $U_2 = 20$ V，$R_L = 40$ Ω，$C = 1000$ μF，试问：

(1) 电路正常工作时，直流输出电压 $U_O = ?$

(2) 如果电路中有一个二极管开路，U_O 是否为正常值的一半？

(3) 测得直流输出电压 U_O 为下列数值，电路可能出现了什么故障？

① $U_O = 18$ V；　　② $U_O = 28$ V；　　③ $U_O = 9$ V。

9.6　在图 9.14(b) 所示电路中，稳压管为 2CW14，它的参数是：$U_Z = 6$ V，$I_Z = 10$ mA，$P_Z = 200$ mW，$r_Z < 15$ Ω。整流滤波输出电压 $U_I = 15$ V。

(1) 试计算当 U_I 变化 ±10%，负载电阻 R_L 为 0.5 ~ 2 kΩ 时，限流电阻 R 的范围；

(2) 在所选定的限流电阻 R 的情况下，计算该电路的稳压系数和内阻。

9.7　电路如图 9.28 所示，稳压管的稳压值 $U_Z = 6$ V，$U_I = 18$ V，$C = 1000$ μF，$R = 1$ kΩ，$R_L = 1$ kΩ。

(1) 电路中稳压管接反或限流电阻 R 短路，会出现什么现象？

(2) 求变压器副边电压有效值 U_2 和输出电压 U_O 的值；

(3) 若稳压管的动态电阻 $r_z = 20$ Ω，求稳压电路的内阻 R_O 及 $\Delta U_O / \Delta U_I$ 的值。

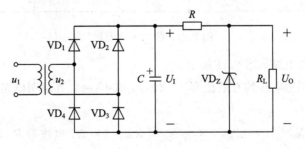

图 9.28　题 9.7 电路图

9.8　串联型稳压电路如图 9.29 所示。

(1) 当电网电压升高时，说明输出电压稳定过程；

（2）若 $U_I = 24$ V，稳压管稳压值 $U_Z = 5.3$ V，晶体管 $U_{BE} \approx 0.7$ V，$U_{CES1} \approx 2$ V，$R_1 = R_2 = R_W = 300$ Ω，试计算输出电压 U_O 的调节范围；

（3）试估计变压器副边电压的有效值 U_2 的值；

（4）若 R_1 改为 600 Ω，调节 R_W，输出电压 U_O 的最大值是多少？

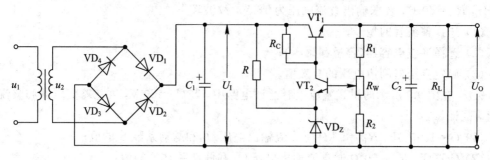

图 9.29　题 9.8 电路图

9.9　在上题图 9.29 电路中，若出现下列现象，则电路中的哪个元器件会有问题。

（1）U_I 比正常值（24 V）低，约为 18 V，且脉动很大，调节 R_W 时 U_O 可随之改变，但稳压效果差；

（2）U_I 比正常值高，约为 28 V，U_O 很低，接近零，调节 R_W 不起作用；

（3）$U_O \approx 4.6$ V，调节 R_W 不起作用；

（4）$U_O \approx 22$ V，调节 R_W 不起作用。

9.10　某同学在实验中将串联型稳压电源连接成如图 9.30 所示电路，试找出图中错误，并改正。

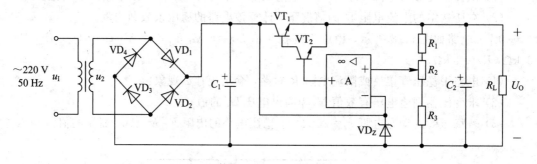

图 9.30　题 9.10 电路图

9.11　稳压电源电路如图 9.31 所示。

（1）设变压器副边电压的有效值 $U_2 = 20$ V，求 $U_I = ?$ 并说明电路中 VT_1、R_1、R_2 和 VD_{Z1} 的作用；

（2）当 $U_{Z2} = 6$ V，$U_{BE} = 0.7$ V，$R_4 = R_5 = R_W = 300$ Ω，电位器 R_W 滑动端在中间位置，不接负载电阻 R_L 时，试计算 A、B、C、D、E 各点的电位和 U_{CE3} 的值；

（3）试计算输出电压 U_O 的调节范围；

（4）当 $U_O = 12$ V，$R_L = 150$ Ω，$R_3 = 510$ Ω 时，计算调整管 VT_3 的功耗 P_{CM}。

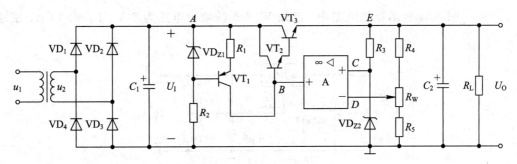

图 9.31 题 9.11 电路图

9.12 电路如图 9.32 所示。已知 $U_Z=6$ V，$R_1=2$ kΩ，$R_2=1$ kΩ，$R_3=0.9$ kΩ，$U_I=30$ V，复合管电流放大系数 $\beta_1=10$，$\beta_2=8$。试求：

（1）输出电压 U_O 的调节范围；

（2）当 $U_O=15$ V，$R_L=150$ Ω 时，运算放大器的输出电流 I。

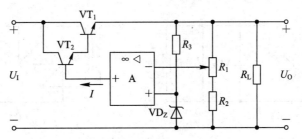

图 9.32 题 9.12 电路图

9.13 电路如图 9.33 所示，已知 VT_1 和 VT_2 的 $U_{BE}=0.7$ V，C_1 的放电时间常数大于 $(3\sim5)\dfrac{T}{2}$，$U_I=25$ V，稳压管 VD_Z 的稳压值 $U_Z=3$ V。

（1）说明 VT_2 和 R_3 电路的作用；

（2）试估算变压器副边电压 u_2 的有效值 U_2、直流输出电压 U_O 和负载最大电流 I_{om} 的值。

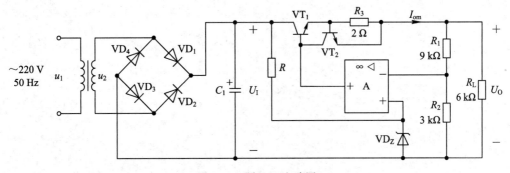

图 9.33 题 9.13 电路图

9.14 用一个三端集成稳压器 W7812 组成直流稳压电路，说明各元件的作用，并指出电路正常工作时的输出电压值。

9.15　图 9.34 所示稳压电路中，已知 W7805 的输出电压为 5 V，$I_W = 50\ \mu A$，试求
$U_O = ?$

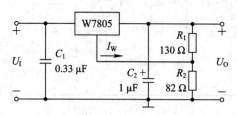

图 9.34　题 9.15 电路图

9.16　输出电压的扩展电路如图 9.20(d)所示。试证明：

$$U_O = \left(\frac{R_3}{R_3 + R_4}\right)\left(1 + \frac{R_2}{R_1}\right)U_{××}$$

9.17　指出图 9.35 所示各电路中哪些能正常工作？哪些有错误？在原图的基础上改
正过来。

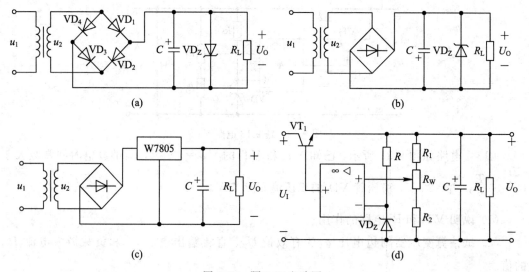

图 9.35　题 9.17 电路图

部分习题答案

第1章

1.1　等于，掺杂

1.2　五价，自由电子，空穴；三价，空穴，自由电子

1.4　等于；大于，窄；小于，宽

1.8　(a) VD 导通，$U_{AO}=-5$ V

　　　(b) VD_1 导通，VD_2 截止，$U_{AO}=0$ V

　　　(c) VD_1 截止，VD_2 导通，$U_{AO}=-5$ V

　　　(d) VD_1、VD_2 和 VD_3 均截止，$U_{AO}=-12$ V

1.10　$U_O\approx7.52$ V，$I_D\approx2.16$ mA

1.11　(1) 稳压管能够正常工作，$U_O=12$ V

　　　(2) 稳压管能安全工作

1.12　(1) 1.4 V、10.7 V、5.2 V、14.5 V

　　　(2) 0.7 V、4.5 V

　　　(3) 不管是串联还是并联，限流电阻 R 必不可少，要保证稳压管正常工作。稳压管正常工作时的耗散功率要小于极限参数 P_{ZM}。

1.13　高，窄，大

1.14　正向，反向；正向，正向；反向，反向

1.18　(1) NPN，Si，1－e，2－c，3－b

　　　(2) NPN，Ge，1－b，2－e，3－c

　　　(3) PNP，Si，1－b，2－e，3－c

1.19　(a) NPN，1－c，2－b，3－e；

　　　(b) PNN，1－e，2－c，3－b

1.20　(1) NPN，Si，饱和区；

　　　(2) NPN，Si，放大区；

　　　(3) PNP，Ge，放大区

1.22　b，b

1.23　b，a

1.24　b，a

1.25　10 mA，-4 V，1.25 mA/V，8 kΩ

第2章

2.4 （a）无放大作用。因为电容 C_1 的隔直作用使基极电流为零。将电容 C_1 放在 R_B 的外面。

（b）有放大作用。电路为 PNP 构成的共发射极放大电路。

（c）无放大作用。因为集电结正偏，处于饱和状态，且该电路的输入电阻为零，交流输入信号被短路。在 $+U_{CC}$ 与基极之间加 R_B。

（d）无放大作用。因为在交流通路中，电路的输出端被短路，没有交流信号输出，在 $+U_{CC}$ 与集电极之间加 R_C。

2.7 （1）Q_1 移到 Q_2，是 R_C 减小所致；Q_2 移到 Q_3，是 R_B 减小所致，$Q3$ 移到 $Q4$，是 U_{CC} 增大所致。

（2）$Q3$ 容易造成饱和失真，$Q2$ 容易造成截止失真，$Q4$ 的最大不失真幅值最大，其值约为 5.7 V。

（3）12 V，3 kΩ

2.8 （1）3 V

（2）变大

（3）底部失真

（4）增大 R_w 的值

2.9 （1）0.114 mA，5.8 mA，0.4 V，晶体管工作在饱和区。

（2）0.01 m，0.51 mA，11 V，$U_{CE} \approx U_{CC}$，晶体管工作在截止区。

（3）90 kΩ，晶体管工作在放大区。

（4）饱和失真输出波形削底，截止失真输出波形削顶，放大区输出正弦波，波形图略。产生饱和失真时，增大 R_w，产生截止失真时，减小 R_w。

2.11 （1）$V_B = 4$ V，$I_{CQ} = 1.65$ mA，$U_{CEQ} = 7.75$ V

（2）图略

（3）-103.4，1.161 kΩ，3 kΩ

（4）3.3 V

2.12 （1）$V_B = 8.90$ V、$I_{CQ} = 2.7$ mA、$U_{CEQ} = 7.26$ V

（2）略

（3）20.76 kΩ

（4）$A_{u1} \approx 0.99$，$r_{o1} \approx 0.027$ kΩ；$A_{u2} = -0.98$，$r_{o2} \approx 3$ kΩ

2.14 （1）$A_{u1} \approx 1$

（2）$r_i = 11.21$ kΩ

（3）$r_o = 0.03$ kΩ

2.15 （1）$V_B = 4$ V，$I_{CQ} = 1.65$ mA、$U_{CEQ} = 3.75$ V

（2）略

（3）$A_{u1} \approx 175.6$，$r_i = 0.0167$ kΩ，$r_o = 3$ kΩ

2.18 (1) $U_{GS}=-1$ V、$I_D=0.5$ mA、$U_{DS}=10$ V

(2) $A_u\approx-7.5$ V，$r_i=1040$ kΩ，$r_o=10$ kΩ

2.19 $A_u\approx-3.33$，$r_i=2.075$ MΩ，$r_o=10$ kΩ

2.20 $A_u\approx0.99$，$r_i=400$ kΩ，$r_o=0.1$ kΩ

2.22 (1) $V_{B1}=3.76$ V，$I_{C1}=1.53$ mA，$I_{B1}=25.5$ μA，$U_{CEQ}=5.45$ V，

$I_{C2}=1.53$ mA，$I_{B2}=25.5$ μA，$U_{CE2}=10.2$ V

(2) 略

(3) $A_u=-26.65$，$r_i=7.87$ kΩ，$r_o=1.34$ kΩ

第 3 章

3.1 (1) 78.5％   (2) 1 W   (3) 360、180°、180°<θ<360°，乙类

3.2 (1) $P_{om}=9$ W，安全；

(2) 9.2 W

3.4 (1) ±12 V

(2) 1.5 A，24 V

(3) 36/π W

(4) 1.8 W

(5) $6\sqrt{2}$ V

3.5 (1) 12.5 W、10 W、22.5 W、55.6％

(2) 25 W、6.85 W、31.85 W、78.5％

3.6 (1) C (2) B (3) C (4) C (5) B (6) A

3.8 24 V

3.11 (1) U_{be} 倍增偏置电路，消除交越失真

(2) 电流源 I 为 VT_1、VT_2 的有源负载，可以提高电压放大级的电压放大倍数

(3) I_{C4} 过大时，U_{R3} 增大导致 VD_1 导通，VT_4 的基极电流由 VD_1 分流，使 VT_4 的电流
不致太大；当 I_{E5} 过大时，U_{R4} 增大导致 VD_2 导通，VT_5 的基极电流由 VD_2 分流，
使 VT_5、VT_6 的电流不致太大。

3.12 (1) 差动放大电路

(2) 抬高 VT_7、VT_9 的电位，消除交越失真

(3) R_4、R_5 泄流电阻，保证 VT_8、VT_{11} 有合适的基极电流

(4) 充电的 C_2 相当于一个负电源，给 $VT_9\sim VT_{11}$ 供电

(5) VT_7、VT_8 构成 NPN 管，$VT_9\sim VT_{11}$ 构成 PNP 管

3.13 (1) VD_1、VD_2 为 VT_1、VT_2 提供偏置电压，消除交越失真

(2) 16 W、69.78％

(3) 2.25 A、36 V、3.2 W

(4) 应引入电压串联负反馈，$A_u=5$

(5) 6.25 W

第 4 章

4.1 （1）输入级、中间级、输出级，差动放大电路、具有有源负载的共发射（共源）极放大
　　　电路、互补对称功率放大电路

　　　（2）抑制零点漂移

　　　（3）999.5，1

　　　（4）100 mV，200 mV

　　　（5）100

4.2　6000 dB

4.3　365.1 mV、360 mV

　　　$u_{id}=70\ \mu V$，$u_{ic}=170\ \mu V$，$A_{uc1}=30$，$A_{uc2}=0.06$，$u_{o1}=365.1$ mV，$u_{o2}\approx360$ mV

4.4　（1）22.6 kΩ、10.2 V

　　　$I_{RE}=0.5$ mA

　　　则 $R_E=22.6$ kΩ

　　　$I_{CQ}\approx I_{EQ}=\dfrac{1}{2}I_{RE}=0.25$ mA

　　　$U_{CEQ}=10.2$ V

　　　（2）−66.67、6 kΩ、20 kΩ

　　　$A_{ud}=-66.67$

　　　$r_{id}=6$ kΩ

　　　$r_o=20$ kΩ

4.7　（1）$I_{C3}=1$ mA、$I_{C1}=I_{C2}=0.37$ mA、$U_{CE3}=-9$ V、$U_{CE2}=9$ V、$R_{E2}=5.2$ kΩ

　　　（2）$A_u=A_{u1}\cdot A_{u2}=50.3\times(-3.9)=-196.17$

　　　（3）−0.98

　　　（4）−98.08

4.8　（1）1 mA

　　　（2）210

4.9　$I_{C2}=I_{C3}=I=2$ mA

4.10　4.6 mA

4.11　3.67 mA

第 5 章

5.1　（1）结电容、接线电容；耦合电容、旁路电容

　　　（2）0.707、3、±45°

5.2　40、10 000

5.3　10^5、50、40、0°、图略

5.4 (1) 不失真、1 V、±180°

(2) 不失真、2.8 V、−45°

(3) 相位增大，但波形不失真

(4) 会频率失真

5.6 (1) 略　　(2) $|\dot{A}_{usm}| \approx 40$　　(3) $f_L = 66.35$ Hz、$f_H = 265.4$ kHz

5.7 (1) 图略　　(2) 55.9

(3) $f_L = 132.7$ Hz、$f_H \approx 3.08$ MHz

5.9 $f_L = 156$ Hz、$f_H = 6.43$ MHz

5.10 $f_L = 50$ Hz、$f_H = 64.3$ kHz、80 dB

5.11 (1) $\dot{A}_u = -1000 \dfrac{1}{\left(1+j\dfrac{f}{10^3}\right)\left(1+j\dfrac{f}{10^4}\right)\left(1+j\dfrac{f}{10^6}\right)}$

(2) 略

(3) $f_H \approx 1$ kHz

第6章

6.1 (1) $\dfrac{A}{1+AF}$、$\dfrac{1}{F}$

(2) $\dfrac{u_o}{u_d}$、$\dfrac{u_f}{u_o}$；$\dfrac{u_o}{i_d}$、$\dfrac{i_f}{u_o}$；$\dfrac{i_o}{u_d}$、$\dfrac{u_f}{i_o}$；$\dfrac{i_o}{i_d}$、$\dfrac{i_f}{i_o}$

(3) 增大

(4) 放大电路在低频段或高频段的附加相移

6.3 (a) 交、直反馈/电压并联负反馈

(b) 交、直反馈/电压串联负反馈

(c) 交、直反馈/电流并联负反馈

(d) 交、直反馈/电流串联负反馈

(e) 直流反馈/正反馈

(f) 交、直反馈/电压并联负反馈

6.8 (1) 电流串联负反馈、电压并联负反馈

(2) 稳定输出电流、稳定输出电压

(3) 输入输出电阻均增大、输入输出电阻均减小

(4) (a) $-\dfrac{R_7(R_3+R_4+R_8)}{R_8 R_3}$　　(b) $-\dfrac{R_f}{R_s}$

6.11 (a) $-\dfrac{R_2+R_3}{R_1 R_3}R_L$　　(b) $1+\dfrac{R_2}{R_1}$

6.12 电压并联负反馈，R_f 左端接 R_1 右端、右端接 u_o，$R_f = 10R_1$

6.14 (1) a 接 c，b 接 e，h 接 j，i 接 f　　(2) a 接 e，b 接 c，h 接 j，i 接 f

(3) a 接 e, b 接 c, g 接 j, i 接 d　　　(4) a 接 c, b 接 e, g 接 j, i 接 d

6.15　$-\dfrac{R_e}{R_c}$

6.17　(1) 60 dB 、$-180°$　　(2) 会产生自激振荡　　(3) $\dot{F}<0.001$

第 7 章

7.1　(1) ∞，∞，0，∞　　(2) 线性，非线性　　(3) 虚短

　　(4) 电压串联负反馈，∞，$1+\dfrac{R_f}{R_1}$，6；1；14；14；1

　　(5) 同相比例；反向比例；微分；同向求和；反向求和；乘方

7.2　2.5 V

7.3　(a) $u_{o2}=\left(1+\dfrac{R_3}{R_4}\right)u_{i2}$；$u_{o1}=\left(1+\dfrac{R_1}{R_2}\right)u_{i1}-\dfrac{R_1}{R_2}\left(1+\dfrac{R_3}{R_4}\right)u_{i2}$

　　(b) $u_o=-\dfrac{R_f}{R_1}u_{i1}-\dfrac{R_f}{R_2}u_{i2}+\left(1+\dfrac{R_f}{R_1/\!/R_2}\right)\left(\dfrac{\dfrac{u_{i3}}{R_3}+\dfrac{u_{i4}}{R_4}}{\dfrac{1}{R_3}+\dfrac{1}{R_4}+\dfrac{1}{R_5}}\right)$

7.5　$A_u=-\dfrac{R_2R_4}{R_1R_3}$

7.6　(a) $u_{o1}=u_{i1}$；$u_{o2}=\left(1+\dfrac{R_3}{R_4}\right)u_{i2}$；$u_o=\left(1+\dfrac{R_2}{R_1}\right)\left(1+\dfrac{R_3}{R_4}\right)u_{i2}-\dfrac{R_2}{R_1}u_{i1}$

　　(b) $u_{o1}=-\left(\dfrac{R_3}{R_1}+\dfrac{R_2}{R_1}+\dfrac{R_2R_3}{R_1R_4}\right)u_i$；$u_{o2}=\dfrac{R_2R_5}{R_1R_4}u_i$

7.8　(1) $V_c=6$ V、$V_b=0$、$V_e=-0.7$ V

　　(2) $\beta=50$

7.9　(1) $u_o=-\dfrac{1}{RC}\displaystyle\int u_i\mathrm{d}t$　　(2) $u_o(0.5)=-5$ V、$u_o(1)=0$

7.10　(1) $V_A=7$ V、$V_B=4$ V、$V_C=1$ V、$V_D=-2$ V，$u_O=-4$ V

　　(2) $t\approx28.6$ ms

7.11　(1) $u_o=-\dfrac{1}{RC}\displaystyle\int u_{i3}\mathrm{d}t-\dfrac{1}{RC}\displaystyle\int\left[-\dfrac{R_4}{R_1}u_{i1}+\left(1+\dfrac{R_4}{R_1}\right)\dfrac{R_3}{R_2+R_3}u_{i2}\right]\mathrm{d}t$

　　(2) $u_o=-\dfrac{1}{RC}\displaystyle\int u_{i3}\mathrm{d}t-\dfrac{1}{RC}\displaystyle\int(u_{i3}-u_{i1})\mathrm{d}t$

7.14　(a) $U_O(s)=\dfrac{10^3}{s}U_i(s)$　　或　　$u_o=10^3\displaystyle\int u_i(t)\mathrm{d}t$

　　(b) $U_O(s)=-10^{-3}sU_i(s)-2U_i(s)$　　或　　$u_o=-\dfrac{C_1}{C_2}u_i(t)-R_2C_1\dfrac{\mathrm{d}}{\mathrm{d}t}u_i(t)$

7.15　(1) 带阻滤波器　(2) 带通滤波器　(3) 低通滤波器　(4) 高通滤波器

7.16　(1) 全通/带阻滤波器　(2) 低通滤波器　(3) 高通滤波器　(4) 带通滤波器

7.20　(1) $u_o = -\dfrac{R_x}{R_1}(-u_R) = \dfrac{R_x}{R_1}u_R$

　　　(2) 0.5 kΩ，5 kΩ，50 kΩ 和 500 kΩ

7.21　(1) $u_o = I_x R_f$　　　(2) ± 1 mA

7.23　$U_{TH} = 1$ V，图略

7.25　(1) 反相比例器；带限幅的同相比例器；带限幅的过零电压比较器；反相输入迟滞电压比较器

　　　(2) 图略

　　　(3) 图略

7.26　(1) $U_{T+} = 3$ V，$U_{T-} = -3$ V；图略

　　　(2) 当 $u_i > 3$ V 时，$u_o = -9$ V；当 $u_i < -3$ V 时，$u_o = 9$ V；图略

7.27　(1) A_1 为积分电路、A_2 为反相迟滞电压比较器、A_3 为反相比例器

　　　(2) 图略

第8章

8.1　(1) 基本放大电路、反馈网络、选频网络、稳幅环节

　　　(2) $\dot{A}\dot{F} = 1$，$|\dot{A}\dot{F}| = 1$，$\varphi_a + \varphi_f = 2n\pi$，$n = 0, 1, 2, \cdots$

8.2　(a) $\varphi_a = 180°$，$\varphi_f = 0°$，$\varphi_a + \varphi_f \neq 360°$，不能振荡

　　　(b) $\varphi_a = 360°$ 或 $0°$，$\varphi_f = 0°$，$\varphi_a + \varphi_f = 0°$ 或 $360°$，能振荡

8.3　(a) $\varphi_a = 180°$，三级 RC 相移网络 $\varphi_f < 3 \times 90° = 270°$，故 $\varphi_a + \varphi_f < 180° + 270°$，必可以有一个 f_1 使 $\varphi_a + \varphi_f = 360°$，能振荡

　　　(b) $\varphi_a = 180°$，$\varphi_f < 2 \times 90° = 180°$，$\varphi_a + \varphi_f < 360°$，不能振荡

8.4　由于当 R_2 断开，即 $R_2 \to \infty$ 时，电压增益 $A_u = 1 + \dfrac{R_2}{R_1} \to \infty$，故输出近似为方波，且输出波形的峰值 $U_O = \pm 10$ V，即 $U_{OPP} = 20$ V。

8.5　(1) 图中用二极管 VD_1、VD_2 作为自动稳幅环节，稳幅原理略

　　　(2) $U_{om} = 0.6 \times \dfrac{3R_1}{2R_1 - R_2}$

　　　(3) $f = f_0 = \dfrac{1}{2\pi RC} = 1.06$ kHz

　　　(4) 当 R_2 短路时，$A_u = 1 + \dfrac{2.7}{5.1} < 3$，不能起振

　　　(5) 当 R_2 开路时，$\varphi_a + \varphi_f = 360°$，故不能停振，$A_u = 1 + \dfrac{R_2}{R_1} \to \infty$，输出近似为方波，且输出波形的峰值 $U_O = \pm 14$ V，即 $U_{OPP} = 28$ V。

8.6　(1) 为满足振荡条件，A 的"+"接 RC 串并联网络

　　　(2) 为了实现稳幅，选择具有正温度系数热敏电阻代替电阻 R_1

(3) $f = f_0 = \dfrac{1}{2\pi RC} = 1.59 \text{ kHz}$

(4) $P_{om} \approx 9 \text{ W}$

8.7　(a) $\varphi_a = 180°$，$\varphi_f = 0°$，$\varphi_a + \varphi_f \neq 360°$，不能振荡

　　　(b) $\varphi_a = 0°$，$\varphi_f = 0°$，$\varphi_a + \varphi_f = 0°$，能振荡

　　　(c) $\varphi_a = 0°$，$\varphi_f = 180°$，$\varphi_a + \varphi_f = 180°$，不能振荡

　　　(d) $\varphi_a = 180°$，$\varphi_f = 180°$，$\varphi_a + \varphi_f = 360°$，能振荡

8.12　$f = \dfrac{1}{T} = \dfrac{1}{2RC\ln\left(1 + \dfrac{2R_1}{R_2}\right)} \approx 2.28 \text{ MHz}$、$U_{cm}$ 或 $U_{om} = \pm\dfrac{R_1}{R_1 + R_2}U_z = \pm 3.5 \text{ V}$

8.13　(1) $f = \dfrac{1}{T} = \dfrac{R_2}{4R_1R_4C} = 100 \text{ Hz}$

　　　(2) $U_{o1m} = 6 \text{ V}$，$U_{o2m} = 10 \text{ V}$，图略

　　　(3) 先调 R_1 或 R_2 来定波形的幅度，再调 R_4 或 C 改变三角波的频率

　　　(4) 略

8.14　$R_2 = 20 \text{ k}\Omega$、$R_4 = 5 \text{ k}\Omega$

8.16　A_1 为 RC 桥式正弦波振荡器、A_2 为过零电压比较器、A_3 为积分电路；波形略

第 9 章

9.1　(1) 整流电路、滤波电路、稳压电路

　　　(2) 将交流电变换成单方向的脉动电压，尽量保留其直流成分，降低其脉动成分

　　　(3) $U_O = 0.9U_2$

　　　(4) $U_O = 1.2U_2$

9.2　(1) u_{o1}、u_{o2} 对地的极性都是上"＋"下"－"

　　　(2) u_{o1}、u_{o2} 的波形是全波整流

　　　(3) $U_{O1} = U_{O2} = 18 \text{ V}$

9.3　(1) $I_D = 240 \text{ mV}$、$U_{RM} = 28.2 \text{ V}$　　　(2) $C = 800 \text{ }\mu\text{F}$　　　(3) $U_2 = 20 \text{ V}$

9.4　提示：$U_O = \sqrt{2}U_2\left(1 - \dfrac{T}{4R_LC}\right)$, $S = \dfrac{1}{\dfrac{4R_LC}{T} - 1}$

9.5　(1) $U_O = 1.2U_2 = 24 \text{ V}$

　　　(2) 不是一半，$U_O = 1.0U_2 = 20 \text{ V}$

　　　(3) ① $U_O = 18 \text{ V}$（C 断开）；② $U_O = 28 \text{ V}$（R_L 开路）；③ $U_O = 9 \text{ V}$（半波整流无滤波）。

9.6　(1) $291.7 \text{ }\Omega < R < 340.9 \text{ }\Omega$

　　　(2) 取 $R = 300 \text{ }\Omega$ 时，$S_r = 11.9\%$，$R_o \approx 14.3 \text{ }\Omega$

9.7　(1) 电路中稳压管接反时，成普通二极管正向导通，$U_O = 0.7 \text{ V}$；限流电阻 R 短路时，
　　　　由于 $r_z \ll R_L$，于是 R_L 被短路，I_z 过大致稳压管烧坏。

　　　(2) $U_2 = 15 \text{ V}$、$U_O = 6 \text{ V}$；

(3) $R_O = r_z /\!/ R_L = 19.6\ \Omega$, $\dfrac{\Delta U_O}{\Delta U_I} \approx \dfrac{r_z}{R + r_z} = 0.0196$

9.8   (1) 略   (2) $9\ \mathrm{V} \leqslant U_O \leqslant 18\ \mathrm{V}$ (3) $U_2 = 20\ \mathrm{V}$ (4) $U_O = 22\ \mathrm{V}$

9.11 (1) $U_I = 24\ \mathrm{V}$，并说明电路中 VT_1、R_1、R_2 和 VD_{Z1} 的作用是确保 VT_2、VT_3 有合适的直流偏置，有输出电平可以启动稳压电路

     (2) A、B、C、D、E 各点的电位分别是 24 V、13.4 V、6 V、6 V、12 V；$U_{CE3} = 12\ \mathrm{V}$

     (3) U_O 的输出范围为 9～18 V

     (4) $P_{CM} = 12 \times \left(\dfrac{12-6}{510} + \dfrac{12}{900} + \dfrac{12}{150} \right) \approx 1.26\ \mathrm{W}$

9.12 (1) $6\ \mathrm{V} \leqslant U_O \leqslant 18\ \mathrm{V}$

     (2) $I = 1.44\ \mathrm{mA}$

9.13 (1) VT_2 和 R_3 组成限流型保护电路，一旦输出电流大于额定值，VT_2 导通，分走 VT_1 的基极电流，从而使调整管的输出电流减小

     (2) $U_2 = 20.8\ \mathrm{V}$、$U_O = 12\ \mathrm{V}$、$I_{om} = \dfrac{12}{9+3} + \dfrac{12}{6} = 3\ \mathrm{mA}$（若 $R_L = 6\ \mathrm{k\Omega}$）

9.15 $U_O = \left(\dfrac{5\ \mathrm{V}}{130\ \Omega} + 50\ \mu\mathrm{A} \right) \times 82\ \Omega + 5\ \mathrm{V} \approx 8.15\ \mathrm{V}$

9.17 (a) 错误：VD_2、VD_4、VD_Z 接反了，缺限流电阻 R

     (b) 错误：缺限流电阻 R，同时电容 C 极性接反了

     (c) 错误：缺电容 C_1 和保护稳压管的二极管 VD

     (d) 错误：集成运放的同相输入端"＋"和反相输入端"－"互换即可

参 考 文 献

[1]　孙肖子，谢松云，李会方，等. 模拟电子技术基础[M]. 北京：高等教育出版社，2012.

[2]　孙肖子，李会方，谢松云，等. 模拟电子技术基础学习指导书[M]. 北京：高等教育出版社，2015.

[3]　孙肖子，张企民，赵建勋，等. 模拟电子电路及技术基础[M]. 西安：西安电子科技大学出版社，2008.

[4]　林涛，林薇. 模拟电子技术基础[M]. 北京：清华大学出版社，2010.

[5]　康华光，陈大钦. 电子技术基础（模拟部分）[M]. 5 版. 北京：高等教育出版社，2006.

[6]　孙肖子，张企民，赵建勋，等. 模拟电子技术基础[M]. 北京：高等教育出版社，2012.

[7]　童诗白，华成英. 模拟电子技术基础[M]. 4 版. 北京：高等教育出版社，2006.

[8]　童诗白，华成英. 模拟电子技术基础习题解答[M]. 4 版. 北京：高等教育出版社，2007.

[9]　张林，陈大钦. 模拟电子技术基础[M]. 3 版. 北京：高等教育出版社，2013.

[10]　耿苏燕，周正，宋宇飞. 模拟电子技术基础学习指导与习题解答[M]. 2 版. 北京：高等教育出版社，2011.

[11]　李震梅. 模拟电子技术基础典型题分析与习题解答[M]. 北京：高等教育出版社，2014.

[12]　秦曾煌，姜三勇. 电工学：电子技术（下册）[M]. 7 版. 北京：高等教育出版社，2009.

[13]　姜三勇，秦曾煌. 电工学：电子技术（下册）学习辅导与习题解答[M]. 7 版. 北京：高等教育出版社，2011.

[14]　邱关源. 电路[M]. 5 版. 北京：高等教育出版社，2006.

[15]　刘波粒，刘彩霞. 模拟电子技术基础[M]. 北京：高等教育出版社，2013.

[16]　蔡明生，黎福海，许文玉. 电子设计[M]. 北京：高等教育出版社，2004.

[17]　谢自美，罗杰. 电子线路设计·实验·测试[M]. 3 版. 武汉：华中科技大学出版社，2009.

[18]　罗杰，谢自美. 电子线路设计·实验·测试[M]. 5 版. 北京：电子工业出版社，2015.

[19]　高吉祥，易凡. 电子技术基础实验与课程设计[M]. 北京：电子工业出版社，2004.

[20]　刘鸣，刘世利. 电子线路综合设计与实践[M]. 北京：机械工业出版社，2014.

[21]　ALLEN P E, HOLBERG D R. CMOS analog circuit design [M]. 2th ed. Oxford University Press Inc，USA，2002.